高等院校机械设计制造及其自动化专业系列规划教材

机械制造基础(下册)
——机械加工工艺基础
(第2版)

主　编　侯书林　朱　海
副主编　张　炜　高改梨
　　　　张建国　于文强

内 容 简 介

本书是按照高等学校机械学科本科专业规范、培养方案和课程教学大纲的要求，由富有多年教学经验的教学一线骨干教师编写的，是《机械制造基础》的下册。本书主要内容共 8 章：金属切削的基础知识、金属切削机床的基本知识、常用的加工方法综述、精密加工和特种加工简介、典型表面加工分析、先进制造技术、工艺过程的基本知识及零件结构的机械加工工艺性，每章后附有习题。

本书十分注重学生获取知识、分析问题与解决工程技术问题能力的培养，以及学生工程素质与创新思维能力的提高。为此，在内容上既体现现代制造技术、材料科学和现代信息技术的密切交叉与融合，又体现工程材料和制造技术的历史传承与发展趋势。

本书可作为高等工科院校、高等农林院校等机械类、近机类各专业的教材和参考书，也可作为高职类工科院校及机械制造工程技术人员的学习参考书。

图书在版编目(CIP)数据

机械制造基础. 下册，机械加工工艺基础/侯书林，朱海主编. —2 版. —北京：北京大学出版社，2011. 3

(高等院校机械设计制造及其自动化专业系列规划教材)

ISBN 978-7-301-18638-1

Ⅰ. ①机…　Ⅱ. ①侯…②朱…　Ⅲ. ①机械制造—高等学校—教材②机械加工—工艺—高等学校—教材　Ⅳ. ①TH②TB3③TG506

中国版本图书馆 CIP 数据核字(2011)第 036946 号

书　　名： 机械制造基础(下册)——机械加工工艺基础(第 2 版)

著作责任者： 侯书林　朱　海　主编

责 任 编 辑： 郭穗娟　童君鑫

标 准 书 号： ISBN 978-7-301-18638-1/TH・0234

出　版　者： 北京大学出版社

地　　址： 北京市海淀区成府路 205 号　100871

网　　址： http://www.pup.cn　http://www.pup6.cn

电　　话： 邮购部 010-62752015　发行部 010-62750672　编辑部 010-62750667

电 子 邮 箱： 编辑部 pup6@pup.cn　总编室 zpup@pup.cn

印　刷　者： 北京虎彩文化传播有限公司

发　行　者： 北京大学出版社

经　销　者： 新华书店

787mm×1092mm　16 开本　16.5 印张　384 千字

2006 年 8 月第 1 版　2024 年 6 月第 2 版第 9 次印刷

定　　价： 49.00 元

未经许可，不得以任何方式复制或抄袭本书之部分或全部内容。

版权所有　侵权必究　　　　举报电话：010-62752024

电子邮箱：fd@pup. cn

第 2 版前言

由北京大学出版社组织编写的《机械制造基础》(分上、下册)第 1 版于 2006 年 8 月出版，由于其编写优秀和出版质量好、内容涵盖面宽、适用专业面广的特色，使用效果很好，深受同行老师的首肯和学生们的厚爱，已印刷 3 次。这期间，本书获 2008 年度中国林业教育系统优秀教材建设一等奖、北京大学出版社优秀教材建设奖和中国农业大学教学成果二等奖。

在第 2 版编写过程中也收到了多位同行老师对于优秀教材建设的建议和一些建设性的意见，编者结合学科建设的发展和新技术新工艺发展的需要，在第 1 版教材的基础上，对内容重新组织，主要体现了如下特点。

(1) 本次修订，以原教材稿为基础进行修改、完善和提高，并新编写了部分内容。

(2) 进一步提高编写质量，专业术语和插图进一步规范、完善，采用最新的国家标准，采用最新编排格式。

(3) 针对本书插图多的特点，第 2 版改变传统使用二维图与示意图的单调表达方式，更多地采用三维图与彩图表达，增强可读性、易读性。

(4) 考虑到适应面的扩大，增加应用数量，本书在内容的选择上比较宽泛，使其尽可能满足不同学校层次、学科及学时教学内容的需要。

本书内容如下。

第 1 章　金属切削的基础知识

第 2 章　金属切削机床的基本知识

第 3 章　常用的加工方法综述

第 4 章　精密加工和特种加工简介

第 5 章　典型表面加工分析

第 6 章　先进制造技术

第 7 章　工艺过程的基本知识

第 8 章　零件结构的机械加工工艺性

《机械制造基础》分为上、下两册：上册副标题为《工程材料及热加工工艺基础》，介绍了机械工程材料和零件毛坯的成形方法；下册副标题为《机械加工工艺基础》，介绍了机械加工工艺基础。下册的编写人员为中国农业大学侯书林、高改梨、孔建铭，甘肃农业大学张炜，山东理工大学于文强，晋中学院张建国、高英杰，解放军军械工程学院许宝才，聊城大学郭宏亮，浙江农林大学徐云杰，浙江杭州电子科技大学刘婷婷。本书由侯书林、朱海负责组织编写并任主编，张炜、高改梨、张建国、于文强任副主编。

在本书的编写过程中，吸收了许多教师对编写工作的宝贵意见，也得到了北京大学出版社的大力支持，在此表示由衷的谢意。同时也参考了许多文献，在此对有关出版社和作者表示衷心感谢。

由于编者水平有限，书中不妥之处在所难免，敬请广大读者批评指正。

编　者

2011 年 1 月

目　录

第 1 章　金属切削的基础知识........................1

1.1　切削运动与切削要素............................2

1.1.1　零件表面的形成及切削运动............................2

1.1.2　切削用量............................3

1.1.3　切削层的几何参数............................3

1.2　刀具材料及刀具角度............................4

1.2.1　刀具材料............................5

1.2.2　刀具角度............................7

1.2.3　刀具结构............................11

1.3　金属切削过程............................13

1.3.1　切屑的形成及其类型............................13

1.3.2　积屑瘤............................15

1.3.3　切削力和切削功率............................16

1.3.4　切削热和切削温度............................17

1.3.5　刀具磨损和刀具耐用度............................18

1.4　切削加工技术经济............................20

1.4.1　切削加工的主要技术经济指标............................20

1.4.2　切削用量的合理选择............................24

1.4.3　切削液的选用............................25

1.4.4　材料的切削加工性............................26

1.5　机械零件的极限与配合............................28

1.5.1　基本概念............................28

1.5.2　标准公差系列和基本偏差系列............................33

1.5.3　国家标准规定的公差带与配合............................43

1.5.4　形状公差与位置公差............................48

1.5.5　形位公差与尺寸公差的关系....57

1.5.6　表面粗糙度............................60

小结............................66

习题............................66

第 2 章　金属切削机床的基本知识............70

2.1　机床的分类和结构............................71

2.1.1　机床的分类............................71

2.1.2　机床的结构............................72

2.2　机床的传动............................75

2.2.1　机床的常用机械传动............................75

2.2.2　CA6140 型普通车床的传动系统分析............................79

2.2.3　液压传动............................82

2.3　自动机床和数控机床简介............................83

2.3.1　自动和半自动机床............................83

2.3.2　数控机床............................84

2.3.3　数控机床的分类............................86

2.3.4　数控机床的特点及应用............................88

2.4　加工中心............................88

小结............................89

习题............................90

第 3 章　常用的加工方法综述....................91

3.1　车削的工艺特点及其应用............................92

3.1.1　车削的工艺特点............................92

3.1.2　车削的应用............................92

3.2　钻削、镗削的工艺特点及其应用......94

3.2.1　钻孔............................94

3.2.2　扩孔和铰孔............................96

3.2.3　镗孔............................98

3.3　刨削、拉削的工艺特点及其应用......101

3.3.1　刨削的工艺特点............................101

3.3.2　刨削的应用............................101

3.3.3　拉削............................102

3.4　铣削的工艺特点及其应用............................104

3.4.1　铣削的工艺特点............................104

3.4.2　铣削方式............................105

3.4.3 铣削的应用......107
3.5 磨削的工艺特点及其应用......108
3.5.1 砂轮的特征要素......108
3.5.2 磨削过程......112
3.5.3 磨削的工艺特点......113
3.5.4 磨削的应用及发展......115
小结......120
习题......121

第4章 精密加工和特种加工简介......122

4.1 精密和光整加工......123
4.1.1 研磨......123
4.1.2 珩磨......125
4.1.3 超级光磨......126
4.1.4 抛光......127
4.1.5 超精密加工概述......128
4.2 特种加工......130
4.2.1 电火花加工......131
4.2.2 电解加工......133
4.2.3 超声波加工......134
4.2.4 高能束加工......136
小结......142
习题......142

第5章 典型表面加工分析......143

5.1 外圆表面的加工......144
5.1.1 外圆表面的技术要求......144
5.1.2 外圆表面的加工方案......145
5.2 内圆表面的加工......146
5.2.1 内圆表面的技术要求......146
5.2.2 内圆表面的加工方案......147
5.3 平面的加工......148
5.3.1 平面的技术要求......148
5.3.2 平面的加工方案......148
5.4 成形表面的加工......149
5.4.1 车削圆锥面......149
5.4.2 铰削圆锥孔......151
5.4.3 磨削圆锥面......151
5.4.4 加工特形面......152
5.5 螺纹表面的加工......153
5.5.1 螺纹表面的技术要求......153
5.5.2 螺纹表面的加工方法......154
5.6 齿轮表面的加工......155
5.6.1 齿轮表面的技术要求......155
5.6.2 齿轮表面的加工方法......155
小结......158
习题......159

第6章 先进制造技术......160

6.1 高速加工技术......161
6.1.1 高速加工及其特点......161
6.1.2 高速加工机床......162
6.1.3 高速加工工具系统......164
6.2 快速原型制造技术......166
6.2.1 快速原型制造技术的原理及特点......166
6.2.2 两种常用的RPM 工艺......168
6.3 先进制造模式......170
6.3.1 并行工程......170
6.3.2 敏捷制造......171
6.3.3 精益生产......172
6.3.4 虚拟制造......173
6.3.5 网络化制造......174
6.3.6 智能制造......175
小结......178
习题......178

第7章 工艺过程的基本知识......179

7.1 基本概念......180
7.1.1 生产过程与工艺过程......180
7.1.2 生产类型......181
7.2 零件的安装与夹具......183
7.2.1 零件的安装......183
7.2.2 机床夹具简介......184
7.2.3 零件定位原理......186
7.2.4 常用定位元件......188
7.2.5 夹紧装置的组成和要求......193
7.2.6 夹紧力的确定......194
7.2.7 常用基本夹紧机构......198

7.3　机械加工工艺规程的拟定 200
7.3.1　零件的工艺分析 201
7.3.2　毛坯的选择及其尺寸和形状的确定 201
7.3.3　定位基准的选择 202
7.3.4　定位误差分析 204
7.3.5　工艺路线的拟定 204
7.3.6　工艺尺寸链的计算 209
7.3.7　工艺文件的编制 211
7.4　典型零件的工艺过程 215
7.4.1　轴类零件 215
7.4.2　套类零件 217
7.4.3　箱体类零件 220
7.5　机械加工精度与表面质量 223
7.5.1　机械加工精度 223
7.5.2　机械加工表面质量 224
7.6　装配工艺...224
7.6.1　装配工艺的制定 224
7.6.2　保证装配精度的方法.............227
7.7　CAD/CAM 技术.................................229
7.7.1　成组技术 229
7.7.2　CAPP 234
7.7.3　CAD/CAM 集成技术.............237
小结...239
习题...240
第 8 章　零件结构的机械加工工艺性 242
8.1　切削加工对零件结构的要求.............243
8.2　机械零件结构加工工艺性的实例分析 243
小结...253
习题...253
参考文献...256

第1章 金属切削的基础知识

教学提示

金属切削加工是用切削工具(包括刀具、磨具和磨料)从毛坯上去除多余的金属，以获得具有所需的几何参数(尺寸、形状和位置)和表面粗糙度的零件的加工方法。切削加工能获得较高的精度和表面质量，对被加工材料、零件几何形状及生产批量具有广泛的适应性。机器上的零件除极少数采用精密铸造和精密锻造等无切屑加工的方法获得以外，绝大多数零件都是靠切削加工来获得的。因此如何进行切削加工，对于保证零件质量、提高劳动生产率和降低成本，有着重要的意义。

教学要求

金属切削加工虽然有多种不同的形式，但是，它们有很多方面都有着共同的现象和规律，如切削时的运动、切削工具以及切削过程的物理实质等。本章就是让学生了解金属切削加工过程中的物理、力学现象，以便在实际工作中正确地选择切削参数、刀具材料及刀具角度，对具体情况进行具体分析，合理地、灵活地应用这些知识来解决问题。

1.1 切削运动与切削要素

1.1.1 零件表面的形成及切削运动

虽然机器零件的形状千差万别，但分析起来都是由下列几种简单的表面组成的，即外圆面、内圆面(孔)、平面和成形面。因此，只要能对这几种表面进行加工，就基本上能完成所有机器零件表面的加工。

外圆面和内圆面(孔)是以某一直线为母线、以圆为轨迹作旋转运动所形成的表面。

平面是以一直线为母线、以另一直线为轨迹作平移运动所形成的表面。

成形面是以曲线为母线，以圆、直线或曲线为轨迹，作旋转或平移运动时所形成的表面。

零件的不同表面，分别由相应的加工方法来获得，而这些加工方法是通过零件与不同的切削刀具之间的相对运动来进行的。这些刀具与零件之间的相对运动称为切削运动。以车床加工外圆柱面为例来研究切削的基本运动，如图 1.1 所示。切削运动可分为主运动和进给运动两种类型。

1. 主运动

使零件与刀具之间产生相对运动以进行切削的最基本运动称为主运动。主运动的速度最高，所消耗的功率最大。在切削运动中，主运动只有一个。它可由零件完成，也可以由刀具完成；可以是旋转运动，也可以是直线运动。图 1.1 中由车床主轴带动零件作的是回转运动。

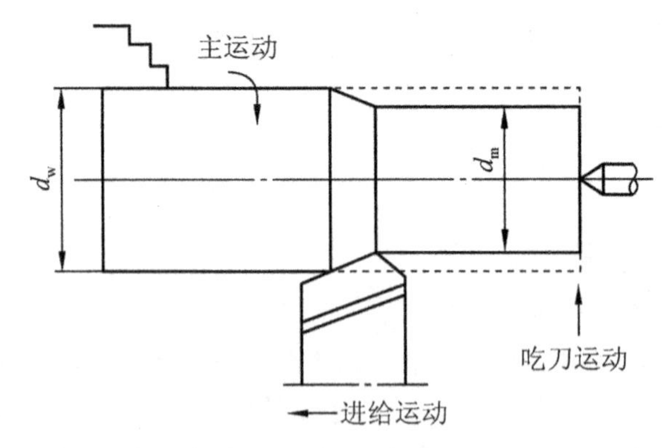

图 1.1 切削运动

2. 进给运动

不断地把被切削层投入切削，以逐渐切削出整个零件表面的运动，称为进给运动。图 1.1 中刀具相对于零件轴线的平行直线运动就是一种进给运动。进给运动一般速度较低，消耗的功率较少，可由一个或多个运动组成。它可以是连续的，也可以是间断的。

1.1.2 切削用量

在切削过程中，零件上形成了以下 3 个表面，如图 1.2 所示。

已加工表面：零件上切除切屑后留下的表面。

待加工表面：零件上将被切除切削层的表面。

过渡表面：零件上正在切削的表面，即已加工表面和待加工表面之间的表面。

在一般的切削加工中，切削要素(即切削用量)包括切削速度、进给量和背吃刀量 3 个要素。

1. 切削速度 v_c

在单位时间内，刀具相对于零件沿主运动方向的相对位移，单位为 m/s。当主运动是回转运动时，则其切削速度

$$v_c = \frac{\pi dn}{1000} \tag{1-1}$$

式中：d——零件待加工表面直径 d_w 或刀具直径 d_o，单位 mm；

n——零件或刀具的转速，r/s。

若主运动是往复运动时，则其平均速度

$$v_c = \frac{2Ln_r}{1000} \tag{1-2}$$

式中：L——往复运动行程长度，mm；

n_r——主运动每秒的往复次数，str/s。

2. 进给量 f

在单位时间内，刀具相对于零件沿进给运动方向的相对位移。例如，车削时，零件每转一转，刀具所移动的距离，即为(每转)进给量，单位为 mm/r。又如，在牛头刨床上刨平面时，刀具往复一次，零件移动的距离，单位为 mm/str(即毫米/双行程)。铣削时由于铣刀是多齿刀具，还常用每齿进给量表示，单位为 mm/z(即毫米/齿)。

3. 背吃刀量 a_p

待加工表面与已加工表面间的垂直距离，单位为 mm。对于图 1.2 外圆车削来说，背吃刀量可表示为

$$a_p = \frac{d_w - d_m}{2} \tag{1-3}$$

式中：d_w——待加工圆柱面直径；

d_m——已加工圆柱面直径。

1.1.3 切削层的几何参数

切削层是指切削过程中，由刀具切削部分的一个单一动作所切除的一层金属，即两个相邻加工表面间的那层金属。如车削时工件转一转，主切削刃移动一个进给量 f 所切除的金属层，如图 1.2 所示。

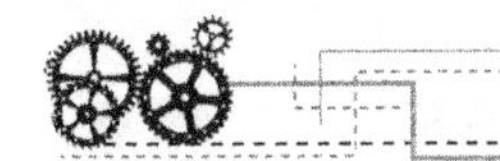

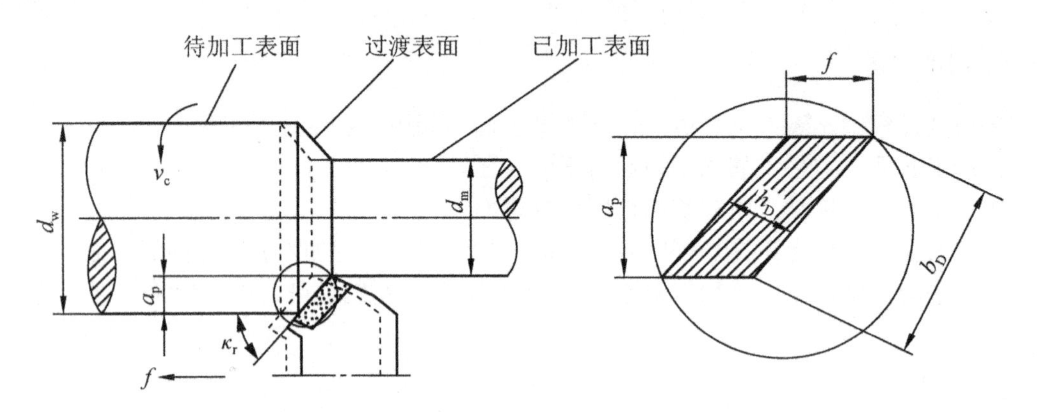

图 1.2　车削要素

切削层参数对切削过程中切削力的大小、刀具的载荷和磨损，零件加工的表面质量和生产率都有决定性的影响。

切削层的几何参数通常在垂直于切削速度的平面内观察和度量，它们包括切削层公称厚度、切削层公称宽度和切削层公称横截面积。

1. 切削层公称厚度 h_D

相邻两加工表面间的垂直距离，如图 1.2 所示。公称厚度的单位为 mm。车外圆时，若车刀主切削刃为直线，则

$$h_D = f\sin\kappa_r \tag{1-4}$$

从式(1-4)可见，切削层厚度和进给量与刀具和零件间的相对角度有关。

2. 切削层公称宽度 b_D

沿主切削刃度量的切削层尺寸，单位为 mm。车外圆时

$$b_D = \frac{a_p}{\sin\kappa_r} \tag{1-5}$$

3. 切削层公称横截面积 A_D

切削层在垂直于切削速度截面内的面积，单位为 mm^2。

车外圆时

$$A_D = h_D b_D = f\,a_p \tag{1-6}$$

1.2　刀具材料及刀具角度

无论哪种刀具，一般都由切削部分和夹持部分构成。夹持部分是用来将刀具夹持在机床上的部分，要求它能保证刀具具有正确的工作位置，传递所需要的运动和动力，并且夹持可靠，装卸方便。切削部分是刀具上直接参与切削工作的部分，刀具的切削性能取决于刀具切削部分的性能和几何形状。

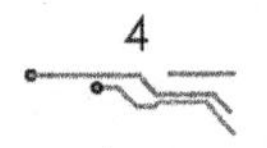

1.2.1　刀具材料

1. 刀具材料应具备的性能

刀具材料是指切削部分的材料。它在高温下工作，并要承受较大的压力、摩擦力、冲击力和振动力等。由于刀具工作环境的特殊性，为保证切削的正常进行，刀具材料必须具备以下基本要求。

(1) 高硬度。刀具的硬度必须高于被切削零件材料的硬度，才能切下金属切屑。常温硬度一般在60HRC以上。

(2) 足够的强度和韧度。刀具在切削力作用下工作，应具有足够的抗弯强度。刀具有足够的韧度，才能承受切削时的冲击载荷(如断续切削时产生的冲击)和振动。

(3) 高耐磨性。刀具材料应具有高的抵抗磨损的能力，以保持切削刃的锋利。一般来说，材料的硬度越高，耐磨性越好。

(4) 高的热硬性(红硬性)。由于切削区温度很高，因此刀具材料应具有在高温下仍能保持高硬度的性能，热硬性用能承受最高的切削温度来表示。高温时硬度高则热硬性高。热硬性是评价刀具材料切削性能的主要指标之一。

(5) 良好的工艺性。为了便于刀具的制造，刀具材料应具有良好的工艺性。工艺性包括锻、轧、焊、切削加工、磨削加工和热处理性能等。

目前已开发使用的刀具材料，各有其特性，但都不能完全满足上述要求。在生产中常根据被加工对象的材料性能及加工要求，选用相应的刀具材料。

2. 常用的刀具材料

(1) 碳素工具钢。是含碳量在0.7%～1.3%的优质碳钢，淬火后硬度为61～65HRC。其热硬性差，在200～500℃时即失去原有硬度，且淬火后易变形和开裂，不宜做复杂刀具。常用作低速、简单的手工工具，如锉刀、锯条等。常用牌号有T10A和T12A。

(2) 合金工具钢。在碳素工具钢中加入少量的铬、钨、锰、硅等合金元素，以提高其热硬性和耐磨性，并能减少热处理变形，耐热温度为300～400℃，用以制造形状复杂、要求淬火变形小的刀具，如绞刀、丝锥、板牙等。常用牌号有9SiCr和CrWMn。

(3) 高速钢。它是含W、Cr、V等合金元素较多的合金工具钢。它的热硬性(500～600℃)和耐磨性虽低于硬质合金，但强度和韧度高于硬质合金，工艺性较硬质合金好，且价格也比硬质合金低。由于高速钢工艺性能较好，所以高速钢除以条状刀坯直接刃磨切削刀具外，还广泛地用于制造形状较为复杂的刀具，如麻花钻、铣刀、拉刀、齿轮刀具和其他成形刀具等。

常用高速钢有普通型高速钢、高性能高速钢和粉末冶金高速钢。

普通型高速钢有钨钢类和钨钼钢类。钨钢类的典型牌号为W18Cr4V。钨钼钢类如W6Mo5Cr4V2，其热塑性比钨钢类好，可通过热轧工艺制作刀具，韧度也较钨钢为高。

高性能高速钢是在普通高速钢的基础上增加一些C和V的含量，并加入Co、Al等合金元素，提高其热稳定性和耐热性，所以也叫高热稳定性高速钢。在630～650℃时也能保持60HRC的硬度。典型牌号如高碳高速钢9W18Cr4V、高钒高速钢W6Mo5Cr4V3、钴高速钢W6Mo5Cr4V2Co8、超硬高速钢W2Mo9Cr4VCo8等。

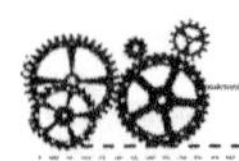

粉末冶金高速钢由超细的高速钢粉末，通过粉末冶金的方式制作的刀具材料。其强度、韧度和耐磨性都有较大程度的提高，但价格也较高。

(4) 硬质合金。是以 WC、TiC 等高熔点的金属碳化物粉末为基体，用 Co 或 Ni、Mo 等作粘接剂，用粉末冶金的方法烧结而成。其硬度高达 87～92HRC(相当于 70～75HRC)，热硬性很高，在 850～1000℃高温时，尚能保持良好的切削性能。

硬质合金刀具的切削效率是高速钢刀具的 5～10 倍，广泛使用硬质合金刀具是提高切削加工经济性的最有效的途径之一。硬质合金刀具能切削一般钢刀具无法切削的材料，如淬火钢之类的材料。硬质合金刀具的缺点是性脆、抗弯强度和冲击韧度均比高速钢刀具低，刃口不锋利，工艺性较差，难加工成形，不易做成形状较复杂的整体刀具，因此目前还不能完全代替高速钢刀具。

硬质合金是重要的刀具材料。车刀和端铣刀大多使用硬质合金制作。钻头、深孔钻、绞刀、齿轮滚刀等刀具中，使用硬质合金的也日益增多。

① 国产的硬质合金一般分为 3 大类。

钨钴硬质合金。代号为 YG，由 WC 和 Co 组成。这类合金的韧度较好，抗弯强度较高，热硬性稍差，适应于加工铸铁、有色金属及合金等脆性材料。常用的牌号有 YG3、YG6、YG8、YG3X、YG6X 等。牌号中的数字代表含钴量的百分数，X 表示细晶粒合金。含钴越多，韧度与强度越高，而硬度和耐磨性较低。故 YG8 用作粗加工，YG3 用作精加工，YG6 用作半精加工。细晶粒合金耐磨性稍高且切削刃可磨得较尖锐，用于脆性材料的精加工，如用 YG6X 做成的车刀，加工零件的表面粗糙度 R_a 值为 0.1～0.2μm，耐用度比高速钢高 7～8 倍。

钨钛钴硬质合金。代号为 YT，由 WC、TiC 和 Co 组成。由于 TiC 的熔点和硬度都比 WC 高，故这类合金的热硬性比钨钴硬质合金高，耐磨性也较好，适于加工碳钢等塑性材料。常用的牌号有 YT5、YT14、YT15、YT30。牌号中的 T 表示 TiC，数字表示碳化钛含量的百分数。含 TiC 量越多，热硬性越高，相应地含钴量减少，韧度较差。故 YT30 常用于精加工，YT5 用于粗加工。

通用硬质合金。代号为 YW。在 YT 类合金中，加入 TaC 或 NbC 而组成。这类合金的韧度和抗黏附性较高，耐磨性也较好，适应范围广，既能切削铸铁，又能切削钢材，特别适于加工各种难加工的合金钢，如耐热钢、高锰钢、不锈钢等，故称为通用硬质合金。常用牌号有 YW1 和 YW2。

② 按 ISO 标准硬质合金可分为 P、M、K 三大类。

P 类硬质合金(蓝色)。适合加工长切屑的黑色金属，如钢、铸钢等。其代号有 P01、P10、P20、P30、P40、P50 等，数字越大，耐磨性越低而韧度越高。精加工可用 P01，半精加工可用 P10、P20，粗加工可选用 P30。

M 类硬质合金(黄色)。适合加工短切屑的金属材料，如钢、铸钢、不锈钢等难切削材料等。其代号有 M10、M20、M30、M40 等，数字越大，耐磨性越低而韧度越高。精加工可用 M10，半精加工可用 M20，粗加工可选用 M30。

K 类硬质合金(红色)。适合加工短切屑的金属或非金属材料，如淬硬钢、铸铁、铜铝合金、塑料等。其代号有 K01、K10、K20、K30、K40 等，数字越大，耐磨性越低而韧度越高。精加工可用 K01，半精加工可用 K10、K20，粗加工可选用 K30。

(5) 陶瓷材料。陶瓷的主要成分是 Al_2O_3，加少量添加剂，经高压压制烧结而成，它的

硬度、耐磨性和热硬性均比硬质合金好，用陶瓷材料制成的刀具，适于加工高硬度的材料。刀具硬度为93～94HRA，在1200℃的高温下仍能继续切削。陶瓷与金属的亲和力小，用陶瓷刀具切削不易粘刀、不易产生积屑瘤，被切削加工工件表面粗糙度小，加工钢件时的刀具寿命是硬质合金的10～12倍。但陶瓷刀片性脆，抗弯强度与冲击韧度低，一般用于钢、铸铁以及高硬度材料(如淬火钢)的半精加工和精加工。

为了提高陶瓷刀片的强度和韧度，可在矿物陶瓷中添加高熔点、高硬度的碳化物(如TiC)和一些其他金属(如镍、钼)以构成复合陶瓷。如我国陶瓷刀片(牌号AT6)就是复合陶瓷，其硬度为93.5～94.5HRA，抗弯强度值大于900MPa。

我国的陶瓷刀片牌号有AM、AMF、AT6、SG3、SG4、LT35、LT55等。

3. 其他新型刀具材料

(1) 涂层刀具。涂层刀具是在韧度较好的硬质合金或高速钢刀具基体上，涂覆一薄层耐磨性高的难熔金属化合物而获得的。

常用的涂层材料有TiC、TiN、Al_2O_3等。TiC的硬度比TiN高，抗磨损性能好，对于会产生剧烈磨损的刀具，TiC涂层较好。TiN与金属的亲和力小，湿润性能好，在容易产生黏结的条件下，TiN涂层较好。在高速切削产生大量热量的场合，以采用Al_2O_3涂层为好，因为Al_2O_3在高温下有良好的热稳定性能。

涂层硬质合金刀片的耐用度至少可提高1～3倍，涂层高速钢刀具的耐用度则可提高2～10倍。加工材料的硬度越高，则涂层刀具的效果越好。

(2) 人造金刚石。人造金刚石是通过金属触媒的作用，在高温高压下由石墨转化而成。人造金刚石具有极高的硬度(显微硬度可达HV10000)和耐磨性，其摩擦因数小，切削刃可以做得非常锋利。因此，用人造金刚石做刀具可以获得很高的加工表面质量。但人造金刚石的热稳定性差(不得超过700～800℃)，特别是它与铁元素的化学亲和力很强，因此它不宜用来加工钢铁件。人造金刚石主要用于制作磨具和磨料，用作刀具材料时，多用于在高速下精细车削或镗削有色金属及非金属材料。尤其是用它切削加工硬质合金、陶瓷、高硅铝合金及耐磨塑料等高硬度、高耐磨性的材料时，具有很大的优越性。

(3) 立方氮化硼。立方氮化硼是由六方氮化硼在高压下加入催化剂转变而成的。它是20世纪70年代才发展起来的一种新型刀具材料，立方氮化硼的硬度很高(可达到HV800～HV900)，并具有很高的热稳定性(1300～1400℃)，它最大的优点是高温(1200～1300℃)时也不易与铁族金属起反应。因此，它能胜任淬火钢、冷硬铸铁的粗车和精车，同时还能高速切削高温合金、热喷涂材料、硬质合金及其他难加工材料。

1.2.2 刀具角度

金属切削刀具的种类很多，其形状、结构各不相同，但是它们的基本功用都是在切削过程中，从零件毛坯上切下多余的金属。因此在结构上基本相同，尤其是它们的切削部分。外圆车刀是最基本、最典型的切削刀具，故通常以外圆车刀为代表来说明刀具切削部分的组成，并给出切削部分几何参数的一般性定义。其他的多刃刀具和砂轮在第3章中介绍。

1. 刀具切削部分的组成

刀具各组成中承担切削工作的部分为刀具的切削部分。图1.3所示的外圆车刀切削部分的结构要素及其定义如下。

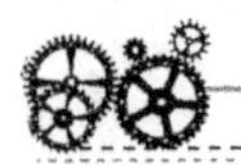

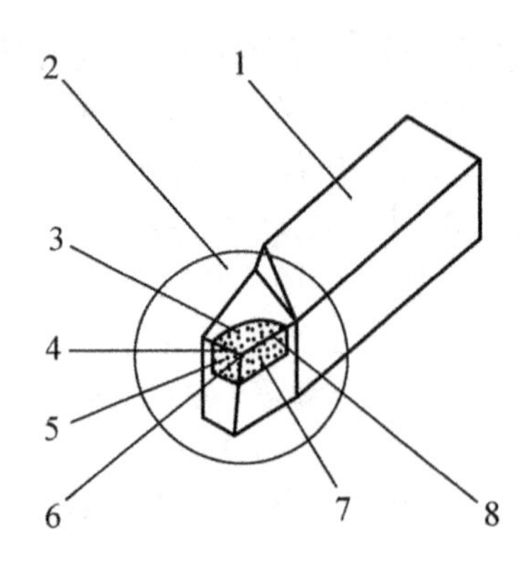

图 1.3　刀具的组成

1—夹持部分　2—切削部分　3—前刀面　4—副切削刃　5—副后刀面
6—刀尖　7—主后刀面　8—主切削刃

(1) 前刀面。切屑被切下后，从刀具切削部分流出所经过的表面。

(2) 主后刀面。在切削过程中，刀具上与零件的过渡表面相对的表面。

(3) 副后刀面。在切削过程中，刀具上与零件的已加工表面相对的表面。

(4) 主切削刃。前刀面与主后刀面的交线，切削时承担主要的切削工作。

(5) 副切削刃。前刀面与副后刀面的交线，也起一定的切削作用，但不明显。

(6) 刀尖。主切削刃与副切削刃相交之处，刀尖并非绝对尖锐，而是一段过渡圆弧或直线。

2. 定义刀具角度的参考系

为了表示出刀具几何角度的大小以及刃磨和测量刀具角度的需要，必须表示出上述刀面和切削刃的空间位置。而要确定它们的空间位置，就应该建立假想的参考平面坐标系，如图 1.4 所示。它是在不考虑进给运动的大小，并假定车刀刀尖与主轴轴线等高、刀杆中心线垂直于进给方向的情况下建立的，它由 3 个互相垂直的平面组成。

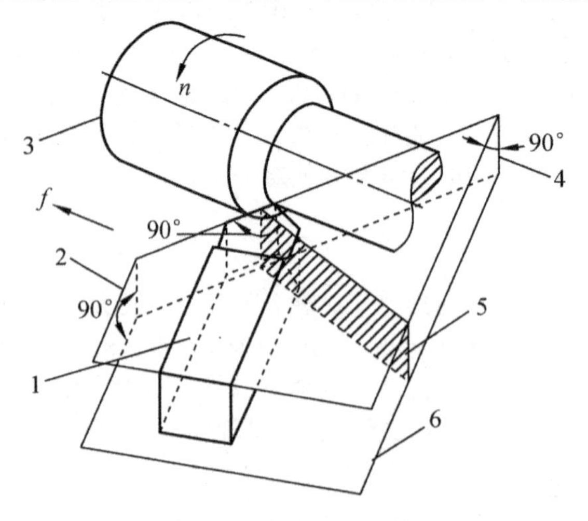

图 1.4　参考系辅助平面

1—车刀　2—基面(P_r)　3—零件　4—切削平面(P_s)　5—主剖面(P_o)　6—底平面

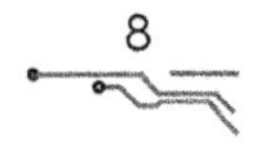

(1) 基面(P_r)。通过主切削刃上的某一点，与该点的切削速度方向相垂直的平面。

(2) 切削平面(P_s)。通过主切削刃上的某一点，与该点过渡表面相切的平面。该点的切削速度矢量在该平面内。

(3) 主剖面(P_o)。通过主切削刃上的某一点，且与主切削刃在基面上的投影相垂直的平面。

3. 刀具的标注角度

刀具的标注角度是刀具制造和刃磨的依据。车刀的标注角度主要有5个，如图1.5所示。

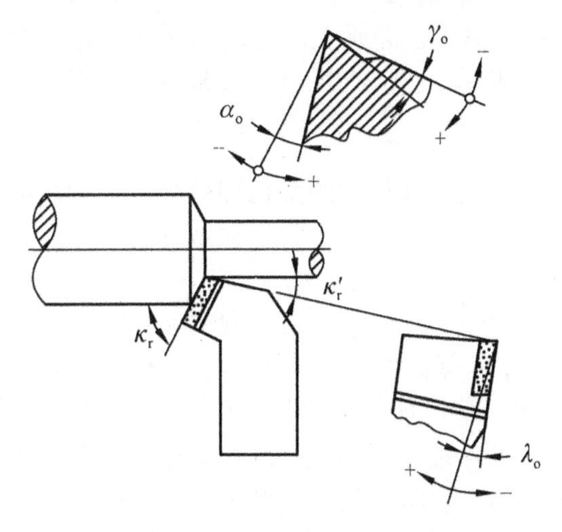

图1.5 车刀的标注角度

(1) 前角γ_o。在主剖面内测量的前刀面与基面之间的夹角。根据前刀面和基面相对位置的不同，又分别规定为正前角、零前角、负前角(图1.5)。适当增大前角，则主切削刃锋利，切屑变形小，切削轻快，减少切削力和切削热。但前角过大，切削刃变弱，散热条件和受力状态变差，将使刀具磨损加快，耐用度降低，甚至崩刀或损坏。生产中应根据零件材料、刀具材料和加工要求合理选择前角的数值。加工塑性材料时，应选较大的前角；加工脆性材料时，选较小的前角；精加工时前角可选大些，粗加工时前角可选小些。通常硬质合金刀具的前角在−5°～+25°的范围内选取。

(2) 后角α_0。在主剖面内测量的主后刀面与切削平面之间的夹角。后角用以减少刀具主后刀面与零件过渡表面间的摩擦和主后刀面的磨损，配合前角调整切削刃的锋利程度与强度；直接影响加工表面质量和刀具耐用度。后角大，摩擦小，切削刃锋利。但后角过大，将使切削刃变弱，散热条件变差，加速刀具磨损。因此，后角应在保证加工质量和刀具耐用度的前提下取小值。粗加工和承受冲击载荷的刀具，为了保证切削刃的强度，应取较小的后角，通常为4°～7°。精加工为减少后刀面的磨损，应取较大的后角，一般为8°～12°。

(3) 主偏角κ_r。在基面内测量的主切削刃在基面上的投影与进给运动方向的夹角。主偏角的大小影响切削断面形状和切削分力的大小。在进给量和背吃刀量相同的情况下，减小主偏角，将得到薄而宽的切屑。由于主切削刃参加切削长度增加，增大了散热面积，使刀具寿命得到提高。但减小主偏角却使吃刀抗力F_y增加。当加工刚性差的零件时，为了避免零件产生变形和振动，常采用较大的主偏角。车刀常用的主偏角有45°、60°、75°、90°几种。

(4) 副偏角 κ_r'。在基面内测量的副切削刃在基面上的投影与进给运动反方向的夹角。副偏角的作用是为了减少副切削刃与零件已加工表面之间的摩擦，防止切削时产生振动。减小副偏角，可减小切削残留面积的高度，降低表面粗糙度 R_a 值。一般车刀的 $\kappa_r'=5°\sim7°$。粗加工时 κ_r' 取较大值，精加工时取较小值，必要时可磨出一段 $\kappa_r'=0$ 的修光刃，其长度为进给量的 1.2～1.5 倍。断续切削时 $\kappa_r'=4°\sim6°$，以提高刀尖强度。对于切槽刀，为了保证刀头强度和重磨后主切削刃宽度变化小，$\kappa_r'=1°\sim2°$。

(5) 刃倾角 λ_s。在切削平面内测量的主切削刃与基面之间的夹角。当主切削刃呈水平时，$\lambda_s=0$；刀尖为主切削刃上最高点时，$\lambda_s>0$；刀尖为主切削刃上最低点时，$\lambda_s<0$。刃倾角主要影响刀头的强度和排屑方向。粗加工和断续切削时，为了增加刀头强度，λ_s 常取负值。精加工时，为了防止切屑划伤已加工表面，λ_s 常取正值或零。

4. 刀具的工作角度

切削加工过程中，由于刀具安装位置的变化和进给运动的影响，使得参考平面坐标系的位置发生变化，从而导致了刀具实际角度与标注角度的不同。刀具在工作过程中的实际切削角度，称为工作角度。

以车削为例，在切削过程中，有如下因素影响实际的工作角度。

(1) 刀尖安装高低对工作角度的影响。车外圆时，车刀的刀尖一般与零件轴心线是等高的。若车刀的刃倾角 $\lambda_s=0$，则此时刀具的工作前角和工作后角与其标注前角和标注后角相等。如果刀尖高于或低于零件轴线，则此时的切削速度方向发生变化，引起基面和切削平面的位置变化，从而使车刀的实际切削角度发生变化。图 1.6 所示为刀尖高于零件轴心线时，工作切削平面变为 P_{se}，工作基面变为 P_{re}，则工作前角 γ_{oe} 增大，工作后角 α_{oe} 减小；刀尖低于零件轴心线时，工作角度的变化则正好相反。

$$\gamma_{oe}=\gamma_o\pm\theta \tag{1-7}$$

$$\alpha_{oe}=\alpha_o\mp\theta \tag{1-8}$$

$$\tan\theta=\frac{h}{\sqrt{(\frac{d_w}{2})^2-h^2}}\cos\kappa_r \tag{1-9}$$

式中：h——刀尖高于或低于零件轴线的距离，mm。

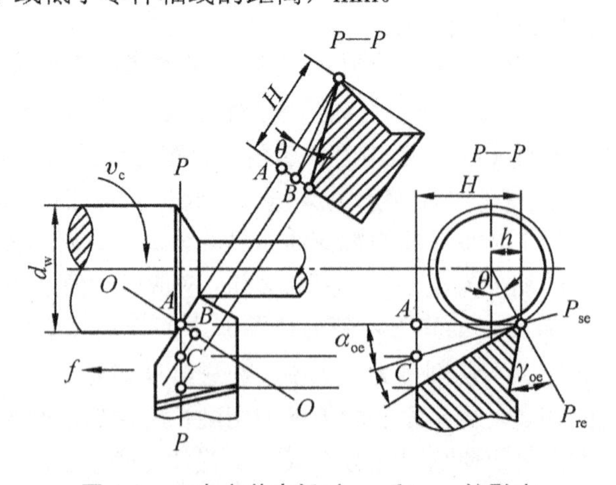

图 1.6 刀尖安装高低对 γ_{oe} 和 α_{oe} 的影响

粗车外圆时，使刀尖略高于零件轴线，以增大前角，减小切削力；精车外圆时，使刀尖略低于零件轴线，以增大后角，减少后刀面的磨损；车成形面时，切削刃应与零件轴线等高，以免产生误差。

(2) 刀杆中心线安装偏斜对工作角度的影响。当刀杆中心线与进给方向不垂直时，工作主偏角 κ_{re} 和工作副偏角 κ_{re}' 将发生变化，如图 1.7 所示。在自动车床上，为了在一个刀架上装几把刀，常使刀杆偏斜一定角度；在普通机床上为了避免振动，有时也将刀杆偏斜安装以增大主偏角。

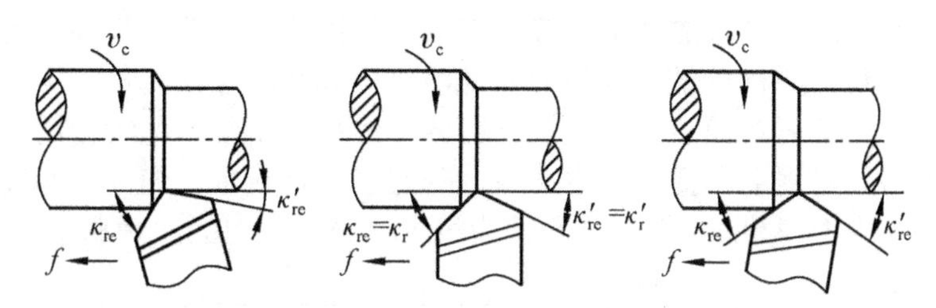

图 1.7 车刀安装偏斜对 κ_{re} 和 κ_{re}' 的影响

(3) 进给运动对工作角度的影响。以切断刀为例(图 1.8)，若不考虑进给运动，则 $\gamma_{oe}=\gamma_o$，$\alpha_{oe}=\alpha_o$。考虑横向进给运动，刀尖的运动轨迹为阿基米德螺旋线，这时切削平面为通过切削刃切于螺旋面的平面 P_{se}，基面则为螺旋面的法向平面 P_{re}，工作前角 γ_o 增大，而工作后角 α_{oe} 减小。在通常的进给量下，角度的变化值不大，故常忽略。

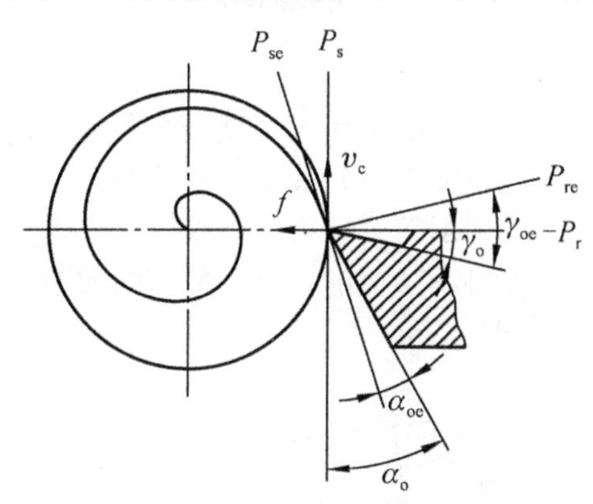

图 1.8 横向进给运动对 γ_{oe} 和 α_{oe} 的影响

1.2.3 刀具结构

刀具的结构形式对刀具的切削性能、切削加工的生产效率和经济性有着重要的影响，下面仍以车刀为例，说明刀具结构的演变和改进。

车刀的结构形式有整体式、焊接式、机夹重磨式和机夹可转位式等几种。

1. 整体式车刀

早期使用的车刀多半是整体结构，即刀头和刀杆用同一种材料制成一个整体。对贵重的刀具材料消耗较大。

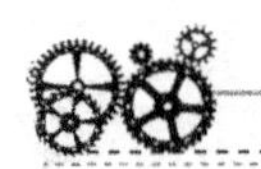

2. 焊接式车刀

将硬质合金刀片用钎料焊接在刀杆上，然后刃磨使用。焊接式车刀的结构简单、紧凑、刚性好，而且灵活性较大，可以根据加工条件和加工要求，方便地磨出所需角度，应用十分普遍。然而，焊接式车刀的硬质合金刀片经过高温焊接和刃磨后，易产生内应力和裂纹，使刀具切削性能下降，对提高生产效率很不利。

3. 机夹重磨式车刀

为了避免高温焊接所带来的缺陷，提高刀具切削性能，并使刀杆能重复使用，可采用机夹重磨式车刀。其主要特点是刀片与刀杆是两个可拆开的独立元件，工作时靠加紧元件把它们紧固在一起。车刀磨钝后将刀片卸下刃磨，然后重新装上继续使用。这类车刀较焊接式车刀提高了刀具耐用度、提高了生产率、降低了刀具成本，但其结构较复杂，刀片重磨时仍有可能产生应力和裂纹。图 1.9 所示为机夹重磨式车刀的一种典型结构。

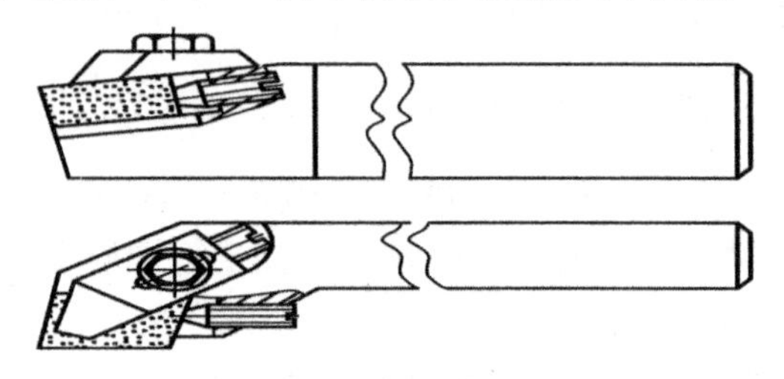

图 1.9　机夹重磨式车刀

4. 机夹可转位式车刀

将预先加工好的有一定几何角度的多角形硬质合金刀片，用机械的方法装夹在特制的刀杆上的车刀。由于刀具的几何角度是由刀片形状及其在刀杆槽中的安装位置来确定的，故不需要刃磨。使用中，当一个切削刃磨钝后，只须松开刀片夹紧元件，将刀片转位，改用另一新切削刃，重新夹紧后即可继续切削。待全部切削刃磨钝后，再装上新刀片又继续使用了。图 1.10 所示为杠杆式可转位车刀。

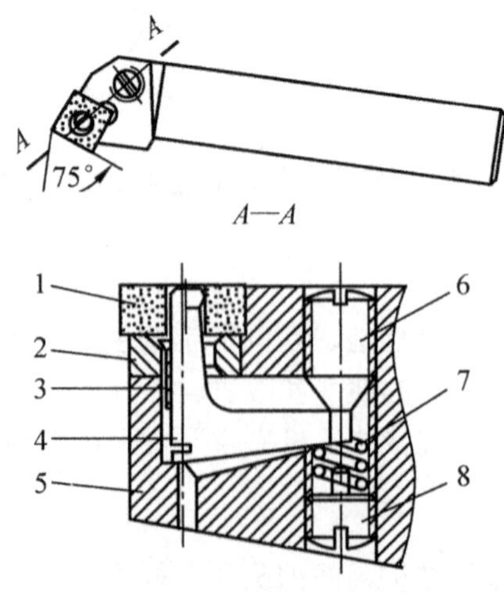

图 1.10　杠杆式可转位车刀

1—刀片　2—刀垫　3—弹簧　4—杠杆　5—刀体　6—压紧螺钉　7—弹簧　8—调节螺钉

机夹可转位式车刀的主要优点如下。

(1) 避免了因焊接而引起的缺陷，在相同的切削条件下刀具切削性能大为提高。

(2) 在一定条件下，卷屑、断屑稳定可靠。

(3) 刀片转位后，仍可保证切削刃与零件的相对位置，减少了调刀停机时间，提高了生产效率。

(4) 刀片一般不需重磨，利于涂层刀片的推广应用。

(5) 刀体使用寿命长，可节约刀体材料及其制造成本。

1.3 金属切削过程

金属切削过程不是将金属劈开而去除金属层，而是靠刀具的前刀面与零件间的挤压，使零件表层材料产生以剪切滑移为主的塑性变形成为切屑而去除。从这个意义上讲，切削过程也就是切屑的形成过程。

1.3.1 切屑的形成及其类型

1. 切削过程

当刀具刚与零件接触时，接触处的压力使零件产生弹性变形，由于刀具与零件间的相对运动，使零件材料与刀具切削刃逼近的过程中，材料的内应力逐渐增大，当剪切应力τ达到屈服点τ_s时材料就开始滑移而产生塑性变形，如图 1.11 所示。*OA* 线表示材料各点开始滑移的位置，称为始滑移线($\tau = \tau_s$)，即点 1 在向前移动的同时也沿 *OA* 滑移，其合成运动将使点 1 流动到点 2，2′—2 就是它的滑移量，随着滑移变形的继续进行，剪切应力逐渐增大，当 *P* 点顺次向 2，3，…各点移动时，剪切应力不断增大，直到点 4 位置，此时其流动方向与刀具前刀面平行，不再沿 *OM* 线滑移，故称 *OM* 为终滑移线($\tau = \tau_{max}$)。*OA* 与 *OM* 间的区域称为第 I 变形区。

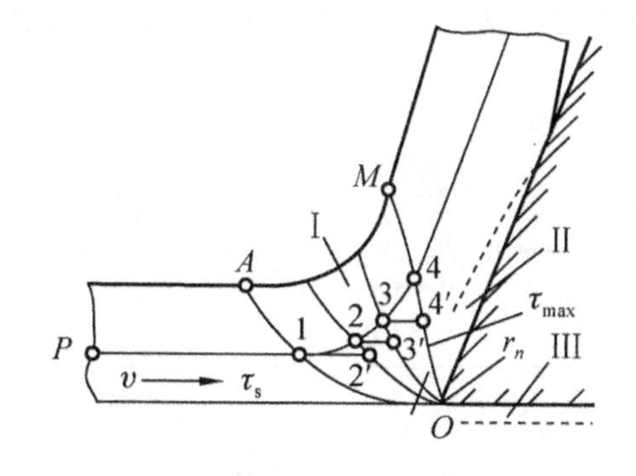

图 1.11 切削过程中的 3 个变形区

切屑沿前刀面流出时还需要克服前刀面对切屑的挤压而产生的摩擦力，切屑受到前刀面的挤压和摩擦，继续产生塑性变形，切屑底面的这一层薄金属区称为第 II 变形区。

零件已加工表面受到切削刃钝圆部分和后刀面的挤压、回弹与摩擦，产生塑性变形，导致金属表面的纤维化和加工硬化。零件已加工表面的变形区域称为第 III 变形区。

应当说明，第I变形区和第II变形区是相互关联的，第II变形区内前刀面的摩擦情况与第I变形区内金属滑移方向有很大关系，当前刀面上的摩擦力大时，切屑排除不通畅，挤压变形加剧，使第I变形区的剪切滑移增大。

2. 切屑类型

切削加工时，由于不同的材料、不同的切削速度和不同的刀具角度，滑移变形的程度差异很大，产生的切屑形态也是多样的。一般来说，可以分为以下4种类型，如图1.12所示。

(1) 带状切屑。如图1.12(a)所示，带状切屑连续不断呈带状，内表面是光滑的，外表面是毛茸的。一般加工塑性金属材料时，当切削厚度较小、切削速度较高、刀具前角较大时，往往得到这类切屑。形成带状切屑时，切削过程较平稳、切削力波动较小，已加工表面的表面粗糙度值较小。

(2) 节状切屑(挤裂切屑)。如图1.12(b)所示，切屑的外表面呈锯齿形，内表面有时有裂纹，这是由于材料在剪切滑移过程中滑移量较大，由滑移变形所产生的加工硬化使剪切应力增大，在局部地方达到了材料的断裂强度所引起的。这种切屑大多在加工较硬的塑性金属材料且所用的切削速度较低、切削厚度较大、刀具前角较小的情况下产生。切削过程中的切削力波动较大，已加工表面的表面粗糙度值较大。

(3) 粒状切屑(单元切屑)。如图1.12(c)所示，在切削塑性材料时，如果被剪切面上的应力超过零件材料的强度极限时，裂纹扩展到整个面上，则切屑被分成梯形状的粒状切屑。加工塑性金属材料时，当切削厚度较大、切削速度较低、刀具前角较小时，易成为粒状切屑，粒状切屑的切削力波动最大，已加工表面粗糙。

(4) 崩碎切屑。如图1.12(d)所示，崩碎切屑的形状不规则，加工表面是凹凸不平的。切屑在破裂前变形很小，它的脆断主要是材料所受应力超过了它的抗拉极限。崩碎切屑发生在加工脆性材料时(如铸铁)，零件材料越是硬脆，刀具前角越小，切削厚度越大时，越易产生这类切屑。形成崩碎切屑的切削力波动大，已加工表面粗糙，且切削力集中在切削刃附近，切削刃容易损坏，故应力求避免。提高切削速度、减小切削厚度、适当增大前角，可使切屑成针状或片状。

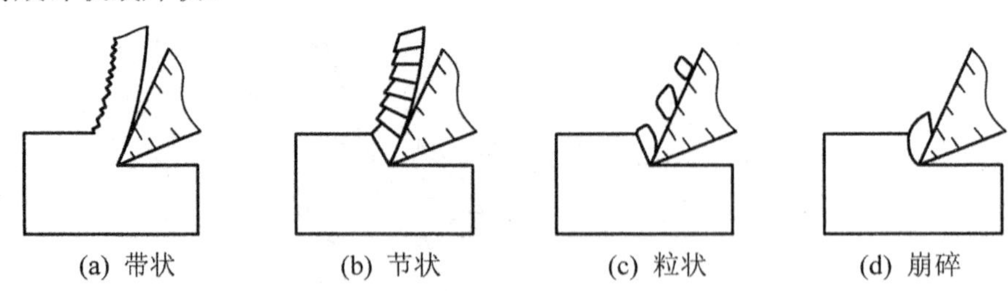

(a) 带状　(b) 节状　(c) 粒状　(d) 崩碎

图1.12　切屑类型

生产实践表明，刀具切下的切屑其外形尺寸比零件上的切削层短而厚，如图1.13所示，这种现象称为切屑的收缩。通常用切削层长度(l)与切屑长度(l_c)之比，或切屑厚度(h_C)与切削层厚度(h_D)之比表示切屑的变形程度，其比值称为变形系数ξ，即

$$\xi=\frac{l}{l_c}=\frac{h_C}{h_D} \tag{1-10}$$

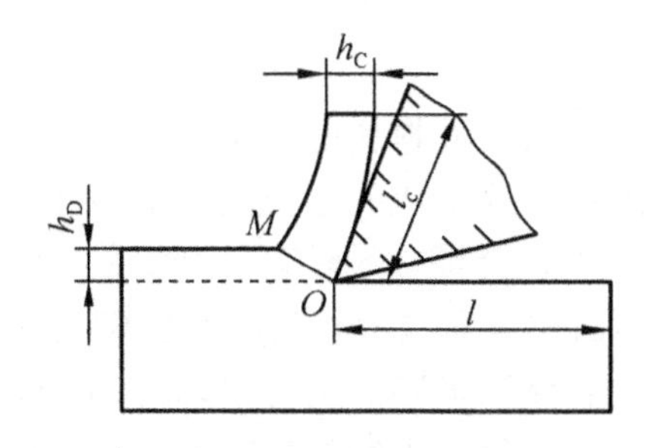

图 1.13　切屑的收缩

ξ 是大于 1 的数，ξ 值越大，表示切屑变形越大。切屑的变形程度直接影响到切削力、切削热和刀具的磨损，它与切削加工的质量、生产率和经济性关系很大，是判断切削过程顺利与否的一个重要的物理量。加工中等硬度钢材时，ξ 值一般在 2～3 之间变化。

1.3.2　积屑瘤

第 II 变形区内，在一定范围的切削速度下切削塑性材料且形成带状切屑时，常有一些来自切屑底层的金属粘接层积在前刀面上，形成硬度很高的楔块，称为积屑瘤，如图 1.14 所示。

1. 积屑瘤的形成

当切屑沿前刀面流出时，在一定的温度和压力的作用下，切屑与前刀面接触的表层产生强烈的摩擦甚至粘接，使该表层变形层流速减慢，使切屑内部靠近表层的各层间流速不同，形成滞流层，导致切屑层内层处产生平行于粘接表面的切应力。当该切应力超过材料的强度极限时，底面金属被剪断而粘接在前刀面上，形成积屑瘤。

2. 积屑瘤对切削过程的影响

积屑瘤由于经过了强烈的塑性变形而强化，因而可代替切削刃进行切削，它有保护切削刃和增大实际工作前角的作用(图 1.14)，使切削轻快，可减少切削力和切屑变形，粗加工时产生积屑瘤有一定好处。但是积屑瘤的顶端伸出切削刃之外，它时现时消，时大时小，这就使切削层的公称厚度发生变化，导致切削力的变化，引起振动，降低了加工精度。此外，有一些积屑瘤碎片粘附在零件已加工表面上，使表面变得粗糙。因此在精加工时，应当避免产生积屑瘤。

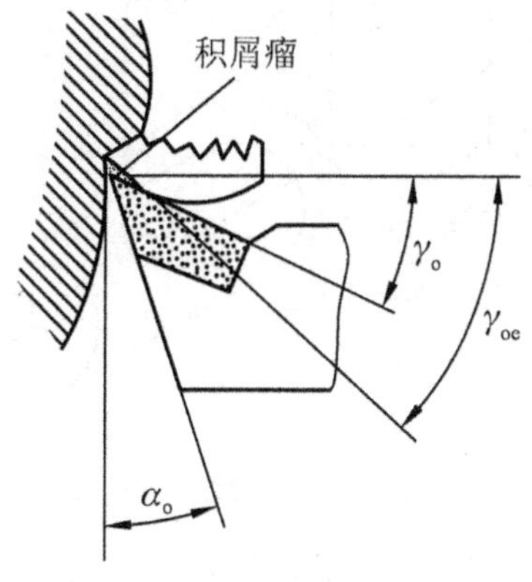

图 1.14　积屑瘤

3. 积屑瘤的控制

影响积屑瘤形成的主要因素有零件材料的力学性能、切削速度和冷却润滑条件等。在零件材料的力学性能中，影响积屑瘤形成的主要因素是塑性。塑性越大，越容易形成积屑瘤。如加工低碳钢、中碳钢、铝合金等材料时容易产生积屑瘤。要避免积屑瘤，可将零件材料进行正火或调质处理，以提高其强度和硬度，降低塑性。

切削速度是通过切削温度和摩擦来影响积屑瘤的。当切削速度低于5m/min时，切削温度低，切屑与前刀面摩擦不大，切屑内表面的切应力不会超过材料的强度极限，故不会产生积屑瘤。当切削速度提高到5～50m/min时，切削温度升高，且切屑底面的新鲜金属来不及充分氧化，摩擦因数增大，切屑内表面的切应力会超过材料的强度极限，部分底层金属粘接在切削刃上而产生积屑瘤，加工钢材时约在300℃时摩擦因数最大，积屑瘤高度也最大。当切削速度大于100m/min时，切屑底面金属呈微熔状态，减少了摩擦，因而不会产生积屑瘤。

因此，精车和精铣一般均采用高速切削，而在铰削、拉削、宽刃精刨和精车丝杠、蜗杆等情况下，采用低速切削，以避免形成积屑瘤。采用适当的切削液，可有效地降低切削温度，减少摩擦，也是减少或避免积屑瘤产生的重要措施之一。

1.3.3 切削力和切削功率

在切削过程中，切削力直接影响切削热、刀具磨损与耐用度、加工精度和已加工表面质量。在生产中，切削力又是计算切削功率，设计机床、刀具、夹具以及监控切削过程和刀具工作状态的重要依据。研究切削力的规律，对于分析生产过程和解决金属切削加工中的工艺问题都有重要意义。

1. 切削力的来源与分解

刀具切削零件时，必须克服材料的变形抗力，克服切屑与前刀面以及零件与后刀面之间的摩擦阻力，才能切下切屑。这些阻力的合力就是作用在刀具上的总切削力 F。常把 F 分解成 F_c、F_p、F_f互相垂直的3个分力，以车外圆为例，如图1.15所示。

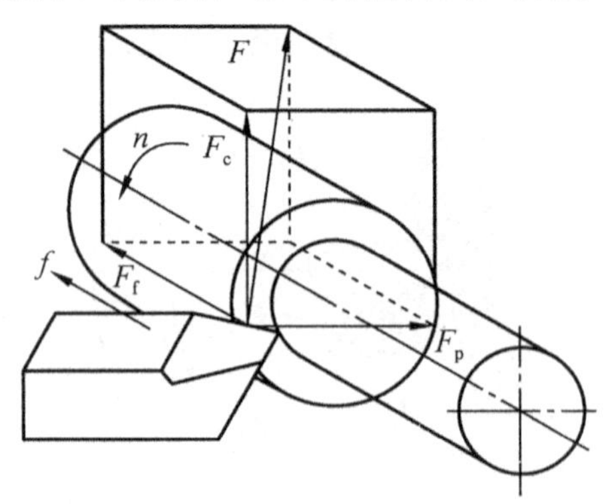

图1.15 切削分力与合力

(1) 主切削力 F_c。垂直于基面，与切削速度方向一致，又称为切向力。它是各分力中最大而且消耗功率最多的一个分力。它是计算机床动力、刀具和夹具强度的依据，也是选

择刀具几何形状和切削用量的依据。

(2) 吃刀抗力 F_p。作用在基面内，并与刀具纵向进给方向相垂直，又称为径向力。它作用在机床、零件刚性最弱的方向上，使刀架后移和零件弯曲，容易引起振动，影响加工质量。

(3) 走刀抗力 F_f。作用在基面内，并与刀具纵向进给方向相平行，又称为轴向力。它作用在进给机构上，是设计和校验进给机构的依据。

如图 1.15 所示，这 3 个切削分力与总切削力有如下关系

$$F=\sqrt{F_c^2+F_p^2+F_f^2} \tag{1-11}$$

各切削分力可通过测力仪直接测出，也可运用建立在实验基础上的经验公式来计算。

2. 切削功率

切削功率 P_m 是 3 个切削分力消耗功率的总和，单位为 kW，但在车外圆时，吃刀抗力 F_p 消耗的功率为零，走刀抗力 F_f 消耗的功率很小，一般可忽略不计。因此，切削功率 P_m 可用式(1-12)计算

$$P_m=10^{-3}F_c v_c \tag{1-12}$$

在设计机床时，应根据切削功率确定机床电动机功率 P_E，还要考虑机床的传动效率 η_m(一般取 0.75～0.85)，于是

$$P_E \geqslant P_m/\eta_m \tag{1-13}$$

1.3.4 切削热和切削温度

1. 切削热的产生与传散

切削加工过程中，切削功几乎全部转换为热能，将产生大量的热量。将这种产生于切削过程的热量称为切削热。其来源有以下 3 种。

(1) 切屑变形所产生的热量是切削热的主要来源。

(2) 切屑与刀具前刀面之间的摩擦所产生的热量。

(3) 零件与刀具后刀面之间的摩擦所产生的热量。

切削塑性材料时，切削热主要来源于第 I 和第 II 变形区。切削脆性材料时，由于产生崩碎切屑，因而切屑与前刀面的挤压与摩擦较小，所以切削热主要来源于第 I 和第 III 变形区。

切削热通过切屑、零件、刀具及周围的介质传散。各部分传热的比例取决于零件材料、切削速度、刀具材料及几何角度、加工方式以及是否使用切削液等。例如，用高速钢车刀及与之相适应的切削速度切削钢材时，切削热 50%～86%由切屑带走，10%～40%传入零件，3%～9%传入车刀，1%左右通过辐射传入空气。而钻削钢件时，散热条件差，切削热 52.5%传入零件，28%由切屑带走，14.5%传入钻头，5%左右传入到周围介质。

传入零件的切削热，使零件产生热变形，影响加工精度，特别是加工薄壁零件、细长零件和精密零件时，热变形的影响更大。磨削淬火钢件时，磨削温度过高，往往使零件表面产生烧伤和裂纹，影响零件的耐磨性和使用寿命。

传入刀具的切削热，比例虽然不大，但由于刀具的体积小、热容量小，因而温度高，高速切削时，切削温度可达 1000℃，加速了刀具的磨损。

2. 切削温度及其影响因素

切削温度一般是指切屑、零件和刀具接触面上的平均温度。切削温度，除了用仪器进行测定外，还可以通过观察切屑的颜色大致估计出来。如切削碳素结构钢时，切屑呈银白色或黄色说明切削温度不高；切屑呈深蓝色或蓝黑色则说明切削温度很高。

切削温度的高低取决于切削热的产生和传散情况。影响切削温度的主要因素有以下几点。

(1) 切削用量。切削用量中，切削速度 v_c 对切削热的影响最大，进给量 f 次之，背吃刀量 a_p 最小。当切削速度增加时，切削功率增加，切削热亦增加；同时由于切屑底层与前刀面强烈摩擦产生的摩擦热来不及向切屑内部传导，而大量积聚在切屑底层，因而使切削温度升高。增大进给量，单位时间内的金属切除量增多，切削热也增加。但进给量对于切削温度的影响，则不如切削速度那样显著，这是由于进给量增加，使切屑变厚，切屑的热容量增大由切屑带走的热量增多，切削区的温升较少。切削深度增加，切削热虽然增加，但切削刃参加工作的长度也增加，改善了散热条件，因此切削温度的上升不明显。从降低切削温度，提高刀具耐用度的观点来看，选用大的切削深度和进给量，比选用高的切削速度有利。

(2) 零件材料。零件材料的强度和硬度越高，切削中消耗的功率越大，产生的切削热越多，切削温度也越高。即使对同一材料，由于其热处理状态不同，切削温度也不相同。如 45 钢在正火状态、调质状态和淬火状态下，其切削温度相差悬殊。与正火状态相比，调质状态的切削温度增高 20%～25%，淬火状态的切削温度增高 40%～45%。零件材料的导热系数高(如铝、镁合金)，切削温度低。切削脆性材料时，由于塑性变形很小，崩碎切屑与前刀面的摩擦也小，产生的切削热较少。采用 YG8 硬质合金车刀切削 HT200 时，其切削温度比切削 45 钢低 20%～25%。

(3) 刀具角度。前角的大小直接影响切削过程中的变形和摩擦，增大前角，可减少切屑变形，产生的切削热少，切削温度低。但当前角过大时，会使刀具的散热条件变差，反而不利于切削温度的降低。减小主偏角，主切削刃参加切削的长度增加，散热条件变好，可降低切削温度。

1.3.5　刀具磨损和刀具耐用度

在切削过程中，由于刀具与零件和切屑间的强烈挤压和摩擦，会造成刀具磨损。磨损后的刀具切削刃变钝，以致无法再使用。对于可重磨刀具，经过重新刃磨以后，切削刃恢复锋利，仍可继续使用。这样经过使用—磨钝—刃磨锋利若干个循环以后，刀具的切削部分便无法继续使用，而完全报废。刀具从开始切削到完全报废，实际切削时间的总和称为刀具寿命。

1. 刀具磨损的形式与过程

刀具正常磨损时，按其发生的部位不同有后刀面磨损、前刀面磨损、前后刀面同时磨损 3 种形式，如图 1.16 所示。

刀具的磨损过程如图 1.17 所示，可分为 3 个阶段。

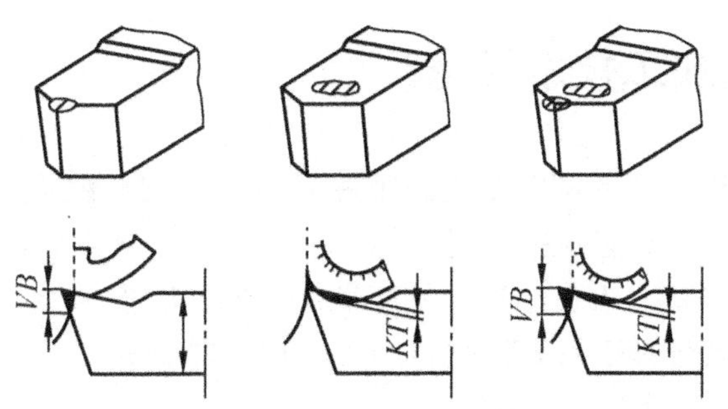

图 1.16　刀具的磨损形式

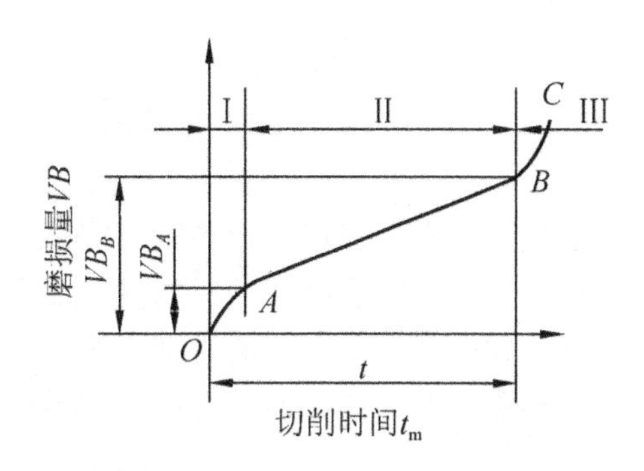

图 1.17　刀具的磨损过程

第一阶段，见图 1.17 中的 *OA* 段，由于刀具刃磨后刀面有许多微观凹凸，因而接触面积小，单位面积上的承压大，而磨损较快。这一阶段称为初期磨损阶段。

第二阶段(*AB* 段)，由于刀具的微观凹凸已磨平，表面光滑接触面积大而单位面积上的承压小，所以磨损很慢。这一阶段称为正常磨损阶段。

第三阶段(*BC* 段)，正常磨损后期，刀具磨损钝化，切削状态逐渐恶化，磨损量急剧加大，切削刃很快变钝，以致丧失切削能力。这个阶段称为急剧磨损阶段。

经验表明，在刀具正常磨损阶段的后期、急剧磨损阶段之前，最好换刀重磨。这样既可保证加工质量又能充分利用刀具材料。

2. 影响刀具磨损的因素

如前所述，增大切削用量时切削温度随之增高，将加速刀具磨损。在切削用量中，切削速度对刀具磨损的影响最大。

此外，刀具材料、刀具几何角度、零件材料以及是否采用切削液等，也都会影响刀具的磨损。例如，耐热性好的刀具材料，就不易磨损；适当增大前角，由于减小了切削力，减少了摩擦，可减少刀具的磨损。

3. 刀具寿命与耐用度

国际 ISO 标准统一规定，以 1/2 背吃刀量处后面上测定的磨损带宽度 *VB* 作为刀具磨损标准。

一把新刀(或重新刃磨过的刀具)从开始使用直至达到磨钝标准所经历的实际切削时间，称为刀具耐用度，以 *T* 表示。一把新刀从第一次投入使用直至完全报废(经刃磨后也不可再用)所经历的实际切削时间，称为刀具的寿命。显然，对于不重磨刀具，刀具的寿命即等于刀具耐用度；而对可重磨刀具，刀具的寿命则等于其耐用度乘以刃磨次数。刀具的耐用度越长，两次刃磨或更换刀具之间的实际工作时间越长。

粗加工时，多以切削时间表示刀具耐用度。目前硬质合金焊接车刀的耐用度大致为 60min，高速钢钻头的耐用度为 80～120min，硬质合金端铣刀的耐用度为 120～180min，齿轮刀具的耐用度为 200～300min。

精加工时，常以走刀次数或加工零件个数表示刀具耐用度。

1.4 切削加工技术经济

优质、高产、低消耗是对每个机械制造企业的基本要求。用最低的生产成本和最高的生产率生产出优质产品，就能使产品在市场上具有很强的竞争能力。影响 3 个技术经济指标的因素很多，如企业的管理水平、厂房设备、人员结构、生产批量、零件的技术要求、材料和毛坯的选择、刀具与切削用量的合理选择以及零件材料的切削加工性能等。

1.4.1 切削加工的主要技术经济指标

1. 产品质量

机械零件经切削加工后的质量包括加工精度和表面质量两方面，它直接影响着产品的使用性能、可靠性和寿命。

(1) 加工精度。是指零件在加工之后，其尺寸、形状、位置等几何参数的实际数值与图纸规定的理想零件的几何参数的符合程度，而它们之间不符合的程度称为加工误差。加工误差越小，加工精度越高。所谓理想零件，对表面形状而言，就是绝对正确的圆柱面、平面、锥面等；对于表面位置而言，就是绝对的垂直、平行、同轴和一定的角度等；对于尺寸而言，就是零件尺寸的公差带中心。零件的加工精度包括零件的尺寸精度、形状精度和位置精度，在零件图上分别用尺寸公差、形状公差和位置公差来表示。

① 尺寸精度。指的是表面本身的尺寸精度(如圆柱面的直径)和表面间的尺寸精度(如孔间距离等)。尺寸精度的高低，用尺寸公差的大小来表示。

国家标准 GB/T 1800—1997—1999《极限与配合》规定，标准公差分成 20 级，即 IT01、IT02 和 IT1～IT18。数字越大，精度越低。IT01～IT13 用于配合尺寸，其余用于非配合尺寸。

② 形状精度。指的是实际零件表面与理想表面之间在形状上接近的程度，如圆柱面的圆柱度、圆度，平面的平面度等。

③ 位置精度。指实际零件的表面、轴线或对称平面之间的实际位置与理想位置接近的程度，如两圆柱面间的同轴度、两平面间的平行度或垂直度等。

影响加工精度的因素很多，如机床、刀具、夹具本身的制造误差及使用过程的磨损；零件的安装误差；切削过程中由于切削力、夹紧力以及切削热的作用下引起的工艺系统(由机床、夹具、刀具和零件组成的完整系统)变形所造成的误差，以及测量和调整误差等因素。

由于在加工过程中有上述诸多因素影响加工精度，不同的加工方法得到不同的加工精度，即使是同一种加工方法，在不同的加工条件下所能达到的加工精度也不同。甚至在相同的条件下采用同一种方法，如果多费一些工时，细心地完成每一操作，也能提高加工精度。但这样做又降低了生产率，增加了生产成本，因而是不经济的。所以，通常所说的某种加工方法所能达到的加工精度，是指在正常条件下(正常的设备、合理的工时定额、一定熟练程度的工人操作)所能经济地获得的加工精度，称为经济精度，相应的表面粗糙度称为经济表面粗糙度。各种切削加工方法所能达到的经济精度和表面粗糙度见表 1-1。

表 1-1　各种切削加工方法所能达到的经济精度和经济表面粗糙度

表面要求	加工方法	经济粗糙度 R_a/μm	表 面 特 征	应 用 举 例	经济精度
不加工			清除毛刺	铸、锻件的不加工表面	IT16～IT14
粗加工	粗车、粗铣、粗刨、粗钻、粗锉	50	有明显可见刀纹	静止配合面、底板、垫块	IT13～IT10
		25	可见刀纹	静止配合面、螺钉不结合面	IT10
		12.5	微见刀纹	螺母不结合面	IT10～IT8
半精加工	半精车、半精铣、半粗刨、半精磨	6.3	可见加工痕迹	轴、套不结合面	IT10～IT8
		3.2	微见加工痕迹	要求较高的轴、套不结合面	IT8～IT7
		1.6	不见加工痕迹	一般的轴、套结合面	IT8～IT7
精加工	精车、精刨、精铣、精铰、精刮	0.8	可辨加工痕迹的方向	要求较高的结合面	IT8～IT6
		0.4	微辨加工痕迹的方向	凸轮轴轴颈、轴承内孔	IT7～IT6
		0.2	不辨加工痕迹的方向	活塞销孔、高速轴颈	IT7～IT6
超精加工	精磨、研磨、珩磨、镜面磨、超精加工	0.1	暗光泽面	滑阀工作面	IT7～IT5
		0.05	亮光泽面	精密机床主轴轴颈	IT6～IT5
		0.025	镜状光泽面	量规	IT6～IT5
		0.012	雾状光泽面	量规	≤IT5
		0.008	镜面	量块	≤IT5

设计零件时，一方面要熟悉机器使用性能对零件的精度要求；另一方面也要熟悉加工时影响精度的因素，还应考虑本厂的设备条件和加工费用的高低。总之，选择加工精度的原则是在保证能达到技术要求的前提下，选用较低的公差等级。

(2) 表面质量。零件机械加工表面质量(也称表面完整性)主要包括两方面内容：表面几何形状和表面层的物理、化学及力学性能。

① 表面粗糙度和波度。随着加工方法和加工条件的不同，加工表面总有不同程度的表面粗糙度和波度。表面粗糙度是指已加工表面微观几何形状误差，它与加工过程中的残留面积、塑性变形、积屑瘤以及工艺系统的高频振动有关。波度是介于宏观的几何形状误差与微观的几何形状误差之间的周期性几何形状误差，如图 1.18 所示。

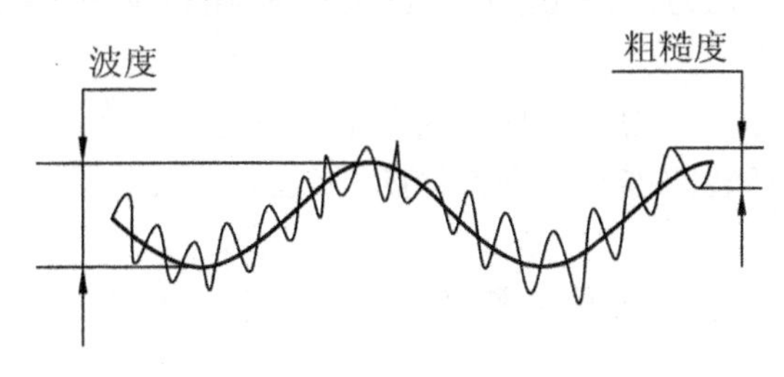

图 1.18　表面粗糙度和波度

国家标准 GB/T 1031—2009《产品几何技术规范(GPS)表面结构 轮郭法 表面粗糙度参数及其数值》规定，表面粗糙度分为14个等级，表面粗糙度以参数 R_a 或 R_z 表示。各种切削加工方法所能达到的加工精度、表面粗糙度及其应用实例见表1-1。

表面粗糙度与零件的配合性质、耐磨性和抗腐蚀性等有着密切的关系，它影响机器或仪器的使用性能和寿命。为了保证零件的使用性能，要限制表面粗糙度的范围。在一般情况下，零件表面的尺寸精度要求越高，其形状和位置精度要求越高，表面粗糙度的值就越小。但有些零件的表面，出于外观或清洁的考虑，要求光亮，而其精度不一定要求高，例如机床手柄、面板等。

加工时，影响表面粗糙度的因素是多方面的，其中最主要的有加工方法、刀具角度、切削用量和切削液。此外，切削过程中的振动、零件材料及其热处理状态等对表面粗糙度的影响也不可忽视。

② 已加工表面的加工硬化和残余应力。切削塑性材料时，经切削变形后，往往发现零件已加工表面的强度和硬度比零件材料原来的强度和硬度有显著提高，这种现象称为加工硬化。零件表面层的硬化，可以提高零件的耐磨性，但同时也增大了表面层的脆性，降低了零件抗冲击的能力。在第III变形区里，零件表面层不仅产生加工硬化，而且还会产生应力。当应力超过材料的强度极限时，就会出现表面裂纹。这会影响零件表面质量和使用性能。若各部分的残余应力分布不均匀，还会使零件发生变形，影响尺寸和形位精度。这一点对刚度比较差的细长或扁薄零件影响更大。

因此，对于重要的零件，除限制表面粗糙度外，还要控制其表层加工硬化的程度和深度，以及表层残余应力的性质(拉应力还是压应力)和大小。而对于一般的零件，则主要规定其表面粗糙度的数值范围。

2. 生产率

切削加工中，常以单位时间内生产的零件数量来表示生产率，即

$$R_O = \frac{1}{t_W} \tag{1-14}$$

式中：R_O——生产率；

t_W——加工单个零件所需要的总时间。

在机床上加工单个零件所需要的总时间称为单件时间。它包括以下3部分

$$t_W = t_m + t_c + t_o \tag{1-15}$$

式中：t_m——基本工艺时间，它是直接改变零件尺寸、形状和表面质量所消耗的时间。对于切削加工来说，则为切去切削层所消耗的时间(包括刀具的切入和切出时间在内)，也称为机动时间；

t_c——辅助时间，是指在每个工序中为了完成基本工艺工作而需要做的辅助动作所耗费的时间，它包括装卸零件、操作机床、装卸刀具、试切和测量工作等辅助动作所需时间；

t_o——其他时间，包括工人休息和生理需要时间，清扫切屑、收拾工具等清理清扫清洁时间。

所以，生产率又可表示为

$$R_o = \frac{1}{t_m + t_c + t_o} \tag{1-16}$$

由式(1-16)可知，提高切削加工的生产率，实际就是设法减少零件加工的基本工艺时间、辅助时间及其他时间。

以车削外圆为例，如图 1.19 所示，基本工艺时间可用式(1-17)计算

$$t_m = \frac{l}{nf}\frac{h}{a_p} = \frac{\pi d_w l h}{1000 v_c f a_p} \tag{1-17}$$

式中：l——车刀行程长度，mm，$l = l_w$(被加工外圆面长度)+ l_1(切入长度)+l_2(切出长度)；

d_w——零件待加工表面的直径，mm；

h——外圆面加工余量之半，mm；

v_c——切削速度，m/s；

f——进给量，mm/r；

a_p——背吃刀量，mm；

n——零件转速，r/s。

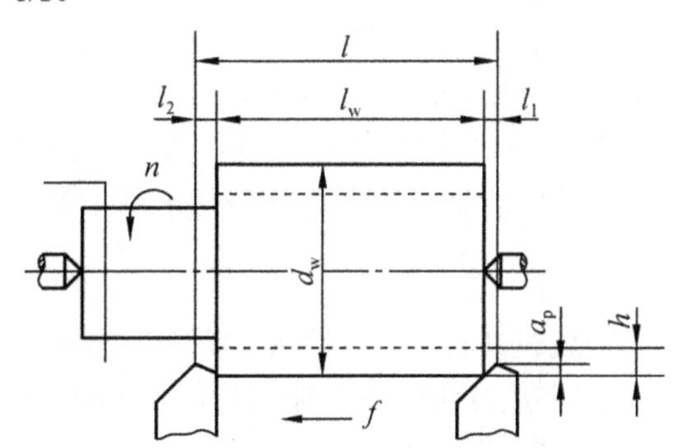

图 1.19 车削外圆时基本工艺时间的计算

综上所述，提高生产率的主要途径如下。

(1) 采用高速切削(即增大零件或刀具的速度)或强力切削，均可减少基本工艺时间，提高生产率。

(2) 采用多刀多刃加工、多件加工、多工位加工等也能大大减少基本工艺时间，提高生产率。合理地选择切削用量，粗加工可采用强力切削(f和 a_p 较大)，精加工时采用高速切削。

(3) 在可能的条件下，采用先进的毛坯制造工艺和方法，提高毛坯精度，减少加工余量。

(4) 采用先进的机床设备及自动化控制系统，如在大批量生产中采用自动机床，多品种、小批量生产中采用数控机床、加工中心等。

3. 经济性

在制定切削加工方案时，应使产品在保证其使用要求的前提下制造成本最低。产品的制造成本是指费用消耗的总和，它包括毛坯或原材料费用、生产工人工资、机床设备的折旧和管理费用、工具、夹具、量具等的折旧和修理费用、车间经费和企业管理费用等。若将毛坯成本除外，单个零件切削加工的费用可用式(1-18)计算。

$$C_w = t_w M + \frac{t_m}{T} C_t = (t_m + t_c + t_o) M + \frac{t_m}{T} C_t \tag{1-18}$$

式中：C_w——单个零件切削加工费用；

M——单位时间分担的全厂开支，包括工人工资、设备和工具的折旧及管理费用等；

T——刀具的耐用度；

C_t——刀具刃磨一次的费用。

由式(1-18)可知，零件切削加工的成本，包括工时成本和刀具成本两部分，并且受基本工艺时间、辅助时间、其他时间及刀具耐用度的影响。若要降低零件切削加工的成本，除节约全厂开支、降低刀具成本外，还要设法减少 t_m、t_c 和 t_o，并保证一定的刀具耐用度 T。

1.4.2 切削用量的合理选择

切削用量(切削三要素)指切削速度 v_c、进给量 f 和背吃刀量 a_p。合理地选择切削用量，对于保证加工质量、提高生产率和降低加工成本有着重要的影响。在机床、刀具和零件等条件一定的情况下，切削用量的选择具有较大的灵活性和潜力。为了取得最大的技术经济效益，就应当根据具体的加工条件，确定切削用量的合理组合。目前较先进的做法是进行切削用量的优化选择和建立切削数据库。所谓切削用量优化就是在一定约束条件下可选择实现预定目标的最佳切削用量值。切削数据库就是存储着像《切削用量手册》所收集的大量数据，并建立起管理系统。数据库应储存有各种加工方法(如车、刨、钻、铣、插、拉、磨等)加工各种材料的切削数据。用户通过网络可以自行查询或索取所需要的数据。而一般工厂中多采用一些经验数据，并附以必要的计算获得切削用量的数据。

1. 选择切削用量的一般原则

选择切削用量的一般原则就是在保证加工质量、降低成本和提高生产率的前提下，使 v_c、f、a_p 的乘积最大。当 v_c、f、a_p 的乘积最大时，工序的切削时间最短。为了合理地选择切削用量，首先要了解它们对切削加工的影响。

(1) 对加工质量的影响。切削用量三要素中，背吃刀量和进给量增大，都会使切削力增大，导致零件变形增大，并可能引起振动，从而降低加工精度和增大表面粗糙度值。而且进给量增大还会使残留面积的高度显著增大，如图 1.20 所示，表面更加粗糙。切削速度增大时，切削力减小，并可减小或避免积屑瘤，有利于加工质量的提高。

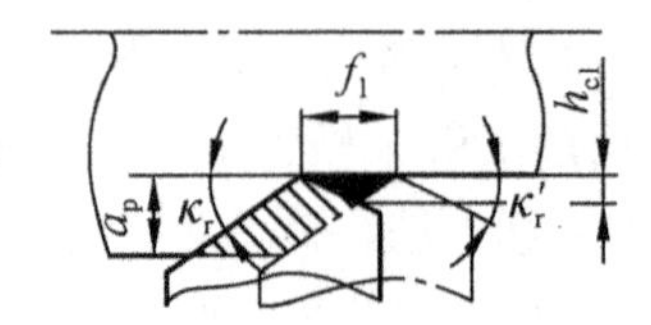

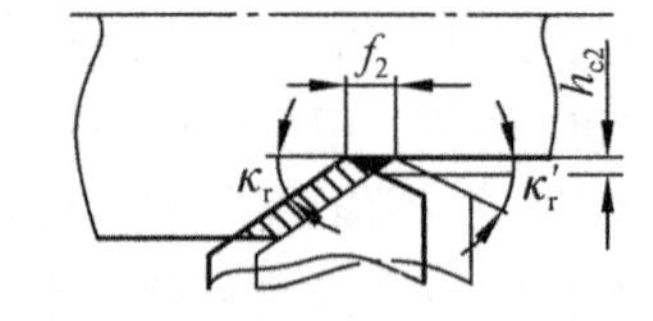

图 1.20 进给量对残留面积的影响

(2) 对生产率的影响。由前面计算基本工艺时间的公式可知，切削用量三要素 v_c、f 和 a_p 对 t_m 的影响是相同的，但它们对辅助时间的影响却大不相同。用实验的方法可以求出刀具耐用度与切削用量之间关系的经验公式。例如，用 YT5 硬质合金车刀切削 σ_b=0.637GPa(65kgf/mm^2)的碳钢时(f>0.7mm/r)，切削用量与刀具耐用度的关系式为

$$T=\frac{C_T}{v_c^5 f^{2.25} a_p^{0.75}} \tag{1-19}$$

式中：C_T——与零件材料、刀具材料和其他切削条件有关的系数。

由式(1-19)可知，在切削用量中，切削速度对刀具耐用度的影响最大，进给量次之，背吃刀量的影响最小。提高切削速度比增大进给量或背吃刀量，对刀具耐用度的影响大得多。但过分提高切削速度，反而会由于刀具耐用度的迅速下降，从而影响生产率的提高。

根据上述分析，切削用量选择的基本原则是：粗加工时，从提高生产率的角度出发，应当在单位时间内切除尽量多的加工余量，因而应当加大切削面积，在保证合理的刀具耐用度的前提下，首先选尽可能大的背吃刀量，其次选尽可能大的进给量，最后选尽可能大的切削速度。精加工时，应当保证零件的加工精度和表面粗糙度。这时加工余量较小，一般选取较小的进给量和背吃刀量，以减少切削力，降低表面粗糙度，并选取较高的切削速度，只有在受到刀具等工艺条件限制不宜采用高速切削时才选用较低的切削速度。例如，用高速钢铰刀铰孔，切削速度受刀具材料耐热性的限制，并为了避免积屑瘤的影响，采用较低的切削速度。

2. 切削用量的合理选择

(1) 背吃刀量 a_p 的选择。背吃刀量要尽可能取得大些，不论粗加工还是精加工，最好一次走刀能把该工序的加工余量切完，如果一次走刀切除会使切削力太大，机床功率不足、刀具强度不够或产生振动时，可将加工余量分为两次或多次完成。这时也应将第一次走刀的背吃刀量取得尽量大些，其后的背吃刀量取得相对小一些。

(2) 进给量 f 的选择。粗加工时，一般对零件的表面质量要求不太高，进给量主要受机床、刀具和零件所能承受切削力的限制，这是因为当选定背吃刀量后，进给量的数值就直接影响切削力的大小。而精加工时，一般背吃刀量较小，切削力不大，限制进给量的因素主要是零件表面粗糙度。

(3) 切削速度 v_c 的选择。在背吃刀量和进给量选定后，可根据合理的刀具耐用度，用计算法或查表法选择切削速度。精加工时，切削力较小，切削速度主要受刀具耐用度的限制。而粗加工时，由于切削力一般较大，切削速度主要受机床功率的限制。

相关资料查阅《切削用量手册》等资料。

1.4.3 切削液的选用

用改变外部条件来影响和改善切削过程，是提高产品质量和生产率的有效措施之一，其中应用最广泛的是合理选择和使用切削液。

1. 切削液的作用

切削液主要通过冷却和润滑作用来改善切削过程，它一方面吸收并带走大量切削热，起到冷却作用，另一方面它能渗入到刀具与零件和切屑的接触面，形成润滑膜，有效地减小摩擦；切削液还可以起清洗和防锈的作用。合理地选择切削液，可以降低切削力和切削温度，提高刀具耐用度和加工质量。

2. 切削液的种类

常用的切削液有两大类。

(1) 非水溶性切削液。主要是切削油，主要成分是矿物油，少数采用动植物油或复合油。这类切削液比热容小、流动性差，主要起润滑作用，也有一定的冷却作用。

(2) 水溶性切削液。主要是水溶液(肥皂水、苏打水等)和乳化液。这类切削液比热容大、流动性好，主要起冷却作用，也有一定的润滑作用。在水类切削液中加入一定量的防锈剂或其他添加剂，以改善其性能。

3. 切削液的选用

切削液的品种很多，性能各异。通常应根据加工性质、零件材料和刀具材料来选择合理的切削液，才能收到良好的效果。

水溶液主要成分是水，并加入少量的防锈剂等添加剂。具有良好的冷却作用，可以大大降低切削温度，但润滑性能较差。乳化液是将乳化油用水稀释而成，具有良好的流动性和冷却作用，并有一定的润滑作用。乳化液可根据不同的用途配制成不同的浓度(2%～5%)。低浓度的乳化液用于粗车、磨削；高浓度的乳化液用于精车、精铣、精镗、拉削等。乳化液如果和机床的润滑油混合在一起，会使润滑油发生乳化，加速机床运动表面的磨损，凡贵重的或调整起来较复杂的机床，如滚齿机、自动机等，一般都不采用乳化液，而采用不含硫的活性矿物油。切削油润滑作用良好，而冷却作用小，多用以减小摩擦和减小零件表面粗糙度。常用于精加工工序，如精刨、珩磨和超精加工等常使用煤油作切削液，而攻螺纹、精车丝杠可采用菜油之类的植物油等。

使用切削液要根据加工方式、加工精度和零件材料等情况进行选择。例如，粗加工时，切削用量大，切削热多，应选以冷却为主的切削液；精加工时，主要是改善摩擦条件，抑制积屑瘤的产生，选用切削油或浓度较高的乳化液。切削铜合金和其他有色金属时，不能用硫化油，以免在零件表面产生黑色的腐蚀斑点；加工铸铁和铝合金时，一般不用切削液，精加工时，可使用煤油作切削液，以降低表面粗糙度。

1.4.4 材料的切削加工性

1. 材料切削加工性的概念和衡量指标

切削加工性是指材料被切削加工成合格零件的难易程度。零件材料的切削加工性对刀具耐用度和切削速度的影响很大，对生产率和加工成本的影响也很大。材料的切削加工性越好，切削力和切削温度越低，允许的切削速度越高，被加工表面的粗糙度越小，也易于断屑。材料切削加工的好坏往往是相对于另一种材料来说的。具体的加工条件和要求不同，加工的难易程度也有很大的差异。常用的表达材料切削加工性能的指标主要有如下几种。

(1) 一定刀具耐用度下的切削速度。即在刀具耐用度确定的前提下，切削某种材料所允许的切削速度。允许的切削速度越高，材料的切削加工性越好。一般常用该材料的允许切削速度 v_t 与 45 钢允许的切削速度的比值 K_v(相对加工性)来表示。通常取 T=60min，则 v_t 写作 v_{60}；由于把 45 钢的 v_{60} 作为比较的基准，故写成$(v_{60})_j$，即

$$K_v=v_{60}/(v_{60})_j \tag{1-20}$$

相对加工性 K_v 越大，表示切削该种材料时刀具磨损越慢，耐用度越高。凡 $K_v>1$ 的材料，其切削加工性比 45 钢(正火态)好，反之较差。

常用材料的切削加工性可分为 8 级，见表 1-2。

表 1-2　材料切削加工性分级

加工性等级	名称及种类		相对加工性 K_r	代表性材料
1	很容易切削材料	一般有色金属	>3.0	5-5-5 铜铅合金，9-4 铝铜合金，铝镁合金
2	容易切削材料	易切削钢	2.5～3.0	15Cr 退火，R_m=380MPa～450MPa 自动机钢，R_m=400MPa～500MPa
3		较易切削钢	1.6～2.5	30 正火钢，R_m=450MPa～560MPa
4	普通材料	一般钢及铸铁	1.0～1.6	45 钢、灰铸铁
5		稍难切削材料	0.65～1.0	2Cr13 调质，R_m=850MPa 85 钢，R_m=900MPa
6	难切削材料	较难切削材料	0.5～0.65	45Cr 调质，R_m=1050MPa 65Mn 调质，R_m=950MPa～1000MPa
7		难切削材料	0.15～0.5	50CrV 调质，1Cr18Ni9Ti，某些钛合金
8		很难切削材料	<0.15	某些钛合金，铸造镍基高温合金

(2) 已加工表面质量。凡较容易获得好的表面质量的材料，其加工性较好；反之则较差。精加工时，常以此为衡量指标。

(3) 切屑控制或断屑的难度。凡切屑较容易控制或易于断屑的材料，其切削加工性较好；反之较差。在自动机床或自动线上加工时，常以此为衡量指标。

(4) 切削力。在相同的切削条件下，凡切削力较小的材料，其切削加工性较好。在粗加工中，或当机床刚性或动力不足时，常以此为衡量指标。

2. 改善材料切削加工性的主要途径

材料的使用要求经常与其切削加工性发生矛盾。这就要求加工部门和冶金部门密切配合，在保证零件使用性能的前提下，通过各种途径来改善材料的切削加工性。

直接影响材料切削加工性的主要因素是其物理、力学性能。若材料的强度和硬度高，则切削力大，切削温度高，刀具磨损快，切削加工性较差。若材料的塑性高，则不易获得好的表面质量，断屑困难，切削加工性也较差。若材料的导热性差，切削热不易散失，切削温度高，其切削加工性也不好。材料的切削加工性可以通过以下途径加以改善。

(1) 进行热处理改变材料的显微组织，以改善切削加工性。例如，对高碳钢进行球化退火可以降低硬度，对低碳钢进行正火可以降低塑性，都能够改善切削加工性。又如，铸铁件在切削加工前进行退火可降低表层硬度，特别是白口铸铁，在高温下长时间退火，变成可锻铸铁，能使切削加工较易进行。

(2) 调整材料的化学成分来改善其切削加工性。在钢中适当添加某些元素，如硫、铅等，可使其切削加工性得到显著改善，这样的钢称为易切削钢；在不锈钢中加入少量的硒，铜合金中加铅，铝中加入铜、铅和铋，均可改善其切削加工性。

(3) 其他辅助性的加工。例如，低碳钢经过冷拔可以降低其塑性，改善了材料的力学性能，也改善了材料的切削加工性。

1.5 机械零件的极限与配合

机械零件的几何精度取决于该零件的尺寸、形状和位置精度以及表面粗糙度等。它们是根据零件在机器中的使用要求确定的。为了满足使用要求，保证零件的互换性，我国发布了极限与配合及表面粗糙度方面的国家标准。下面就有关标准的基本概念和应用，以及孔、轴极限与配合的确定进行阐述。

1.5.1 基本概念

1. 互换性与公差

任何一台机械产品都是由不同规格的零部件组成的，而这些零部件都是由不同的工厂和车间制成的。机械产品装配时，就要在制成的同一规格零件中任取一件，无须经过任何挑选或修配，便能与其他零件安装在一起而成为一台新产品，并且能够达到规定的功能要求；还有的产品在使用过程中因某零部件损坏而失效，这时只要更换相同型号、规格的零部件，便可使产品正常工作，据此可以说这样的零部件具有互换性。所谓互换性就是同一规格的零部件按规定的技术要求制造，能够彼此相互替换使用而效果相同的特性。

零部件在机械加工过程中，由于各种因素的影响，零部件各部分的尺寸、形状、方向和位置以及表面粗糙度等几何量难以达到理想状态，总有或多或少的误差存在。所谓误差就是理想的几何量与加工后实际的几何量相比较的差值，它通常包括尺寸误差、形状误差、位置误差和微观几何形状误差(表面粗糙度)等。但从零件的功能看，不必要求零件几何量制造得绝对准确，只要求零件几何量在某一规定范围内变动，保证同一规格零件彼此充分近似。这个允许变动的范围叫作公差。

设计零件时要规定公差，而加工时会产生误差，因此要使零件具有互换性，就应把完工零件的误差控制在规定的公差范围内。设计者的任务就在于正确地规定公差，并把它在图纸上明确地表示出来。这就是说，互换性要用公差来保证。显然，在满足功能要求的前提下，公差应尽量规定得大些，以获得最佳的技术经济效益。国家已制定了一系列技术标准，将零件加工、装配和使用统一起来，作为互换性生产技术的保证措施。

2. 基本术语及其定义

(1) 有关孔和轴的定义。孔通常是指加工尺寸由小变大的圆柱形的内表面和形成凹槽宽度的表面(如键槽的宽度表面)。

轴通常是指加工尺寸由大变小的圆柱形外表面和形成凸肩厚度的表面(如平键的宽度表面)。

(2) 有关尺寸的术语及定义。

① 线性尺寸。尺寸通常分为两类，线性尺寸和角度。线性尺寸(简称尺寸)是指两点之间的距离，如直径、宽度、高度、深度、厚度及中心距等。

② 基本尺寸。基本尺寸是指设计确定的尺寸，孔的基本尺寸用符号 D 表示，轴的基本尺寸用符号 d 表示。它是根据零件强度、刚度等的计算和结构设计确定的，并应取整，尽量采用标准尺寸，以减少定值刀具、量具、夹具的种类。

③ 极限尺寸。极限尺寸是指允许尺寸变化的两个界限值。两个界限值中较大的一个称为最大极限尺寸，较小的一个称为最小极限尺寸。孔和轴的最大极限尺寸分别用符号 D_{max} 和 d_{max} 表示，孔和轴的最小极限尺寸分别用符号 D_{min} 和 d_{min} 表示，如图 1.21 所示。

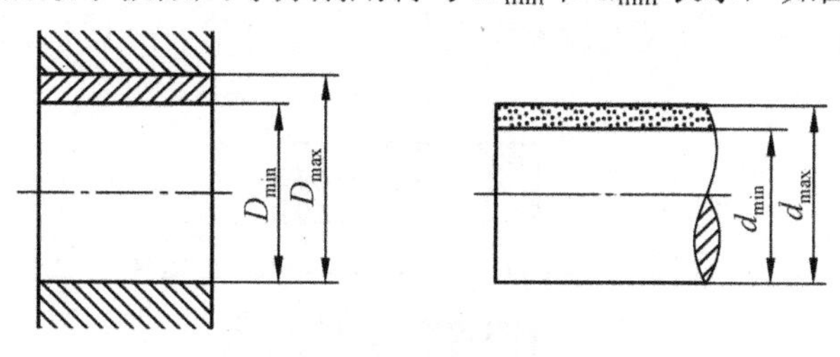

图 1.21　孔和轴的极限尺寸

④ 实际尺寸。实际尺寸是指零件加工后通过测量获得的尺寸。由于存在测量误差，测量获得的实际尺寸并非真实尺寸。孔和轴的实际尺寸分别用 D_a 和 d_a 表示，如图 1.22 所示。

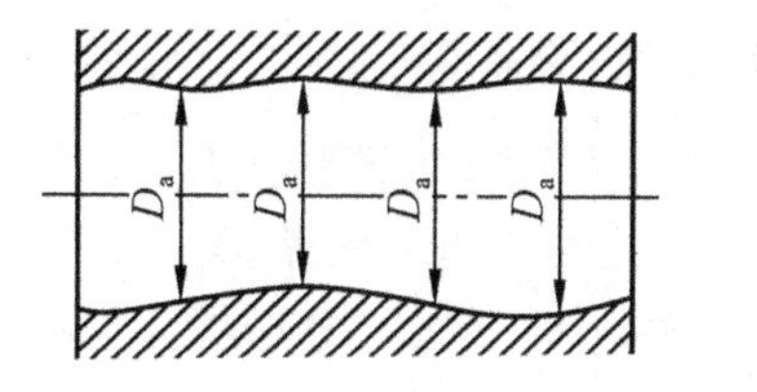

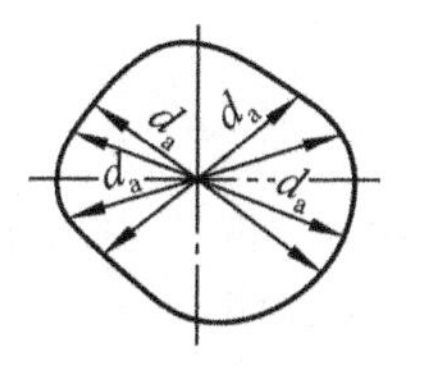

图 1.22　孔和轴的实际尺寸

(3) 有关偏差和公差的术语及定义。

① 尺寸偏差。尺寸偏差(简称偏差)是指某一尺寸(极限尺寸、实际尺寸等)减去基本尺寸所得的代数差。代数差可能是正值、负值或零。偏差值除零外，前面必须冠以正、负号。

偏差分为极限偏差和实际偏差。

极限偏差是指极限尺寸减去基本尺寸所得的代数差。极限偏差又分为上偏差和下偏差。上偏差是指最大极限尺寸减去基本尺寸所得的代数差。孔和轴的上偏差分别用符号 ES 和 es 表示。下偏差是指最小极限尺寸减去基本尺寸所得的代数差。孔和轴的下偏差分别用符号 EI 和 ei 表示。极限偏差可用下列公式表示

$$ES=D_{max}-D \qquad es=d_{max}-d \tag{1-21}$$

$$EI=D_{min}-D \qquad ei=d_{min}-d \tag{1-22}$$

实际偏差是指实际尺寸减去基本尺寸所得的代数差，它应限制在极限偏差范围内，也可达到极限偏差。

② 尺寸公差。尺寸公差(简称公差)是指最大极限尺寸减去最小极限尺寸所得的差值，或上偏差减去下偏差所得的差值。它是允许尺寸的变动范围。孔和轴的尺寸公差分别用符号 T_h 和 T_S 表示。公差与极限尺寸、极限偏差的关系如下

$$T_h=|D_{max}-D_{min}|=|ES-EI| \tag{1-23}$$

$$T_S=|d_{max}-d_{min}|=|es-ei| \tag{1-24}$$

鉴于最大极限尺寸总是大于最小极限尺寸，上偏差总是大于下偏差，所以公差是一个没有符号的绝对值，公差不可能为负值或零。

③ 公差带示意图及公差带。在分析孔和轴的尺寸、偏差、公差的关系时，可以采用公差带示意图的形式。如图 1.23 所示，公差带示意图中有一条表示基本尺寸的零线和相应公

差带。零线以上为正偏差，零线以下为负偏差。公差带是指在公差带示意图中，由代表上偏差和下偏差或者最大极限尺寸和最小极限尺寸的两条直线所限定的一个区域。公差带在零线垂直方向上的宽度代表公差值，沿零线方向的长度可适当选取。在公差带示意图中，基本尺寸的单位用 mm 表示，极限偏差和公差的单位可用 mm 表示，也可用 μm 表示。

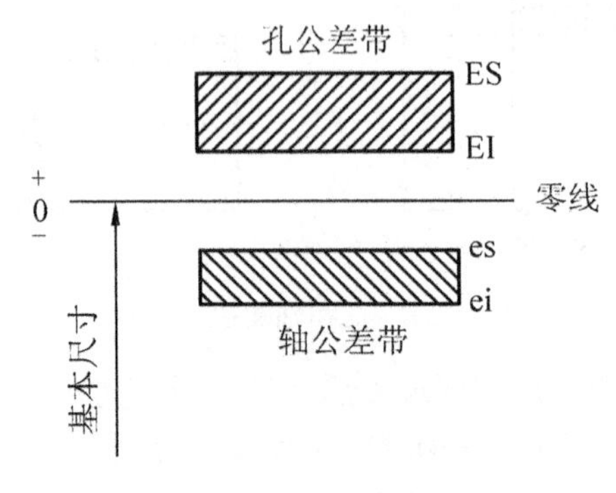

图 1.23　公差带

公差带由“公差带大小”与“公差带位置”两个要素组成，公差带的大小由公差值确定，公差带相对于零线的位置由极限偏差(上偏差或下偏差)确定。为了使公差带标准化，相关国家标准将公差和极限偏差数值都进行了标准化，分别规定了相应的标准公差和基本偏差数值。

④ 标准公差。标准公差是指国家标准所规定的公差值。

⑤ 基本偏差。基本偏差是国家标准所规定的上偏差或下偏差，它一般为靠近零线或位于零线的那个极限偏差，如图 1.24 所示。

(4) 有关配合的术语及定义。配合是指基本尺寸相同的，相互结合的孔和轴公差带之间的关系，组成配合的孔和轴的公差带位置不同，便形成不同的配合性质。

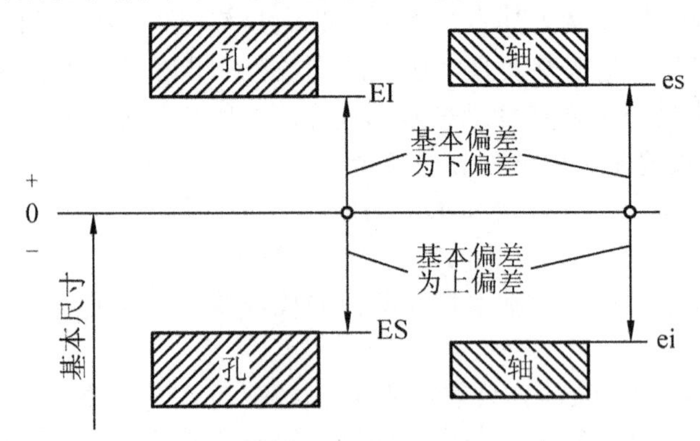

图 1.24　基本偏差示意

① 间隙或过盈。间隙或过盈是指孔的尺寸减去相配合的轴的尺寸所得的代数差。该代数差为正值时，称为间隙，用符号 X 表示；该代数差为负值时，称为过盈，用符号 Y 表示。

② 配合的分类。

a. 间隙配合。是指具有间隙(包括最小间隙等于零)的配合。此时，孔公差带在轴公差带上方，如图 1.25 所示。

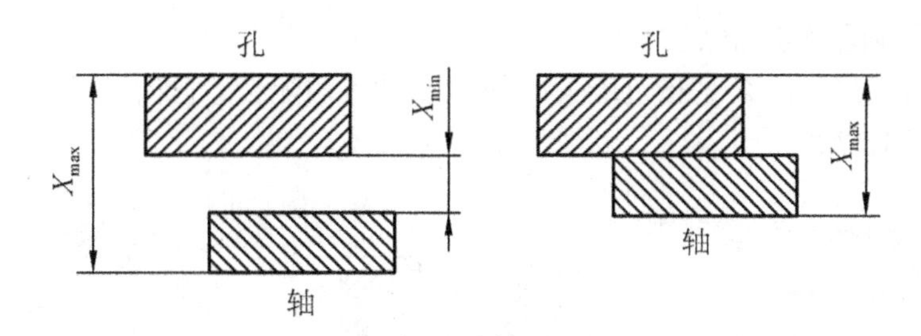

图 1.25　间隙配合

间隙配合中，孔的最大极限尺寸减去轴的最小极限尺寸所得的代数差称为最大间隙，它用符号 X_{max} 表示，即

$$X_{max}=D_{max}-d_{min}=ES-ei \tag{1-25}$$

孔的最小极限尺寸减去轴的最大极限尺寸所得的代数差称为最小间隙，它用符号 X_{min} 表示，即

$$X_{min}=D_{min}-d_{max}=EI-es \tag{1-26}$$

当孔的最小极限尺寸与轴的最大极限尺寸相等时，则最小间隙为零。

在实际设计中有时用到平均间隙，间隙配合中的平均间隙用符号 X_{av} 表示，即

$$X_{av}=\frac{(X_{max}+X_{min})}{2} \tag{1-27}$$

间隙数值的前面必须冠以正号。

b. 过盈配合。过盈配合是指具有过盈(包括最小过盈等于零)的配合。此时，孔公差带在轴公差带的下方，如图 1.26 所示。

过盈配合中，孔的最大极限尺寸减去轴的最小极限尺寸所得的代数差称为最小过盈，它用符号 Y_{min} 表示，即

$$Y_{min}=D_{max}-d_{min}=ES-ei \tag{1-28}$$

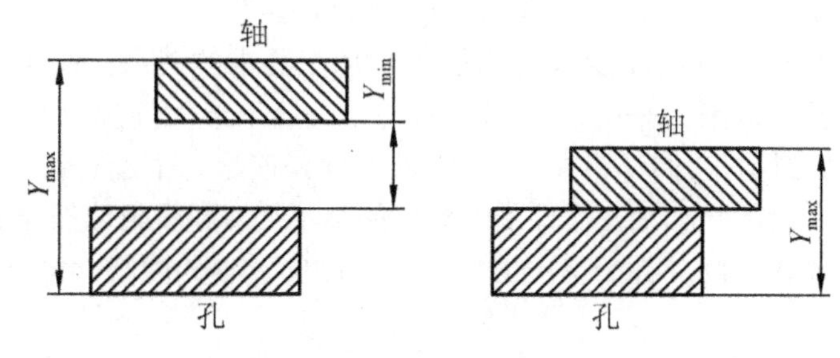

图 1.26　过盈配合

孔的最小极限尺寸减去轴的最大极限尺寸所得的代数差称为最大过盈，它用符号 Y_{max} 表示，即

$$Y_{max}=D_{min}-d_{max}=EI-es \tag{1-29}$$

当孔的最大极限尺寸与轴的最小极限尺寸相等时，则最小过盈为零。

在实际设计中有时用到平均过盈，过盈配合中的平均过盈用符号 Y_{av} 表示，即

$$Y_{av}=\frac{(Y_{max}+Y_{min})}{2} \tag{1-30}$$

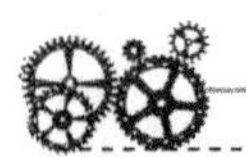

过盈数值的前面必须冠以负号。

c. 过渡配合。过渡配合是指可能具有间隙或过盈的配合。此时，孔公差带与轴公差带相互交叠，如图 1.27 所示。

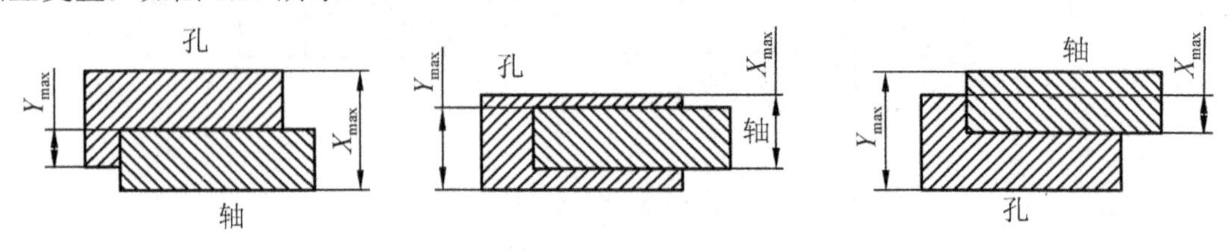

图 1.27　过渡配合

过渡配合中，孔的最大极限尺寸减去轴的最小极限尺寸所得的代数差称为最大间隙，其计算公式与式(1-25)相同。孔的最小极限尺寸减去轴的最大极限尺寸所得的代数差称为最大过盈，其计算公式与式(1-29)相同。

过渡配合中的平均间隙或平均过盈为

$$X_{av}(或Y_{av})=\frac{(X_{max}+Y_{max})}{2} \tag{1-31}$$

配合公差。对孔、轴配合的使用要求为间隙(或过盈)的大小，它应控制在允许的最小间隙(或最大过盈)与最大间隙(或最小过盈)范围内。后者减去前者所得的差值为该配合中的孔与轴公差之间的和，称为配合公差，用符号 T_f 表示。

间隙配合中

$$X_{max}-X_{min}=T_h+T_s=T_f \tag{1-32}$$

过盈配合中

$$Y_{min}-Y_{max}=T_h+T_s=T_f \tag{1-33}$$

过渡配合中

$$X_{max}-Y_{max}=T_h+T_s=T_f \tag{1-34}$$

式(1-32)、式(1-33)、式(1-34)反映使用要求与加工要求的关系。设计时，可根据配合中允许的间隙或过盈变动范围，来确定孔和轴的公差。鉴于最大间隙总是大于最小间隙，最小过盈总是大于最大过盈(它们都带负号)，所以配合公差是一个没有符号的绝对值。

【例 1-1】 组成配合的孔和轴在零件图上标注的基本尺寸和极限偏差分别为孔 $\phi50_{0}^{+0.025}$ mm 和轴 $\phi50_{-0.025}^{-0.009}$ mm，试计算该配合的最大间隙、最小间隙、平均间隙和配合公差，并画出孔、轴公差带示意图。

解： 由式(1-25)计算最大间隙

$$X_{max}=ES-ei=+0.025-(-0.025)=+0.050mm$$

由式(1-26)计算最小间隙

$$X_{min}=EI-es=0-(-0.009)=+0.009mm$$

由式(1-27)计算平均间隙

$$X_{av}=(X_{max}+X_{min})/2=[(+0.050)+(+0.009)]/2$$
$$=+0.0295mm$$

由式(1-32)计算配合公差

$$T_f=X_{max}-X_{min}=+0.050-(+0.009)=0.041mm$$

孔、轴公差带示意图如图 1.28 所示。

(5) 配合制。国家标准 GB/T 1800.1—1997 将公差配合规定为两种制度，即基孔制配合、基轴制配合。配合制是同一极限制孔和轴组成配合的一种制度，亦称基准制。

① 基孔制配合。基本偏差为一定的孔的公差带，与不同基本偏差的轴的公差带形成各种配合的一种制度，称为基孔制。基孔制配合的孔为基准孔，其代号为 H。标准规定的基准孔的基本偏差(下偏差)为零，上偏差为正值，如图 1.29(a)所示。

② 基轴制配合。基本偏差为一定的轴的公差带，与不同基本偏差的孔的公差带形成各种配合的一种制度，称为基轴制。基轴制配合的轴为基准轴，其代号为 h。标准规定的基准轴的基本偏差(上偏差)为零，下偏差为负值，如图 1.29(b)所示。

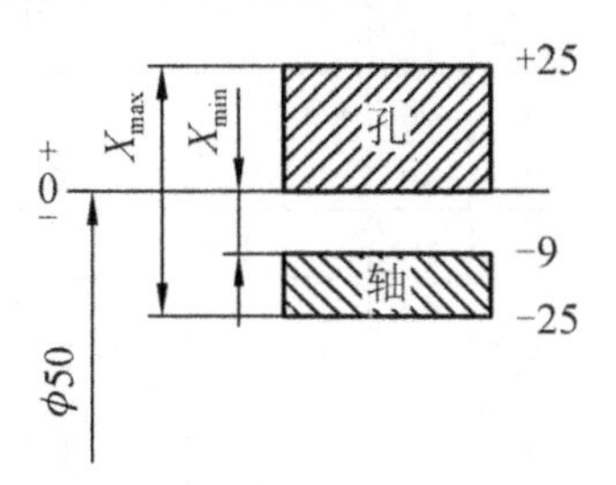

图 1.28 孔、轴公差带示意图

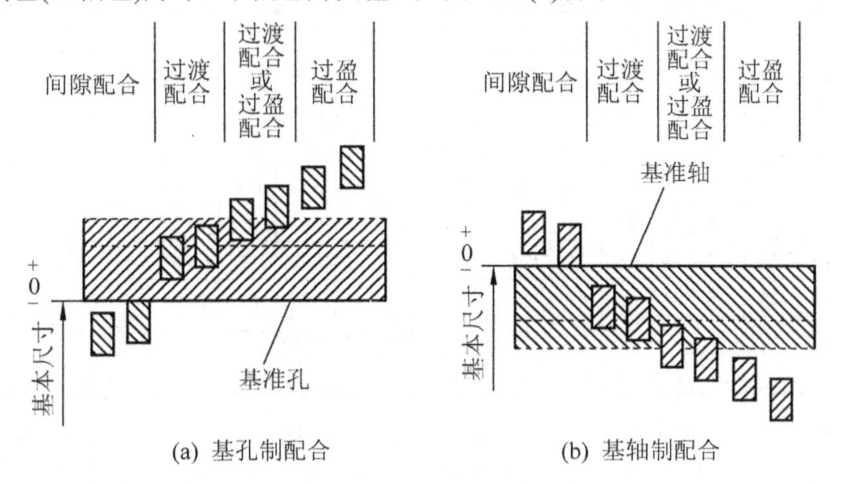

(a) 基孔制配合　　(b) 基轴制配合

图 1.29 基孔制配合和基轴制配合

1.5.2 标准公差系列和基本偏差系列

由上述术语和定义可知，各种配合性质，是由孔、轴公差带的大小和位置来确定的。对公差带大小和位置进行标准化，就成了 GB/T 1800.1～4—1997～1999《极限与配合》国家标准中的标准公差系列和基本偏差系列。

1. *标准公差系列*

标准公差就是国家标准所列的，用以确定公差带大小的任一公差(表 1-3)。

表 1-3 标准公差数值<GB/T 1800.3—1998>

基本尺寸/mm		标准公差等级																	
		IT1	IT2	IT3	IT4	IT5	IT6	IT7	IT8	IT9	IT10	IT11	IT12	IT13	IT14	IT15	IT16	IT17	IT18
大于	至	μm											mm						
—	3	0.8	1.2	2	3	4	6	10	14	25	40	60	0.1	0.14	0.25	0.4	0.6	1	1.4
3	6	1	1.5	2.5	4	5	8	12	18	30	48	75	0.13	0.18	0.3	0.48	0.75	1.2	1.8
6	10	1	1.5	2.5	4	6	9	15	22	36	58	90	0.15	0.22	0.36	0.58	0.9	1.5	2.2

续表

基本尺寸/mm		标准公差等级																	
		IT1	IT2	IT3	IT4	IT5	IT6	IT7	IT8	IT9	IT10	IT11	IT12	IT13	IT14	IT15	IT16	IT17	IT18
大于	至	μm											mm						
10	18	1.2	2	3	5	8	11	18	27	43	70	110	0.18	0.27	0.43	0.7	1.1	1.8	2.7
18	30	1.5	2.5	4	6	9	13	21	33	52	84	130	0.21	0.33	0.52	0.84	1.3	2.1	3.3
30	50	1.5	2.5	4	7	11	16	25	39	62	100	160	0.25	0.39	0.62	1	1.6	2.5	3.9
50	80	2	3	5	8	13	19	30	46	74	120	190	0.3	0.46	0.74	1.2	1.9	3	4.6
80	120	2.5	4	6	10	15	22	35	54	87	140	220	0.35	0.54	0.87	1.4	2.2	3.5	5.4
120	180	3.5	5	8	12	18	25	40	63	100	160	250	0.4	0.63	1	1.6	2.5	4	6.3
180	250	4.5	7	10	14	20	29	46	72	115	185	290	0.46	0.72	1.15	1.85	2.9	4.6	7.2
250	315	6	8	12	16	23	32	52	81	130	210	320	0.52	0.81	1.3	2.1	3.2	5.2	8.1
315	400	7	9	13	18	25	36	57	89	140	230	360	0.57	0.89	1.4	2.3	3.6	5.7	8.9
400	500	8	10	15	20	27	40	63	97	155	250	400	0.63	0.97	1.55	2.5	4	6.3	9.7
500	630	9	11	16	22	32	44	70	110	175	280	440	0.7	1.1	1.75	2.8	4.4	7	11
630	800	10	13	18	25	36	50	80	125	200	320	500	0.8	1.25	2	3.2	5	8	12.5
800	1000	11	15	21	28	40	56	90	140	230	360	560	0.9	1.4	2.3	3.6	5.6	9	14
1000	1250	13	18	24	33	47	66	105	165	260	420	660	1.05	1.65	2.6	4.2	6.6	10.5	16.5
1250	1600	15	21	29	39	55	78	125	195	310	500	780	1.25	1.95	3.1	5	7.8	12.5	19.5
1600	2000	18	25	35	46	65	92	150	230	370	600	920	1.5	2.3	3.7	6	9.2	15	23
2000	2500	22	30	41	55	78	110	175	280	440	700	1100	1.75	2.8	4.4	7	11	17..5	28
2500	3150	26	36	50	68	96	135	210	330	540	860	1350	2.1	3.3	5.4	8.6	13.5	21	33

(1) 公差等级。是来用确定尺寸精确程度的等级。国家将公差等级分为 20 级，用 IT 和数字 01、0、1、2 至 18 表示(表中省略 01、0 级)。如 IT7 称为标准公差 7 级。从 IT01～IT18，等级依次降低。

(2) 尺寸分段。基本尺寸为 500 mm 的尺寸中，分成若干段。同一公差等级、同一尺寸分段内各基本尺寸的标准公差数值是相同的。其基本尺寸分段见表 1-4。

表 1-4　基本尺寸分段

(mm)

主段落		中间段落		主段落		中间段落	
大于	至	大于	至	大于	至	大于	至
—	3	无细分段		250	315	250	280
3	6					280	315
6	10			315	400	315	355
						355	400
10	18	10	14	400	500	400	450
		14	18			500	500
18	30	18	24	500	630	500	560
		24	30			560	630
30	50	30	40	630	800	630	710
		40	50			710	800
50	80	50	65	800	1000	800	900
		65	80			900	1000

续表

主段落		中间段落	
大　于	至	大　于	至
80	120	80	100
		100	120
120	180	120	140
		140	160
		160	180
180	250	180	200
		200	225
		225	250

主段落		中间段落	
大　于	至	大　于	至
1000	1250	1000	1120
		1120	1250
1250	1600	1250	1400
		1400	1600
1600	2000	1600	1800
		1800	2000
2000	2500	2000	2240
		2240	2500
2500	3150	2500	2800
		2800	3150

(3) 标准公差值。表中标准公差数值，是限制一批合格零件的尺寸变动量，即允许的尺寸误差变动范围。实践表明，加工误差值与加工方法的精度和零件基本尺寸有关系，即

$$\varDelta=f(a,\ D) \tag{1-35}$$

式中：$\varDelta$——尺寸误差；

a——与加工方法的精度有关的系数；

D——基本尺寸(D≤500mm)。

实践表明，当基本尺寸一定时，尺寸误差与加工的精度有关。如粗车、精车、磨削加工方法不同，其 a 值是各不相同的。当加工方法一定时，尺寸误差与基本尺寸呈立方关系。通过大量实验，并考虑温度的影响，尺寸误差的计算公式为

$$\varDelta= a(0.45\sqrt[3]{D}+0.001D) \tag{1-36}$$

该式也就是标准公差值的计算式，即

$$\mathrm{IT}= a(0.45\sqrt[3]{D}+0.001D)=ai \tag{1-37}$$

$$i=0.45\sqrt[3]{D}+0.001D \tag{1-38}$$

式中：a——标准公差等级系数。第一项表示加工误差范围与基本尺寸大小的关系(抛物线关系)；第二项表示测量误差(主要是测量时温度的变化产生的测量误差)与基本尺寸大小的关系(线性关系)；

i——公差，μm；

D——基本尺寸，指尺寸段首末两尺寸的几何平均值，mm。

a 值既表示加工方法精确度的高低，又表示使用精度的高低。a 值大，加工方法精度低，即尺寸精度低。反之 a 值小，加工精度高，即尺寸精度高。IT5～IT18 其值见表 1-5。

【例 1-2】 求出基本尺寸为 90mm，IT7 级标准公差的数值。

解： 从 GB/T 1800.1—1997 得知，90mm 在 80～120mm 尺寸段内，其几何平均尺寸为

$$D=\sqrt{80\times120}\,\mathrm{mm}\approx97.98\,\mathrm{mm}$$

$$i=0.45\sqrt[3]{D}+0.001D=0.45\sqrt[3]{97.98}+0.001\times97.98\mathrm{mm}\approx2.173\mu\mathrm{m}$$

$$\mathrm{IT7}=a\ i=16i=16\times2.173\mu\mathrm{m}=34.768\mu\mathrm{m}$$

尾数圆整，则得 IT7=35μm。

标准公差数值(表 1-3)，就是根据上述办法计算而得的，供查用。

表 1-5　公差等级系数

公差等级	IT5	IT6	IT7	IT8	IT9	IT10	IT11	IT12	IT13	IT14	IT15	IT16	IT17	IT18
a	7	10	16	25	40	64	100	160	250	400	640	1000	1600	2500

2. 基本偏差系列

为了满足机器中各种不同性质和不同松紧程度的配合，不仅使公差带大小标准化，而且对公差带位置进行标准化，国家标准规定孔、轴公差带位置各 28 个，分布在零线上、下，分别用拉丁字母表示，组成基本偏差系列。

(1) 基本偏差系列代号及其特点。基本偏差是国家标准中列出的、用以确定公差带相对于零线位置的上偏差或下偏差，一般为靠近零线的那个偏差(图 1.24 和图 1.30)。孔、轴基本偏差代号用拉丁字母表示，大写代表孔、小写代表轴。在 26 个字母中，除去易与其他混淆的 5 个字母，即 I、L、O、Q、W(i、l、o、q、w)，再加上两个字母表示的代号(CD、EF、FG、JS、ZA、ZB、ZC 和 cd、ef、fg、js、za、zb、zc)，共有 28 个代号，即孔和轴各有 28 个基本偏差。

在轴的基本偏差系列中，a 至 h 基本偏差为上偏差 es，j 至 u 的基本偏差为下偏差 ei。

从 A 至 H(a 至 h)，基本偏差的绝对值逐渐减小，J 至 ZC (j 至 zc)，基本偏差的绝对值逐渐增大。若将零线重合，孔、轴基本偏差基本上呈对称形状。

在图 1.30 中，H(h)的基本偏差为零。JS(js)的基本偏差为 IT/2。J(j)有被 JS(js)逐渐代替的趋势。

基本偏差系列图用来反映公差带 28 个位置，图中只有公差带的一个偏差(基本偏差)，而另一个偏差由标准公差数值大小来确定。

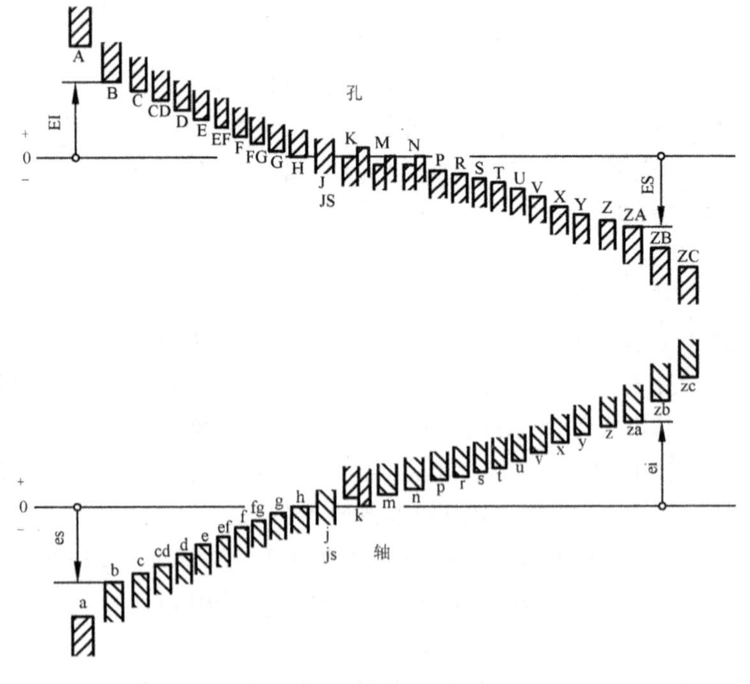

图 1.30　基本偏差系列

(2) 公差与配合代号及其在图样上的标注。

① 公差带代号：孔、轴公差带代号在图样上的标注，是由基本尺寸、基本偏差代号、标准公差等级代号组成的，基本偏差确定公差带的位置，标准公差等级确定公差带的大小。其在零件图样上的标注方法有3种，例如

孔：$\phi30\text{H}8$，$\phi30_{0}^{+0.033}$，$\phi30\text{H}8(_{0}^{+0.033})$

轴：$\phi30\text{f}7$，$\phi30_{-0.041}^{-0.020}$，$\phi30\text{f}7(_{-0.041}^{-0.020})$

② 配合代号：由孔、轴公差带写成分数形式，分子为孔的公差带，分母为轴的公差带。在装配图上的标注方法可用下列方式

基孔制：$\phi30\text{H}8/\text{f}7$ 或 $\phi30\dfrac{\text{H}8}{\text{f}7}$

基轴制：$\phi30\text{F}8/\text{h}7$ 或 $\phi30\dfrac{\text{F}8}{\text{h}7}$

3. 基本偏差构成的规律

1) 轴的基本偏差

在基孔制配合中，需要确定轴基本偏差。轴的基本偏差数值，是根据各种配合的要求，从生产实践和统计分析中整理出公式计算而得的，轴的基本偏差数值见表1-6。

在基孔制中，轴的基本偏差从a～h用于间隙配合，其基本偏差的绝对值正好等于最小间隙。基本偏差a、b、c用于大间隙或热动配合，基本偏差d、e、f常用于液体摩擦的旋转运动的间隙配合，g用于滑动或半液体摩擦，h用于定位配合，j～n用于过渡配合，p～zc用于过盈配合。

2) 孔的基本偏差

在基轴制配合中，需要确定孔的基本偏差。孔的基本偏差是根据轴的基本偏差换算得来的。换算的原则可看作是基孔制的配合代号换成基轴制配合的相同代号时，其配合性质不变，即应保证换算前后有相同的极限间隙或过盈配合。

如$\phi20\text{H}8/\text{p}8=\phi20\text{P}8/\text{h}8$，$\phi20\text{H}7/\text{k}6=\phi20\text{K}7/\text{h}6$，$\phi20\text{H}8/\text{f}7=\phi20\text{F}8/\text{h}7$。表明已知k、p、f可换算出K、P、F。

这在孔、轴配合公差带图中，实际是基孔制中的零线位置的移动，转换成基轴制时，算出孔的基本偏差数值。孔的基本偏差数值，可直接从表1-7查到。表中的数值是国标规定的孔基本偏差，它是根据上述换算原则，按通用规则和特殊规则方法换算，见表1-8。当孔的公差等级≤IT8(或≤IT7)时，因精度高，加工困难而允许孔比轴低一等级，由此组成的过渡配合和过盈配合，使孔的基本偏差的换算产生特殊规则。

表 1-6　公称尺寸≤500mm 轴的基本偏差(摘自 GB/T 1800.1—2009)　　(μm)

基本偏差		上极限偏差 es											js	下极限偏差 ei				
		a[①]	b[②]	c	cd	d	e	ef	f	fg	g	h		j			k	
公称尺寸/mm		公差等级																
大于	至	所有的级												5、6	7	8	4～7	≤3 或>7
—	3	−270	−140	−60	−34	−20	−14	−10	−6	−4	−2	0	偏差等于 $\pm\frac{IT}{2}$	−2	−4	−6	0	0
3	6	−270	−140	−70	−46	−30	−20	−14	−10	−6	−4	0		−2	−4	—	+1	0
6	10	−280	−150	−80	−56	−40	−25	−18	−13	−8	−5	0		−2	−5	—	+1	0
10	14	−290	−150	−95	—	−50	−32	—	−16	—	−6	0		−3	−6	—	+1	0
14	18																	
18	24	−300	−160	−110	—	−65	−40	—	−20	—	−7	0		−4	−8	—	+2	0
24	30																	
30	40	−310	−170	−120	—	−80	−50	—	−25	—	−9	0		−5	−10	—	+2	0
40	50	−320	−180	−130														
50	65	−340	−190	−140	—	−100	−60	—	−30	—	−10	0		−7	−12	—	+2	0
65	80	−360	−200	−150														
80	100	−380	−220	−170	—	−120	−72	—	−36	—	−12	0		−9	−15	—	+3	0
100	120	−410	−240	−180														
120	140	−460	−260	−200	—	−145	−85	—	−43	—	−14	0		−11	−18	—	+3	0
140	160	−520	−280	−210														
160	180	−580	−310	−230														
180	200	−660	−340	−240	—	−170	−100	—	−50	—	−15	0		−13	−21	—	+4	0
200	225	−740	−380	−260														
225	250	−820	−420	−280														
250	280	−920	−480	−300	—	−190	−110	—	−56	—	−17	0		−16	−26	—	+4	0
280	315	−1050	−540	−330														
315	355	−1200	−600	−360	—	−210	−125	—	−62	—	−18	0		−18	−28	—	+4	0
355	400	−1350	−680	−400														
400	450	−1500	−760	−440	—	−230	−135	—	−68	—	−20	0		−20	−32	—	+5	0
450	500	−1650	−840	−480														

续表

基本偏差		下极限偏差 ei													
		m	n	p	r	s	t	u	v	x	y	z	za	zb	zc
公称尺寸/mm		公差等级													
大于	至	所有的级													
—	3	+2	+4	+6	+10	+14	—	+18	—	+20	—	+26	+32	+40	+60
3	6	+4	+8	+12	+15	+19	—	+23	—	+28	—	+35	+42	+50	+80
6	10	+6	+10	+15	+19	+23	—	+28	—	+34	—	+42	+52	+67	+97
10	14	+7	+12	+18	+23	+28	—	+33	—	+40	—	+50	+64	+90	+130
14	18								+39	+45	—	+60	+77	+108	+150
18	24	+8	+15	+22	+28	+35	—	+41	+47	+54	+63	+73	+90	+136	+188
24	30						+41	+48	+55	+64	+75	+88	+118	+160	+218
30	40	+9	+17	+26	+34	+43	+48	+60	+68	+80	+94	+112	+148	+200	+274
40	50						+54	+70	+81	+97	+114	+136	+180	+242	+325
50	65	+11	+20	+32	+41	+53	+66	+87	+102	+122	+144	+172	+226	+300	+405
65	80				+43	+59	+75	+102	+120	+146	+174	+210	+274	+360	+480
80	100	+13	+23	+37	+51	+71	+91	+124	+146	+178	+214	+258	+335	+445	+585
100	120				+54	+79	+104	+144	+172	+210	+254	+310	+400	+525	+690
120	140	+15	+27	+43	+63	+92	+122	+170	+202	+248	+300	+365	+470	+620	+800
140	160				+65	+100	+134	+190	+228	+280	+340	+415	+535	+700	+900
160	180				+68	+108	+146	+210	+252	+310	+380	+465	+600	+780	+1000
180	200	+17	+31	+50	+77	+122	+166	+236	+284	+350	+425	+520	+670	+880	+1150
200	225				+80	+130	+180	+258	+310	+385	+470	+575	+740	+960	+1250
225	250				+84	+140	+196	+284	+340	+425	+520	+640	+820	+1050	+1350
250	280	+20	+34	+56	+94	+158	+218	+315	+385	+475	+580	+710	+920	+1200	+1550
280	315				+98	+170	+240	+350	+425	+525	+650	+790	+1000	+1300	+1700
315	355	+21	+37	+62	+108	+190	+268	+390	+475	+590	+730	+900	+1150	+1500	+1900
355	400				+114	+208	+294	+435	+530	+660	+820	+1000	+1300	+1650	+2100
400	450	+23	+40	+68	+126	+232	+330	+490	+595	+740	+920	+1100	+1450	+1850	+2400
450	500				+132	+252	+360	+540	+660	+820	+1000	+1250	+1600	+2100	+2600

注：1．公称尺寸小于或等于 1mm 的基本偏差 a 和 b 不使用。

2．公差带 js7 到 js11，若 IT_n 的数值为奇数，则取 js=±(IT_n−1)/2。

表 1-7　公称尺寸≤500mm 孔的基本偏差(摘自 GB/T 1800.1—2009)　　(μm)

基本偏差		下极限偏差 EI											JS	上极限偏差 ES								
		A[①]	B[①]	C	CD	D	E	EF	F	FG	G	H		J			K		M		N	
公称尺寸/mm		公差等级																				
大	至	所有的级												6	7	8	≤8	>	≤8	>8	≤8	>
—	3	+270	+140	+60	+34	+20	+14	+10	+6	+4	+2	0	偏差等于 $\pm\frac{IT}{2}$	+2	+4	+6	0	0	−2	−2	−4	−4
3	6	+270	+140	+70	+46	+30	+20	+14	+10	+6	+4	0		+5	+6	+10	−1+Δ	—	−4+Δ	−4	−8+Δ	0
6	10	+280	+150	+80	+56	+40	+25	+18	+13	+8	+5	0		+5	+8	+12	−1+Δ	—	−6+Δ	−6	−10+Δ	0
10	14	+290	+150	+95	—	+50	+32	—	+16	—	+6	0		+6	+10	+15	−1+Δ	—	−7+Δ	−7	−12+Δ	0
14	18																					
18	24	+300	+160	+110	—	+65	+40	—	+20	—	+7	0		+8	+12	+20	−2+Δ	—	−8+Δ	−8	−15+Δ	0
24	30																					
30	40	+310	+170	+120	—	+80	+50	—	+25	—	+9	0		+10	+14	+24	−2+Δ	—	−9+Δ	−9	−17+Δ	0
40	50	+320	+180	+130																		
50	65	+340	+190	+140	—	+100	+60	—	+30	—	+10	0		+13	+18	+28	−2+Δ	—	−11+Δ	−11	−20+Δ	0
65	80	+360	+200	+150																		
80	100	+380	+220	+170	—	+120	+72	—	+36	—	+12	0		+16	+22	+34	−3+Δ	—	−13+Δ	−13	−23+Δ	0
100	120	+410	+240	+180																		
120	140	+460	+260	+200	—	+145	+85	—	+43	—	+14	0		+18	+26	+41	−3+Δ	—	−15+Δ	−15	−27+Δ	0
140	160	+520	+280	+210																		
160	180	+580	+310	+230																		
180	200	+660	+340	+240	—	+170	+100	—	+50	—	+15	0		+22	+30	+47	−4+Δ	—	−17+Δ	−17	−31+Δ	0
200	225	+740	+380	+260																		
225	250	+820	+420	+280																		
250	280	+920	+480	+300	—	+190	+110	—	+56	—	+17	0		+25	+36	+55	−4+Δ	—	−20+Δ	−20	−34+Δ	0
280	315	+1050	+540	+330																		
315	355	+1200	+600	+360	—	+210	+125	—	+62	—	+18	0		+29	+39	+60	−4+Δ	—	−21+Δ	−21	−37+Δ	0
355	400	+1350	+680	+400																		
400	450	+1500	+760	+440	—	+230	+135	—	+68	—	+20	0		+33	+43	+66	−5+Δ	—	−23+Δ	−23	−40+Δ	0
450	500	+1650	+840	+480																		

续表

基本偏差		上极限偏差 ES													Δ[②]					
		P 到 ZC	P	R	S	T	U	V	X	Y	Z	ZA	ZB	ZC						
公称尺寸/mm		公差等级																		
大于	至	≤7 级	>7 级												3	4	5	6	7	8
—	3	在大于7级的相应数值上增加一个Δ值	-6	-10	-14	—	-18	—	-20	—	-26	-32	-40	-60	0					
3	6		-12	-15	-19	—	-23	—	-28	—	-35	-42	-50	-80	1	1.5	1	3	4	6
6	10		-15	-19	-23	—	-28	—	-34	—	-42	-52	-67	-97	1	1.5	2	3	6	7
10	14		-18	-23	-28	—	-33	—	-40	—	-50	-64	-90	-130	1	2	3	3	7	9
14	18							-39	-45	—	-60	-77	-108	-150						
18	24		-22	-28	-35	—	-41	-47	-54	-63	-73	-98	-136	-188	1.5	2	3	4	8	12
24	30					-41	-48	-55	-64	-75	-88	-118	-160	-218						
30	40		-26	-34	-43	-48	-60	-68	-80	-94	-112	-148	-200	-274	1.5	3	4	5	9	14
40	50					-54	-70	-81	-97	-114	-136	-180	-242	-325						
50	65		-32	-41	-53	-66	-87	-102	-122	-144	-172	-226	-300	-405	2	3	5	6	11	16
65	80			-43	-59	-75	-102	-120	-146	-174	-210	-274	-360	-480						
80	100		-37	-51	-71	-91	-124	-146	-178	-214	-258	-335	-445	-585	2	4	5	7	13	19
100	120			-54	-79	-104	-144	-172	-210	-254	-310	-400	-525	-690						
120	140		-43	-63	-92	-122	-170	-202	-248	-300	-365	-470	-620	-800	3	4	6	7	15	23
140	160			-65	-100	-134	-190	-228	-280	-340	-415	-535	-700	-900						
160	180			-68	-108	-146	-210	-252	-310	-380	-465	-600	-780	-1000						
180	200		-50	-77	-122	-166	-236	-284	-350	-425	-520	-670	-880	-1150	3	4	6	9	17	26
200	225			-80	-130	-180	-258	-310	-385	-470	-575	-740	-960	-1250						
225	250			-84	-140	-196	-284	-340	-425	-520	-640	-820	-1050	-1350						
250	280		-56	-94	-158	-218	-315	-385	-475	-580	-710	-920	-1200	-1550	4	4	7	9	20	29
280	315			-98	-170	-240	-350	-425	-525	-650	-790	-1000	-1300	-1700						
315	355		-62	-108	-190	-268	-390	-475	-590	-730	-900	-1150	-1500	-1900	4	5	7	11	21	32
355	400			-114	-208	-294	-435	-530	-660	-820	-1000	-1300	-1650	-2100						
400	450		-68	-126	-232	-330	-490	-595	-740	-920	-1100	-1450	-1850	-2400	5	5	7	13	23	34
450	500			-132	-252	-360	-540	-660	-820	-1000	-1250	-1600	-2100	-2600						

注：1．公称尺寸小于或等于 1mm 的基本偏差 A 和 B 不使用。

2．公差带 JS7 至 JS11，若 IT_n 的数值为奇数，则取 JS=±(IT_n−1)/2。

表 1-8　孔的基本偏差换算规则

规则	项目				
通用规则	适用范围	A～H 任何公差等级	K、M、N。当标准公差＞IT8 时，孔、轴公差等级相同	P～ZC。当标准公差＞IT7 时，孔、轴公差等级相同	对零线孔、轴基本偏差对称
	孔的基本偏差	EI=－es	EI=－ei	EI=－ei	
特殊规则	适用范围	—	J、K、M、N 当标准公差≤IT8 时，孔为 IT_n，轴为 IT_{n-1} (孔比轴低一等级)，适于尺寸＞3～500mm	P～ZC 当标准公差≤IT8 时，孔为 IT_n，轴为 IT_{n-1} (孔比轴低一等级)，适于尺寸＞3～500mm	对零线孔、轴基本偏差不对称
	孔的基本偏差	—	$EI=-ei+\Delta$ $\Delta=IT_n-IT_{n-1}$	$EI=-ei+\Delta$ $\Delta=IT_n-IT_{n-1}$	

4. 公差带中另一个极限偏差的确定

基本偏差仅确定公差带中靠近零线的一个极限偏差，而另一个极限偏差由公差等级确定。

当公差带在零线之上，基本偏差为 EI(ei)，另一个极限偏差 ES=EI+IT，es= ei+IT。

当公差带在零线之下，基本偏差为 ES(es)，另一个极限偏差 EI=ES−IT，ei= es−IT。

可见基本偏差与公差等级无关，而另一个极限偏差，则由公差等级确定。

【例 1-3】 查表确定 ϕ20H7/k6 极限偏差，并画出其尺寸公差带图。

解： 由表 1-3 查知，基本尺寸大于 18～30mm 时，IT6=13μm，IT7=21μm。

对于 k6：由表 1-6 查知，ei=+2μm，则 es= ei+IT6=+2+13=15μm。

ϕ20H7/k6 的公差带图如图 1.31 所示。

【例 1-4】 已知 ϕ20H7/k6 极限偏差及公差带图，即已知轴的基本偏差 k 为+2μm，使用图解法和换算规则求相同代号的孔的基本偏差 K 为何值。

图解法： 在图 1.31(a) 公差带图上移动零线使轴的上偏差为零，形成 ϕ20K7/h6 的公差带图，孔、轴公差带相对位置不变，也就保证配合性质不变。由图 1.31(b)可知，孔的基本偏差 K 为+6μm。

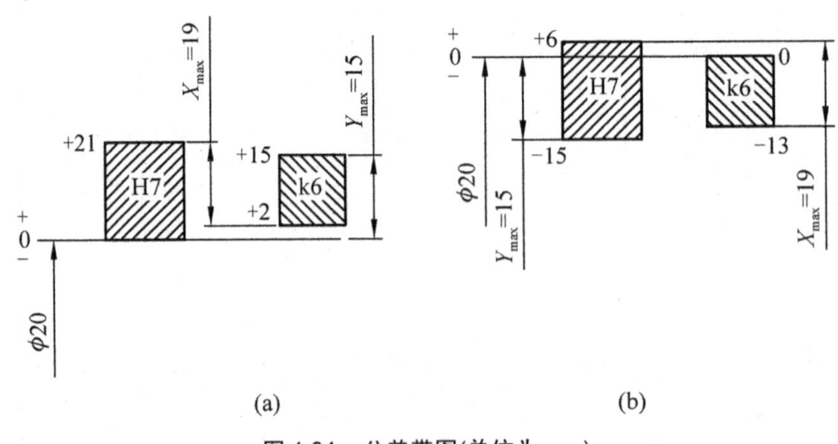

图 1.31　公差带图(单位为 μm)

用换算规则：按表 1-8，因为 IT7＜8，所以按特殊规则计算。由图 1.31(b)可知，孔的基本偏差 K 为 ES= −ei+ Δ，Δ=IT7−IT6= [+21−(+13)] μm = +8μm，ES=(−2+8)μm= +6μm。

表明基本偏差的换算就是ϕ20K7/h6=ϕ20H7/k6，即基准制的变换。

在实际应用中，一般不做计算。直接从《孔的极限偏差》和《轴的极限偏差》表中查得，见有关参考资料。

1.5.3　国家标准规定的公差带与配合

根据国家标准提供的 20 个等级的标准公差及 28 种基本偏差代号，可组成公差带孔有 543 种、轴有 544 种，由孔和轴的公差可组成大量的配合。如此多的公差带与配合全部使用显然是不经济的。为了减少定值刀具、量具和工艺装备的品种与规格，对公差带和配合选用应加以限制。

1. 常用尺寸段公差与配合

根据生产实际情况，国家标准对常用尺寸段推荐了孔、轴的一般常用和优先公差带。一般常用和优先轴用公差带共 119 种，见表 1-9。其中方框内的 59 种为一般常用公差带，圆圈内的 13 种为优先公差带。

同时，国家标准规定了一般常用和优先孔用公差带共 105 种，见表 1-10。其中方框内的 44 种为一般常用公差带，圆圈内的 13 种为优先公差带。

表 1-9　尺寸≤500mm 轴一般常用、优先公差带

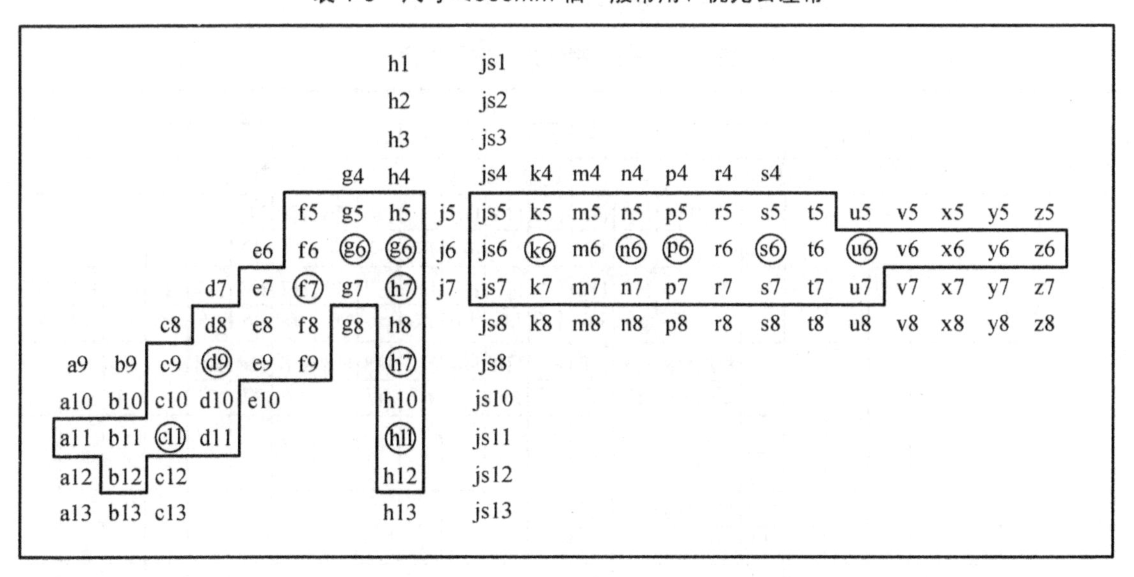

							h1		js1												
							h2		js2												
							h3		js3												
						g4	h4		js4	k4	m4	n4	p4	r4	s4						
					f5	g5	h5	j5	js5	k5	m5	n5	p5	r5	s5	t5	u5	v5	x5	y5	z5
				e6	f6	(g6)	(g6)	j6	js6	(k6)	m6	(n6)	(p6)	r6	(s6)	t6	(u6)	v6	x6	y6	z6
			d7	e7	(f7)	g7	(h7)	j7	js7	k7	m7	n7	p7	r7	s7	t7	u7	v7	x7	y7	z7
		c8	d8	e8	f8	g8	h8		js8	k8	m8	n8	p8	r8	s8	t8	u8	v8	x8	y8	z8
a9	b9	c9	(d9)	e9	f9		(h7)		js8												
a10	b10	c10	d10	e10			h10		js10												
a11	b11	(c11)	d11				(h11)		js11												
a12	b12	c12					h12		js12												
a13	b13	c13					h13		js13												

表 1-10　尺寸≤500mm 孔一般常用、优先公差带

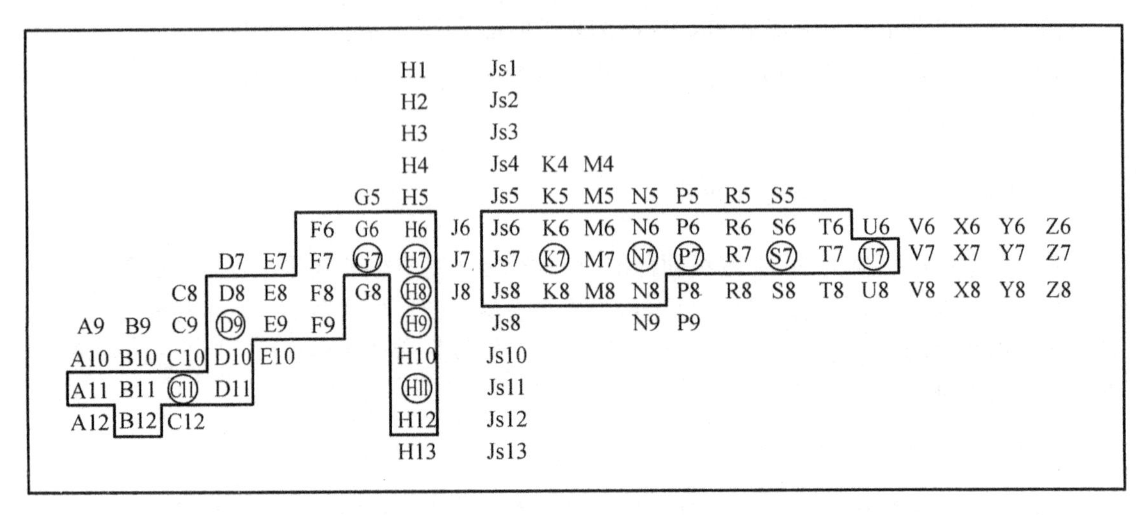

国家标准在规定孔、轴公差带选用的基础上，还规定了孔、轴公差带的组合。基孔制配合中常用配合有 59 种，见表 1-11。其中标注◤的 13 种为优先配合。基轴制配合中常用配合有 47 种，见表 1-12。其中标注◤的 13 种为优先配合。

表 1-11 中，当轴的公差小于或等于 IT7 时，与低一级的基准孔相配合；大于或等于 IT8 时，与同级基准孔配合。表 1-12 中，当孔的标准公差小于 IT8 或少数等于 IT8 时，与高一级的基准轴相配合，其余与同级基准轴相配合。

表 1-11　基孔制优先、常用配合

基准孔	轴																				
	a	b	c	d	e	f	g	h	js	k	m	n	p	r	s	t	u	v	x	y	z
	间隙配合								过渡配合			过盈配合									
H6						H6/f5	H6/g5	H6/h5	H6/js	H6/k5	H6/m5	H6/n5	H6/p5	H6/r5	H6/s5	H6/t5					
H7						H7/f6	◤H7/g6	◤H7/h6	H7/js6	◤H7/k6	H7/m6	◤H7/n6	◤H7/p6	H7/r6	◤H7/s6	H7/t6	◤H7/u6	H7/v6	H7/x6	H7/y6	H7/z6
H8					H8/e7	◤H8/f7	H8/g7	◤H8/h7	H8/js7	H8/k7	H8/m7	H8/n7	H8/p7	H8/r7	H8/s7	H8/t7	H8/u7				
				H8/d8	H8/e8	H8/f8		H8/h8													
H9			H8/c9	◤H9/d9	H9/e9	H9/f9		◤H9/h9													
H10			H10/c10	H10/d10				H10/h10													
H11	H11/a11	H11/b11	◤H11/c11	H11/d11				◤H11/h11													
H12		H12/b12						H12/h12													

表 1-12 基轴制优先、常用配合

基准轴	孔																				
	A	B	C	D	E	F	G	H	JS	K	M	N	P	R	S	T	U	V	X	Y	Z
	间隙配合								过渡配合			过盈配合									
h5						F6/h5	G6/h5	H6/h5	JS6/hs	K6/h5	M6/h5	N6/h5	P6/h5	R6/h5	S6/h5	T6/h5					
h6						F7/h6	G7/h6	H7/h6	JS7/h6	K7/h6	M7/h6	N7/h6	P7/h6	H7/h6	S7/h6	T7/h6	U7/h6				
h7					E8/h7	F8/h7		H8/h7	JS8/h7	K8/h7	M8/h7	N8/h7									
h8				H8/h8	E8/h8	F8/h8		H8/h8													
h9				D9/h9	E9/h9	F9/h9		H9/h9													
h10				D10/h10				H10/h10													
h11	A11/h11	B11/h11	C11/h11	D11/h11				H11/h11													
h12		B12/h12						H12/h12													

基孔制配合优先公差带如图 1.32 所示，基轴制配合优先公差带如图 1.33 所示。

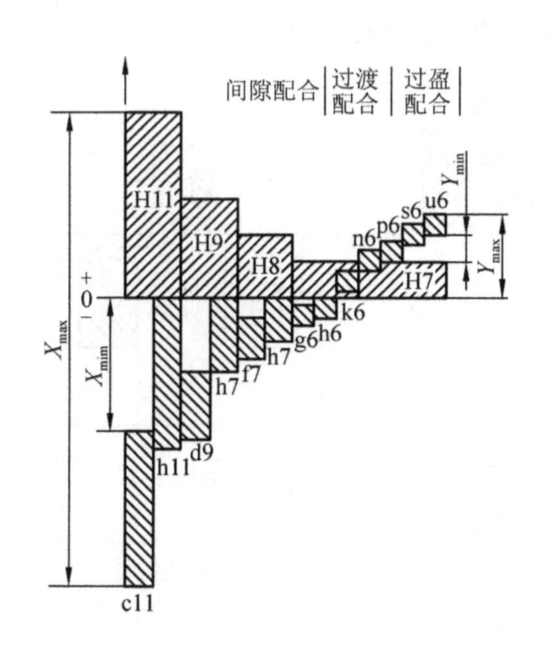

图 1.32 基孔制优先配合公差带

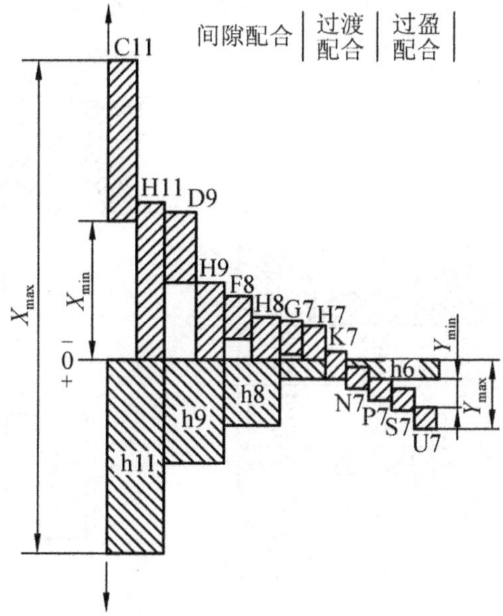

图 1.33 基轴制优先配合公差带

2. 公差与配合的选择

汽车或机器中使用具有互换性的零部件，其所选的孔、轴公差与配合关系到使用性能和生产成本，故必须合理地选择基准制、标准公差等级和配合种类。

1) 基准制的选择

(1) 基孔制。加工中、小尺寸而精确度较高的孔时，常采用钻头、铰刀和拉刀等价值较高的定值刀具和量具。若使孔的公差带固定，可减少刀具和量具的规格，保证相同生产条件下的成本下降，故一般应优先选择基孔制。

(2) 基轴制。在结构上，当同一轴上装有不同配合要求的零件时，应采用基轴制，如发动机的活塞连杆组件。图1.34为活塞销同时与连杆孔和活塞销孔的配合。根据要求，活塞销与活塞销孔应为过渡配合，而活塞销与连杆孔之间有相对运动，应为间隙配合。如果三段配合均选用基孔制配合，则应为ϕ30H6/m5、ϕ30H6/h5和ϕ30H6/m5，公差带如图1.34(b)所示。此时必须将轴做成台阶轴才能满足各部分配合要求，这样做既不便于加工，又不利于装配。如果改用基轴制配合，则三段的配合可改为ϕ30M6/h5、ϕ30H6/h5和ϕ30M6/h5，其公差带如图1.34(c)所示，将活塞销做成光轴，既方便加工又利于装配。

若直接使用冷拔圆钢，一般可达IT8，不必加工就能满足农机、纺机、重机的要求，采用基轴制可以减少加工费用。

与标准件配合时，应按标准件来选基准制。如滚动轴承，轴承内孔与轴配合，采用基孔制。轴承外径与轴承座孔配合，须选用基轴制。

(3) 非基准制配合。车床C616主轴箱中齿轮轴套和隔套的配合如图1.35所示。由于齿轮轴筒的外径已根据与滚动轴承配合的要求选为ϕ60js6，而隔套的作用只是将两个滚动轴承隔开，起轴向定位作用，为了方便装配，它只要松套在齿轮轴筒的外径上即可，公差等级也可选用更低的，所以它的公差带选为ϕ60D10。同样，另一个隔套与主轴箱孔的配合采用ϕ95K7/d11。这类配合就是用不同公差等级的非基准孔公差带组成的。

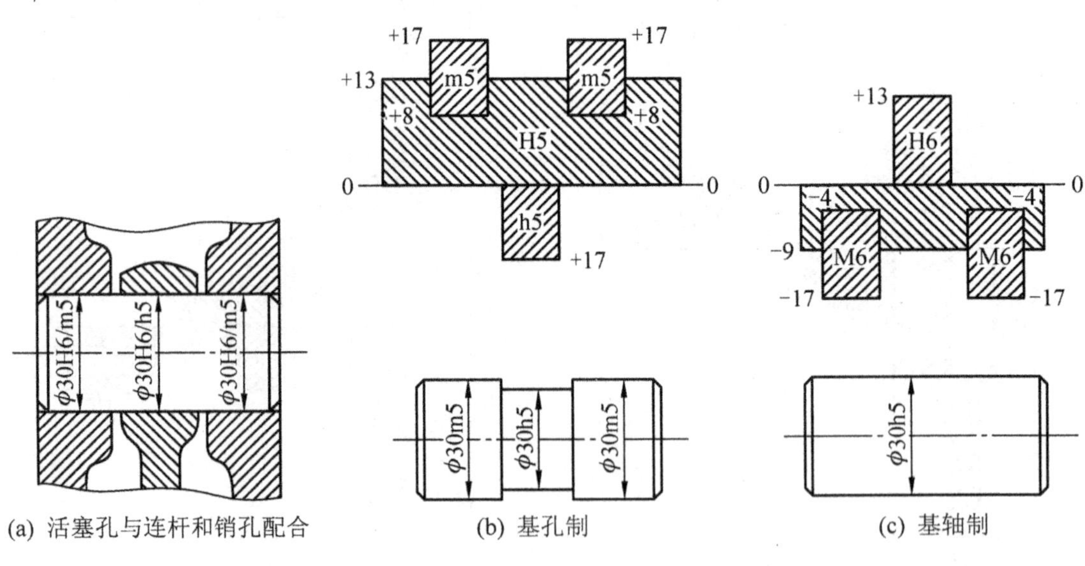

(a) 活塞孔与连杆和销孔配合
(b) 基孔制
(c) 基轴制

图1.34 活塞部件装配

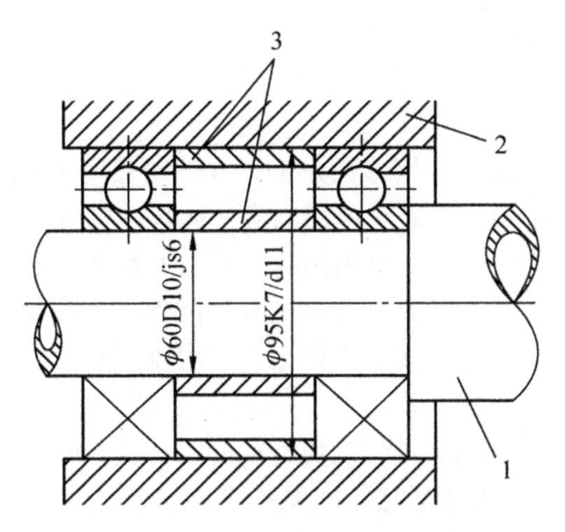

图 1.35　非基准制配合的应用实例

1—齿轮轴　2—齿轮轴套　3—隔套

2) 标准公差等级的选择

选择公差等级的基本原则是在满足使用要求的前提下，尽量选用较低的公差等级。因为公差等级的高低与加工成本有关。在成本增加不多的情况下，用提高公差等级来保证机器的使用可靠性和使用寿命是十分可取的。但如 IT6 时再提高等级，成本会急剧增加。

公差等级的选用方法有计算法和类比法，以类比法常用。该法就是将生产实践经验总结成资料，供对照比较选用。为此必须了解各种加工方法所能达到的公差等级(加工精度)和公差等级大致应用范围。此外还要考虑相关件和配合件的精度，如按滚动轴承的精度等级确定与之相配合的轴承套孔与轴颈的公差等级。

3) 配合种类的选择

选择配合的原则，就是要满足配合件结构特点、工作条件和使用要求。如液压换向阀要求密封性好，又能相对运动，若间隙太大会漏油，间隙太小换向运动不灵活。

选择配合的方法有计算法、实验法和类比法。设计时常用类比法。在确定基准制之后，还必须掌握各种配合的主要特点，并参照经过生产考验的同类产品的典型配合，从而确定所选配合。各种配合的特征简介如下。

(1) 间隙配合。由 H/a～H/h(或 A/h～H/h)组成的配合，其中 H/h 配合间隙最小。主要用于有相对运动的液体摩擦副和半液体摩擦副，也用于孔、轴对中要求不高，且经常拆装、加紧固件传递扭矩的定位配合。

(2) 过渡配合。由 H/js～H/h(或 JS/h～N/h)组成的配合。指孔、轴平均尺寸配合时，从有平均间隙依次减小，最后变成平均过盈的配合特征。间隙或过盈都很小，故对中性好，常用于定位精度高，又便于拆装的静止连接，或加紧固件传递扭矩的配合。

(3) 过盈配合。由 H/p～H/zc(或 P/h～ZC/h)组成的配合。配合的过盈量，由小依次增大。连接强度取决于过盈量的大小，过盈量较小须加紧固件，用于承受很大甚至有冲击的扭矩。过盈量较大时，常用于永久性或半永久性配合，不加紧固件也能传递扭矩。最大过盈量必须在材料弹性变形范围内，不应产生塑性变形或开裂。

1.5.4 形状公差与位置公差

1. 基本概念

零件在加工过程中由于受各种因素的影响，零件的几何要素不可避免地会产生形状误差和位置误差(简称形位误差)，它们对产品的寿命和使用性能有很大的影响。如具有形状误差(如圆度误差)的轴和孔的配合，会因间隙不均匀而影响配合性能，并造成局部磨损使寿命降低。形位公差越大、零件的几何参数的精度越低，其质量也越差。为了保证零件的互换性和使用要求，有必要对零件规定形位公差，用以限制形位误差。

1) 形位公差的研究对象

形位公差的研究对象就是构成零件几何特征的点、线、面，如图1.36所示。这些点、线、面统称要素。形位公差就是研究这些要素在形状及其相互间方向或位置方面的精度问题。

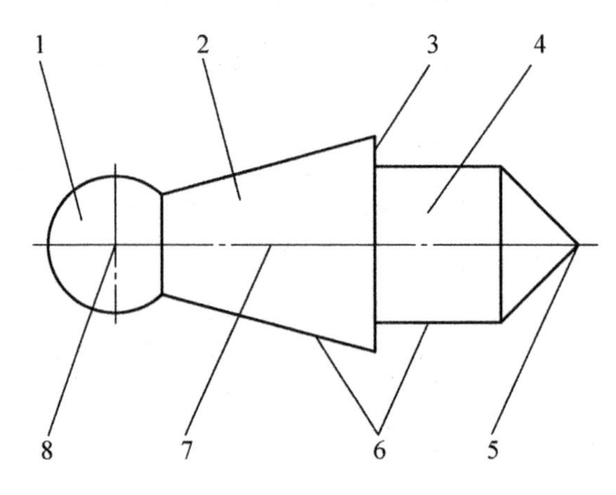

图1.36 几何要素

1—球面 2—圆锥面 3—平面 4—圆柱面 5—点 6—素线 7—轴线 8—球心

2) 几何要素的分类

几何要素从不同的角度可分为4类。

(1) 理想要素和实际要素。具有几何学意义的要素，即几何的点、线、面。它们不存在任何误差。零件图上表示的要素均为理想要素。零件上实际存在的要素称为实际要素，可以通过测量反映出该要素，但测量出来的几何要素，并非一定反映实际要素的真实状况。

(2) 被测要素和基准要素。图样上给出了形位公差要求的要素称为被测要素，是测量的对象。用来确定被测要素方向和位置的要素称为基准要素。基准要素在图样上都标有基准符号或基准代号。

(3) 单一要素和关联要素。仅对被测要素本身给出形状公差要求的要素称为单一要素。与零件基准要素有功能要求的要素称为关联要素。

(4) 轮廓要素和中心要素。构成零件外形为人们直接感觉到的点、线、面。如图1.36所示中的球面、圆锥面、圆柱面、端面以及圆锥面或圆柱面的母线。轮廓要素对称中心所表示的点、线、面称为中心要素。其特点是它不能为人们直接感觉到，而是通过相应的轮廓要素才能体现出来，如零件上的中心面、中心线和中心点等。

3) 形位公差项目

国家标准规定的形状和位置公差，有两大类14个项目，对每一项目和对应符号的规定见表1-13。

表1-13　形位公差的项目及其符号

公差		特征项目	符号	有或无基准要求
形状	形状	直线度	—	无
		平面度	▱	无
		圆度	○	无
		圆柱度	⌭	无
形状或位置	轮廓	线轮廓度	⌒	有或无
		面轮廓度	⌓	有或无
位置	定向	平行度	//	有
		垂直度	⊥	有
		倾斜度	∠	有
	定位	位置度	⌖	有或无
		同轴(同心)度	◎	有
		对称度	⌯	有
	跳动	圆跳动	↗	有
		全跳动	⌰	有

4) 形位公差带的特征

形位公差带是形状公差带和位置公差带的简称。形位公差带有4个特征，即公差带的形状、大小、方向和位置。

公差带的形状有9种，即圆内的区域、两同心圆之间的区域、两同轴圆柱面之间的区域、两等距离线之间的区域、两平行直线之间的区域、圆柱面内的区域、两等距曲面之间的区域、两平行平面之间的区域、球面的区域。

公差带的大小，用公差值 t 表示宽度，或用 ϕt 表示直径。

公差带位置，它有浮动和固定两种。形状公差带的位置一般随实际轮廓要素的位置而浮动。定位和跳动公差带，具有固定的位置，与实际尺寸无关。

5) 理论正确尺寸与几何图框

(1) 理论正确尺寸。确定被测要素的理想形状、方向、位置的尺寸。该尺寸不附带公差，在方框里标上基本尺寸，如 $\boxed{\phi d}$、$\boxed{90^\circ}$ 等。

(2) 几何框格。由理论正确尺寸确定的一组被测理想要素之间和它们与基准之间正确几何关系的图形。如图1.37所示，图中4孔位置度公差带就是以几何框图上各个理想轴线为轴线，以公差值为直径的圆柱面内的区域。所以几何图框是表示成组要素理想位置的图形。理想位置确定后，该位置度公差也就确定了。

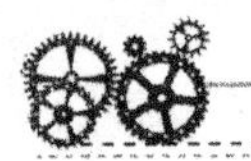

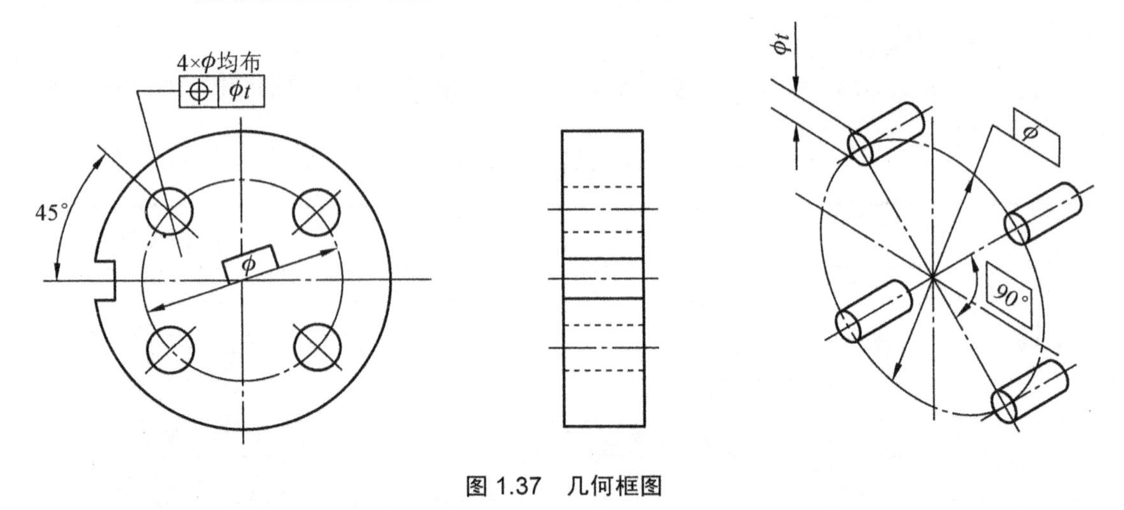

图 1.37 几何框图

2. 形状公差

形状公差是指单一实际被测要素对其理想要素的允许变动量。形状公差带是单一实际被测要素允许变动的区域。如实际要素在形状公差带内为合格，超出公差带则为不合格。

形状公差有直线度、平面度、圆度、圆柱度 4 个项目。

(1) 直线度。直线度公差用于限制平面内或空间直线的形状误差。根据零件的功能要求不同，可分别提出给定平面内、给定方向上和任意方向的直线度要求。

① 在给定平面内，公差带是距离为公差值 t 的两平行直线之间的区域，如图 1.38 所示，框格中标注 0.1 的意义是：被测表面的素线必须位于图样所示投影面内，而且距离为公差值 0.1mm 的两平行直线内。

② 在给定方向上，公差带是距离为公差值 t 的两平行平面之间的区域，如图 1.39 所示，框格中标注的 0.2 的意义是：被测棱线必须位于距离为公差值 0.02mm 的两平行平面之内。

图 1.38 在给定平面内的直线度公差带

图 1.39 在给定方向上的直线度公差带

③ 在任意方向上，公差带是直径为 t 的圆柱面内的区域。此时在公差值前加注 ϕ，如图 1.40 所示。框格标注的 ϕ0.08 的意义是被测圆柱面的轴线必须位于直径为公差值 ϕ0.08mm 的圆柱面内。

(2) 平面度。公差带是距离为公差值的两平行平面之间的区域，如图 1.41 所示。框格中标注的 0.08 的意义是：被测表面必须位于距离为公差值 0.08mm 的两平行平面内。

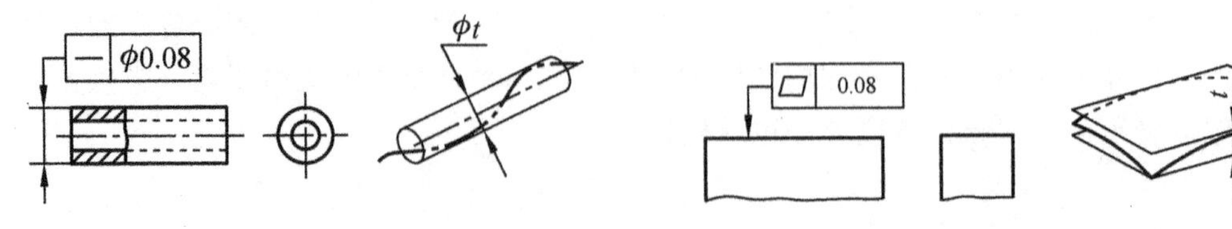

图 1.40 任意方向上的直线度公差带

图 1.41 平面度公差带

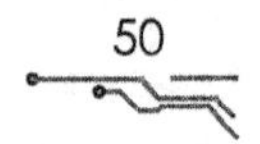

(3) 圆度。公差带是在同一正截面上，半径差为公差值 t 的两同心圆之间的区域，如图 1.42(c)所示。图 1.42(a)框格中标注的 0.03 的意义是：被测圆柱面任一正截面的圆周必须位于半径差为公差值 0.03mm 的两同心圆之间。图 1.42(b)框格中标注的 0.1 的意义是：被测圆锥面任一正截面上的圆周必须位于半径为公差值 0.1mm 的两同心圆之间。

(4) 圆柱度。公差带是半径为公差值 t 的两同轴圆柱面之间的区域，如图 1.43 所示。框格中标注的 0.1 的意义是被测圆柱面必须位于公差值 0.1mm 的两同轴圆柱面之间。圆柱度能对圆柱面纵、横截面各种形状误差进行综合控制。

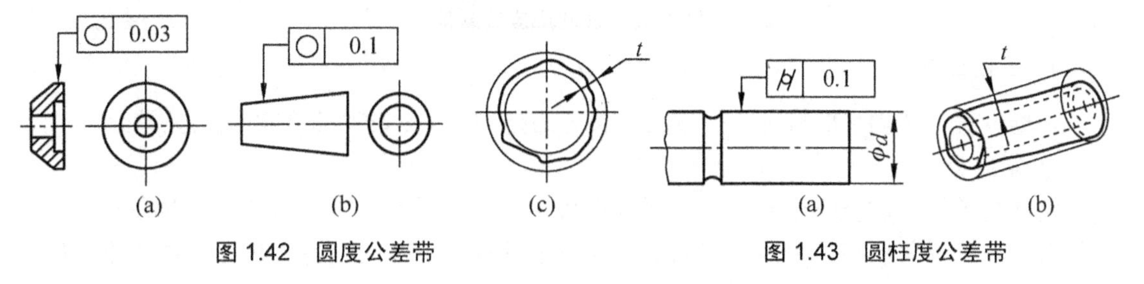

图 1.42　圆度公差带　　　　图 1.43　圆柱度公差带

3. 形状或位置公差

(1) 线轮廓度。公差带是包络一系列直径为公差值 t 的圆的两包络线之间的区域，诸圆的圆心位于具有理论正确几何形状曲线上，如图 1.44(c)所示。

图 1.44(a)为无基准要求的线轮廓公差，图 1.44(b)为有基准要求的线轮廓度公差。图 1.44(a)、(b)框格中标注的 0.04 的意义是：在平行于图样所示投影面的任一截面上，被测轮廓线必须位于包络一系列直径为公差值 0.04mm，且圆心位于具有理论正确几何形状的线上的两包络线之间。

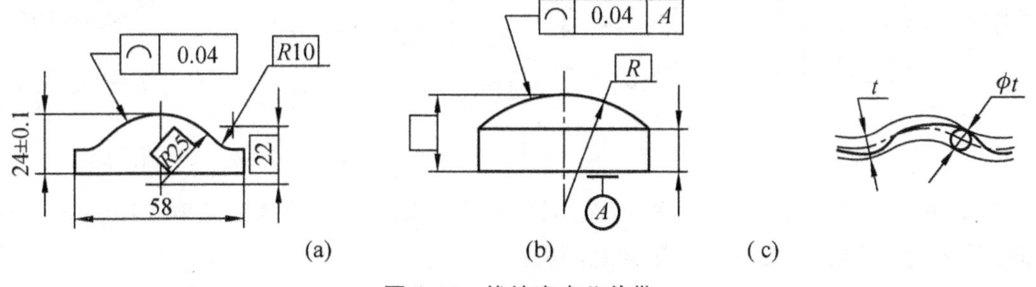

图 1.44　线轮廓度公差带

无基准要求的理想轮廓线用尺寸并且加注公差来控制，这时理想轮廓线的位置是不定的。有基准要求的理想轮廓线用理论正确尺寸加注基准来控制，这时理想轮廓线的理想位置是唯一确定的，不能移动。

(2) 面轮廓度。面轮廓度公差用于限制一般曲面的形状误差。公差带是包络一系列直径为公差值 t 的球的两包络面之间的区域，诸球的球心应位于具有理论正确几何形状的面上，如图 1.45(c)所示。

图 1.45(a)为无基准要求的面轮廓度公差，图 1.45(b)为有基准要求的面轮廓度公差。

图 1.45(a)、(b)框格中标注的 0.02 的意义是：被测轮廓面必须位于包络一系列球的两包络面之间，诸球的直径为公差值 0.02mm，且球心位于具有理论正确几何形状的面上的两包络面区域。

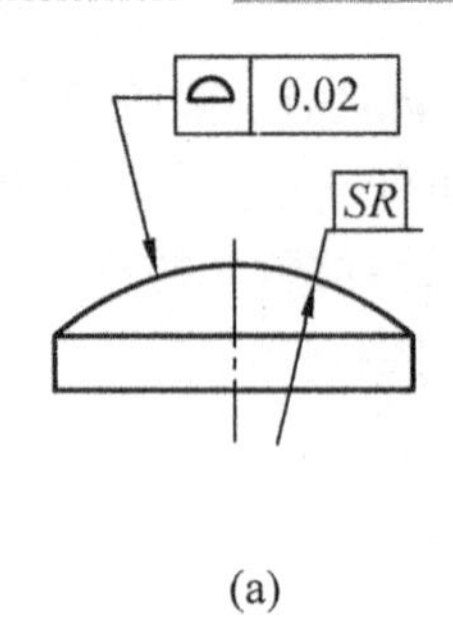

(a)

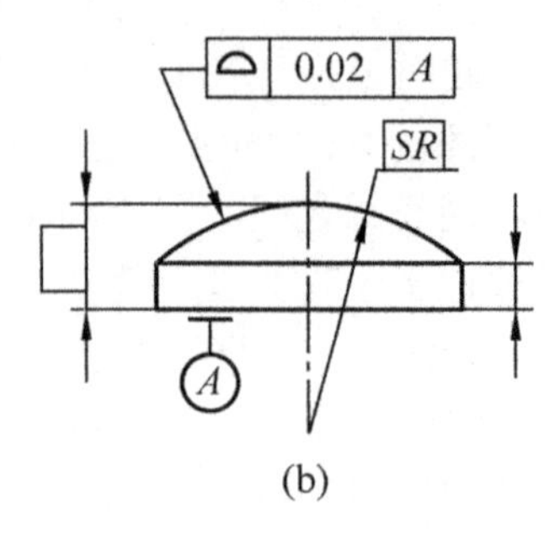

(b)

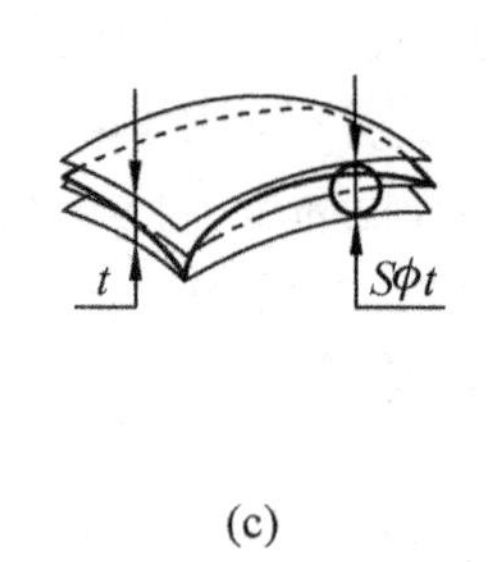

(c)

图 1.45　面轮廓度公差带

4. 位置公差

根据位置公差项目的特征，位置公差又分为定向公差、定位公差和跳动公差。

1) 定向公差

定向公差是关联被测要素对基准要素在规定方向上所允许的变动量，定向公差与其他形位公差相比有其明显的特点：定向公差相对于基准有确定的方向，并且公差带的位置可以浮动；定向公差带还具有综合控制被测要素方向和形状的职能。

根据两要素给定方向不同，定向公差分为平行度、垂直度和倾斜度 3 个项目。

(1) 平行度。平行度公差用于限制被测要素对基准要素平行的误差。

① 给定一个方向的平行度要求时，公差带是距离为公差值 t 且平行于基准线(或平面)、位于给定方向上的两平行平面之间的区域，如图 1.46、图 1.47、图 1.48 所示。

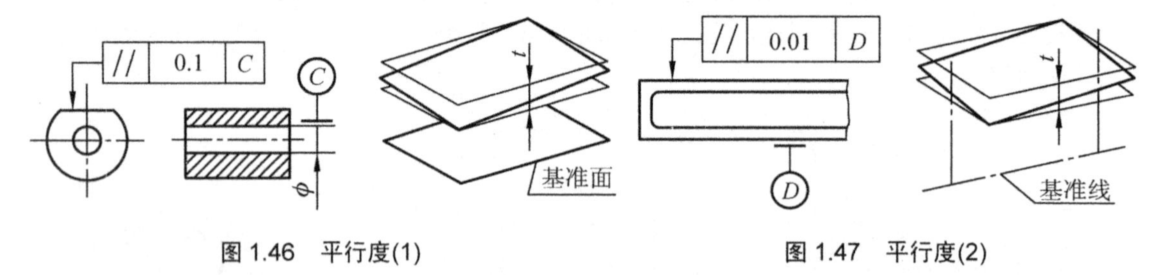

图 1.46　平行度(1)　　图 1.47　平行度(2)

图 1.46 框图中标注的 0.1 的意义是：被测平面必须位于距离为公差值 0.1mm 且在给定方向上平行于基准轴线的两平行平面之间的区域。

图 1.47 框图中标注的 0.01 的意义是：被测平面必须位于距离为公差值 0.01mm 且在给定方向上平行于基准平面 D(基准平面)的两平行平面之间的区域。

图 1.48 框图中标注的 0.01 的意义是：被测轴线必须位于距离为公差值 0.01mm 且在给定方向上平行于基准平面 B(基准平面)的两平行平面之间的区域。

② 给定任意方向的平行度要求时，在公差值前加注 ϕ，公差带是直径为公差值 t 且平行于基准线的圆柱面内的区域，如图 1.49 所示。图 1.49 框格中标注的 ϕ0.03mm 的意义是：被测圆柱面的轴线必须位于直径为公差值 ϕ0.03mm 且平行于基准轴线的圆柱面内的区域。

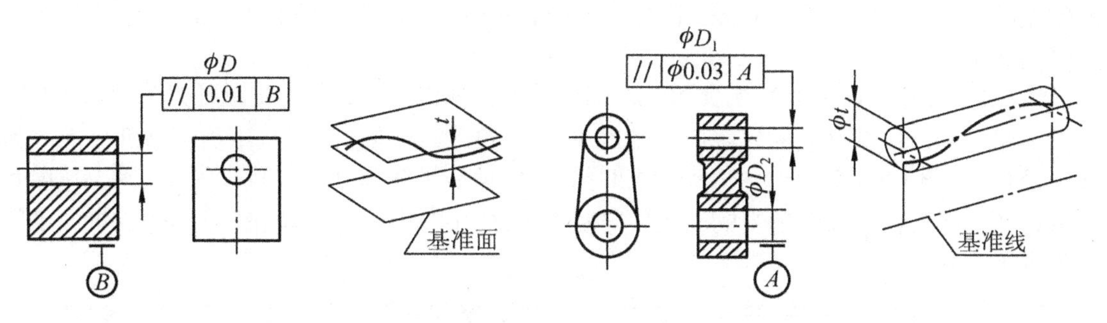

图 1.48　平行度(3)　　　　图 1.49　平行度(4)

(2) 垂直度。垂直度公差用以限制被测要素对基准要素垂直的误差。

① 给定一个方向的垂直度要求时(在给定一个方向上)，公差带是距离为公差值 t 且垂直于基准面(或直线、轴线)的两平行平面之间的区域，如图 1.50、图 1.51、图 1.52 所示。

图 1.50 框图中标注的 0.08 的意义是：在给定方向上被测平面必须位于距离为公差值 0.08mm 且垂直于基准平面 A 的两平行平面之间的区域。

图 1.51 框图中标注的 0.08 的意义是：被测平面必须位于距离为公差值 0.08mm 且垂直于基准线 A(基准轴线)的两平行平面之间的区域。

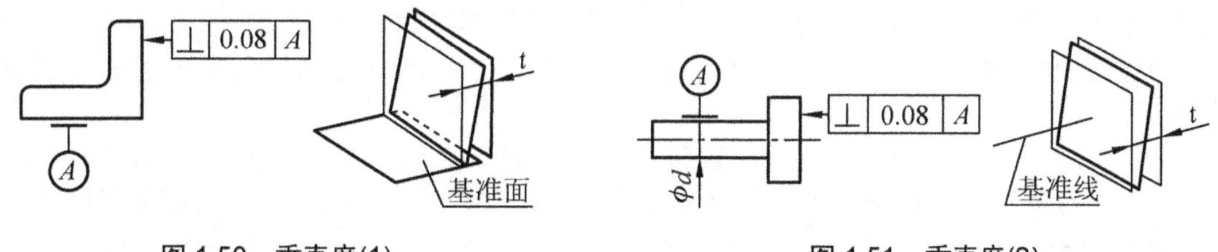

图 1.50　垂直度(1)　　　　图 1.51　垂直度(2)

图 1.52 框图中标注的 0.06 的意义是：被测轴线必须位于距离为公差值 0.06mm 且垂直于基准线 A(基准轴线)的两平行平面之间的区域。

② 给定任意方向的垂直度要求时，在公差值前加注 ϕ，公差带是直径为公差值 t 且垂直于基准面的圆柱面内的区域，如图 1.53 所示。图 1.53 框格中标注的 ϕ0.01mm 的意义是：被测圆柱面的轴线必须位于直径为公差值 ϕ0.01mm 且垂直于基准面 A(基准平面)的圆柱面内的区域。

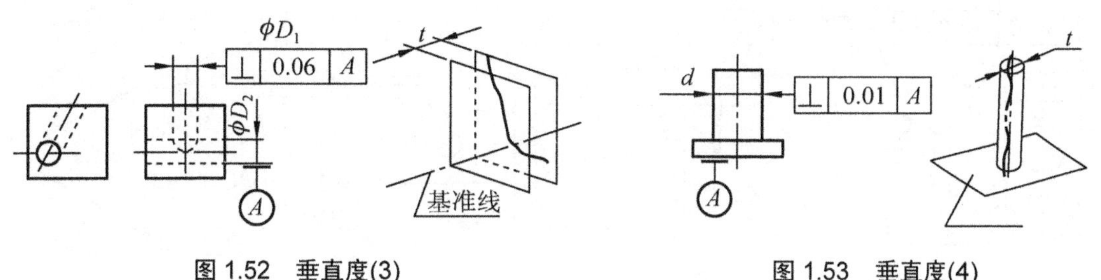

图 1.52　垂直度(3)　　　　图 1.53　垂直度(4)

(3) 倾斜度。倾斜度公差用于限制被测要素对基准要素成一定角度的误差。

① 被测线和基准线在同一个平面内，其公差带是距离为公差值 t 且与基准线成一给定角度的两平行平面之间的区域，如图 1.54 所示。图 1.54 框格中标注的 0.08 的意义是：被

测轴线必须位于公差值为 0.08mm 且与 *A*—*B* 公共基准线成理论正确角度 60°的两平行平面之间的区域。

② 给定任意方向的倾斜度要求时，在公差值前加注 ϕ，公差带是直径为公差值 t 的圆柱面内的区域，该圆柱面的轴线应与基准平面成一给定的角度并平行于另一基准平面，如图 1.55 所示。图 1.55 框格中标注的 ϕ0.1 的意义是：被测轴线必须位于直径为公差值 ϕ0.1mm 的圆柱面公差带内，该公差带的轴线应与基准表面 *A*(基准平面)成理论正确角度 60°并平行于基准平面 *B*。

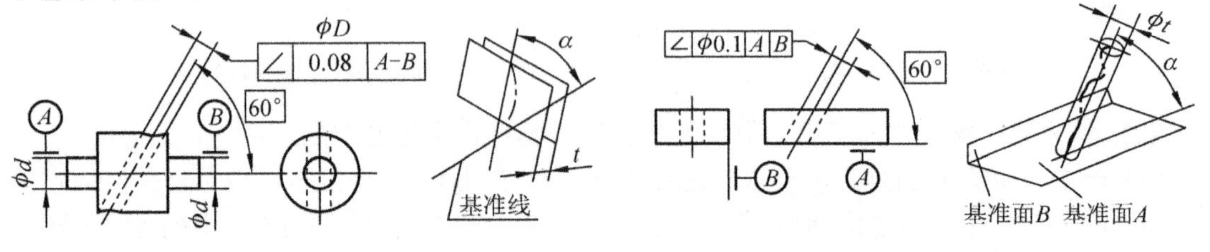

图 1.54 倾斜度(1)　　图 1.55 倾斜度(2)

2) 定位公差

定位公差是关联实际被测要素对基准在位置上所允许的变动量。定位公差带与其他形位公差带相比较有以下特点：定位公差带具有确定的位置，相对于基准的尺寸为理论正确尺寸；定位公差带具有综合控制被测要素位置、方向和形状的功能。

根据被测要素和基准要素之间的功能关系，定位公差分为位置度、同轴度和对称度 3 个项目。

(1) 位置度。位置度分为点的位置度和线的位置度及其平面或中心平面的位置度 3 种。

① 点的位置度。在公差值前加注 ϕ，公差带是直径为公差值 t 且以点的理想位置为中心点的圆或球内的区域。该中心点的位置由基准和理论正确尺寸确定，如图 1.56 所示。图中框格标注的 $S\phi$0.3 的意义是：被测球的球心必须位于直径为公差值 0.3mm 的球内。这 $S\phi$0.3mm 球的球心位于由基准平面 *A*、*B*、*C* 和理论正确尺寸 30、25 所确定的理想位置上。

② 线的位置度。在公差值前加注 ϕ，公差带是直径为公差值 t 的圆柱面内的区域。公差带的轴线的位置由基准和理论正确尺寸确定，如图 1.57 所示。图中框格标注的 ϕ0.08 的意义是：被测轴线必须位于直径为公差值 ϕ0.08mm，且以相对于 *A*、*B*、*C* 基准表面(基准平面)的理论正确尺寸所确定的理想位置为轴线的圆柱面内。

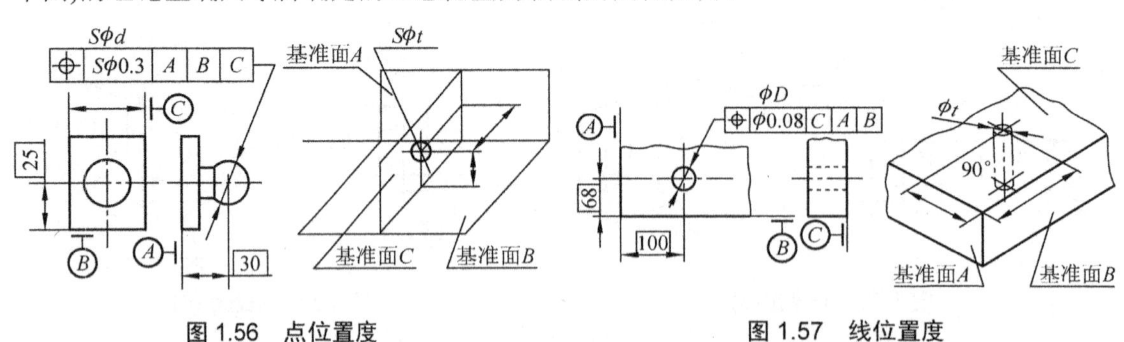

图 1.56 点位置度　　图 1.57 线位置度

③ 平面或中心平面的位置度。公差带是距离为公差值且以面的理想位置为中心对称配置的两平行平面之间的区域。面的理想位置是由相对于三基面体系的理论正确尺寸确定的，

如图 1.58 所示。图中框格标注的 0.05 的意义是：被测表面必须位于距离为公差值 0.05mm 且以相对于基准线 *B*(基准轴线)和基准表面 *A*(基准平面)的理论正确尺寸所确定的理想位置对称配置的两平行平面之间的区域。

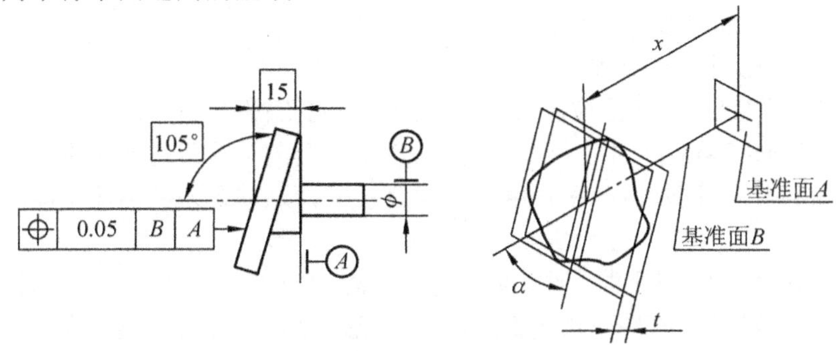

图 1.58 面位置度

(2) 同轴度。同轴度分为点的同心度和轴线的同轴度两种。

① 点的同心度。公差带是直径为公差值ϕt且与基准圆心同心的圆内的区域，如图 1.59 所示。图框格中标注的$\phi 0.01$ 的意义是：外圆的圆心必须位于直径为公差值$\phi 0.01$mm 且与基准圆心同心的圆内的区域。

② 轴线的同轴度。公差带是直径为公差值ϕt 的圆柱面内的区域，该圆柱面的轴线与基准轴线同轴，如图 1.60 所示。图框格中标注的$\phi 0.04$ 的意义是：小圆柱面的轴线必须位于直径为公差值$\phi 0.04$mm 且与基准轴线 *A* 同轴的圆柱面内的区域。

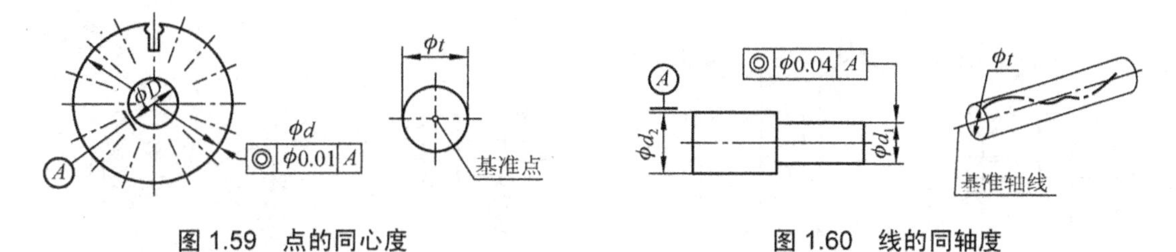

图 1.59 点的同心度　　　　图 1.60 线的同轴度

(3) 对称度。被测中心平面与公共基准中心平面相对称配量的距离。

中心平面对称度公差，其公差带是距离为公差值 *t* 且相对基准的中心平面对称配置的两平行平面之间的区域，如图 1.61 所示。图框格中标注的 0.08 的意义是：被测中心平面必须位于距离为公差值 0.08mm 且相对于公共基准中心平面 *A*—*B* 对称配置的两平行平面之间的区域。

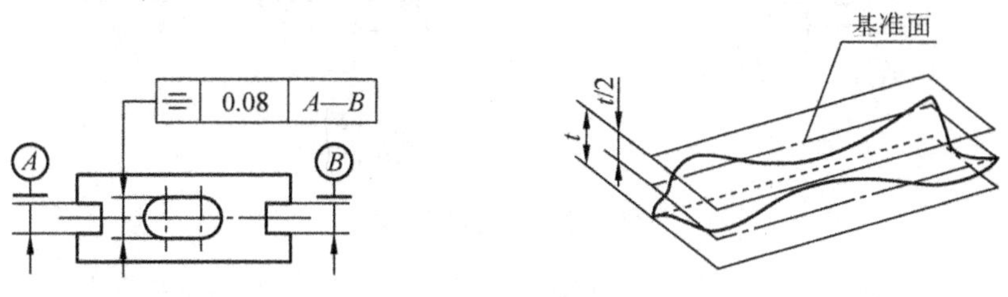

图 1.61 对称度

3) 跳动公差

跳动公差是关联实际要素绕基准轴线旋转一周或几周时所允许的最大跳动量。跳动公差与其他形位公差相比有其显著的特点：跳动公差带相对于基准轴线有确定的位置；跳动公差带可以综合控制被测要素的位置、方向和形状。

跳动公差分为圆跳动和全跳动。

(1) 圆跳动。圆跳动公差是被测要素某一固定参考点围绕基准轴线旋转一周时(零件和测量仪器间无轴向位移)允许的最大变动量 t。圆跳动公差适用于每一个不同的测量位置。圆跳动可能包括圆度、同轴度、垂直度或平面度误差，这些误差的总值不能超过给定的圆跳动公差。

① 径向圆跳动。径向圆跳动通常是围绕轴线旋转一整周，也可对部分圆周进行限制。公差带是垂直于基准轴线的任一测量平面内、半径差为公差值 t 且圆心在基准轴线上的两同心圆之间的区域，如图1.62所示。图框格中标注的0.1的意义是：当被测要素围绕基准轴线 A 旋转一周时，在任一测量平面内的径向圆跳动量均不得大于0.1mm。

② 端面圆跳动。公差带是在与基准同轴的任一半径位置的测量圆柱面上距离为 t 的两圆之间的区域，如图1.63所示。图框格中标注的0.1的意义是：被测面围绕基准轴线 D 旋转一周时，在任一测量圆柱面内轴向的跳动量均不得大于0.1mm。

③ 斜向圆跳动。公差带是在与基准同轴的任一测量圆锥面上距离为 t 的两圆之间的区域。除另有规定，其测量方向应与被测面垂直，如图1.64所示。图框格中标注的0.1的意义是：被测面围绕基准轴线C旋转一周时，在任一测量圆柱面内轴向的跳动量均不得大于0.1mm。

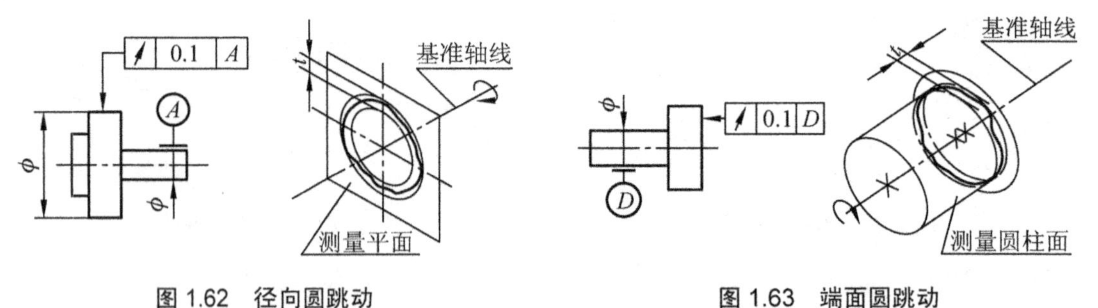

图1.62 径向圆跳动　　　　图1.63 端面圆跳动

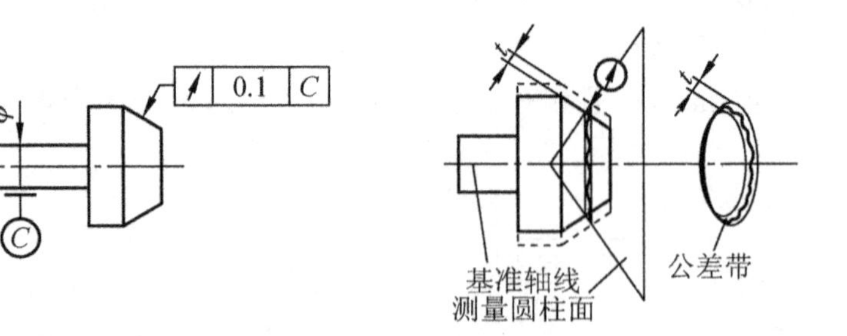

图1.64 斜向圆跳动

(2) 全跳动。全跳动控制的是整个被测要素相对于基准要素的跳动总量。

① 径向全跳动。公差带是半径差为公差值 t 且与基准同轴的两圆柱面之间的区域，如图1.65所示。图框格中标注的0.1的意义是：被测要素围绕公共基准线 A—B 作若干次旋

转，并在测量仪器与零件间同时作轴向的相对移动时，被测要素上各点间的示值差均不得大于0.1mm。测量仪器或零件必须沿着基准轴线方向并相对于公共基准轴线 *A*—*B* 移动。

② 端面全跳动。公差带是距离为公差值 *t* 且与基准垂直的两平行平面之间的区域，如图1.66所示。图框格中标注的0.1的意义是：被测要素围绕公共基准线 *D* 作若干次旋转，并在测量仪器与零件间作径向相对移动时，在被测要素上各点间的示值差均不得大于0.1mm。测量仪器或零件必须沿着轮廓具有理想正确形状的线和相对于基准轴线 *A* 的正确方向移动。

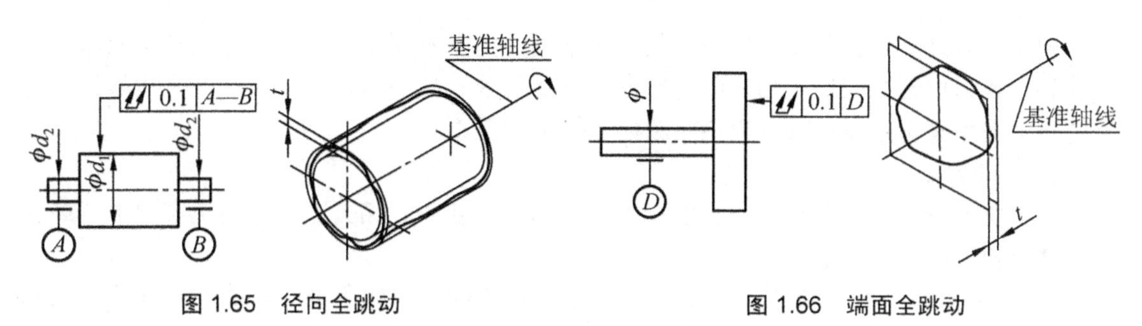

图1.65 径向全跳动　　　　图1.66 端面全跳动

1.5.5 形位公差与尺寸公差的关系

为了实现互换性，保证其功能要求，在零件设计时，对某些被测要素有时要同时给定尺寸公差和形位公差，这就产生了如何处理两者之间的关系问题。所谓公差原则就是处理尺寸公差和形位公差关系的原则。

公差原则分为独立原则和相关原则。相关原则又分为包容要求、最大实体要求和最小实体要求。

为便于研究起见，除前面涉及的一些概念外，还必须了解下列有关定义、符号及尺寸代号。

1. 有关定义、符号

(1) 体外作用尺寸。在被测要素的给定长度上，与实际内表面体外相接的最大理想面或与实际外表面体外相接的最小理想面的直径或宽度。对于关联要素，该理想面的轴线或中心平面必须与基准保持图样给定的几何关系。

(2) 最大实体状态。在给定长度上，实际要素处处位于尺寸极限之内，并具有最大实体时的状态。

(3) 最大实体尺寸。在最大实体状态下，实际要素的极限尺寸。对于外表面为最大极限尺寸，对于内表面为最小极限尺寸。

(4) 最小实体状态。在给定长度上，实际要素处处位于极限尺寸之内，并具有最小实体时的状态。

(5) 最小实体尺寸。在最小实体状态下，实际要素的极限尺寸。对于外表面为最小极限尺寸，对于内表面为最大极限尺寸。

(6) 最大实体实效状态。在给定长度上，实际要素处于最大实体状态，并且其中心要素的形状或位置误差等于给出公差值时的综合极限状态。

(7) 最大实体实效尺寸。最大实体实效状态下的体外作用尺寸。对于内表面为最大实体尺寸减去形位公差值(加注符号Ⓜ的)；对于外表面为最大实体尺寸加形位公差值(加注符号Ⓜ的)。

(8) 边界。由设计给定的具有理想形状的极限包容面。边界的尺寸为极限包容面的直径或距离。

2. 公差原则

1) 独立原则

独立原则是尺寸公差和形位公差相互关系遵循的基本原则，是指图样上给定的每一个尺寸和形状、位置要求均是独立的，应分别满足要求。如果对尺寸和形状、尺寸与位置之间的相互关系有特定要求时，应该在图样上做出规定。

2) 相关要求

相关要求是尺寸公差与形位公差相互关系的公差要求。相关要求分为包容要求、最大实体要求和最小实体要求。

(1) 包容要求。包容要求适用于单一要素，如圆柱表面或两平行表面。包容要求表示实际要素应遵守其最大实体边界，其局部实际尺寸不得超过最小实体尺寸。

采用包容要求的单一要素应在其尺寸极限偏差或公差带代号之后加注符号Ⓔ，如图1.67(a)所示。图中圆柱表面必须在最大实体边界内，该边界的尺寸为最大实体尺寸ϕ20mm，其局部实际尺寸不得小于19.979 mm。图1.67(d)给出了表达上述关系的动态公差图，该图表示轴线直线度误差允许值t随轴实际尺寸d_a变化的规律。

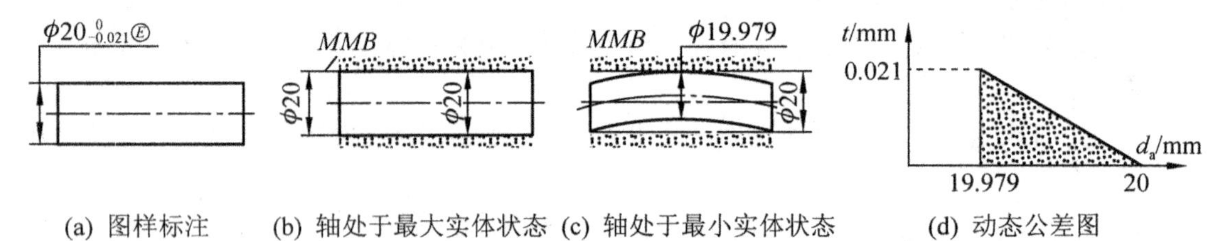

(a) 图样标注　(b) 轴处于最大实体状态　(c) 轴处于最小实体状态　(d) 动态公差图

图1.67 包容要求的解释

(2) 最大实体要求。最大实体要求适用于中心要素。最大实体要求是控制被测要素的实际轮廓处于其最大实体实效边界之内的一种公差要求。当其实际尺寸偏离最大实体尺寸时，允许其形位误差值超出其给定的公差值，此时应在图样上标注符号Ⓜ。

① 最大实体要求应用于被测要素。最大实体要求应用于被测要素时，被测要素的实际轮廓在给定的长度上处处不得超出最大实体实效边界，即其体外作用尺寸不应超出最大实体实效尺寸，且其局部实际尺寸不得超出最大实体尺寸和最小实体尺寸。

最大实体要求应用于被测要素时，被测要素的形位公差值是在该要素处于最大实体状态时给出的。当被测要素的实际轮廓偏离其最大实体状态，即其实际尺寸偏离最大实体尺寸时，形位误差值可超出在最大实体状态下给出的形位公差值，即此时的形位公差值可以增大。如图1.68所示。图1.68(d)给出了轴线直线度误差允许值t随轴实际尺寸d_a变化的规律的动态公差图。

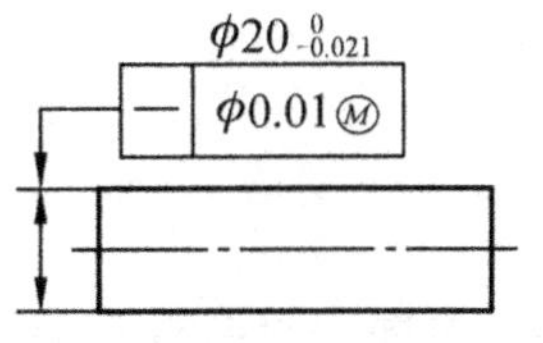

(a) 图样标注

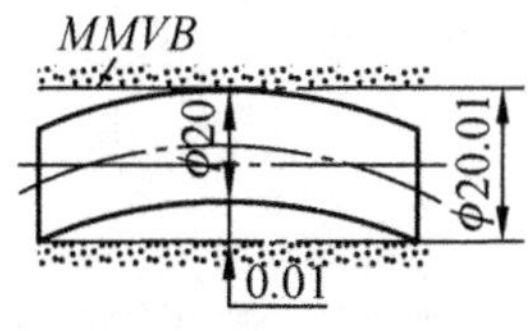

(b) 轴处于最大实体状态

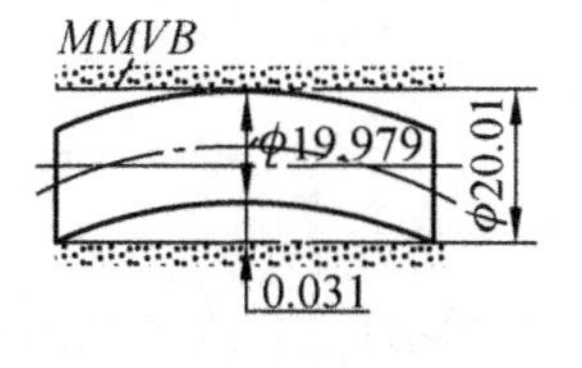

(c) 轴处于最小实体状态

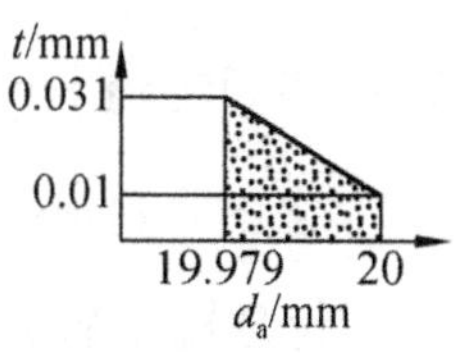

(d) 动态公差图

图 1.68 最大实体要求应用于单一要素的示例及其解释

当给出的形位公差值为零时则为零形位公差。此时，被测要素的最大实体实效边界等于最大实体边界，最大实体实效尺寸等于最大实体尺寸。

② 最大实体要求应用于基准要素。最大实体要求应用于基准要素是指基准要素尺寸公差与被测要素位置公差的关系采用最大实体要求。这时必须在被测要素位置公差框格中的基准字母后面标注符号Ⓜ(图 1.69)，以表示被测要素的位置公差与基准要素的尺寸公差相关。

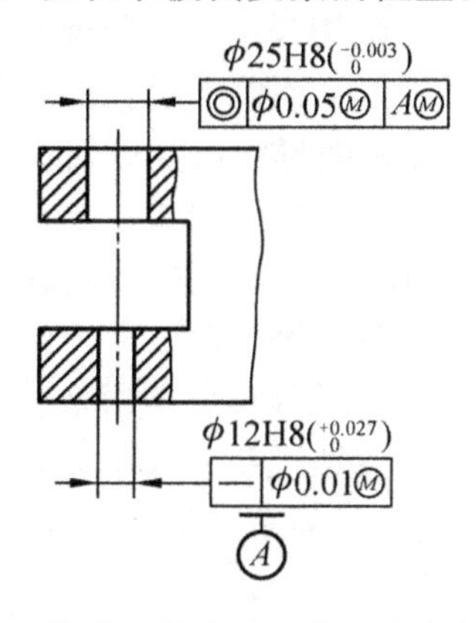

图 1.69 基准 A 的边界为最大实体实效边界

当基准要素本身采用最大实体要求时，基准要素应遵守的边界为最大实体实效边界。这时，基准符号应标注在形成该最大实体实效边界的形位公差值的右方，如图 1.69 所示。

当基准要素本身不采用最大实体要求时，基准要素应遵守的边界为最大实体边界。基准要素本身采用独立原则时的标注示例如图 1.70 所示，基准要素本身采用包容要求时的标注示例如图 1.71 所示。在这两种情况下，基准要素应遵守的边界为最大实体边界。

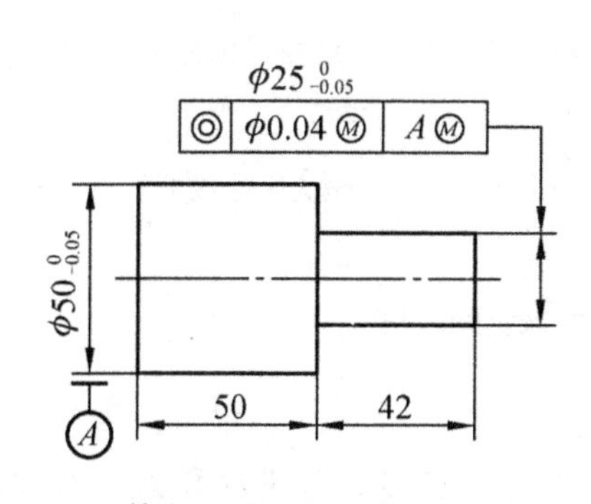

图 1.70 基准 A 的边界为最大实体边界(1)

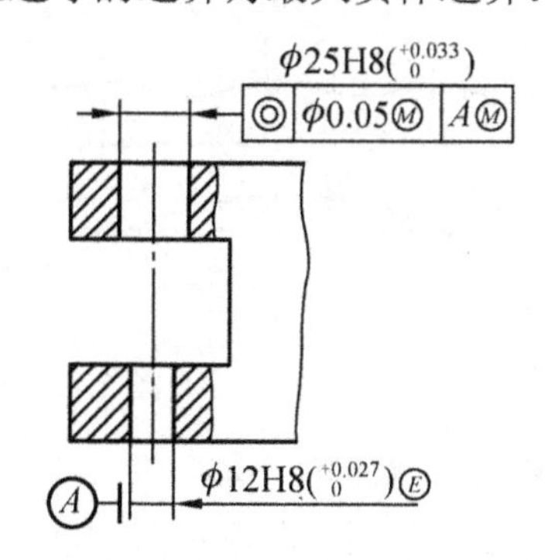

图 1.71 基准 A 的边界为最大实体边界(2)

最小实体要求适用于中心要素。这种公差要求的提出，是基于在产品和零件设计中获得最佳经济效益的需要。有关最小实体要求与可逆要求可查阅相关教材，在此不作介绍。

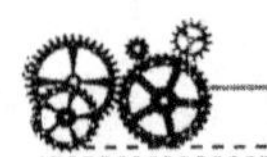

1.5.6 表面粗糙度

1. 表面粗糙度的基本概念

无论是机械加工的零件表面，或者是用铸、锻等方法获得的零件表面，总会存在着具有较小间距和峰谷的微观几何形状误差(轮廓微观不平度)。这种较小间距和峰谷的微观几何形状特性称为表面粗糙度。零件的表面粗糙度对该零件的工作性能有重大影响。

(1) 影响零件运动表面的摩擦和磨损。表面越粗糙，配合表面间的有效接触面积就越小，单位面积上的载荷增大，零件运动表面磨损加快。但是，不能认为表面粗糙度数值越小，耐磨性就越好，因为表面过于光滑，不利于在该表面上储存润滑油，容易使运动表面间形成半干摩擦甚至干摩擦，反而加剧磨损。

(2) 影响配合性质的稳定性和机器的工作精度。对间隙配合来说，表面越粗糙则越容易磨损，使配合表面间的实际间隙逐渐增大；对过盈配合而言，表面越粗糙会减小配合表面间的实际有效过盈，降低连接强度，从而降低机器的工作精度。

(3) 影响零件的疲劳强度。零件表面越粗糙，则对应力集中越敏感，特别是在交变载荷的作用下，在零件的沟槽或圆角处，其影响更大，零件往往因此失效。

(4) 影响零件的抗腐蚀性。表面越粗糙，则越容易在该表面上积聚腐蚀性物质，且通过该表面的微观凹凸向其表层渗透，使腐蚀加剧。

此外，表面粗糙度对连接的密封性和零件的美观等也有很大影响。因此，在零件的几何精度设计中，对表面粗糙度提出合理要求是一项不可缺少的重要内容。

表面粗糙度属于零件表面的微观几何形状误差，完工后零件的轮廓形状表面粗糙度如图 1.72 所示，图中 λ 为波距。

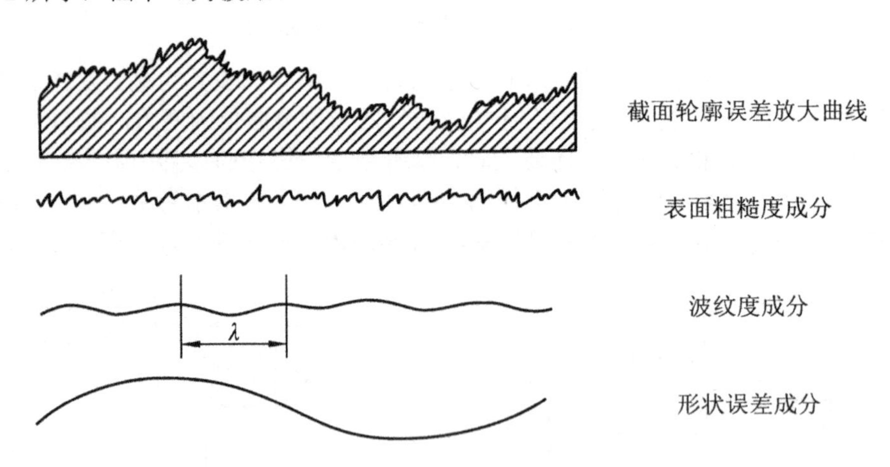

图 1.72　完工零件的截面实际轮廓形状

2. 表面粗糙度的评定

测量和评定表面粗糙度时，需要确定取样长度、评定长度、基准线和评定参数，并且应测量横向轮廓或垂直于切削方向的轮廓。

(1) 取样长度和评定长度。

① 取样长度(l)。取样长度是指测量和评定表面粗糙度时所规定的一段基准线长度。它

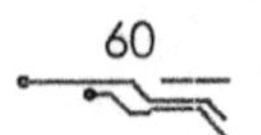

至少应包含 5 个以上完整轮廓的峰和谷，如图 1.73 所示。表面越粗糙，取样长度就应越大。

② 评定长度(l_n)。评定长度是指为了合理且较全面地反映整个表面的表面粗糙度特性，而在测量和评定表面粗糙度时所必需的一段长度。评定长度一般包括一个或几个取样长度。一般情况下取 l_n=5l。

(2) 基准线。基准线是指用以评定表面粗糙度参数的给定线。基准有以下两种确定方法。

① 轮廓最小二乘中线。轮廓最小二乘中线是指具有几何轮廓形状并划分轮廓的基准线，在取样长度内使轮廓上各点至基准线的距离 y 的平方和为最小，如图 1.73 所示。

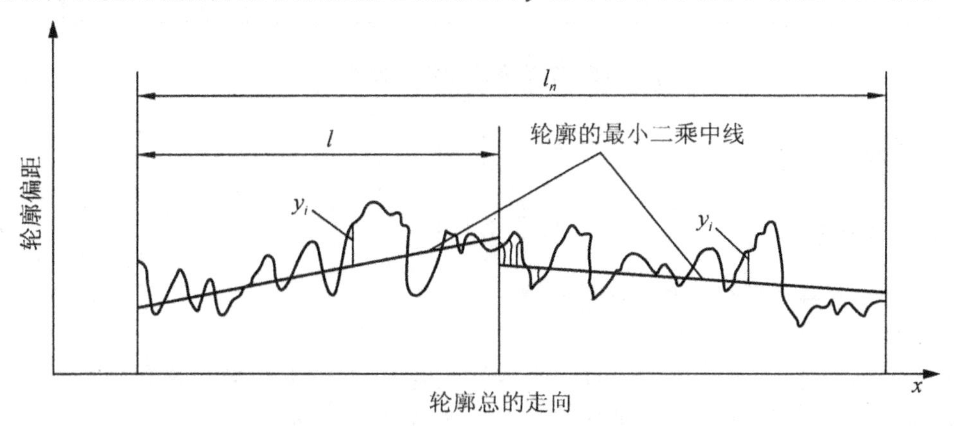

图 1.73　取样长度和最小二乘中线

② 轮廓算术平均中线。轮廓的算术平均中线是指在取样长度内划分实际轮廓为上、下两部分，使上、下两部分面积之和相等的线，如图 1.74 所示。

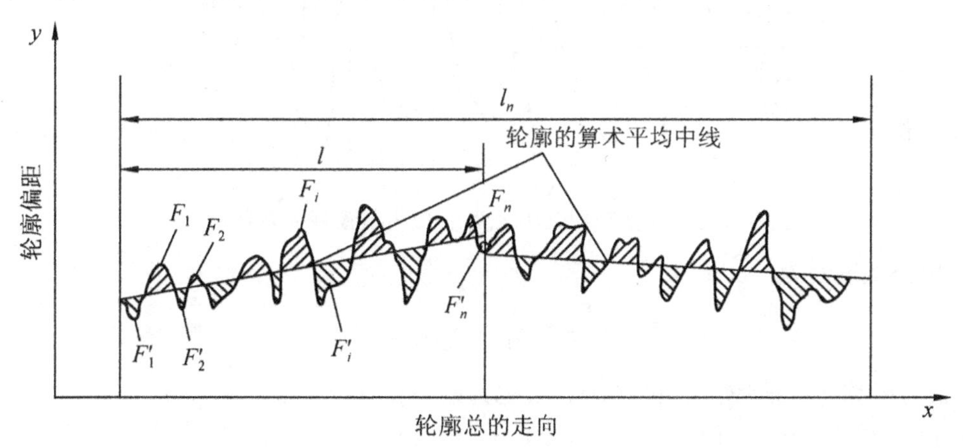

图 1.74　轮廓算术平均中线

3. 评定的参数

表面粗糙度的评定参数按照微观不平度高度、间距和形状 3 个方面的特性来划分。

(1) 高度特性参数。

① 轮廓算术平均偏差 R_a。R_a 是指在一个取样长度内轮廓偏离最小二乘中线距离的绝对值的算术平均值，如图 1.75 所示。

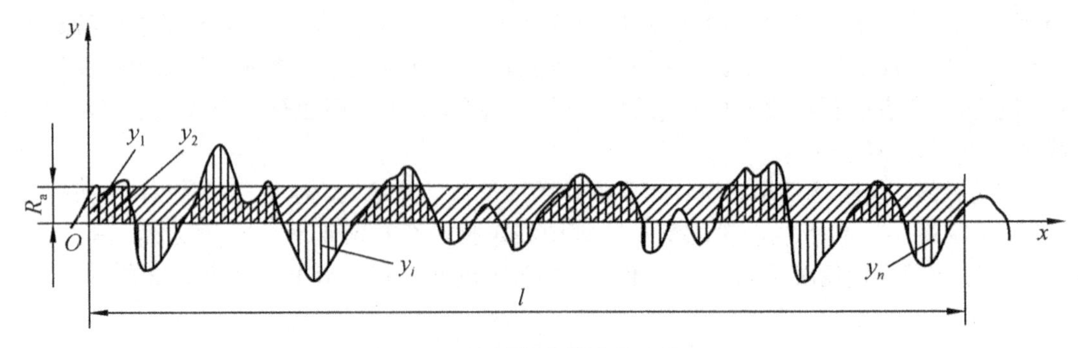

图 1.75　轮廓算术平均值公差 R_a

表达式为
$$R_a = (\frac{1}{l})\int_0^l |y| dx \tag{1-39}$$

近似表达式为
$$R_a = (\frac{1}{n})\sum_{i=1}^{n} |y_i| \tag{1-40}$$

式中：y——轮廓偏离最小二乘中线的距离；

y_i——第 i 点的“轮廓偏距”(i=1，2，3，…，n)。

② 微观不平度 10 点高度 R_z。在一个取样长度内，5 个最大轮廓峰高和 5 个最大轮廓谷深的平均值之和称为微观不平度 10 点高度，如图 1.76 所示。

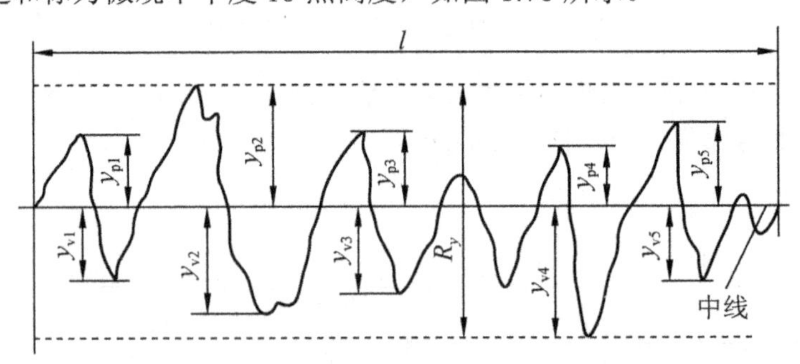

图 1.76　微观不平度 10 点高度 R_z 和轮廓最大高度 R_y

R_z 用公式表示为
$$R_z = (\frac{1}{5})(\sum y_{pi} + \sum y_{vi}) \tag{1-41}$$

式中：y_{pi}——第 i 个最大轮廓峰高(i=1，2，3，4，5)；

y_{vi}——第 i 个最大轮廓谷深(i=1，2，3，4，5)。

③ 轮廓最大的高度 R_y。在一个取样长度内，轮廓的最高峰顶线和轮廓的最低谷底线之间的距离称为轮廓最大高度，如图 1.76 所示。R_y 值越大，表面加工的痕迹越深。由于 R_y 值是微观不平度 10 点最高点和最低点至中线的垂直距离之和，所以它不能反映表面的全面几何特性，但 R_y 可与 R_a 或 R_z 联用。

(2) 间距特性参数。常用的间距特征参数有如下两个。

① 轮廓的单峰的平均间距 S。单峰间距是指两相邻单峰的最高点之间的距离投影在中线上的长度，如图 1.77 所示。在取样长度内，轮廓的单峰间距的平均值可表示为

$$S = (\frac{1}{n})\sum S_i \tag{1-42}$$

式中：S_i——第 i 个单峰间距(i=1，2，3，…，n)。

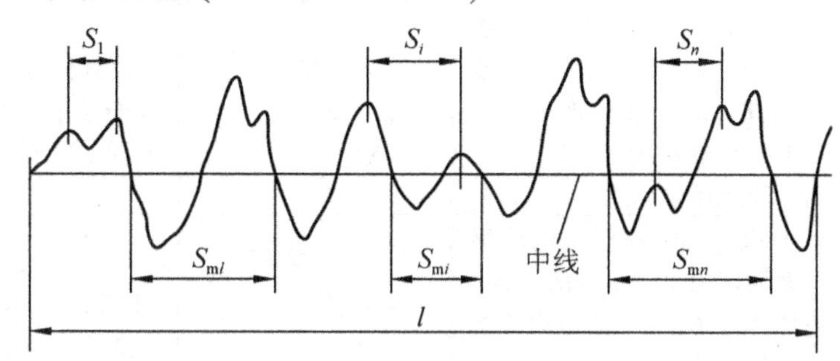

图 1.77　轮廓的单峰平均间隙 S 和轮廓微观不平度的平均间隙 S_m

② 轮廓微观不平度的平均间距。轮廓微观不平度的平均间距是指在一个取样长度内，轮廓微观不平度的间距的平均值，如图 1.75 所示。其表达式为

$$S_m = (\frac{1}{n})\sum S_{mi} \tag{1-43}$$

式中：S_{mi}——第 i 个轮廓的微观不平度间距(i=1，2，3，…，n)。

轮廓单峰平均间距 S 和轮廓微观不平度平均间距 S_m 的值，可以反映表面加工痕迹的细密程度。有密封功能要求的零件表面应使用这两个参数。

(3) 形状特征参数。轮廓支承长度率 t_p 是常用的形状特征参数。轮廓支承长度率 t_p 是指在取样长度内，取一条平行于基准线的直线与轮廓相截，得到的各段截线长度之和(即支承长度 η_p)与取样长度之比为 t_p，即 $t_p=\eta_p/l$。由图 1.78 可见，轮廓支承长度与所取的平行于中线的截距 C 有关。所以，轮廓支承长度率 t_p 应该对应于水平截距 C 给出，水平截距 C 用微米或用占轮廓最大高度 R_y 的百分比来表示。

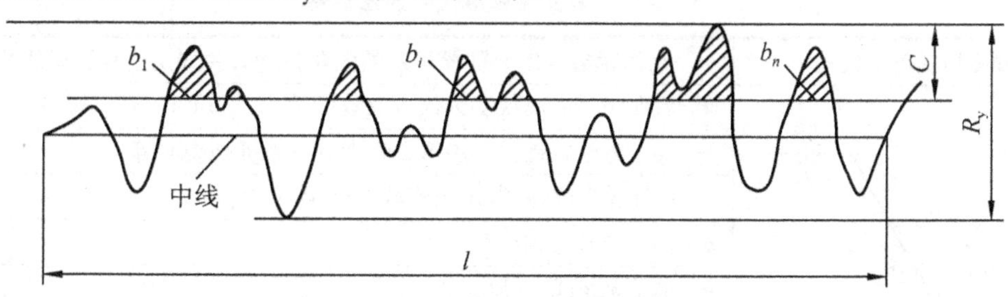

图 1.78　轮廓支承长度率 t_p 与水平截距 C

轮廓支承长度率 t_p 与零件的实际轮廓形状有关，是反映零件表面耐磨性能的指标。t_p 越大，表明零件表面凸起的实体部分越大，承载面积就越大，因而接触刚度就越大，表面就越耐磨。

4. 表面粗糙度的代号标注方法

确定了表面粗糙度的评定参数后，还应按 GB/T 131—2006《机械制图　表面粗糙度符号、代号及其注法》的规定，把对表面粗糙度的要求正确地标注在零件图上。

(1) 表面粗糙度的符号。表面粗糙度的符号形式见表 1-14。

表 1-14　表面粗糙度的符号及标注意义

符　　号	意　　义	符　　号	意　　义
	基本符号，表示用任何方法获得的表面，当不加注参数数值或有关说明(如表面处理、局部热处理状况等)时，仅适用于简化代号标注		用任何方法获得的表面，小圆表示所有表面具有相同的表面粗糙度要求
	表示用去除材料方法获得的表面，如车、铣、钻、磨、剪切、抛光、腐蚀、电火花加工、气割等		用去除材料方法获得的表面，且所有表面具有相同的表面粗糙度要求
	用不去除材料方法获得的表面，如铸、锻、冲压变形、热轧、粉末冶金等或者是用于保持原供应状况的表面(包括保持上道工序的状况)		用不去除材料方法获得的表面，且所有表面具有相同的表面粗糙度要求

表 1-14 列出了用任何方法获得的表面、用去除材料的方法获得的表面、用不去除材料的方法获得的表面，其表面粗糙度的各种标注符号，以及所有表面具有相同的表面粗糙度要求时的标注符号。

(2) 表面粗糙度的代号。表面粗糙度的代号由表面粗糙度符号和表面粗糙度参数字母代号及数值和各种有关规定注写内容组成。

表 1-15 列出了在表面粗糙度的标注代号中，表面粗糙度符号、表面粗糙度参数字母代号及数值和各种有关规定内容注写的位置。

表 1-15　表面粗糙度代号注法解释

表面粗糙度的代号	表面粗糙度的参数代号及数值和各种有关规定注写位置的解释
b c/f a (e)　d	*a*—表面粗糙度高度参数代号及数值(单位为 μm)，R_a 可省略
	b—加工方法、镀覆、涂覆、表面处理或其他说明等
	c—取样长度(单位为 mm)或波纹度(单位为 μm)
	d—加工纹理方向符号
	e—加工余量(单位为 mm)
	f—表面粗糙度间距参数代号及其数值(单位为 μm)或轮廓支承长度率

(3) 表面粗糙度的代号标注示例。表 1-16 列出了表面粗糙度的代号标注示例，在标注表面粗糙度的代号时，要注意加工方法、表面粗糙度参数及其数值的上限值(下限值)和最大值(最小值)、加工纹理方向、取样长度等的正确注写。

表面粗糙度参数的上限值/下限值和最大值/最小值的含义是有区别的。上限值表示所有实测值中，允许 16%的测得值超过规定值；最大值表示不允许任何测得值超过规定值。

需要控制表面加工纹理方向时，可在规定之处加注纹理方向符号，见表 1-16。国家标准规定了常见的加工纹理方向符号，如图 1.79 所示。

表 1-16　表面粗糙度的代号标注示例

代　　号	意　　义	代　　号	意　　义
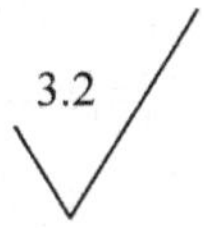 3.2	用任何方法获得的表面粗糙度，R_a 的上限值为 3.2μm	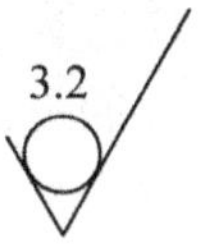 3.2	用不去除材料方法获得的表面粗糙度，R_a 的上限值为 3.2μm
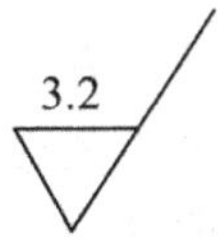 3.2	用去除材料方法获得的表面粗糙度，R_a 的上限值为 3.2μm	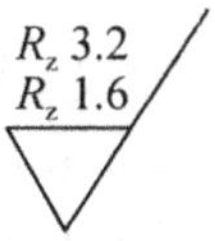 R_z 3.2 R_z 1.6	用去除材料方法获得的表面粗糙度，R_z 的上限值为 3.2μm，下限值为 1.6μm
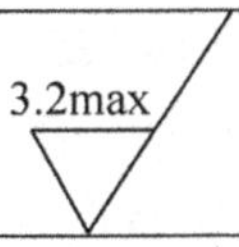 3.2max	用去除材料方法获得的表面粗糙度，R_a 的最大值为 3.2μm	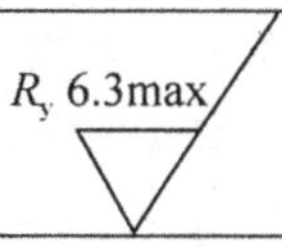 R_y 6.3max	用去除材料方法获得的表面粗糙度，R_y 的最大值为 6.3μm
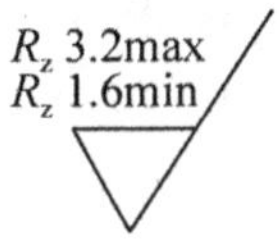 R_z 3.2max R_z 1.6min	用去除材料方法获得的表面粗糙度，R_z 的最大值为 3.2μm，最小值为 1.6μm	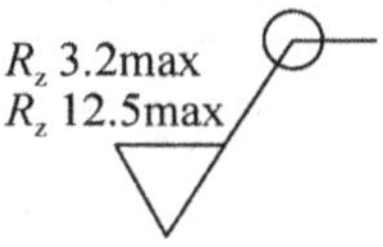 R_z 3.2max R_z 12.5max	用去除材料方法获得，零件上所有表面的粗糙度 R_z 的最大值为 3.2 μm，R_y 最大值为 12.5μm
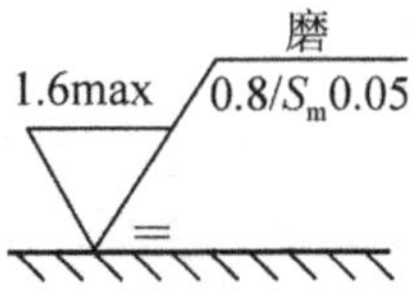 磨 1.6max　0.8/S_m0.05 =	最后用磨削方法获得的表面粗糙度，R_a 的最大值为 1.6μm，取样长度 0.8μm，轮廓微观不平度平均间距 S_m 不得超过 0.05μm，加工纹理方向平行于标注代号的视图的投影面	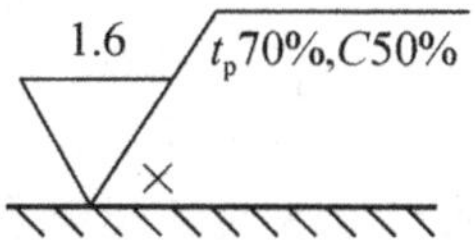 1.6　t_p70%,C50% ×	用去除材料方法获得的表面粗糙度，R_a 的上限值为 1.6μm，轮廓的支承长度率 t_p 为 70%，轮廓的水平截距 C 为 R_y 的 50%，加工纹理方向呈两相交的方向

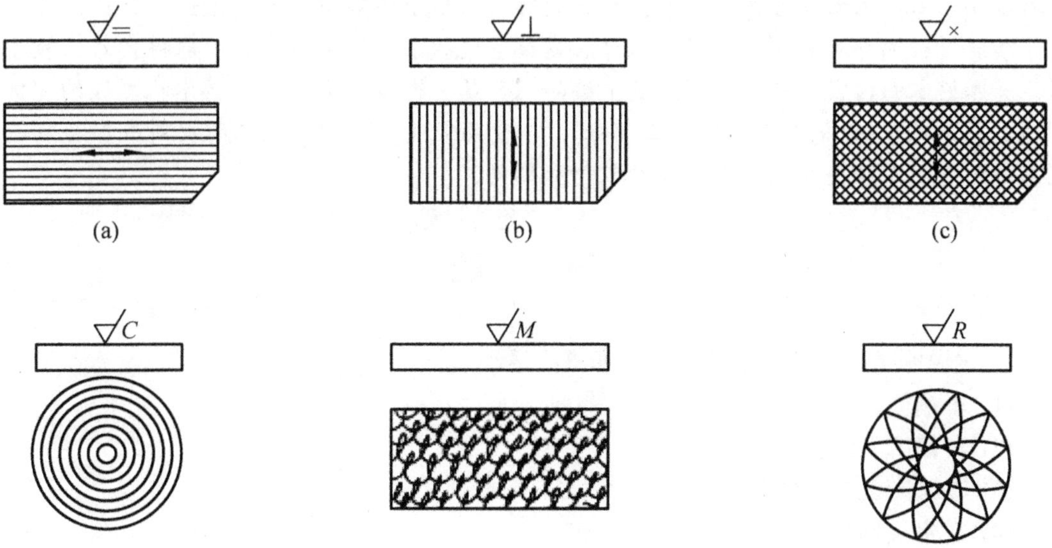

(a)　(b)　(c)

(d)　(e)　(f)

图 1.79　常见的加工纹理方向

5. 表面粗糙度的检测

表面粗糙度的检测方法主要有比较法、触针法、光切法和干涉法。

(1) 比较法。比较法是将被测零件表面与表面粗糙度样块直接进行比较，以确定实际被测表面的表面粗糙度合格与否的方法。所使用的表面粗糙度样块和被测零件两者的材料及表面加工纹理方向应尽量一致。也可从成品零件中挑选几个样品，经测定后作为表面粗糙度样块使用。

(2) 触针法。触针法又称感触法或针描法，是一种接触测量表面粗糙度的方法。采用触针法制成的量仪称为触针式电动轮廓仪，它利用金刚石测针在被测零件表面上移动，该表面轮廓的微观不平度痕迹使测针在垂直被测轮廓的方向产生上下位移，把这种位移量用机械和电子装置加以放大，并经过处理，由量仪指示出表面粗糙度参数 R_a 值(0.025～5μm)，或者由量仪将放大的被测表面轮廓图形记录下来，按此记录图形计算 R_a 值或 R_z 值。

(3) 光切法。光切法是利用光切原理测量表面粗糙度的方法。采用光切原理制成的量仪称为光切显微镜(又名双管显微镜)。光切法通常用于测量 R_z 值(0.5～60μm)和 R_y 值。

(4) 干涉法。干涉法是利用光波干涉原理测量表面粗糙度的方法。采用光波干涉原理制成的量仪称为干涉显微镜，它经常用于测量极光滑表面的 R_z 值(0.025～0.8μm)。

小　　结

本章主要介绍了金属切削的基础知识。重点应掌握切削运动及切削用量概念，切削刀具及其材料基本知识，切削过程的物理现象及控制，切削加工的主要技术经济指标，材料切削加工性的概念和机械零件的公差配合等。掌握本章内容是为后续内容的学习打基础，为初步具备分析、解决工艺问题能力打基础，为学生了解现代机械制造技术和模式及其发展打基础。学习本章要注意理论联系生产实践，以便加深理解。可通过课堂讨论、作业练习、实验、校内外参观等及采用多媒体、网络等现代教学手段学习，以取得良好的教学效益。为学好本章内容，可参阅邓文英主编的《金属工艺学》第 4 版、傅水根主编的《机械制造工艺基础》(金属工艺学冷加工部分)、李爱菊等主编的《现代工程材料成形与制造工艺基础》下册及相关机械制造方面的教材和期刊。

习　　题

1. 试说明下列加工方法的主运动和进给运动。

(1) 车端面。

(2) 在钻床上钻孔。

(3) 在铣床上铣平面。

(4) 在牛头刨床上刨平面。

(5) 在平面磨床上磨平面。

2. 试说明车削时的切削用量三要素，并简述粗、精加工时切削用量的选择原则。

3. 车外圆时，已知零件转速 n=320r/min，车刀进给速度 v_f=64mm/min，其他条件如图1.80所示，试求切削速度 v_c、进给量 f、背吃刀量 a_p、切削层公称横截面积 A_D、公称宽度 b_D 和公称厚度 h_D。

4. 弯头车刀刀头的几何形状如图1.81所示，试分别说明车外圆、车端面(由外向中心进给)时的主切削刃、刀尖、前角 γ_o、后角 α_o、主偏角 κ_r 和副偏角 κ_r'。

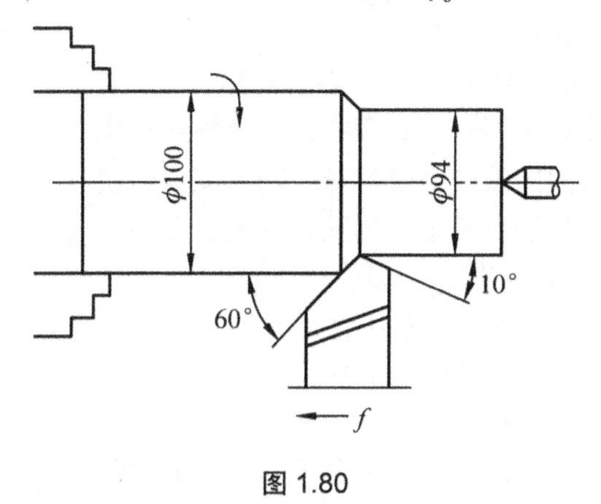

图 1.80

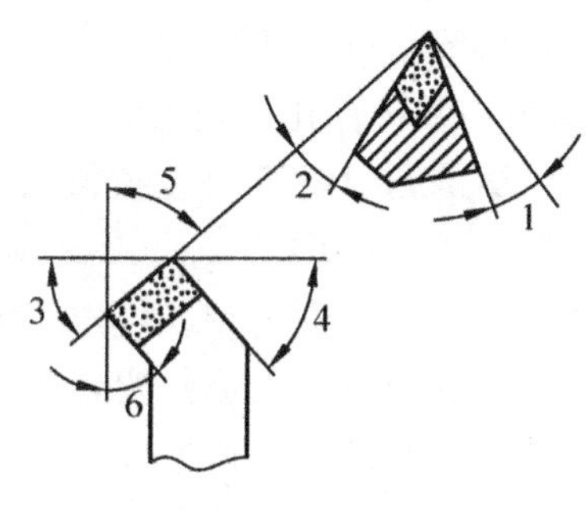

图 1.81

5. 简述车刀前角、后角、主偏角、副偏角和刃倾角的作用及选择原则。

6. 机夹可转位式车刀有哪些优点？

7. 刀具切削部分材料应具备哪些基本性能？常用的刀具材料有哪些？

8. 已知下列车刀的主要角度，试画出它们切削部分的示意图。

(1) 外圆车刀：γ_o=10°、α_o=8°、κ_r=60°、κ_r'=10°、λ_s=4°；

(2) 端面车刀：γ_o=−15°、α_o=10°、κ_r=45°、κ_r'=30°、λ_s=−5°；

(3) 切断刀：γ_o=10°、α_o=6°、κ_r=90°、κ_r'=2°、λ_s=0°。

9. 高速钢和硬质合金在性能上的主要区别是什么？各适合做哪些刀具？

10. 切屑是如何形成的？常见的有哪几种？

11. 积屑瘤是如何形成的？它对切削加工有哪些影响？生产中最有效控制积屑瘤的手段是什么？

12. 设用 γ_o=15°、α_o=8、κ_r=75°、κ_r'=10°、λ_s=0° 的硬质合金车刀，在C6132型卧式车床上车削45钢(正火，187 HBS)轴件的外圆，切削用量为 v_c=100m/min、f=0.3mm/r、a_p=4mm，试用切削层单位面积切削力 p (切削层单位面积切削力，可查阅相关资料)，计算主切削力 F_c 和切削功率 P_m。若机床传动效率 η=0.75，机床主电机功率 P_E=4.5kW，试问电动机功率是否足够？

13. 切削热对加工有什么影响？

14. 背吃刀量和进给量对切削力和切削温度的影响是否一样？如何运用这一规律指导生产实践？

15. 切削液的主要作用是什么？常根据哪些主要因素选用切削液？

16. 刀具的磨损形式有哪几种？在刀具磨损过程中一般分为几个磨损阶段？刀具寿命的含义和作用是什么？

17. 如何评价材料切削加工性的好坏？最常用的衡量指标是什么？如何改善材料切削加工性？

18. 什么是极限尺寸？什么是实际尺寸？两者关系如何？

19. 什么是标准公差？什么是基本偏差？两者各自的作用是什么？

20. 什么是配合？当基本尺寸相同时，如何判断孔、轴配合性质的异同？

21. 间隙配合、过渡配合、过盈配合各适用于何种场合？

22. 为什么要规定优先、常用和一般孔、轴公差带及优先常用配合？

23. 已知一孔、轴配合，图样上标注为孔 $\phi30_{0}^{+0.033}$ 、轴 $\phi30_{+0.008}^{+0.029}$ 。试做出此配合的尺寸公差带图，并计算孔、轴极限尺寸及配合的极限间隙或极限过盈，判断配合性质。

24. 试通过查标准公差数值表和基本偏差数值表确定下列孔、轴的公差带代号：①轴 $\phi100_{+0.003}^{+0.038}$；② 轴 $\phi70_{-0.076}^{-0.030}$；③ 孔 $\phi80_{-0.018}^{+0.028}$；④ 孔 $\phi120_{-0.133}^{-0.079}$。

25. 形状和位置公差各规定了哪些项目？它们的符号是什么？

26. 形状公差带由哪些要素组成？形成公差带的形状有哪些？

27. 什么是最大实体尺寸、最小实体尺寸？两者有何异同？

28. 将下列形位公差要求标注在图 1.82 中，并阐述各形位公差项目的公差带。

(1) 左端面的平面度公差为 0.01mm。

(2) 右端面对左端面的平行度公差值为 0.04mm。

(3) ϕ70H7 孔遵守包容要求，其轴线对左端面的垂直度公差值为 ϕ0.02mm。

(4) ϕ210h7 圆柱面对 ϕ70H7 孔的同轴度公差值为 ϕ0.03mm。

(5) 4×ϕ20H8 孔的轴线对左端面(第一基准)和 ϕ70H7 孔的轴线的位置度公差值为 ϕ0.15 mm，要求均布在理论正确尺寸 ϕ140 mm 的圆周上。

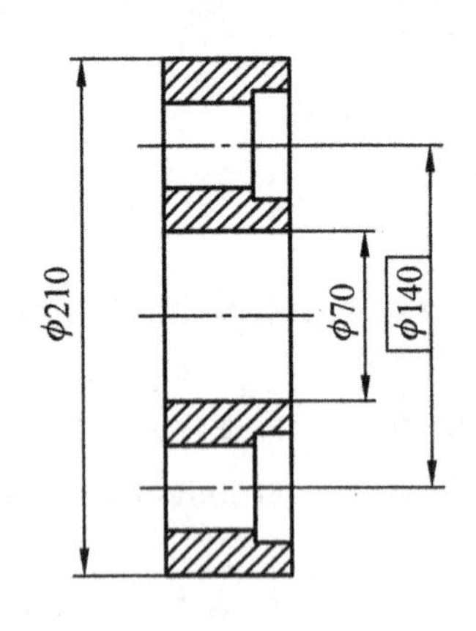

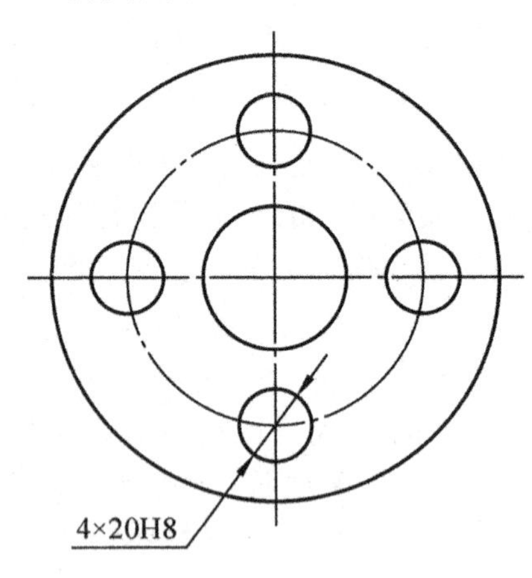

图 1.82

29. 将下列形位公差要求标注在图 1.83 中，并阐述各形位公差项目的公差带。

(1) ϕd 圆锥的左端面对 ϕd_1 轴线的端面圆跳动公差为 0.02mm。

(2) ϕd 圆锥面对 ϕd_1 轴线的斜向圆跳动公差为 0.02mm。

(3) ϕd_2 圆柱面轴线对 ϕd 圆锥左端面的垂直度公差值为 ϕ0.015mm。

(4) ϕd_2 圆柱面轴线对 ϕd_1 圆柱面轴线的同轴度公差值为 ϕ0.03mm。

(5) ϕd 圆锥面的任意横截面圆度公差值为 0.006mm。

30. 表面粗糙度影响零件哪些使用性能？

31．R_a、R_z、R_y 各个高度评定参数的定义如何？

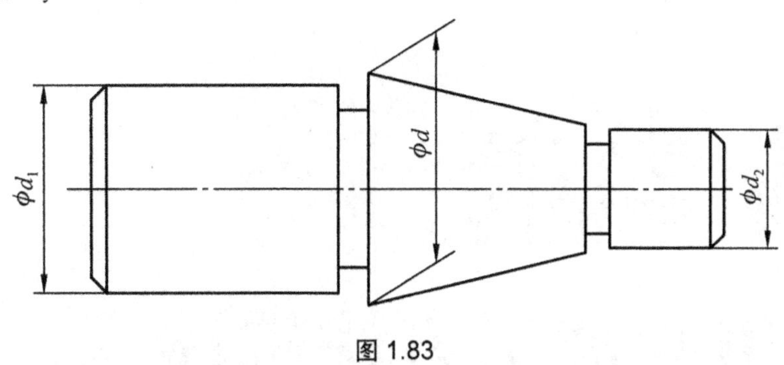

图 1.83

32. 将下列表面粗糙度的要求标注在图 1.84 上。

(1) ϕD_1 孔的表面粗糙度参数 R_a 的最大值为 3.2μm。

(2) ϕD_2 孔的表面粗糙度参数 R_a 的上、下限值应在 3.2μm～6.3μm。

(3) 凸缘右端面采用铣削加工，表面粗糙度参数 R_z 的上限值为 12.5μm，加工纹理近似呈放射形。

(4) ϕd_1 和 ϕd_2 圆柱面表面粗糙度参数 R_y 最大值为 25μm。

(5) 其余表面的表面粗糙度参数 R_a 的最大值为 12.5μm。

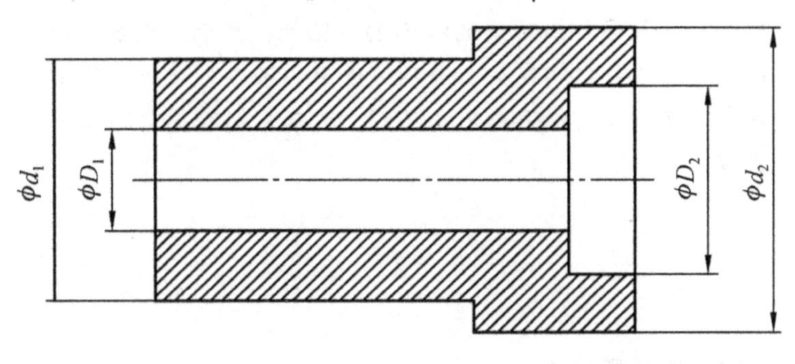

图 1.84

第3章 常用的加工方法综述

教学提示

组成机器的零件大小不一，形状和结构各不相同，金属切削加工方法也多种多样。常用的有车削、钻削、镗削、刨削、拉削、铣削和磨削等。尽管它们在加工原理方面有许多共同之处，但由于所用机床和刀具不同，切削运动形式不同，所以它们有各自的工艺特点及应用范围。

教学要求

本章的内容实践性和直观性强，要求学生学习本章时要积极结合工程训练的内容，理论联系实际，活学活用，为制定机器零件的机械加工工艺规程打下良好的基础。

金属切削机床(简称机床)是对金属工件进行切削加工的机器，是制造机器的机器，也称工具机或工作母机。机床的基本功能是为被切削的工件和所使用的刀具提供必要的运动、动力和相对位置。

2.1 机床的分类和结构

2.1.1 机床的分类

由于机器零件的种类繁多，因此用来加工零件的机床也必须有多种多样的品种、规格和性能。为了便于区别、管理和使用机床，则需要将品种繁多的机床进行分类。我国主要是根据机床的加工性能和加工时所用的刀具对机床进行分类，共分为车床(C)、钻床(Z)、镗床(T)、铣床(X)、拉床(L)、磨床(M)、刨插床(B)、齿轮加工机床(Y)、螺纹加工机床(S)、特种加工机床(D)、锯床(G)和其他机床(Q)12 大类。并按照一定的规律给予相应的代号，这就是机床的型号。

按照 GB/T 15375—2008《金属切削机床型号编制方法》规定，我国机床的型号由汉语拼音字母和阿拉伯数字按一定规律排列组成，用以反映机床的种类、主要参数、使用及结构特性。表示方法如下：

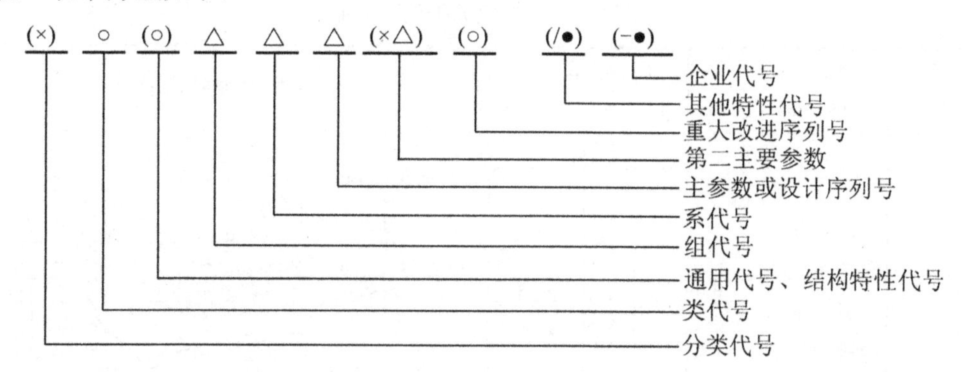

注：△表示数字；○表示大写汉语拼音或英文字母；括号中表示可选项，当无内容时不表示，有内容时则不带括号；●表示大写汉语拼音字母或阿拉伯数字，或两者兼有之。

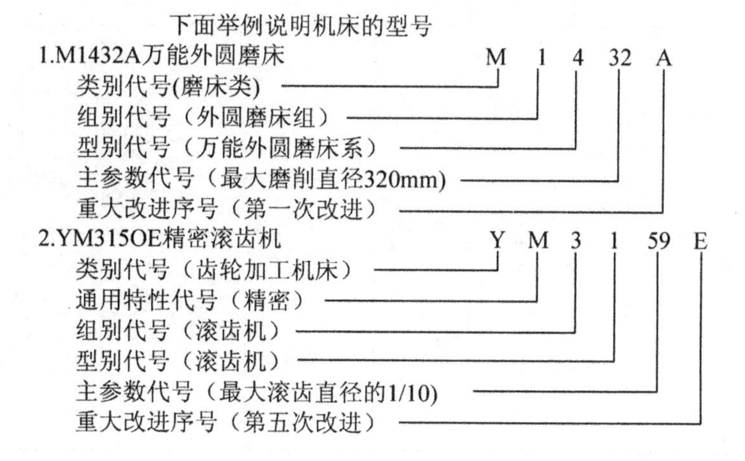

机床除了按加工性能和所使用的刀具进行分类以外，还有其他一些分类方法。

按照万能性程度可分为通用机床、专门化机床和专用机床。

通用机床又称万能机床，这类机床可以加工多种零件的不同工序，加工范围广，但结构复杂，例如普通车床、万能升降台铣床、万能外圆磨床等均属于通用机床。专门化机床是专门用来加工某一类(或几类)零件某一特定工序的，如凸轮轴车床、汽缸珩磨机、齿轮加工机床等均属于专门化机床。

专用机床是用来加工某一零件的特定工序，是根据特定工序的工艺要求专门设计、制造的，具有专用、高效、自动化和易于保证加工精度等特点；但设计、制造周期长，造价昂贵，不能适应产品的更新。例如，各种类型的组合机床均属于专用机床。

按照自动化程度，机床又可分为普通、半自动和自动机床。

按照重量的不同，机床又有仪表机床、一般机床、大型机床和重型机床之分。

2.1.2 机床的结构

在各类机床中，切削加工中最基本的机床有五大类，即车床、钻床、刨床、铣床和磨床。其他机床都是这五类机床的演变和发展。表 2-1 中列出了基本机床的外形图、切削运动以及所用的刀具等。

表 2-1 基本机床类型和特征

机床类型		加工表面	刀具	切削运动		机床结构简图
				刀具	工作	
车床	普通	内、外圆柱、圆锥面、螺纹表面、端面、沟槽、回转成形成表面	车刀			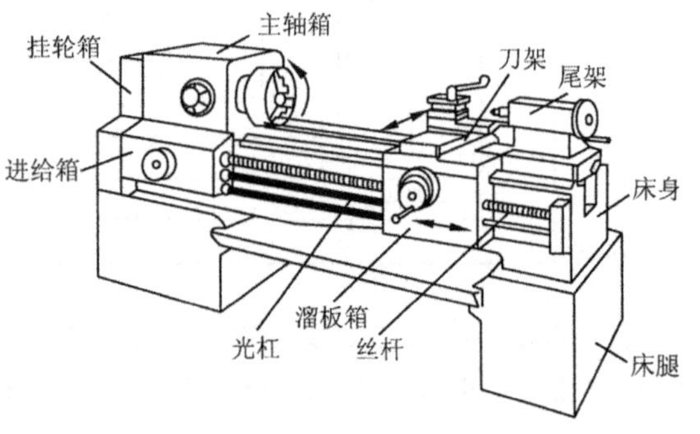 挂轮箱 主轴箱 刀架 尾架 进给箱 床身 溜板箱 光杠 丝杆 床腿
	立式		车刀			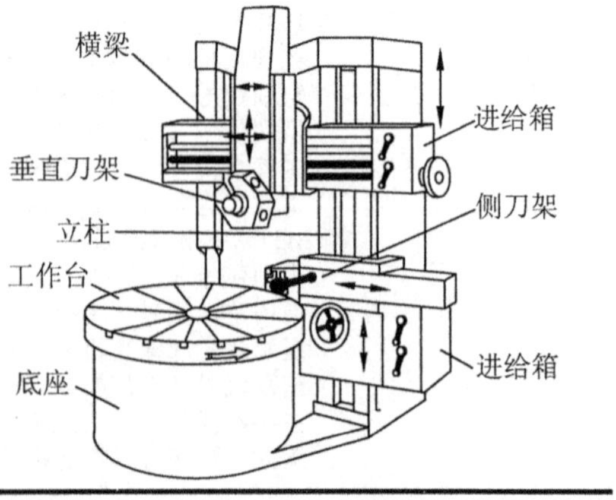 横梁 进给箱 垂直刀架 侧刀架 立柱 工作台 底座 进给箱

续表

机床类型		加工表面	刀具	切削运动		机床结构简图
				刀具	工件	
钻床	立式	小孔(钻孔、扩孔、铰孔)、螺纹(攻螺纹、套螺纹)、小端面(锪平面)	钻头、扩孔、钻铰刀、丝锥		固定不动	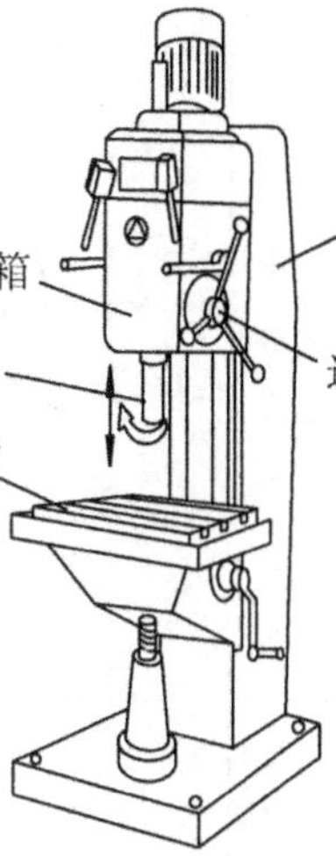
	摇臂					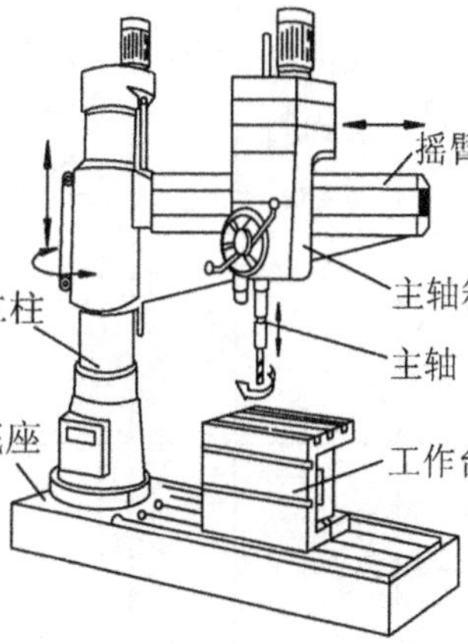
铣床	卧铣	平面、沟槽、成形表面、孔及端面	铣刀			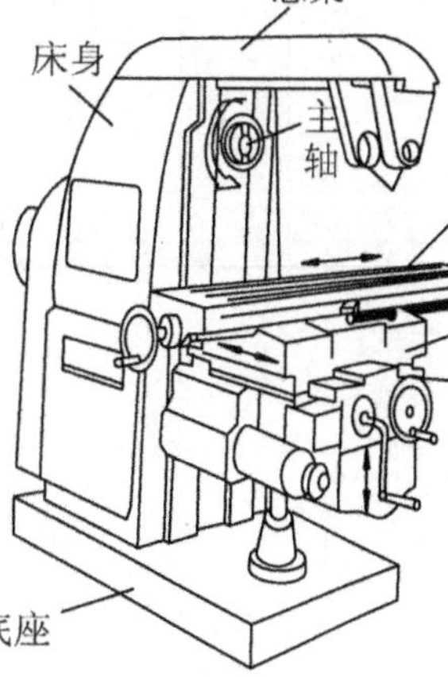

续表

机床类型		加工表面	刀具	切削运动		机床结构简图
				刀具	工件	
磨床	外圆磨床	内、外圆柱和圆锥面	砂轮	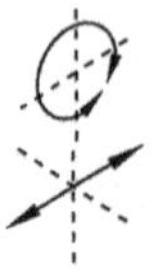	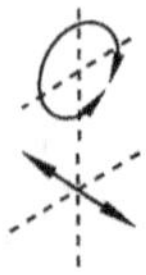	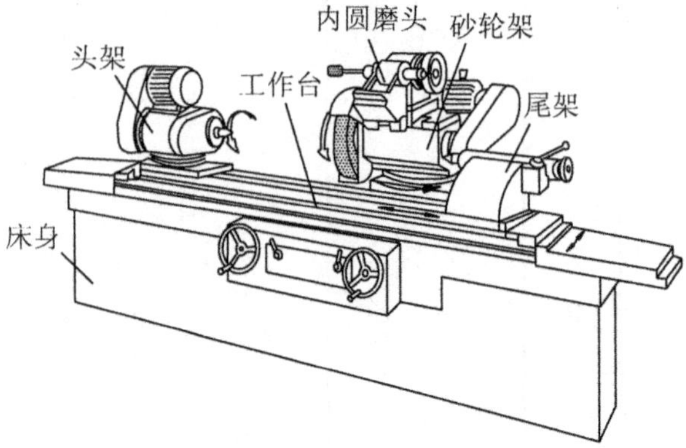 头架、内圆磨头、砂轮架、工作台、尾架、床身
	内圆磨床	内圆柱和内圆锥面		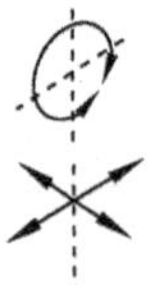	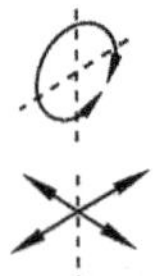	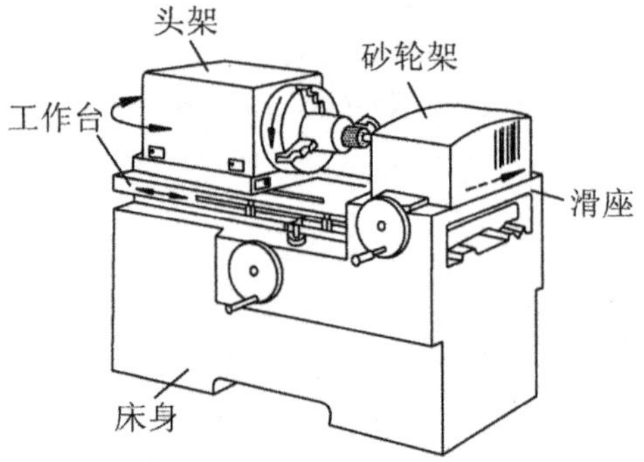 头架、砂轮架、工作台、滑座、床身
	卧式平面磨床	平面		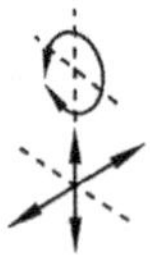	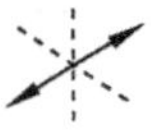	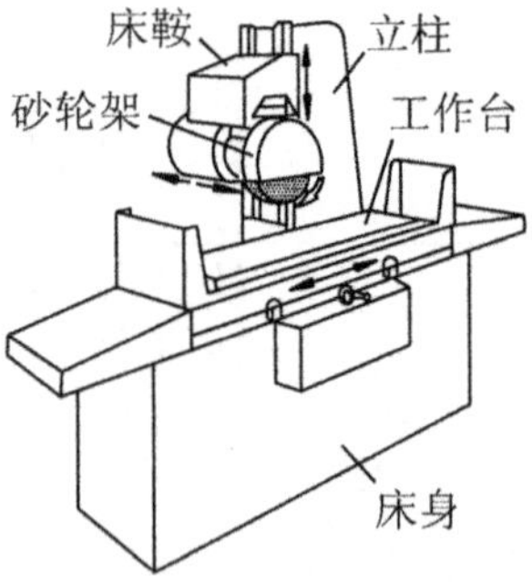 床鞍、立柱、砂轮架、工作台、床身

续表

机床类型		加工表面	刀具	切削运动		机床结构简图
				刀具	工作	
磨床	立式平面磨床	平面	砂轮			

表 12-1 中所示，尽管这些机床的外形、布局和构造各不相同，但归纳起来，它们都是由如下几个主要部分组成的。

(1) 主传动部件。用来实现机床的主运动。如车床、钻床、铣床的主轴箱等。

(2) 进给传动部件。用来实现机床的进给运动，同时也用来实现机床的调整、快速进、退刀运动等。如车床、钻床、铣床的进给箱。

(3) 工件安装部件。用来装夹工件的部件。如车床的卡盘、尾架，钻床、铣床等的工作台。

(4) 刀具安装部件。用来装夹刀具的部件。如车床的刀架、铣床的刀轴、磨床的砂轮轴等。

(5) 支承部件。机床的基础部件，主要用来支承和连接机床的各零部件。如各类机床的床身、立柱、底座等。

(6) 动力部件。是为机床提供动力的部件，如电动机等。

2.2 机床的传动

机床上最常用的传动方式有机械传动和液压传动，此外还有电气传动。机床上的回转运动多为机械传动，直线运动则是机械传动和液压传动都有。

2.2.1 机床的常用机械传动

1. 机床上常用的传动副及传动关系

用来传递运动和动力的装置称为传动副。机械传动中最常用的传动副有皮带、齿轮、齿轮齿条、蜗杆蜗轮、丝杠螺母、曲柄摆杆、棘轮棘爪等。

表 2-2 列出了机械传动中五种基本传动副的传动比计算及各自的特点。

表2-2　机械传动的五种基本传动副

传动形式	外形图	符号图	传动比	优缺点
皮带传动		d_2、n_2　d_1、n_1	$i_{\text{I-II}}=n_2/n_1=d_1/d_2$	优点：中心距变化范围大；结构简单；传动平稳；能吸收振动和冲击；可起安全装置作用 缺点：外廓尺寸大；轴上承受的径向力大；传动比不准确；三角胶带长，寿命不长
齿轮传动		z_2、n_2　z_1、n_1	$i_{\text{I-II}}=z_{\text{I}}/z_{\text{II}}$	优点：外廓尺寸小；传动比准确；传动效率高；寿命长 缺点：制造较复杂；精度不高时传动不平稳；有噪声
齿轮齿条传动		z、n　m	$v=\pi mzn/60$(mm/s)	优点：可把旋转运动变成直线运动，或反之；传动效率高，结构紧凑；缺点同上
蜗杆蜗轮传动		k　z	$i_{\text{I-II}}=k/z$	优点：可获得较大的减速比；传动平稳；无噪音；结构紧凑；可以自锁 缺点：传动效率低；需要良好的润滑；制造较复杂
丝杠螺母传动		T、n	$v=nT/60$(mm/s)	优点：可把旋旋转运动变成直线运动，应用普遍；工作平稳，无噪声。 缺点：传动效率低

为实现某一运动的要求，需要把许多传动副依次地联系起来，组成链式的传动，这就是传动链。为了便于分析传动链中的传动关系，对各种传动件规定了简化符号(见表2-3)。

表 2-3 常用传动件的简图符号

名 称	图 形	符 号	名 称	图 形	符 号
轴			滑动轴承		
滚动轴承			止推轴承		
双向摩擦离合器			双向滑动轴承		
螺杆传动(整体螺母)			螺杆传动(开合螺母)		
平带传动			V 带传动		
齿轮传动			蜗杆传动		
齿轮齿条传动			锥齿轮传动		

图 2.1 是由皮带、齿轮、蜗轮蜗杆和齿轮齿条组成的传动链。在分析计算传动链时常用的方法是，首先要搞清楚该传动链两端的首末端件是什么，然后按传动的先后次序列出传动结构式(传动路线)，再依据传动要求找出首末端件间的运动量的关系(计算位移)，最后根据传动结构式和计算位移列出运动平衡式。

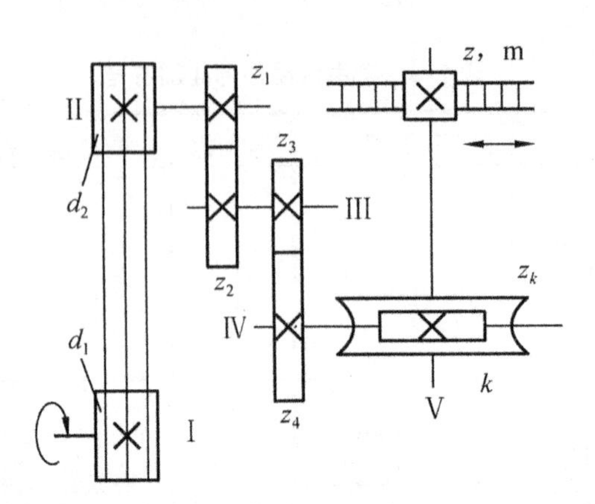

图 2.1 传动链

图示传动链的首端件是小皮带轮 d_1，末端件是齿条。运动经小带轮 d_1、传动带和大带轮 d_2、再经圆柱齿轮 z_1、z_2、z_3、z_4、蜗杆蜗轮 k、z_k 和齿轮齿条 z、m 将输入的旋转运动转变为直线运动，实现了运动的传递。

传动结构式为

$$\frac{d_1}{d_2} \to \frac{z_1}{z_2} \to \frac{z_3}{z_4} \to \frac{k}{z_k} \to \text{齿轮齿条}$$

计算位移是皮带轮 d_1 转一转，齿条移动的距离；或小皮带轮转 n_1 转，齿条移动的距离 s。

运动平衡式：

$$n_1 \times \frac{d_1}{d_2} \times \varepsilon \times \frac{z_1}{z_2} \times \frac{z_3}{z_4} \times \frac{k}{z_k} \times \pi mz = s$$

式中：d_1、d_2——皮带轮直径；

z_1、z_2、z_3、z_4——传动齿轮的齿数；

k、z_ε——蜗杆头数和蜗轮齿数；

ε——皮带轮打滑系数，一般取 0.98；

z、m——和齿条相啮合的小齿轮的齿数和模数。

上式可改写成 $n_1 \times i_1 \times i_2 \times i_3 \times i_4 \times \varepsilon \pi mz = s$

小皮带轮 d_1 和齿轮 z 之间的总传动比 I 为 $I = i_1 \times i_2 \times i_3 \times i_4$

式中：i_1～i_4——分别为传动链中相应传动副的传动比；

I——为传动链的总传动比。即传动链的总传动比等于组成传动链各传动副传动比的乘积。

运动平衡式不仅可用于计算传动链中各传动机构的转速、末端件的位移，而且在机床调整时，还可用来计算配换挂轮的齿数。

2. 机床常用的变速机构

机床的传动装置，应保证加工时能得到最有利的切削速度。机床上各种不同的切削速度是由传动系统中不同的变速机构来实现的。

机床的传动系统中常用的变速机构见表 2-4。

表 2-4 变速机构

传动形式	外形图	符号图	传动链及传动比	优缺点
塔轮变速		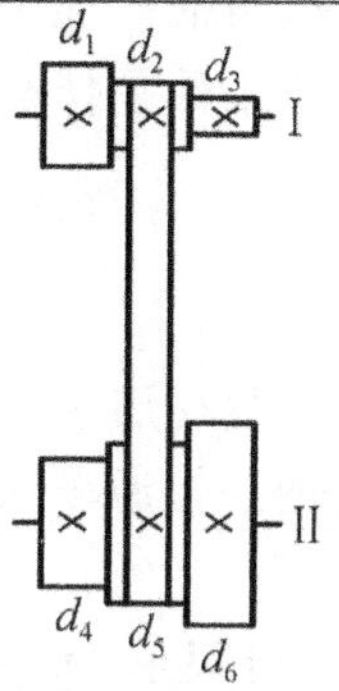	$\text{I} \rightarrow \left\{ \begin{array}{c} \frac{d_1}{d_4} \\ \frac{d_2}{d_5} \\ \frac{d_3}{d_6} \end{array} \right\} \rightarrow \text{II}$	优点：中心距变化范围大；结构简单；传动平稳；能吸收振动和冲击；可起安全装置作用 缺点：外廓尺寸大；轴上承受的径向力大；传动比不准确；三角胶带长；寿命不够
滑移齿轮变速		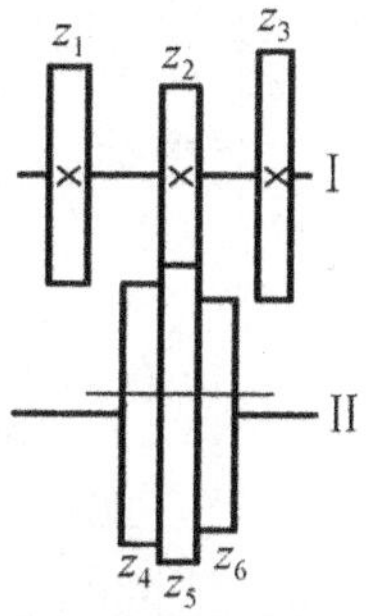	$\text{I} \rightarrow \left\{ \begin{array}{c} \frac{z_1}{z_4} \\ \frac{z_2}{z_5} \\ \frac{z_3}{z_6} \end{array} \right\} \rightarrow \text{II}$	优点：外廓尺寸小；传动比准确；传动效率高；寿命长 缺点：制造较复杂；精度不高时传动不平稳；有噪声
摆动齿轮变速		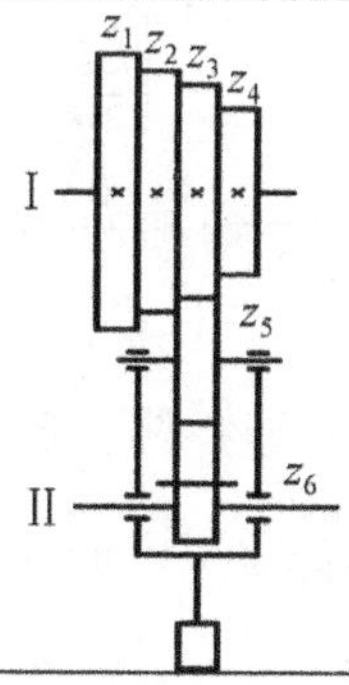	$\text{I} \rightarrow \left\{ \begin{array}{c} \frac{z_1}{z_6} \\ \frac{z_2}{z_6} \\ \frac{z_3}{z_6} \end{array} \right\} \rightarrow \text{II}$	优缺点同上。不同之处是：外形尺寸更小；结构刚度低；故传递力矩不宜大
离合器式齿轮变速		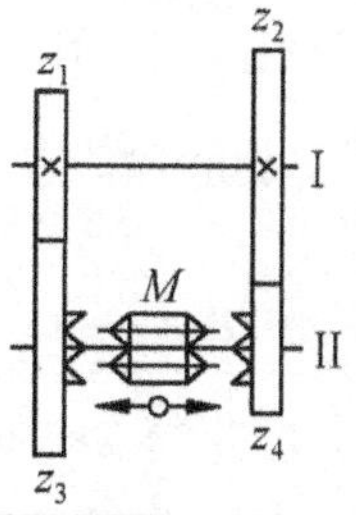	$\text{I} \rightarrow \left\{ \begin{array}{c} \frac{z_1}{z_3} \\ \frac{z_2}{z_4} \end{array} \right\} \rightarrow \text{II}$	优点：传动比准确；寿命长 缺点：制造较复杂；精度不高时传动不平稳；有噪声；齿轮总是处于啮合状态，磨损大、传动效率低

2.2.2 CA6140 型普通车床的传动系统分析

为了便于了解和分析机床的传动情况，可利用机床的传动系统图。机床的传动系统图是表示机床全部运动关系的示意图。在图中用简单的规定符号代表各传动部件和机构(表 2-3)，并把它们按照运动传递的先后次序以展开图的形式画在投影图上。传动图只能表示传动关系，不能代表各元件的实际尺寸和空间位置。

普通车床的传动系统由主运动传动链、车螺纹传动链、纵向进给传动链和横向进给传动链组成。图 2.2 为 CA6140 车床的传动系统图。看懂传动系统图是认识机床和分析机床的基础。如前所述，通常的方法是“抓两端，连中间”，也就是说，在了解某传动链的传动路线时，首先应搞清楚此传动链的首末件是什么。知道了首末件，然后再找它们之间的传动关系，就可很容易找出传动路线。

1. 主运动传动链

主运动传动链的功用是把电动机的运动传给主轴，使主轴带动工件实现主运动。因此，主运动传动链的首末件是电动机和主轴。普通车床的主轴应能变速及换向，以满足对各种工件的加工要求。

(1) 传动路线。通过分析传动图，可写出主运动传动链的结构式：

$$\begin{array}{c}\text{电动机}\\ 7.5\text{kW}\\ 1450\text{r/min}\end{array} \rightarrow \frac{\phi130}{\phi230} \rightarrow \text{I} \rightarrow \left\{\begin{array}{l} m_1\text{左} \rightarrow \left\{\begin{array}{c}\frac{56}{38}\\ \frac{51}{43}\end{array}\right\} \longrightarrow \\ m_1\text{右} \rightarrow \frac{50}{34} \rightarrow \text{VII} \rightarrow \frac{34}{30}\end{array}\right\} \rightarrow \text{II} \rightarrow$$

$$\left\{\begin{array}{c}\frac{39}{41}\\ \frac{22}{58}\\ \frac{30}{50}\end{array}\right\} \rightarrow \text{III} \rightarrow \left\{\begin{array}{l} \left\{\begin{array}{c}\frac{20}{80}\\ \frac{50}{50}\end{array}\right\} \rightarrow \text{IV} \rightarrow \left\{\begin{array}{c}\frac{20}{80}\\ \frac{51}{50}\end{array}\right\} \rightarrow \text{V} \rightarrow \frac{26}{58} \rightarrow \text{m}_2 \\ \longrightarrow \frac{63}{50} \longrightarrow \end{array}\right\} \rightarrow \begin{array}{c}\text{VI}\\ \text{主轴}\end{array}$$

(2) 主轴的转速及转速级数。主轴的转速可按下列运动平衡式计算：

$$n_{\text{主}} = 1450 \times \frac{130}{230} \times \varepsilon \times i_{\text{I-II}} \times i_{\text{II-III}} \times i_{\text{III-IV}} (\text{r/min})$$

式中：ε——V 带打滑系数，ε=0.98

$i_{\text{I-II}}$、$i_{\text{II-III}}$、$i_{\text{III-IV}}$——分别为轴 I－II 、II－III、III－IV间的可变传动比。

主轴最高转速：$n_{\max} = 1450 \times \frac{130}{230} \times 0.98 \times \frac{56}{38} \times \frac{39}{41} \times \frac{63}{51} \approx 1440(\text{r/min})$

主轴最低转速：$n_{\min} = 1450 \times \frac{130}{230} \times 0.98 \times \frac{51}{43} \times \frac{22}{58} \times \frac{20}{80} \times \frac{20}{80} \times \frac{26}{58} \approx 10(\text{r/min})$

由传动图上可以看出，主轴名义上可获得 2×3×(1+2×2)=30 级正转转速，但由于 $i_{\text{III-IV}}$ 的四种传动比中有两个均为 1/4，因此，主轴实际上只能获得 2×3×(1+3)=24 级正转转速；反转转速也只有 3×(1+3)=12 级。

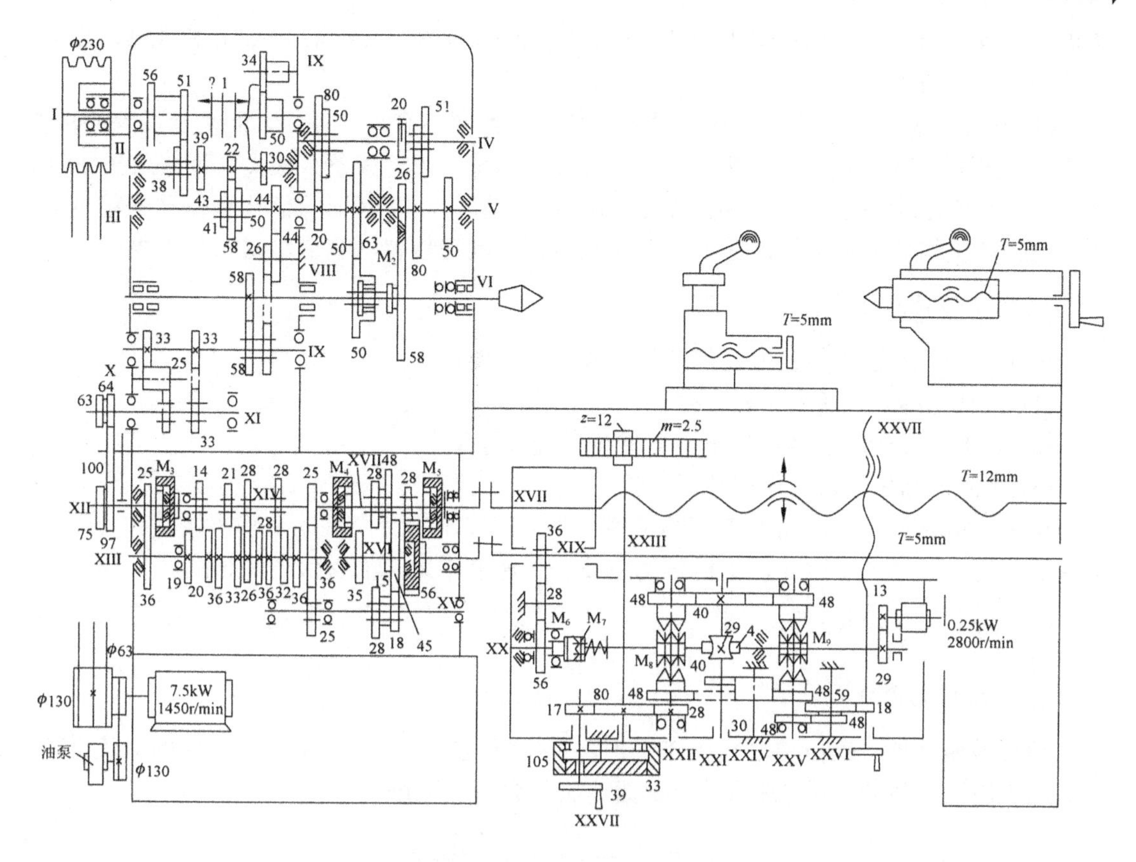

图 2.2　CA6140 车床传动系统

2. 进给运动传动链

进给运动传动链是使刀架实现纵向或横向移动的传动链，始端件为主轴，末端件是刀架。进给运动的动力也来源于主电动机。进给运动的传动路线为运动从主轴VI经轴IX(或再经轴X上的中间齿轮 25)传至轴XI，再经交换齿轮传至轴XII，然后传入进给箱。从进给箱传出的运动：一条传动路线是经丝杠XIX带动溜板箱，使刀架纵向运动，这是车削螺纹的传动路线；另一条传动路线是经光杠XX和溜板箱内的一系列传动机构，带动刀架作纵向或横向的进给运动，这是一般机动进给的传动路线(其余可参阅相关教材)。

3. 机床机械传动的组成

由以上普通车床的传动系统分析知机床机械传动系统由以下几部分组成：

(1) 定比传动机构。具有固定传动比或固定传动关系的传动机构，例如前面介绍的几种常用的传动副。

(2) 变速机构。改变机床部件运动速度的机构。例如，图 2.2 中主速箱的轴 I、II、III、IV、V间采用的为滑动齿轮变速机构，轴III、VI和V、VI间采用的为离合器式齿轮变速机构等。

(3) 换向机构。变换机床部件运动方向的机构。为了满足加工的不同需要(例如，车螺纹时刀具的进给和返回，车右旋螺纹和左旋螺纹等)，机床的主传动部件和进给传动部件往往需要正、反向的运动。机床运动的换向，可以直接利用电动机反转，也可以利用齿轮换向机构(例如，图2.1主轴箱中Ⅰ、Ⅱ和Ⅸ、Ⅺ轴间及溜板箱中XXⅠ、XXⅡ和XXⅠ、XXV轴间等都用了换向齿轮)等。

(4) 操纵机构。用来实现机床运动部件变速、换向、启动、停止、制动及调整的机构。机床上常见的操纵机构包括手柄、手轮、杠杆、凸轮、齿轮齿条、拨叉、滑块及按钮等。

(5) 箱体及其他装置。箱体用以支承和连接各机构，并保证它们相互位置的精度。为了保证传动机构的正常工作，还要设有开停装置、制动装置、润滑与密封装置等。

4. 机械传动的优缺点

机械传动与液压传动、电气传动相比较，其主要优点如下：

(1) 传动比准确，适用于定比传动；

(2) 实现回转运动的结构简单，并能传递较大扭矩；

(3) 故障容易发现，便于维修。

但是，机械传动一般情况下不够平稳；制造精度不高时，振动和噪声较大；实现无级变速的机构，成本高。因此，机械传动主要用于速度不太高的有级变速传动。

2.2.3 液压传动

1. 液压传动原理

除机械传动外，液压传动在机床上也得到广泛地应用。例如磨床工作台的直线往复进给运动采用液压传动。图2.3是简化的磨床工作台液压系统。

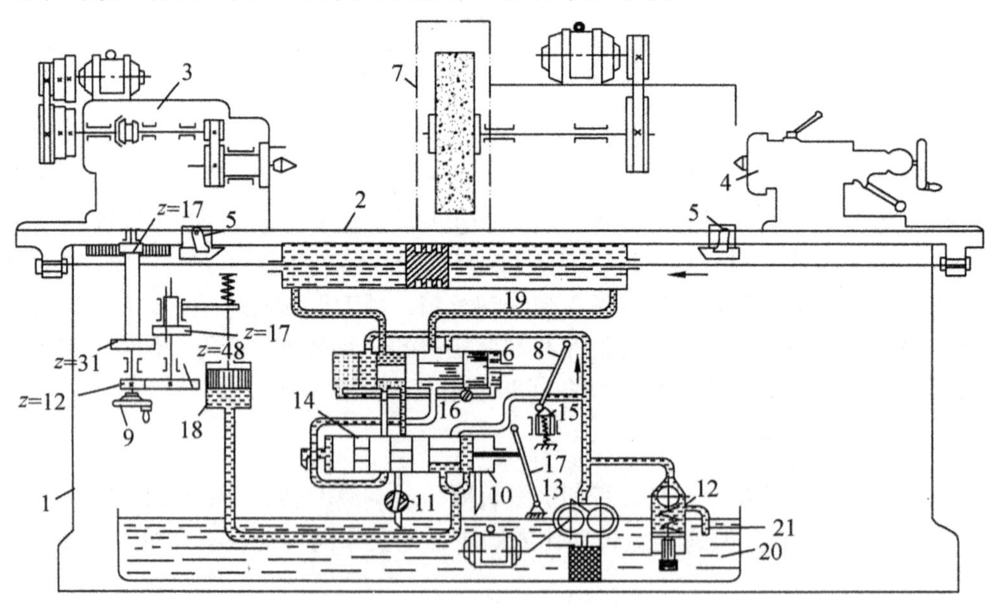

图2.3 外圆磨床液压传动示意

1—床身 2—工作台 3—头架 4—尾架 5—挡块 6—换向阀 7—砂轮罩 8—杠杆 9—手轮 10—滑阀 11—节流阀 12—安全阀 13—油泵 14—油腔 15—弹簧帽 16—油阀 17—杠杆 18—油筒 19—油缸 20—油箱 21—回油管

如图 2.3 所示，液压系统工作时，电动机带动油泵 13 将油箱 20 中的低压油变为高压油，压力油经管路输送到换向阀 6，流到油缸 19 的右端或左端，使工作台 2 向左或向右做进给运动。此时油缸 19 另一端的油，经换向阀 6、滑阀 10 及节流阀 11 流回油箱。节流阀 11 是用来调节工作台运动速度的。

工作台的往复换向动作，是由挡块 5 使换向阀 6 的活塞自动转换实现的。挡块 5 固定在工作台 2 侧面槽内，按照要求的工作台行程长度，调整两挡块之间的距离。当工作台向左移动到行程终了时，挡块 5 先推动杠杆 8 到垂直位置；然后借助作用在杠杆 8 滚柱上的弹簧帽 15 使杠杆 8 及活塞继续向左移动，从而完成换向动作。此时工作台 2 向右移动到行程终了时，挡块 5 先推动杠杆 8 到垂直位置；然后借助作用在杠杆 8 滚柱上的弹簧帽 15 使杠杆 8 及活塞继续向右移动，从而完成换向动作。如此往复循环，便实现了工作台的直线往复进给运动。

2. 液压传动的特点

与机械传动比较，液压传动的主要特点是：

(1) 容易在比较大的范围内实现无级变速。

(2) 在与机械传动输出功率相同的条件下，液压传动的体积小、重量轻，惯性小、动作灵敏。

(3) 传动平稳、操作方便、容易实现频繁的换向和过载保护，也便于采用电液联合控制，实现自动化。

(4) 机件在油液中工作，润滑条件好，寿命长，但存在泄漏现象。

(5) 油液有一定的可压缩性，油管也会产生弹性变形，因此不能实现定比传动，而且运动速度随油温和载荷而变化。

(6) 液压元件制造精度高，需采用专业化生产。

2.3 自动机床和数控机床简介

自动化生产，是一种较理想的生产方式。在机械制造业中，对于大批大量生产，采用自动机床或半自动机床、组合机床和专用机床组成的自动生产线(简称自动线)，解决生产自动化的问题。对于中小批量生产的自动化，可应用数控机床实现。

2.3.1 自动和半自动机床

经调整以后，不需人工操作便能完成自动循环加工的机床，称为自动机床。除装卸工件是由手工操作外，能完成半自动循环加工的机床，称为半自动机床。用机械程序控制的自动车床是自动机床的代表，其控制元件为靠模、凸轮、鼓轮等。在自动机床上，操作者的主要任务，是在机床工作前根据加工要求调整机床，而在机床加工过程中，仅观察工作情况、检查加工质量、定期上料和更换已磨损刀具等。

图 2.4 表示单轴自动车床的工作原理。待加工棒料穿过空心主轴 3，并夹紧在弹簧夹头 2 中，主轴由胶带带动。刀具分别安装在横向刀架 7 和纵向刀架 4 上。棒料的送进、夹紧、切削和切断等各种动作都受分配轴 5 上的一系列凸轮机构控制。分配轴 5 由蜗轮机构带动

后，其上的各凸轮机构便随之缓慢地匀速转动。送料鼓轮12通过杠杆拨动送料夹头1完成自动送料工作。夹料鼓轮11拨动杠杆控制弹性夹头2实现棒料的夹紧和松开。纵向进给鼓轮6带动纵向进给刀架4使刀具实现纵向进给，盘形凸轮8通过杠杆带动横向进给刀架7完成切槽和切断动作。当分配轴5转动一周时，自动车床完成一个工作循环，也即加工出来一个完整的零件。

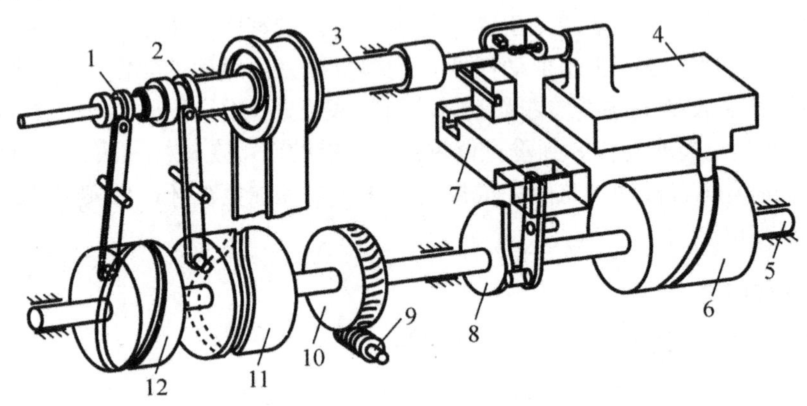

图2.4　单轴自动车床的工作原理图

1—送料夹头　2—弹性夹头　3—空心主轴　4—纵向进给刀架　5—分配轴　6—纵向进给凸轮　7—横向进给刀架　8—横向盘形进给凸轮　9—蜗杆　10—蜗轮　11—夹料鼓轮　12—送料鼓轮

自动车床能够减轻工人劳动强度，提高生产率，稳定加工质量。

自动和半自动车床适于大批大量生产形状不太复杂的小型零件，如螺钉、螺母、轴套、齿轮轮坯等。它的加工精度较低，生产率很高。但是，这种机械控制的自动机床，不仅基本投资较大，而且在变换产品时，需要根据新的零件设计和制造一套新的凸轮，并需重新调整机床，这势必花费大量的生产准备时间，生产周期较长，不能适应多品种、中小批量生产自动化的需要。

2.3.2　数控机床

数字控制机床(简称数控机床)是一种安装了程序控制系统的机床，该系统能逻辑地处理具有使用数字或符号编码指令规定的程序。数控机床是综合应用了机械制造技术，微电子技术，信息处理、加工、传输技术，自动控制技术，伺服驱动技术，监测监控技术、传感器技术，软件技术等最新成果而发展起来的完全新型的自动化机床。它的出现和发展，有效地解决了多品种、小批量生产精密、复杂零件的自动化问题。

1. 数控机床的工作原理

数控机床是把零件的全部加工过程记录在控制介质上，并输入到机床的数控系统中，由数控装置发出指令码控制驱动装置，从而使机床动作加工零件。

数控机床的工作过程主要包括：

(1) 对零件图纸进行数控加工的工艺分析，确定其工艺参数并完成数控加工的工艺设计，包括对零件图形的数学处理。

(2) 编写加工程序单，并按程序单制作控制介质(纸带、磁带或磁盘)。

(3) 由数控系统阅读控制介质上的指令，并对其进行信号译码、计算，将结果以脉冲信号形式依次送往相应的伺服机构。

(4) 伺服机构根据接收到的信息和指令驱动机床相应的工作部件，使其严格按照既定的速度和位移量有顺序的动作，自动地实现零件的加工过程，加工出符合图纸要求的零件。

2. 数控机床的组成

数控机床一般由信息载体、数控装置、伺服系统、测量反馈装置和机床主机等组成。

(1) 信息载体。信息载体又称为控制介质，是人与被控对象之间建立联系的媒介，在信息载体上存储着数控设备的全部操作信息。信息载体有多种形式，目前一般采用微处理机数控系统，系统内存容量大大增加，数控系统内存 ROM 中有编程软件，零件程序也能直接保存在数控系统内存 RAM 中。

(2) 数控装置。该装置接收来自信息载体的控制信息，完成输入信息的存储，并通过数据的变换、插补运算等将控制信息转换成数控设备的操作(指令)信号，使机床按照编程者的意图顺序动作，实现零件的加工。

现代数控机床的数控系统都应具备以下一些功能：

① 多坐标控制(多轴联动)。

② 实现多种函数的插补(直线、圆弧、抛物线等)。

③ 代码转换(EIA/ISO 代码转换、英制/公制转换、二—十进制转换、绝对值/增量值转换等)。

④ 人机对话，手动数据输入，加工程序输入、编辑及修改。

⑤ 加工选择，各种加工循环、重复加工、凹凸模加工等。

⑥ 可实现各种补偿功能，进行刀具半径、刀具长度、传动间隙、螺距误差的补偿。

⑦ 实现故障自诊断。

⑧ CRT 显示，实现图形、轨迹、字符显示。

⑨ 联网及通信功能。

(3) 伺服系统。该系统是数控设备位置控制的执行机构。它的作用是将数控装置输出的位置指令经功率放大后，迅速、准确地转换为线位移或角位移来驱动机床的运动部件。

(4) 检测装置。该装置用来检测数控设备工作机构的位置或者驱动电机转角等，用作闭环、半闭环系统的位置反馈。

(5) 机床本体。与传统的机床相比，数控机床的外部造型、整体布局、传统系统与刀具系统的部件结构以及操作机构等方面都发生了很大的变化。这种变化的目的是为了满足数控技术的要求和充分发挥数控机床的特点。

数控机床在主机结构上有以下特点：

① 数控机床结构具有较高的动态刚度、阻尼精度及耐磨性，热变形较小。

② 数控机床大多采用了高性能的主轴及伺服系统，其机械传动结构大为简化，传动链较短，从而有效地保证了传动精度。

③ 普遍地采用了高效、无间隙传动部件。如滚珠丝杠传动副、直线滚动导轨、塑料导轨等。

④ 机床功能部件增多。如工作台自动换位机构、自动上下料、自动检测装置等。

(6) 辅助装置。辅助装置是保证数控机床功能充分发挥所需的配套装置，包括：冷却过滤装置、吸尘防护装置、润滑装置及辅助主机实现传动和控制的气动和液动装置。另外，从数控机床技术本身的要求来看，对刀仪、自动编程机、自动排屑器、物料储运及上下料装置也是必备的辅助装置。

2.3.3 数控机床的分类

1. 按工艺用途分类

(1) 金属切削类数控机床。这类机床和传统的通用机床品种一样，有数控车床、数控铣床、数控镗床、数控镗床及加工中心等。

(2) 金属成形类数控机床。这类机床有数控折弯机、数控弯管机、数控回转头压力机等。

2. 按控制运动的方式分类

(1) 点位控制数控机床(图 2.5)。这类机床只对点位置进行控制，即机床的数控装置只控制刀具或机床工作台，从一点准确地移动到另一点。这类被控对象在移动时并不进行加工，所以移动的路径并不重要。如数控钻床、数控镗床和数控冲床等。

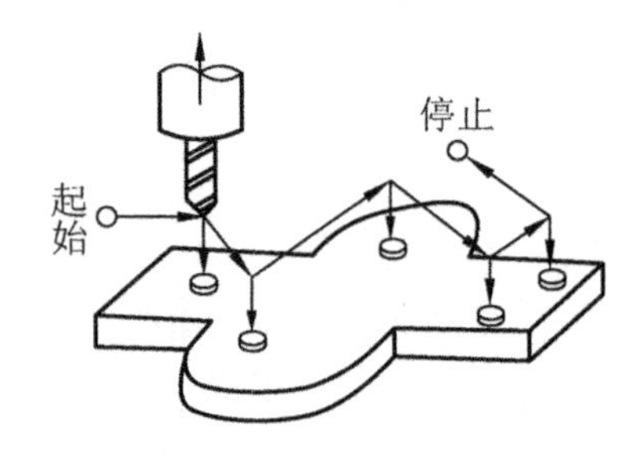

图 2.5 点位控制

(2) 直线控制数控机床(图 2.6)。这类机床不仅控制刀具或工作台从一点准确地移动到另一点，而且还要保证两点之间的运动轨迹为一条直线。刀具相对于工件移动的同时要进行加工。如数控车床、数控镗床、加工中心等。

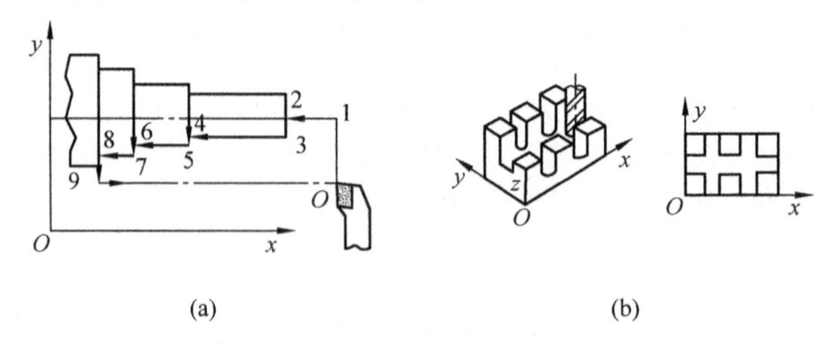

图 2.6 直线控制

(3) 轮廓控制数控机床(图 2.7)。该类系统对两个或两个以上的坐标轴同时进行控制，不仅能控制数控设备移动部件的起点和终点坐标，而且还能控制整个加工过程的轨迹及每一点的速度和位移量。如数控铣床、数控磨床等。

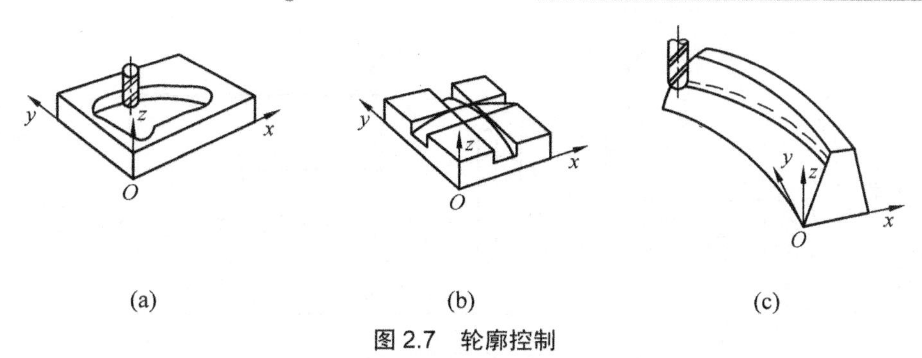

图 2.7 轮廓控制

3. 按伺服系统类型分类

按伺服系统工作原理可分为开环控制系统、闭环控制系统和半闭环控制系统等。

(1) 开环控制系统。开环伺服系统，一般由步进电动机、变速齿轮和丝杠螺母副等组成(图 2.8)。由于伺服系统没有检测反馈装置，不能对工作台的实际位移量进行检验，也不能进行误差校正，故其位移精度比较低。但开环伺服系统结构简单、调试维修方便、价格低廉，故适用于中、小型经济型数控机床。

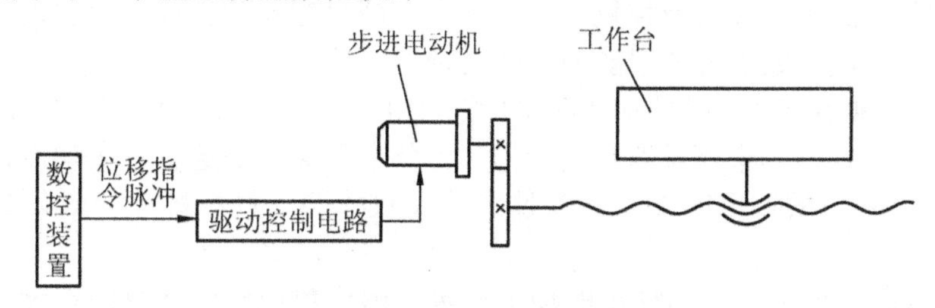

图 2.8 开环伺服系统结构框图

(2) 闭环控制系统。这类机床通常由直流伺服电动机(或交流伺服电动机)、变速齿轮、丝杠螺母副和位移检测装置组成(图 2.9)。安装在机床工作台上的直线位移检测装置将检测到的工作台实际位移值反馈到数控装置中，与指令要求的位置进行比较，用差值进行控制，直至差值为零，因此位移精度比较高。但由于系统比较复杂，调整、维修比较困难，故一般应用在高精度的数控机床上。

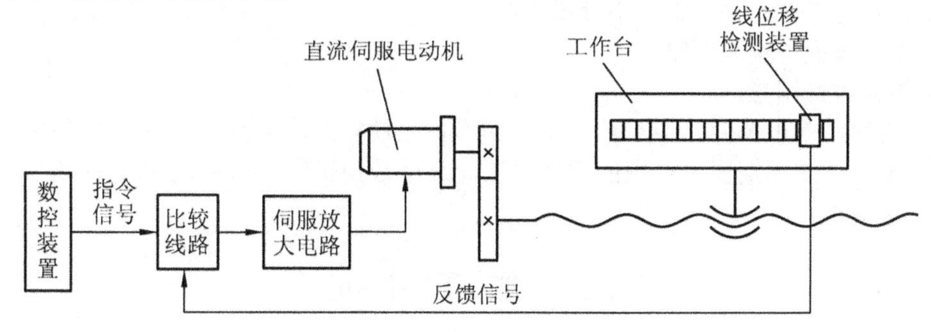

图 2.9 闭环伺服系统结构框图

(3) 半闭环控制系统。这类机床伺服系统也属于闭环控制的范畴，只是位移检测装置不是装在机床工作台上，而是装在传动丝杠或伺服电动机轴上(图 2.10)。由于丝杠螺母等传动机构不在控制环内，它们的误差不能进行校正，因此这种机床的精度不及闭环控制数控机床，但位移检测装置结构简单，系统的稳定性较好，调试较容易，因此应用比较广泛。

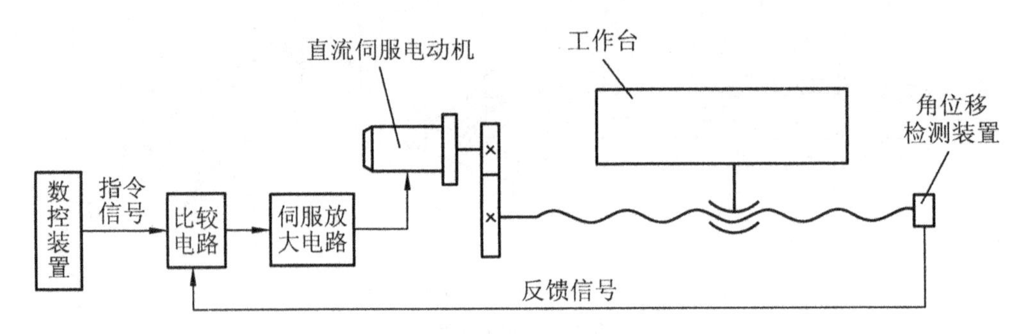

图 2.10　半闭环伺服系统结构框图

2.3.4　数控机床的特点及应用

1. 数控机床的优点

(1) 数控机床具有广泛的通用性和较大的灵活性　由于数控机床是按照控制介质记载的加工程序加工零件的，因此，当加工对象改变时，只需要更换控制介质和刀具就可自动加工出新的零件；还由于现代数控机床一般都具有两坐标或两坐标以上联动的功能，能完成许多普通机床难以完成或根本不能加工的复杂型面的加工。

(2) 具有较高的生产率　数控机床有足够大的刚度，可以选用较大的切削用量，有效地缩短机动时间；数控机床还具有自动换刀、不停车变速和快速行程等功能，可使辅助时间大为缩短。另外，数控机床加工的零件形状及尺寸的一致性好，一般只需要进行首件检验。

(3) 具有较高的加工精度和稳定的加工质量　由于数控机床本身的定位精度和重复定位精度都很高，很容易保证尺寸的一致性，也大大减少了普通机床加工中人为造成的误差。不但可以保证零件获得较高的加工精度，而且质量稳定。

(4) 大大减轻了工人的劳动强度。

2. 数控机床的缺点

(1) 加工成本一般较高，设备先期投资大。

(2) 只适宜于多品种的中、小批量生产。

(3) 加工过程中难以调整。

(4) 机床维修困难。

综上所述，对于单件、中小批量生产和形状比较复杂、精度要求较高的零件，以及产品更新频繁、生产周期要求较短的零件加工，选用数控机床，可以获得较高的产品质量和很好的经济效益。

2.4　加 工 中 心

加工中心是带有一个容量较大的刀库(可容纳的刀具数量一般为 10～120 把)和自动换刀装置，使工件能在一次装夹中完成大部分甚至全部加工工序的数控机床。

和同类型的数控机床相比，加工中心的结构复杂，控制功能也较多。加工中心最少有三个运动坐标系，其控制功能最少可实现两轴联动控制，多的可实现五轴联动、六轴联动，从而保证刀具进行复杂加工。

加工中心按主轴在空间所处的状态分为立式加工中心和卧式加工中心。按加工精度分，有普通加工中心和高精度加工中心。

数控加工中心因一次安装定位完成多工序加工，避免了因多次装夹造成的误差，减少了机床台数，提高了生产效率和加工自动化程度。主要用于加工形状复杂、加工工序多、精度要求高、需要多种刀具才能完成加工的零件。如箱体类零件、复杂表面的零件、异形件、盘套板类零件及一些特殊工艺的加工等。

典型的加工中心有镗铣加工中心和车削加工中心。镗铣加工中心(图 2.11)主要用于形状复杂、需进行多面多工序(如铣、钻、镗、铰和攻螺纹等)加工的箱体零件。

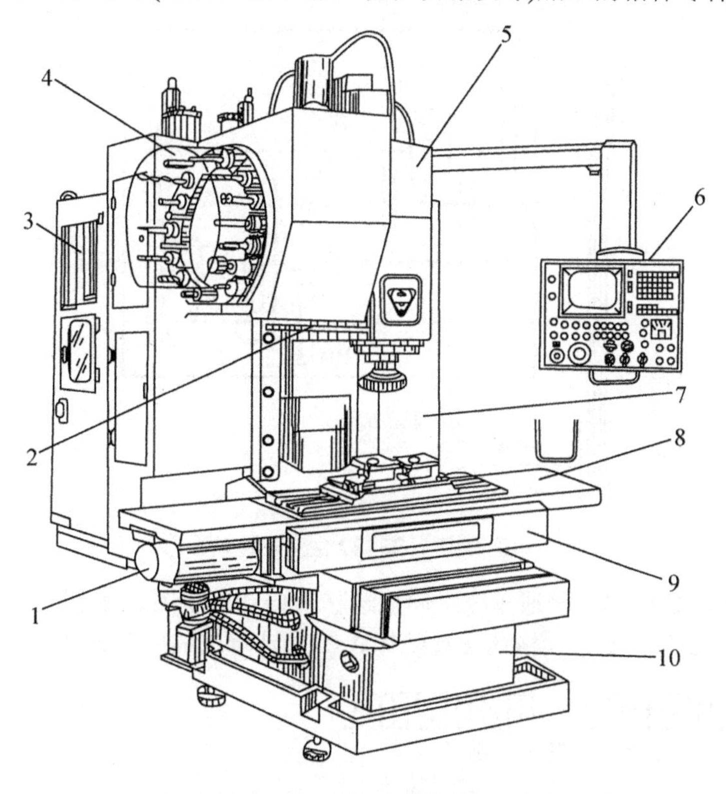

图 2.11　JCS—018A 型立式加工中心

1—直流伺服电动机　2—换刀装置　3—数控柜　4—盘式刀库　5—主轴箱
6—机床操作面板　7—驱动电源柜　8—工作台 9—滑座　10—床身

小　　结

本章简要介绍了机械制造过程所使用的金属切削机床的基本知识，包括机床的分类和基本构造，机床的基本传动方式，机械传动机床、液压传动机床、单机自动机床和数控机床的基本原理。本章内容实践性、直观性很强，在学习时可与《机械设计》的有关内容相结合，根据具体情况有选择性地进行。学习相关部分的内容时可参阅相关教材与资料。

习　题

1. 普通车床上采用了哪些传动副？它们在机床上各起什么作用？

2. 一般机床主要由哪几部分组成？它们各起什么作用？

3. 机床液压传动有什么特点？

4. 试写出 C6132(图 2.12)的主运动传动系统图，试列出其传动链，并求：(1)主轴 V 有几级转速？(2)主轴 V 的最高转速和最低转速各为多少？

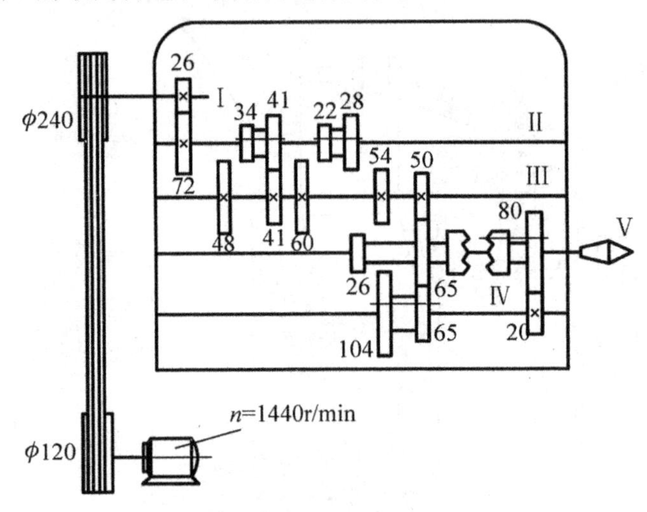

图 2.12　C6132 主运动传动

5. 图 2.13 为 CA6140 普通车床纵向快速移动传动系统图。(1)试问床鞍不同移动方向是如何实现的？(2)写出此传动链的传动结构式；(3)计算床鞍的移动速度；

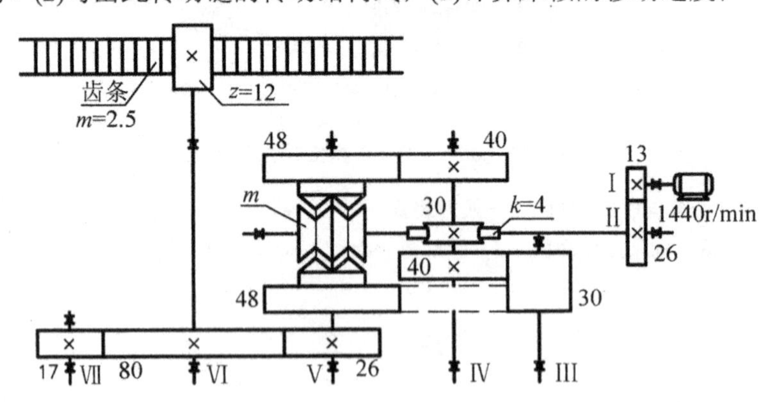

图 2.13　CA6140 纵向快速移动传动

6. 简述数控机床的工作原理及基本组成。

7. 与普通机床相比，数控机床有何特点？主要适用于何种类型零件的加工？

8. 什么是开环、闭环、半闭环伺服系统？各适用于什么场合？

9. 什么是加工中心？主要适用于何种类型零件的加工？

第3章 常用的加工方法综述

组成机器的零件大小不一，形状和结构各不相同，金属切削加工方法也多种多样。常用的有车削、钻削、镗削、刨削、拉削、铣削和磨削等。尽管它们在加工原理方面有许多共同之处，但由于所用机床和刀具不同，切削运动形式不同，所以它们有各自的工艺特点及应用范围。

教学要求

本章的内容实践性和直观性强，要求学生学习本章时要积极结合工程训练的内容，理论联系实际，活学活用，为制定机器零件的机械加工工艺规程打下良好的基础。

3.1 车削的工艺特点及其应用

车削的主运动为零件旋转运动，刀具直线移动为进给运动，特别适用于加工回转面。由于车削比其他的加工方法应用的普遍，一般的机械加工车间中，车床往往占机床总数的20%～50%甚至更多。根据加工的需要，车床有很多类型，如卧式车床、立式车床、转塔车床、自动车床和数控车床等。

3.1.1 车削的工艺特点

1. 易于保证零件各加工表面的位置精度

车削时，零件各表面具有相同的回转轴线(车床主轴的回转轴线)。在一次装夹中加工同一零件的外圆、内孔、端平面、沟槽等，能保证各外圆轴线之间及外圆与内孔轴线间的同轴度要求，能保证各轴线与端面的垂直度要求。

2. 生产率较高

除了车削断续表面之外，一般情况下车削过程是连续进行的，不像铣削和刨削，在一次走刀过程中刀齿多次切入和切出，产生冲击。并且当车刀几何形状、背吃刀量和进给量一定时，切削层公称横截面积是不变的，切削力变化很小，切削过程可采用高速切削和强力切削，生产率高，车削加工既适于单件小批量生产，也适宜大批量生产。

3. 生产成本较低

车刀是刀具中最简单的一种，制造、刃磨和安装均较方便，故刀具费用低，车床附件多，装夹及调整时间较短，切削生产率高，故车削成本较低。

4. 适于车削加工的材料广泛

除难以切削的30HRC以上高硬度的淬火钢件外，可以车削黑色金属、有色金属及非金属材料(有机玻璃、橡胶等)，特别适合于有色金属零件的精加工。因为某些有色金属零件材料的硬度较低，塑性较大，若用砂轮磨削，软的磨屑易堵塞砂轮，难以得到粗糙度低的表面。因此，当有色金属零件表面粗糙度值要求较小时，不宜采用磨削加工，而要用车削或铣削等方法精加工。

3.1.2 车削的应用

在车床上使用不同的车刀或其他刀具，可以加工各种回转表面，如内外圆柱面、内外圆锥面、螺纹、沟槽、端面和成形面等。加工精度可达IT8～IT7，表面粗糙度 R_a 值为1.6～0.8μm 。

车削常用来加工单一轴线的零件，如直轴和一般盘、套类零件等。若改变零件的安装位置或将车床适当改装，还可以加工多轴线的零件(如曲轴、偏心轮等)或盘形凸轮。图3.1为车削曲轴和偏心轮零件安装的示意图。

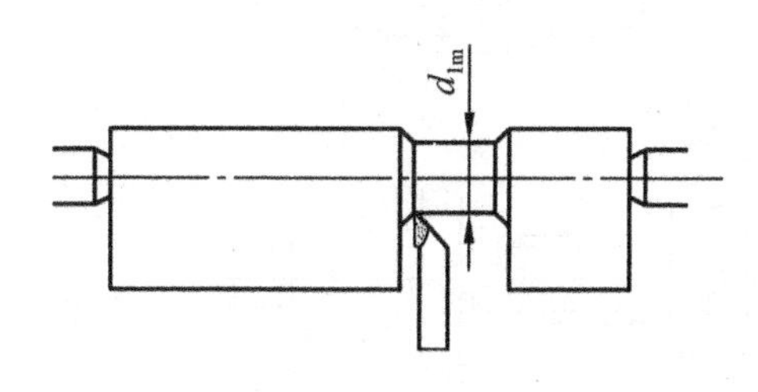

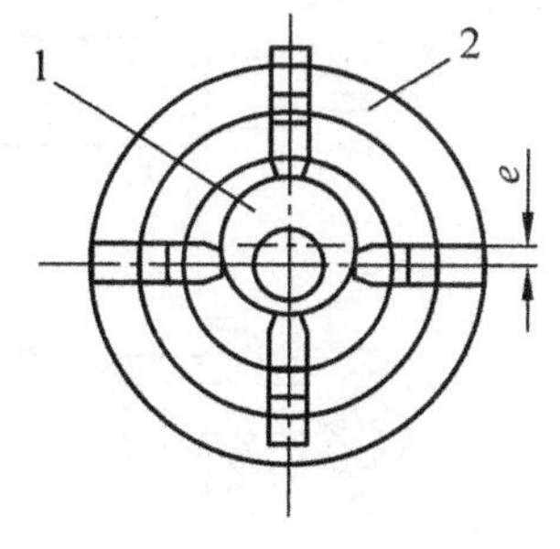

(b) 用四爪单动卡盘安装车偏心轴

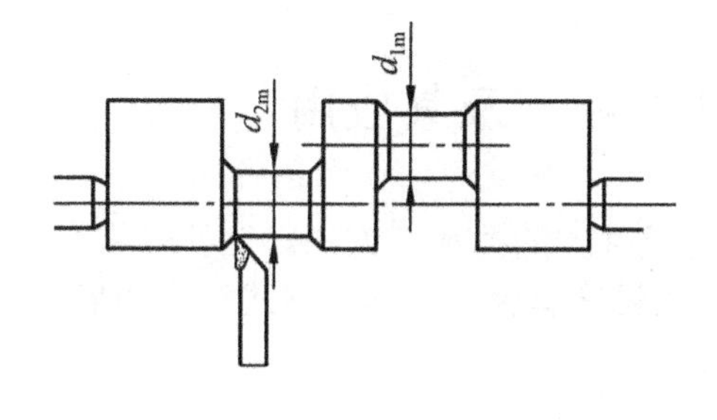

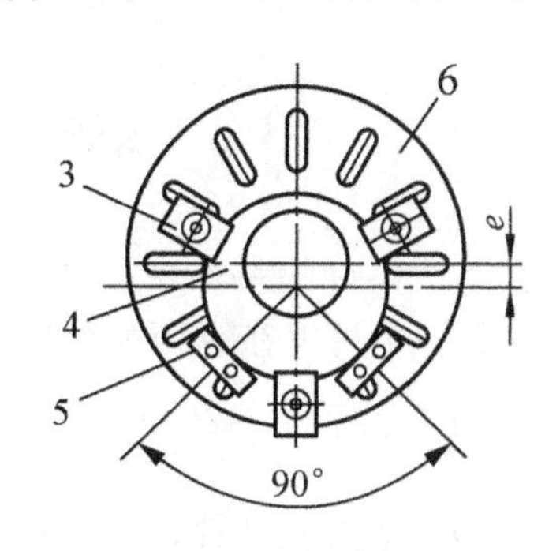

(a) 用双顶尖安装车曲轴

(c) 用花盘安装车偏心轴图

图 3.1 车削曲轴和偏心轴零件安装示意

1—零件 2—四爪单动卡盘 3—压板 4—零件 5—定位块 6—花盘

单件小批量生产中，各种轴、盘、套等类零件多在卧式车床上加工；生产率要求高、变更频繁的中小型零件，可选用数控车床加工；大型圆盘类零件(如火车轮、大型齿轮等)多用立式车床加工。

成批生产外形较复杂，且具有内孔及螺纹的中小型轴、套类零件(图 3.2)时，广泛采用转塔车床进行加工。大批量生产形状不太复杂的小型零件，如螺钉、螺母、管接头、轴套类等(图 3.3)时，广泛采用多刀半自动车床及自动车床进行加工。它的生产率很高但精度较低。

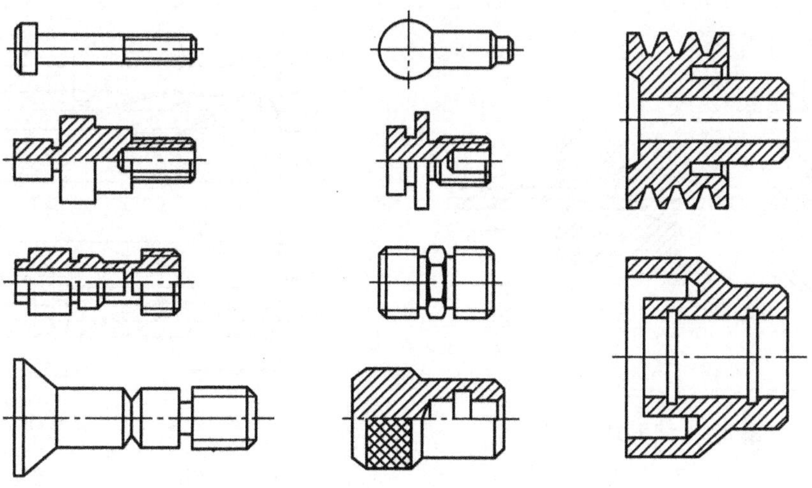

图 3.2 转塔车床上加工的典型零件

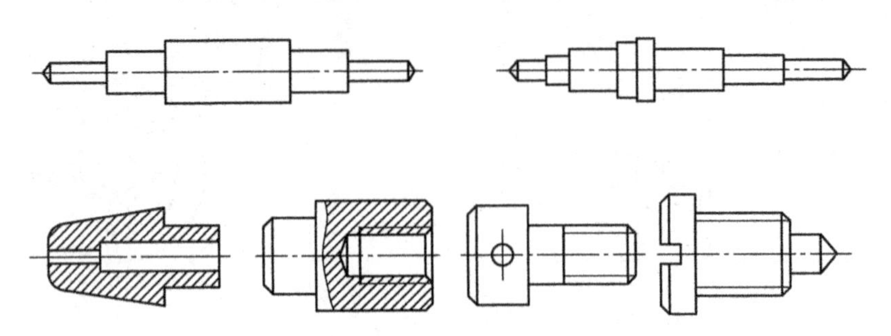

图 3.3　单轴自动车床上加工的典型零件

3.2　钻削、镗削的工艺特点及其应用

孔是组成零件的基本表面之一，钻孔是一种最基本的孔加工方法。钻孔经常在钻床和车床上进行，也可以在镗床和铣床上进行。常用的钻床有台式钻床、立式钻床和摇臂钻床。

3.2.1　钻孔

钻孔与车削外圆相比，工作条件要困难得多。钻削时，钻头工作部分处在已加工表面的包围中，因而引起一些特殊问题。例如，钻头的刚度和强度、容屑和排屑、导向和冷却润滑等。其特点可概括如下。

1. 钻头易引偏

引偏是孔径扩大或孔轴线偏移和不直的现象。由于钻头横刃定心不准，钻头的刚性和导向作用较差，切入时钻头易偏移、弯曲。在钻床上钻孔易引起孔的轴线偏移和不直，如图 3.4(a)所示；在车床上钻孔易引起孔径扩大，如图 3.4(b)所示。引偏产生的原因如下。

钻孔时最常用的刀具是麻花钻，如图 3.5 所示，其直径和长度受所加工孔的限制，钻头细长，刚性差；为了形成切削刃和容屑空间，必须具备的两条螺旋槽使钻芯变得更细、刚性更差；为减少与孔壁的摩擦，钻头只有两条很窄的刃带与孔壁接触，接触刚度和导向作用也很差。

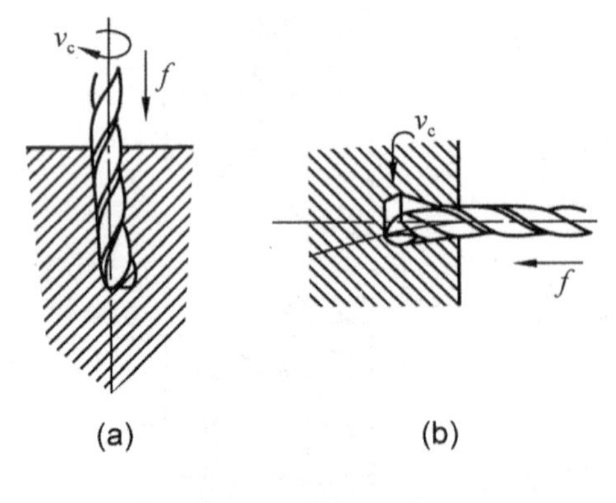

图 3.4　钻头引偏

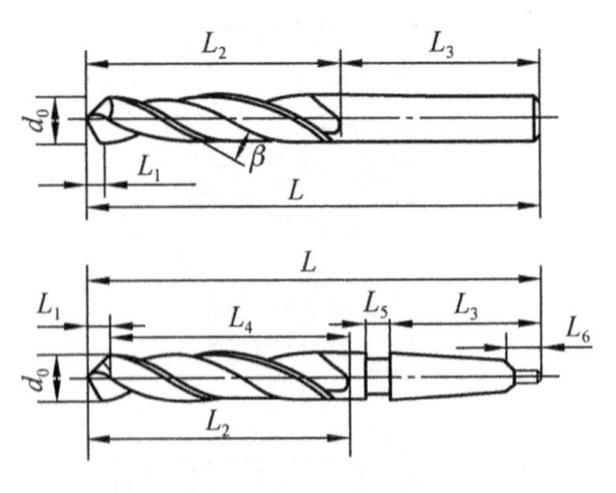

图 3.5　麻花钻

L_1—切削部分　L_2—工作部分　L_3—柄部
L_4—导向部分　L_5—颈部　L_6—扁尾

钻头的两条主切削刃制造和刃磨时，很难做到完全一致和对称如图 3.6 所示，导致钻削时作用在两条主切削刃上的径向分力大小不一。

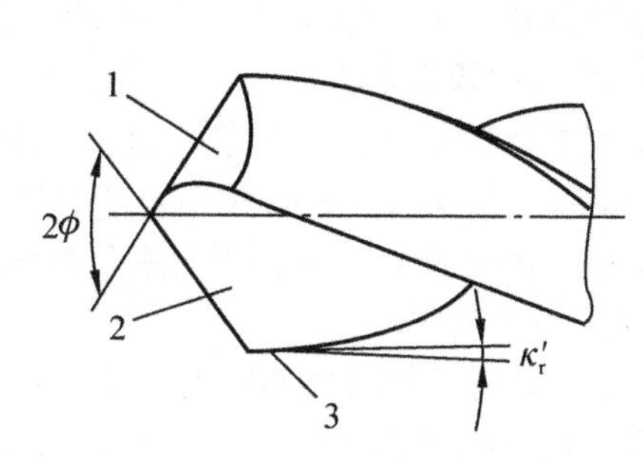

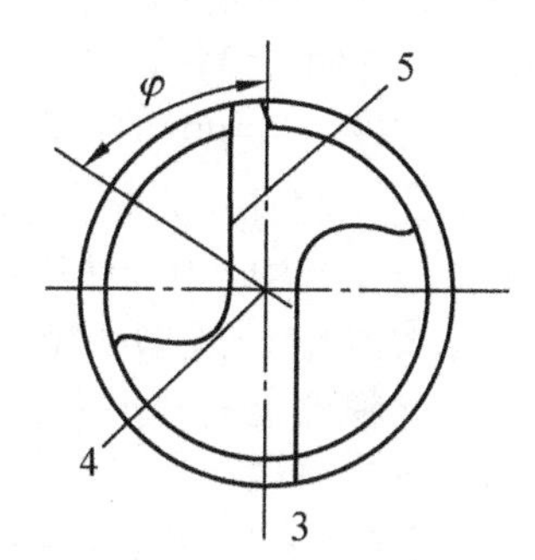

图 3.6　钻头

1—主后力面　2—前刀面　3—副切削刃　4—横刃　5—主切削刃

钻头横刃处的前角呈很大的负值(图中未示出)，且横刃是一小段与钻头轴线近似垂直的直线刃，因此钻头切削时，横刃实际上不是在切削，而是挤刮金属，导致横刃处的轴向分力很大。横刃稍不对称，将产生相当大的附加力矩，使钻头弯曲。零件材料组织不均匀、加工表面倾斜等，也会导致钻孔时钻头“引偏”。

2. 排屑困难

钻孔的切屑较宽，在孔内被迫卷成螺旋状，流出时与孔壁发生剧烈摩擦而划伤已加工表面，甚至会卡死或折断钻头。

3. 切削温度高，刀具磨损快

主切削刃上近钻心处和横刃上皆有很大的负前角，切削时产生的切削热多，加之钻削为半封闭切削，切屑不易排出，切削热不易传散，使切削区温度很高。

实际生产中为提高孔加工精度，可采取以下措施：仔细刃磨钻头，使两个切削刃的长度相等，从而使径向切削力互相抵消，减少钻孔时的歪斜；在钻头上修磨出分屑槽如图 3.7(a)所示，将较宽的切屑分成窄条，以利于排屑；用大直径、小顶角(2ϕ=90°～100°)的短钻头预钻一个锥形孔，可以起到钻孔时的定心作用如图 3.7(b)所示；用钻模为钻头导向如图 3.7(c)所示，这样可减少钻孔开始时的引偏，特别是在斜面或曲面上钻孔时更为必要。

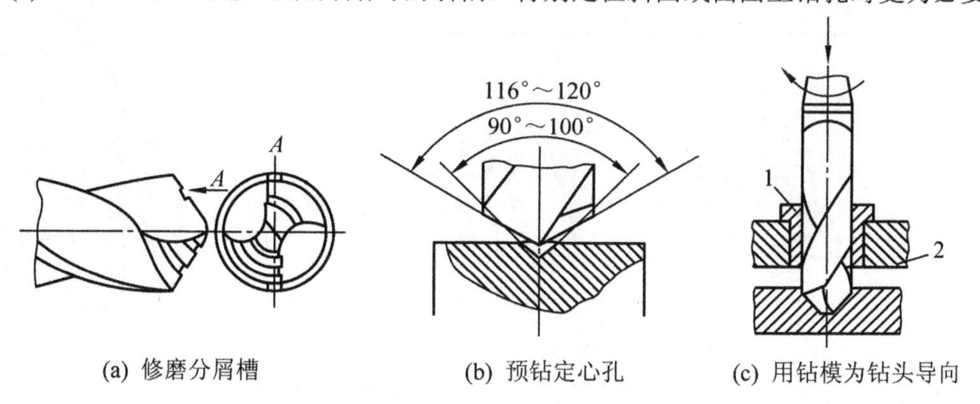

(a) 修磨分屑槽　(b) 预钻定心孔　(c) 用钻模为钻头导向

图 3.7　提高孔加工精度的措施

1—钻套　2—钻模

4. 钻削的应用

用钻头在零件实体部位加工孔叫钻孔。在各类机器零件上经常需要进行钻孔，因此钻削的应用还是很广泛的。但是，由于钻削的精度较低，表面较粗糙，一般只能达到IT10，表面粗糙度值 R_a 一般为 12.5μm 。同时，钻孔不易采用较大的切削用量，生产效率也比较低。因此，钻孔主要用于粗加工，例如精度和粗糙度要求不高的螺钉孔、油孔和螺纹底孔等。

单件、小批量生产中，中小型零件上的小孔(一般 $D<13$mm)常用台式钻床加工；中小型零件上直径较大的孔(一般 $D<50$mm)常用立式钻床加工；大中型零件上的孔应采用摇臂钻床加工；回转体零件上的孔多在车床上加工。

在成批和大量生产中，为了保证加工精度，提高工作效率和降低加工成本，广泛使用钻模如图 3.7(c)所示、多轴钻如图 3.8 所示或组合机床如图 3.9 所示，进行孔的加工。

对要求较高的孔，如轴承孔和定位孔等，钻削之后还需要采用扩孔和铰孔进行半精加工和精加工，才能达到要求的精度和表面粗糙度。

3.2.2 扩孔和铰孔

1. 扩孔

扩孔是用扩孔钻(图 3.10)对零件上已有的孔(铸出、锻出或钻出)进行扩大加工的方法(图 3.11)。它能提高孔的加工精度，减小表面粗糙度值。扩孔可达到的公差等级为 IT10～IT7，表面粗糙度 R_a 为 6.3～3.2μm 。属于半精加工。扩孔钻与麻花钻在结构上相比有以下特点。

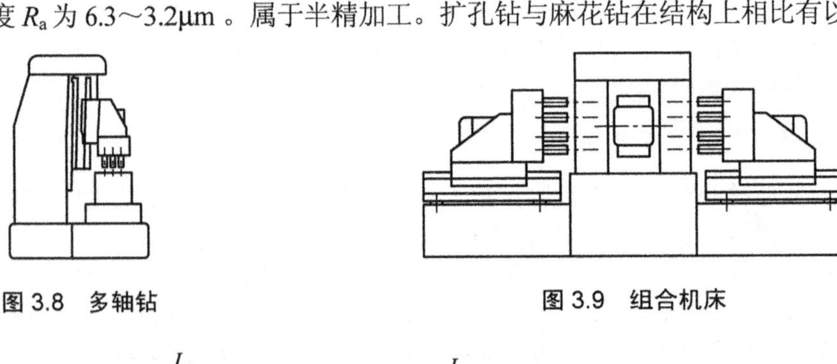

图 3.8 多轴钻　　图 3.9 组合机床

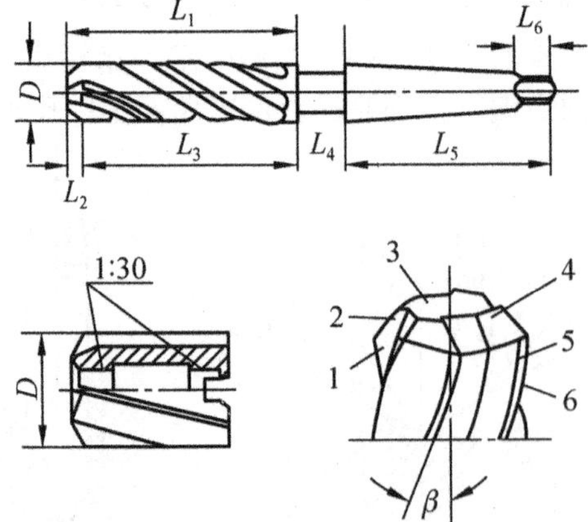

图 3.10 扩孔钻

L_1—工作部分 L_2—切削部分 L_3—导向部分 L_4—颈部 L_5—锥柄 L_6—扁尾
1—前刀面 2—主切削刃 3—钻芯 4—后刀面 5—副切削刃 6—棱边

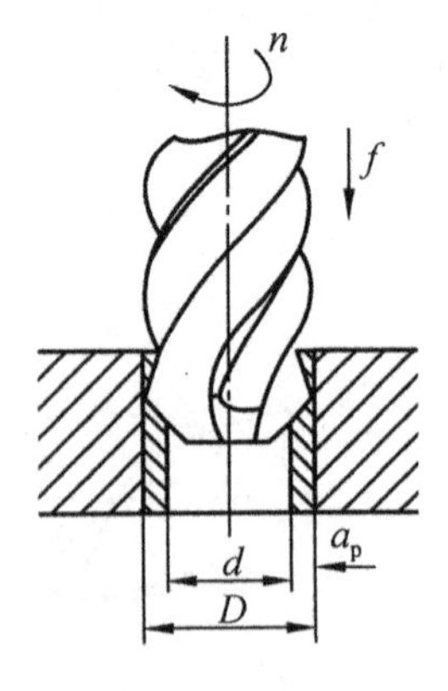

图 3.11 扩孔

(1) 刚性较好。由于扩孔的背吃刀量$a_p=(D-d)/2$，比钻孔时$a_p=D/2$小得多，切屑少，容屑槽可做得浅而窄，使钻芯比较粗大，增加了切削部分的刚性。

(2) 导向作用好。由于容屑槽浅而窄，可在刀体上做出3～4个刀齿，这样一方面可提高生产率，同时也增加了刀齿的棱边数，从而增强了扩孔时刀具的导向及修光作用，切削比较平稳。

(3) 切削条件较好。扩孔钻的切削刃不必自外缘延续到中心，无横刃，避免了横刃和由横刃引起的一些不良影响。轴向力较小，可采用较大的进给量，生产率较高。此外，切屑少，排屑顺利，不易刮伤已加工表面。

由于上述原因，扩孔的加工质量比钻孔高，表面粗糙度值小，在一定程度上可校正原有孔的轴线偏斜。扩孔常作为铰孔前的预加工，对于要求不太高的孔，扩孔也可作最终加工工序。

由于扩孔比钻孔优越，在钻直径较大的孔(一般$D \geq 30$mm)时，可先用小钻头(直径为孔径的0.5～0.7倍)预钻孔，然后再用所要求尺寸的大钻头扩孔。实践表明，这样虽分两次钻孔，但生产率却比用大钻头一次钻出时高得多。

2. 铰孔

铰孔是在扩孔或半精镗孔的基础上进行的，是应用较普遍的孔的精加工方法之一。铰孔的公差等级为IT8～IT6，表面粗糙度R_a为1.6～0.4μm。

铰孔采用铰刀进行加工，铰刀可分为手铰刀和机铰刀。手铰刀如图3.12(a)所示，用于手工铰孔，柄部为直柄；机铰刀如图3.12(b)所示，多为锥柄，装在钻床上或车床上进行铰孔。

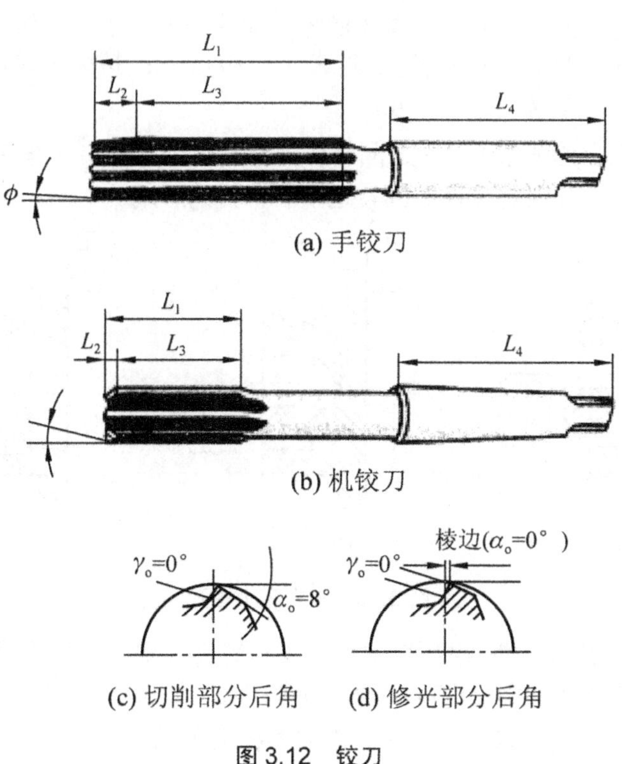

图3.12 铰刀

L_1—工作部分　L_2—切削部分　L_3—修光部分　L_4—柄部

铰刀由工作部分、颈部、柄部组成。工作部分包括切削部分和修光部分。切削部分为锥形，担负主要切削工作。修光部分有窄的棱边和倒锥，以减小与孔壁的摩擦和减小孔径扩张，同时校正孔径、修光孔壁和导向。手铰刀修光部分较长，以增强导向作用。

铰孔的工艺特点概括如下。

(1) 铰孔余量小。粗铰为 0.15～0.35mm；精铰为 0.05～0.15mm。切削力较小，零件的受力变形小。

(2) 切削速度低。比钻孔和扩孔的切削速度低得多，可避免积屑瘤的产生和减少切削热。一般粗铰 $v_c = 4 \sim 10$m/min；精铰 $v_c = 1.5 \sim 5$m/min。

(3) 适应性差。铰刀属定尺寸刀具，一把铰刀只能加工一定尺寸和公差等级的孔，不宜铰削阶梯形、短孔、不通孔和断续表面的孔(如花键孔)。

(4) 需施加切削液。为减少摩擦，利于排屑、散热，以保证加工质量，应加注切削液。一般铰钢件用乳化液；铰铸铁件用煤油。

麻花钻、扩孔钻和铰刀都是标准刀具，市场上比较容易买到。对于中等尺寸以下较精密的孔，在单件小批量甚至大批量生产中，钻、扩、铰都是经常采用的典型工艺。

钻、扩、铰只能保证孔本身的精度，而不易保证孔与孔之间的尺寸精度及位置精度。为了解决这一问题，可以利用夹具(如钻模)进行加工，也可采用镗孔。

3.2.3 镗孔

镗孔是用镗刀对已有的孔进行扩大加工的方法，是常用的孔加工方法之一。对于直径较大的孔(D>80mm)、内成形面或孔内环槽等，镗削是惟一适宜的加工方法。一般镗孔的尺寸公差等级为 IT8～IT6，表面粗糙度 R_a 为 1.6～0.8μm；精细镗时，尺寸公差等级可达 IT7～IT5，表面粗糙度 R_a 为 0.8～0.1μm。

镗孔可以在镗床上或车床上进行。回转体零件上的轴心孔多在车床上加工如图 3.13 所示，主运动和进给运动分别是零件的回转运动和车刀的移动。

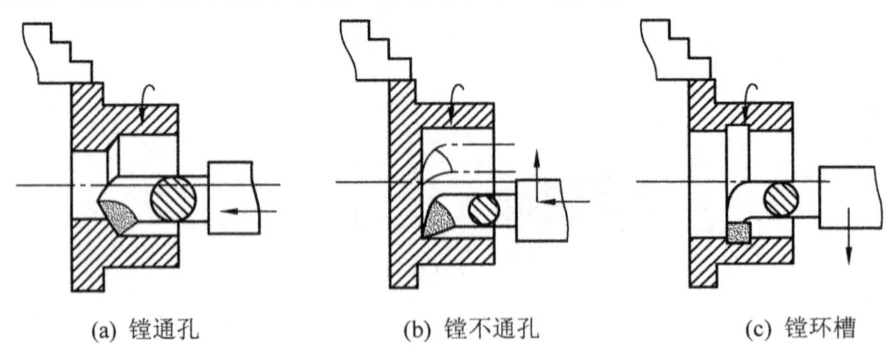

图 3.13 在车床上镗孔

箱体类零件上的孔或孔系(相互有平行度或垂直度要求的若干个孔)则常用镗床加工，如图 3.14 所示。根据结构和用途不同，镗床分为卧式镗床、坐标镗床、立式镗床、精密镗床等，应用最广的是卧式镗床。镗孔时，镗刀刀杆随主轴一起旋转，完成主运动；进给运动可由工作台带动零件纵向移动，也可由镗刀刀杆轴向移动来实现。

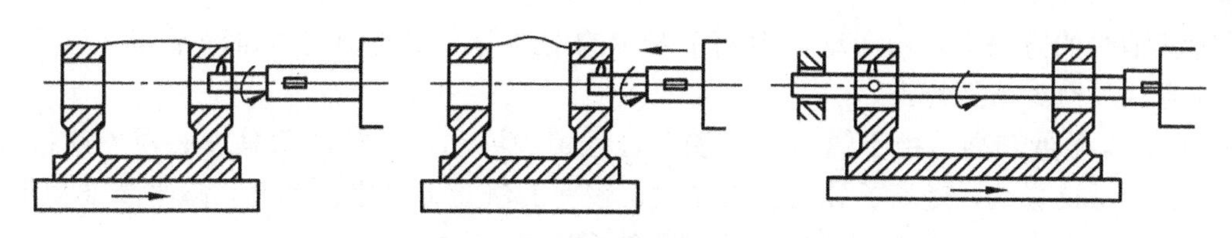

图 3.14　在镗床上镗孔

镗刀有单刃镗刀和多刃镗刀之分，由于它们的结构和工作条件不同，它们的工艺特点和应用也有所不同。

1. *单刃镗刀镗孔*

单刃镗刀的刀头结构与车刀类似。使用时，用紧固螺钉将其装夹在镗杆上，如图 3.15(a)所示为盲孔镗刀，刀头倾斜安装。如图 3.15(b)所示为通孔镗刀，刀头垂直于镗杆轴线安装。

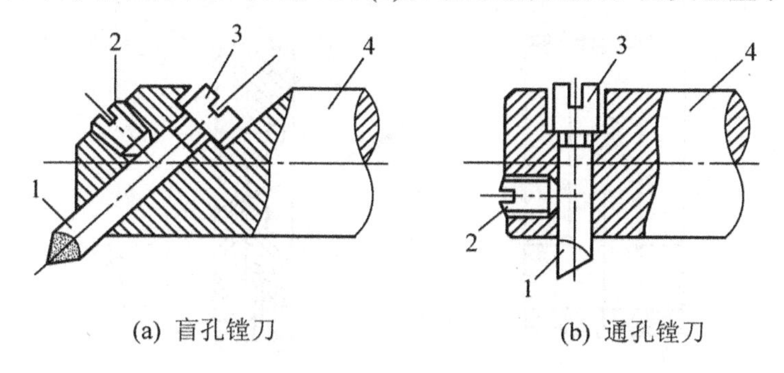

(a) 盲孔镗刀　　(b) 通孔镗刀

图 3.15　单刃镗刀

1—刀头　2—紧固螺钉　3—调节螺钉　4—镗杆

单刃镗刀镗孔时有如下特点。

(1) 适应性较广，灵活性较大。单刃镗刀结构简单、使用方便，既可粗加工，也可半精加工或精加工。一把镗刀可加工直径不同的孔，孔的尺寸由刀头伸出镗杆的长度(用调整螺钉来调整)来保证，而不像钻孔、扩孔或铰孔是定尺寸刀具，因此对工人技术水平的依赖性也较大。

(2) 可以校正原有孔的轴线歪斜或位置误差。由于镗孔质量主要取决于机床精度和工人技术水平，所以预加工孔如有轴线歪斜或有不大的位置误差，利用单刃镗孔可予以校正。这一点，若用扩孔或铰孔是不易达到的。

(3) 生产率较低。单刃镗刀的镗杆直径受所镗孔径限制，一般刚度比较差，为了减少镗孔时镗刀的变形和振动，不得不采用较小的切削用量。加之仅有一个主切削刃参与切削，所以生产率比扩孔或铰孔低。

由于以上特点，单刃镗刀镗孔比较适用于单件小批量生产。

2. *多刃镗刀镗孔*

在多刃镗刀中，有一种可调浮动镗刀片，如图 3.16 所示。调节镗刀片的尺寸时，先松开紧定螺钉 2，再旋调整螺钉 1，将上刀片 3 和下刀片 5 的径向尺寸调好后，拧紧螺钉 2 把上、下刀片固定。镗孔时，镗刀片不是固定在镗杆上而是插在镗杆的长方孔中，并能在垂直于镗杆轴线的方向上自由滑动，由两个对称的切削刃产生的切削力自动平衡其位置。这种镗孔方法具有如下特点。

(1) 加工质量较高。由于镗刀片在加工过程中的浮动，可抵消刀具安装误差或镗杆偏摆所引起的不良影响，提高了孔的加工精度。较宽的修光刃可修光孔壁，减小表面粗糙度。但是，它与铰孔类似，不能校正原有孔的轴线歪斜或位置误差。

(2) 生产率高。浮动镗刀片有两个主切削刃，同时切削，并且操作简便。

(3) 刀具成本较单刃镗刀高。浮动镗刀片结构比单刃镗刀复杂，刃磨费时。

由于以上特点，浮动镗刀片镗孔主要用于成批生产、精加工箱体类零件上直径较大的孔。大批量生产中镗削支架、箱体的轴承孔，需要使用镗模。

另外，在卧式镗床上利用不同的刀具和附件，还可以进行钻孔、车端面、铣平面或车螺纹等，如图3.17所示。

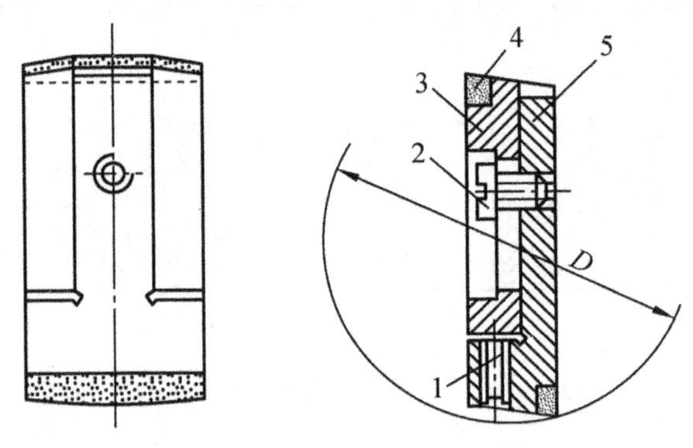

图3.16　浮动镗刀

1—调节螺钉　2—紧定螺钉　3—下刀片　4—硬质合金刀片　5—上刀片

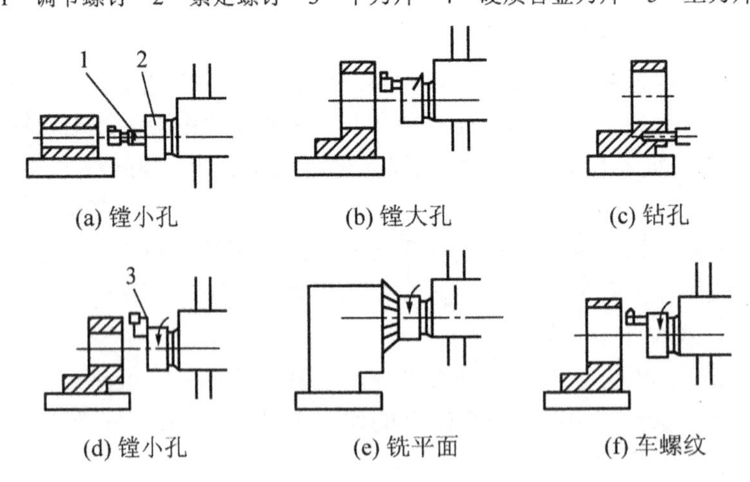

图3.17　卧式镗床的主要工作

1—主轴　2—平旋盘　3—径向刀架

3.3 刨削、拉削的工艺特点及其应用

刨削是平面加工的主要方法之一。常见的刨床类机床有牛头刨床、龙门刨床和插床等。

3.3.1 刨削的工艺特点

1. 通用性好

根据切削运动和具体的加工要求，刨床的结构比车床、铣床简单，价格低，调整和操作也较方便。所用的单刃刨刀与车刀基本相同，形状简单，制造、刃磨和安装皆较方便。

2. 生产率较低

刨削的主运动为往复直线运动，反向时受惯性力的影响，加之刀具切入和切出时有冲击，限制了切削速度的提高。单刃刨刀实际参加切削的切削刃长度有限，一个表面往往要经过多次行程才能加工出来，基本工艺时间较长。刨刀返回行程时不进行切削，加工不连续，增加了辅助时间。因此，刨削的生产率低于铣削。但是对于狭长表面(如导轨、长槽等)的加工，以及在龙门刨床上进行多件或多刀加工时，刨削的生产率可能高于铣削。

刨削的精度可达 IT9～IT8，表面粗糙度 R_a 值为 3.2～1.6μm 。当采用宽刃精刨时如图 3.18 所示，即在龙门刨床上用宽刃细刨刀以很低的切削速度、大进给量和小的切削深度，从零件表面上切去一层极薄的金属，因切削力小，切削热少和变形小，所以，零件的表面粗糙度 R_a 值可达 1.6～0.4μm ，直线度可达 0.02mm/m。宽刃细刨可以代替刮研，这是一种先进、有效的精加工平面方法。

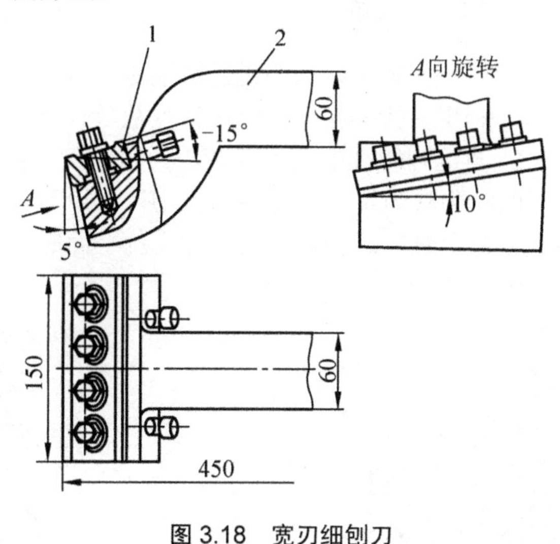

图 3.18 宽刃细刨刀

1—刀片 2—刀体

3.3.2 刨削的应用

由于刨削的特点，刨削主要用在单件小批量生产中，在维修车间和模具车间应用较多。如图 3.19 所示，刨削主要用来加工平面(包括水平面、垂直面和斜面)，也广泛应用于加工

直槽，如直角槽、燕尾槽和 T 形槽等。如果进行适当的调整和增加某些附件，还可以用来加工齿条、齿轮、花键和母线为直线的成形面等。

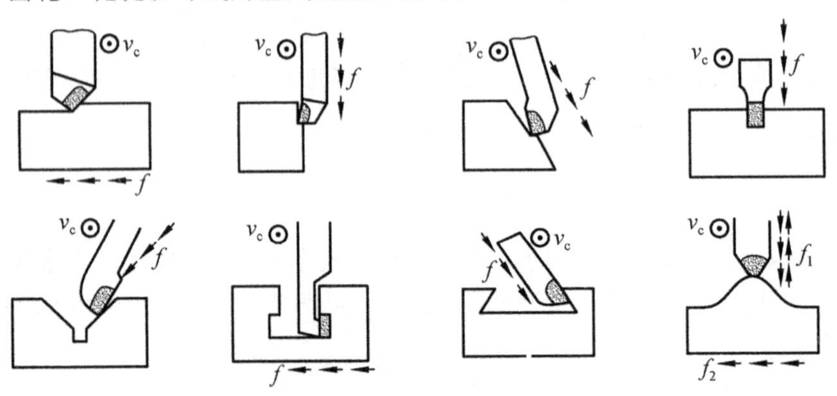

图 3.19　刨削的应用

牛头刨床的最大刨削长度一般不超过 100mm，因此只适用于加工中、小型零件。龙门刨床主要用来加工大型零件，或同时加工多个中、小型零件。由于龙门刨床刚度较好，而且有 2～4 个刀架可同时工作，因此加工精度和生产率均比牛头刨床高。

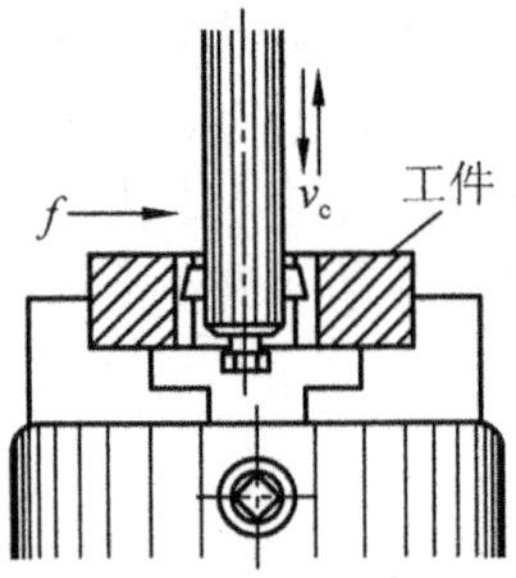

插床又称立式牛头刨床，主要用来加工零件的内表面，如插键槽(图 3.20)、花键槽等，也可用于加工多边形孔，如四方孔、六方孔等。特别适于加工盲孔或有障碍台阶的内表面。

图 3.20　插键槽

3.3.3　拉削

拉削可以认为是刨削的进一步发展。如图 3.21 所示，它是利用多齿的拉刀，逐齿依次从零件上切下很薄的金属层，使表面达到较高的精度和较小的粗糙度。图 3.22 所示为拉孔示意图。加工时若将刀具所受的拉力改为推力，则称为推削，所用刀具称为推刀。拉削用机床称为拉床，推削则多在压力机上进行。当拉削面积较大的平面时，为减少拉削力，可采用渐进式拉刀进行拉削，如图 3.23 所示。

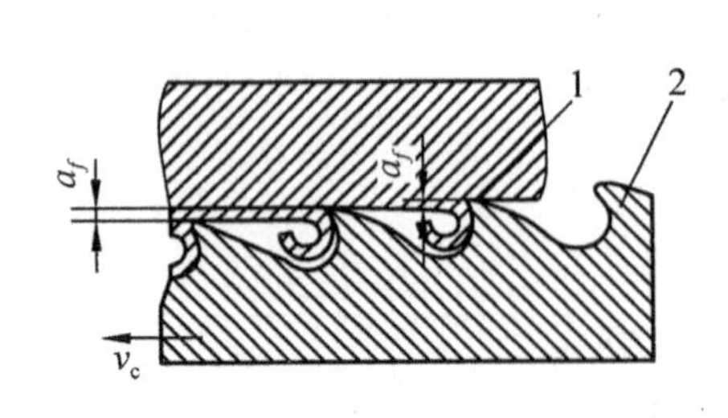

图 3.21　拉削平面

1—零件　2—拉刀

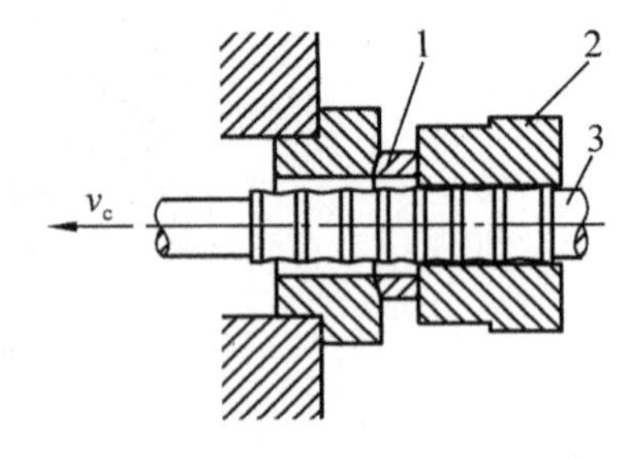

图 3.22　拉孔方法

1—球面垫板　2—零件　3—拉刀

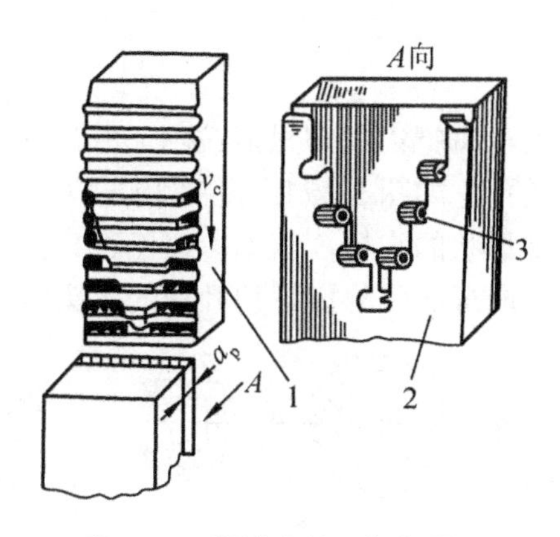

图 3.23 渐进式拉刀拉削平面

1—拉刀 2—零件 3—切屑

1. 拉削的工艺特点

(1) 生产率高。拉削加工的切削速度一般并不高，但由于拉刀是多齿刀具，同时参与切削的刀齿数较多，同时参与切削的切削刃较长，并且在拉刀的一次工作行程中能够完成粗加工、半精加工和精加工，大大缩短了基本工艺时间和辅助时间。

(2) 加工精度高、表面粗糙度较小。如图 3.24 所示，拉刀有校准部分，其作用是校准尺寸，修光表面，并可作为精切齿的后备刀齿。校准刀齿的切削量很小，仅切去零件材料的弹性恢复量。另外，拉削的切削速度较低，目前 v_c<18m/min，拉削过程比较平稳，无积屑瘤；一般拉孔的精度为 IT8～IT6，表面粗糙度 R_a 值为 0.8～0.4μm 。

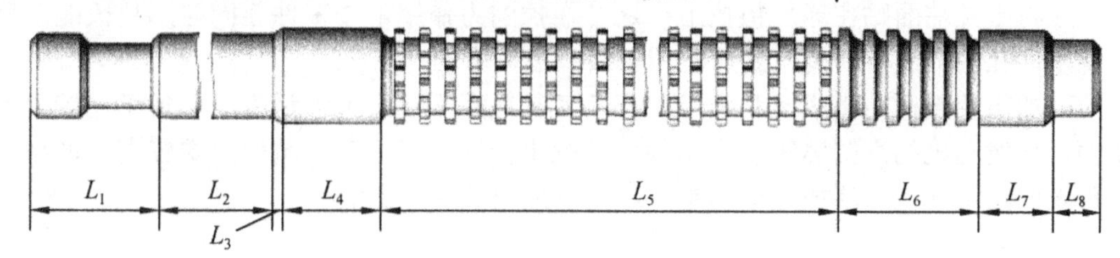

图 3.24 拉刀的结构

L_1—头部 L_2—颈部 L_3—过渡锥部 L_4—前导部 L_5—切削部 L_6—校准部 L_7—后导部 L_8—尾部

(3) 拉床结构和操作比较简单。拉削只有一个主运动，即拉刀的直线运动。进给运动是靠拉刀的后一个刀齿高出前一个刀齿来实现的，相邻刀齿的高出量称为齿升量。

(4) 拉刀成本高。由于拉刀的结构和形状复杂，精度和表面质量要求较高，故制造成本很高。但拉削时切削速度较低，刀具磨损较慢，刃磨一次可以加工数以千计的零件，加之一把拉刀又可以重磨多次，所以拉刀的寿命长。当加工零件的批量较大时，刀具的单件成本并不高。

(5) 与铰孔相似，拉削不能纠正孔的位置误差。

(6) 不能拉削加工盲孔、深孔、阶梯孔及有障碍的外表面。

2. 拉削的应用

虽然内拉刀属定尺寸刀具，每把内拉刀只能拉削一种尺寸和形状的内表面，但不同的内拉刀可以加工各种形状的通孔，如图3.25所示。例如，圆孔、方孔、多边形孔、花键孔和内齿轮等。还可以加工多种形状的沟槽，例如，键槽、T形槽、燕尾槽和涡轮盘上的榫槽等。外拉削可以加工平面、成形面、外齿轮和叶片的榫头等。

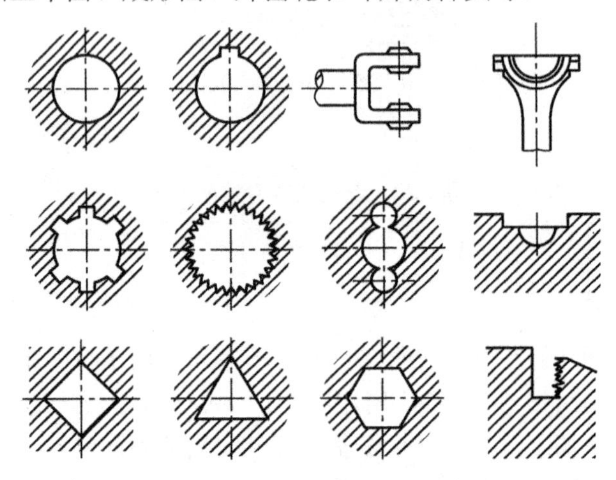

图3.25　拉削的典型内孔截面形状

拉孔时如图3.22所示，零件的预制孔不必精加工(钻或粗镗后即可)，零件也不必夹紧，只以零件端面作支承面，这就需要原孔轴线与端面间有垂直度要求。若孔的轴线与端面不垂直，应将零件端面贴在球形垫板上，这样在拉削力作用下，零件连同球形垫板能微量转动，使零件孔的轴线自动调整到与拉刀轴线一致的方向。

拉削加工主要适用于成批和大量生产，尤其适用于在大批大量生产中加工比较大的复合型面，如发动机的汽缸体等。在单件、小批生产中，对于某些精度要求较高、形状特殊的成形表面，用其他方法加工很困难时，也有采用拉削加工的。

3.4　铣削的工艺特点及其应用

铣削是平面的主要加工方法之一。铣削时，铣刀的旋转是主运动，零件随工作台的运动是进给运动。铣床的种类很多，常用的是升降台卧式铣床和立式铣床。铣削大型零件的平面则用龙门铣床，生产率较高，多用于批量生产。

3.4.1　铣削的工艺特点

1. 生产率较高

铣刀是典型的多齿刀具，铣削时有几个刀齿同时参加工作，并且参与切削的切削刃较长，切削速度也较高，且无刨削那样的空回行程，故生产率较高。但加工狭长平面或长直槽时，刨削比铣削生产率高。

2. 振动容易产生

铣刀的刀齿切入和切出时产生冲击，并将引起同时工作刀齿数的增减。在切削过程中每个刀齿的切削层厚度 h_i 随刀齿位置的不同而变化，如图 3.26 所示，引起切削层横截面积变化。因此，在铣削过程中铣削力是变化的，切削过程不平稳，容易产生振动，这就限制了铣削加工质量和生产率的进一步提高。

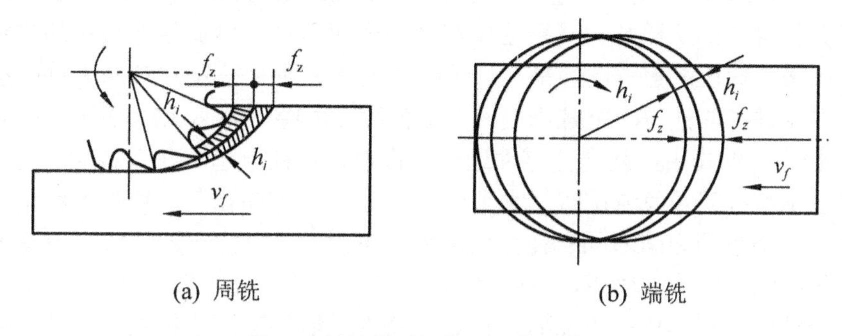

(a) 周铣　　(b) 端铣

图 3.26　铣削时切削层厚度的变化

3. 刀齿散热条件较好

铣刀刀齿在切离零件的一段时间内，可以得到一定的冷却，散热条件较好。但是，切入和切出时热和力的冲击将加速刀具的磨损，甚至可能引起硬质合金刀片的碎裂。

3.4.2　铣削方式

平面的铣削方法有周铣法和端铣法(图 3.26)。同一种铣削方法，也有不同的铣削方式。在选用铣削方式时，要充分注意到它们各自的特点和适用场合，以便保证加工质量和提高生产效率。

1. 周铣法

用铣刀圆周表面上的切削刃铣削零件。铣刀的回转轴线和被加工表面平行，所用刀具称为圆柱铣刀。它又可分为逆铣和顺铣，如图 3.27 所示。在切削部位刀齿的旋转方向和零件的进给方向相反时，为逆铣；相同时，为顺铣。

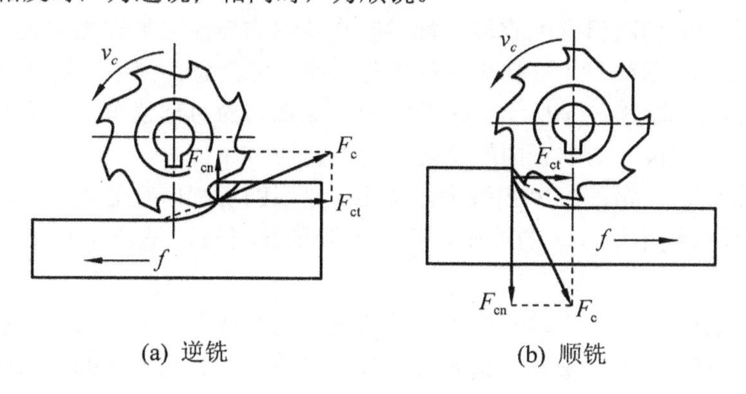

(a) 逆铣　　(b) 顺铣

图 3.27　逆铣和顺铣

逆铣时，每个刀齿的切削层厚度是从零增大到最大值。由于铣刀刃口处总有圆弧存在，而不是绝对尖锐的，所以在刀齿接触零件的初期，不能切入零件，而是在零件表面上挤压、滑行，使刀齿与零件之间的摩擦加大，加速刀具磨损，同时也使表面质量下降。顺铣时，每个刀齿的切削层厚度是由最大减小到零，从而避免了上述缺点。

逆铣时，铣削力 F_c 的垂直分力 F_{cn} 上抬零件；而顺铣时，铣削力 F_c 的垂直分力 F_{cn} 将零件压向工作台，减少了零件振动的可能性，尤其铣削薄而长的零件时，更为有利。

由上述分析可知，从提高刀具耐用度和零件表面质量、增加零件夹持的稳定性等观点出发，一般以采用顺铣法为宜。但是，顺铣时忽大忽小的水平分力 F_f 与零件的进给方向是相同的，工作台进给丝杠与固定螺母之间一般都存在间隙，如图 3.28 所示，间隙在进给方向的前方。由于 F_f 的作用，就会使零件连同工作台和丝杠一起，向前窜动，造成进给量突然增大，甚至引起打刀。而逆铣时，水平分力 F_f 与进给方向相反，铣削过程中工作台丝杠始终压向螺母，不致因为间隙的存在而引起零件窜动。目前，一般铣床尚没有消除工作台丝杠螺母之间间隙的机构，所以，在生产中仍采用逆铣法。

另外，当铣削带有黑皮的表面时，例如，铸件或锻件表面的粗加工，若用顺铣法，因刀齿首先接触黑皮，将加剧刀齿的磨损，所以也应采用逆铣法。

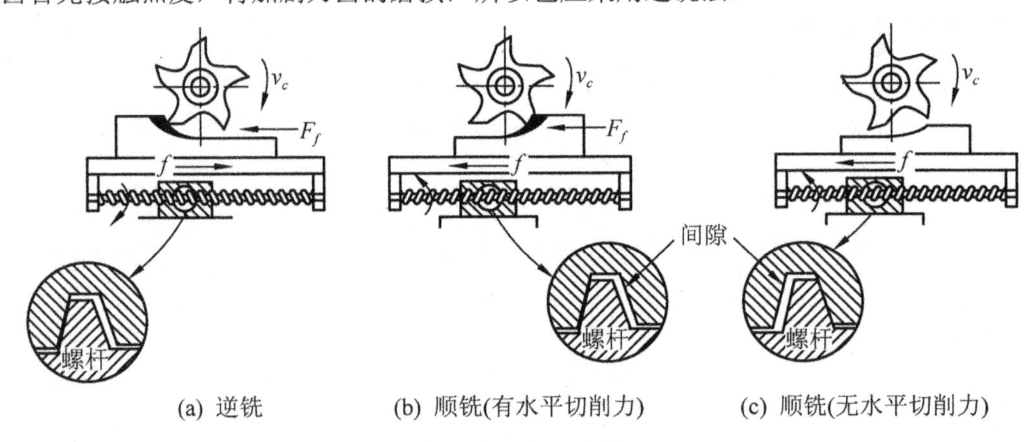

(a) 逆铣　　(b) 顺铣(有水平切削力)　　(c) 顺铣(无水平切削力)

图 3.28　顺铣和逆铣丝杠螺母间隙

2. 端铣法

用铣刀端面上的切削刃铣削零件。铣刀的回转轴线与被加工表面垂直，所用刀具称为端铣刀或面铣刀。根据铣刀和零件相对位置的不同，可分为 3 种不同的切削方式：

(1) 对称铣，如图 3.29(a)所示。零件安装在端铣刀的对称位置上，它具有较大的平均切削厚度，可保证刀齿在切削表面的冷硬层之下铣削。

(2) 不对称逆铣，如图 3.29(b)所示。铣刀从较小的切削厚度处切入，从较大的切削厚度处切出，这样可减小切入时的冲击，提高铣削的平稳性，适合于加工普通碳钢和低合金钢。

(3) 不对称顺铣，如图 3.29(c)所示。铣刀从较大的切削厚度处切入，从较小处切出。在加工塑性较大的不锈钢、耐热合金等材料时，可减少毛刺及刀具的黏结磨损，刀具耐用度可大大提高。

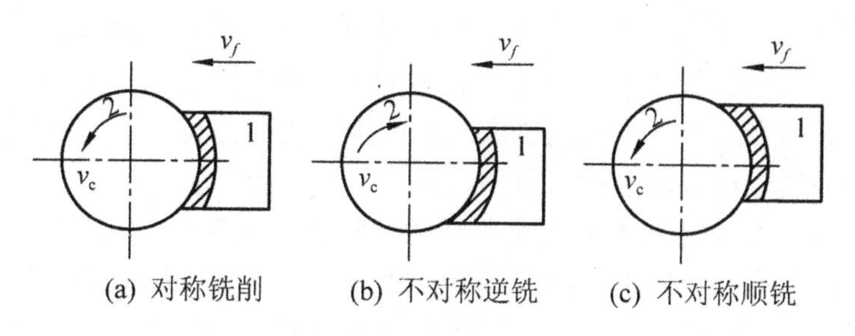

(a) 对称铣削　(b) 不对称逆铣　(c) 不对称顺铣

图 3.29　端铣方式

1—零件　2—铣刀

3. 周铣法与端铣法的比较

如图 3.30 所示，周铣时，同时切削的刀齿数与加工余量(相当于 a_e)有关，一般仅有 1～2 个，而端铣时，同时切削的刀齿数与被加工表面的宽度(也相当于 a_e)有关，而与加工余量(相当于背吃刀量 a_p)无关，即使在精铣时，也有较多的刀齿同时工作。因此，端铣的切削过程比周铣平稳，有利于提高加工质量。

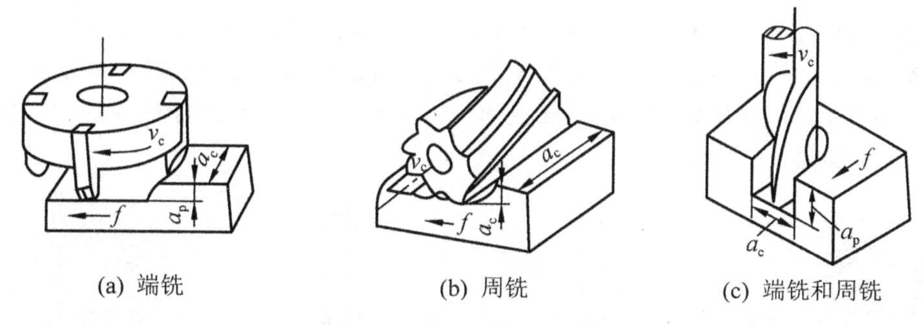

(a) 端铣　(b) 周铣　(c) 端铣和周铣

图 3.30　铣削方式及运动

端铣刀的刀齿切入和切出零件时，虽然切削层厚度较小，但不像周铣时切削层厚度变为零，从而改善了刀具后刀面与零件的摩擦状况，提高了刀具耐用度，并可减小表面粗糙度。此外，端铣时还可以利用修光刀齿修光已加工表面，因此端铣可达到较小的表面粗糙度。

端铣刀直接安装在立式铣床的主轴端部，悬伸长度较小，刀具系统的刚度较好，而圆柱铣刀安装在卧式铣床细长的刀轴上，刀具系统的刚度远不如端铣刀。同时，端铣刀可方便地镶嵌硬质合金刀片，而圆柱铣刀多采用高速钢制造。所以，端铣时可以采用高速铣削，提高了生产效率，也提高了已加工表面质量。

由于端铣法具有以上优点，所以，在平面的铣削中，目前大都采用端铣法。但是，周铣法的适应性较广，可以利用多种形式的铣刀，除加工平面外还可较方便地进行沟槽、齿形和成形面等的加工，生产中仍常采用。

3.4.3　铣削的应用

铣削的形式很多，铣刀的类型和形状更是多种多样，再配上附件(分度头、圆形工作台等)的应用，致使铣削加工范围较广，主要用来加工平面(包括水平面、垂直面和斜面)、沟槽、成形面和切断等。加工精度一般可达IT8～IT7，表面粗糙度 R_a 值为3.2～1.6μm 。

单件、小批生产中，加工小、中型零件多用升降台铣床(卧式和立式两种)。加工中、大型零件时可以采用龙门铣床。龙门铣床与龙门刨床相似，有3～4个可同时工作的铣头，生产率高，广泛应用于成批和大批大量生产中。

如图3.31所示为铣削各种沟槽时最常用的4种铣刀示意图。如图3.31(a)所示为三面刃铣刀，其外形是一个圆盘，在圆周和两个端面上均有切削刃，从而改善了侧面的切削条件，提高了加工质量。三面刃铣刀有直齿、错齿和镶齿3种结构形式。同圆柱铣刀一样，定位面是内孔，孔中的键槽用于传递力矩。三面刃铣刀可用高速钢制造，小直径制成整体式，大直径制成镶齿式；也有用硬质合金制造，小直径制成焊接式，大直径制成镶齿式。如图3.31(b)所示为用立式铣刀加工沟槽的情况。立铣刀圆柱面上的切削刃是主切削刃，端面上的切削刃是副切削刃，其刀齿分为直齿和螺旋齿两类。立铣刀常用于加工沟槽和台阶面，也常用于加工二维凸轮曲面。立铣刀分粗齿、细齿两种，大多用高速钢制造，也有用硬质合金制造的，小直径作成整体式，大直径制成镶齿式或可转位式。如图3.31(c)所示为键槽铣刀的加工情况。键槽铣刀主要用于加工圆头封闭键槽，它在圆柱面上和端面上都只有两个刀齿。因刀齿数少，螺旋角小，端面齿强度高。工作时，键槽铣刀既可沿零件轴向进给，又可沿刀具轴向进给，要多次作这两个方向的进给才能完成键槽加工。角度铣刀用于铣削角度沟槽和刀具上的容屑槽，分为单角度铣刀、不对称双角度铣刀和对称角度铣刀3种，如图3.31(d)所示，双角度铣刀刀齿分布在两个锥面上，用于完成两个斜面的成形加工，也常用于加工螺旋槽。

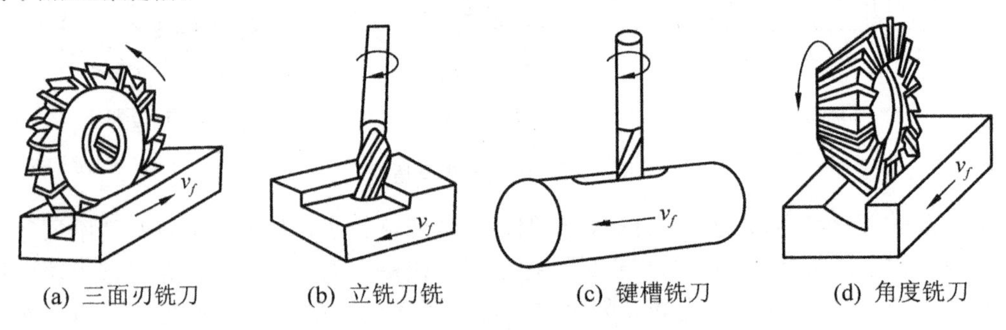

(a) 三面刃铣刀　(b) 立铣刀铣　(c) 键槽铣刀　(d) 角度铣刀

图3.31　铣削方式及运动

3.5　磨削的工艺特点及其应用

磨削是用磨具以较高的线速度对零件表面进行加工的方法。通常把使用磨具进行加工的机床称为磨床。常用的磨具有固结磨具(如砂轮、油石等)和涂附磨具(如砂带、砂布等)。本节主要讨论用砂轮在磨床上加工零件的特点及其应用。磨床按加工用途的不同可分为外圆磨床、内圆磨床和平面磨床等。

3.5.1　砂轮的特征要素

砂轮是由一定比例的硬度很高的粒状磨料和结合剂压制烧结而成的多孔物体。磨削时能否取得较高的加工质量和生产率，与砂轮的选择合理与否至关重要。砂轮的性能主要取

决于砂轮的磨料、粒度、结合剂、硬度、组织及形状尺寸等因素。这些因素称为砂轮的特征要素。

1. *磨料*

磨料是砂轮的主要组成成分，直接担负切削工作。它除了应具备锋利的尖角外，还应有高的硬度和耐热性以及一定的韧性。常用磨粒主要有以下 3 种。

(1) 刚玉类(Al_2O_3)。棕刚玉(A)、白刚玉(WA)。适用于磨削各种钢材，如不锈钢、高强度合金钢，退了火的可锻铸铁和硬青铜。

(2) 碳化硅类(SiC)。黑碳化硅(C)、绿碳化硅(GC)，适用于磨削铸铁、激冷铸铁、黄铜、软青铜、铝、硬表层合金和硬质合金。

(3) 高硬磨料类。人造金刚石(MBD、RVD)、氮化硼(CBN)。高硬磨料类具有高强度、高硬度，适用于磨削高速钢、硬质合金、宝石等。

各种磨料的性能、代号和用途见表 3-1。

表 3-1 磨料的性能、代号和用途

磨料名称		代号	主要成分	颜色	力学性能	热稳定性	适合磨削范围
刚玉类	棕刚玉	A	$w_{Al_2O_3}$ 95% $w_{Ti_2O_2}$ 2%～3%	褐色	韧性好 硬度大	2100℃熔融	碳钢、合金钢、铸铁
	白刚玉	WA	$w_{Al_2O_3}$ >99%	白色			淬火钢、高速钢
碳化硅类	黑碳化硅	C	w_{SiC} >95%	黑色		>1500℃氧化	铸铁、黄铜、非金属材料
	绿碳化硅	GC	w_{SiC} >99%	绿色			硬质合金钢
高硬磨类	氮化硼	CBN	立方氮化硼	黑色	高硬度 高强度	<1300℃稳定	硬质合金钢、高速钢
	人造金刚石	MBD RVD	碳结晶体	乳白色		<700℃石墨化	硬质合金、宝石

2. *粒度*

粒度是指磨料颗粒尺寸的大小。粒度分为磨粒和微粉两类。对于尺寸大于 63μm 的磨料，称为粗磨粒，用筛分法分级。按照国家标准 GB/T 2481.1—2009 规定，粗磨粒标准为 F4～F220 共 26 级。对于颗粒尺寸小于 63μm 的磨料，称为微粉，用沉降法进行分级检验。按照国家标准 GB/T 2481.2—2009 规定，微粉表示为 F230～F2000 共 13 级。

每一粒度号的磨料不是单一尺寸的粒群，而是若干粒群的集合。国标中将各粒度号磨料分成 5 个粒度群：最粗粒、粗粒、基本粒、混合粒和细粒。某一粒度号的磨粒粒度组成就是测量计算各粒群所占的质量百分比。例如：F20 磨粒，全部磨粒应通过最粗筛(筛孔 1.7mm)；全部磨粒可通过粗粒筛(筛孔 1.18mm)，但筛上物不能多于 20%；筛孔 1.0mm 的筛上物至少应为 45%。

砂轮磨料的粒度对磨削表面的粗糙度和磨削效率有很大影响。一般来说，粗粒度砂轮磨削深度大，故磨削效率高，但表面粗糙度大。细粒度砂轮加工生产率低而被加工零件表面粗糙度值较小。所以粗磨时，一般选粗粒度砂轮，精磨时选细粒度砂轮。磨软金属时，多选用粗的磨粒，磨脆和硬的金属时，则选用较细的磨粒，详见表 3-2。

表 3-2　粒度和适用范围

粒度标示	适用范围
F4～F14	荒磨、重负荷磨钢锭、磨皮革、磨地板、喷沙除锈等
F16～F30	粗磨钢锭、打毛刺、切断钢坯、粗磨平面、磨大理石及耐火材料
F36～F60	平磨、外圆磨、无心磨、内圆磨、工具磨等粗磨工序
F70～F100	平磨、外圆磨、无心磨、内圆磨、工具磨等半精磨工序，工具刃磨、齿轮磨削
F120～F220	刀具刃磨、精磨、粗研磨、粗珩磨、螺纹磨等
F230～F360	精磨、珩磨、精磨螺纹、仪器仪表零件及齿轮精磨等
F400～F2000	超精密加工、镜面磨削、精细研磨、抛光等

3. 结合剂

结合剂的作用是将磨料粘合成具有各种形状及尺寸的砂轮，并使砂轮具有一定的强度、硬度、气孔和抗腐蚀、抗潮湿等性能。砂轮的强度、耐热性和耐磨性等重要指标，在很大程度上取决于结合剂的特性。

作为砂轮结合剂应具有的基本要求是：与磨粒不发生化学作用，能持久地保持其对磨粒的黏结强度，并保证所制砂轮在磨削时安全可靠。

目前砂轮常用的结合剂有陶瓷、树脂、橡胶和金属。陶瓷应用最广泛，它能耐热、耐水、耐酸，价廉，但脆性高，不能承受较大冲击和振动。树脂和橡胶弹性好，能制成很薄的砂轮，但耐热性差，易受酸、碱切削液的侵蚀。金属粘接剂强度高、导热性好，但自锐性差。

常用结合剂的性能及适用范围见表 3-3。

表 3-3　常用结合剂的性能及适用范围

结合剂	代号	性　能	适用范围
陶瓷	A、V	耐热耐蚀、气孔率大、易保持轮廓形状、弹性差	最常用，适用于各类磨削加工
树脂	S、B	强度比陶瓷高、弹性好、耐热性差	用于高速磨削、切削、开槽等
橡胶	X、R	强度比树脂高、更有弹性、气孔率小、耐热性差	用于切断和开槽
金属	J、M	强度最高、导热性好、磨耗少、自锐性差	用于金刚石砂轮及电解磨削砂轮

4. 硬度

砂轮的硬度是指结合剂对磨料黏结能力的大小。砂轮的硬度是由结合剂的黏结强度决定的，而不是靠磨料的硬度。在同样的条件和一定外力作用下，若磨粒很容易从砂轮上脱落，砂轮的硬度就比较低(或称为软)；反之，砂轮的硬度就比较高(或称为硬)。

砂轮上的磨粒钝化后，使作用于磨粒上的磨削力增大，从而促使砂轮表层磨粒自动脱落，里层新磨粒锋利的切削刃则投入切削，砂轮又恢复了原有的切削性能。砂轮的此种能力称为“自锐性”。

砂轮硬度的选择合理与否，对磨削加工质量和生产率影响很大。一般来说，零件材料越硬，则应选用越软的砂轮。这是因为零件硬度高，磨粒磨损快，选择较软的砂轮有利于磨钝砂轮的“自锐”。但硬度选得过低，则砂轮磨损快，也难以保证正确的砂轮廓形。若选用砂轮硬度过高，则难以实现砂轮的自锐，不仅生产率低，而且易产生零件表面的高温烧伤。

在机械加工中，常选用的砂轮硬度范围一般为 H～N(软 2～中 2)。

砂轮的硬度等级及其代号见表 3-4。

表 3-4　砂轮的硬度等级及其代号

硬度	大级	超软			软			中软		中		中硬			硬		超硬
等级	小级	超软			软 1	软 2	软 3	中软 1	中软 2	中 1	中 2	中硬 1	中硬 2	中硬 3	硬 1	硬 2	超硬
代　号		D	E	F	G	H	J	K	L	M	N	P	Q	R	S	T	Y

5. 组织

砂轮的组织是指组成砂轮的磨料、结合剂和空隙三部分体积的比例关系。磨料在砂轮总体积上所占的比例越大，则砂轮的组织越紧密；反之，则组织越疏松。砂轮的组织分为紧密、中等、疏松 3 大类，细分 0～14 共 15 个组织号。组织号越小，磨粒所占的比例越大，砂轮越致密，见表 3-5。

表 3-5　砂轮组织分级

级　别	紧　密				中　等				疏　松						
组　织　号	0	1	2	3	4	5	6	7	8	9	10	11	12	13	14
磨粒占砂轮体积的百分比(%)	62	60	58	56	54	52	50	48	46	44	42	40	38	36	34

砂轮组织疏松则不易堵塞，并可把切削液或空气带入切削区，有利于排屑、冷却，但容易磨损和失去正确的廓形。组织紧密，则情况与之相反，并且可以获得较小的表面粗糙度。故粗磨时应采用组织疏松的砂轮，精磨和成形磨时应采用组织紧密的砂轮，一般情况下采用中等组织的砂轮。

6. *砂轮的形状及尺寸*

为了适应不同的加工要求，砂轮制成不同的形状。同样形状的砂轮，还制成多种不同的尺寸。常用的砂轮形状、代号及用途见表 3-6。

表 3-6　常用的砂轮形状、代号及用途

砂轮名称	代　号	断面形状	主要用途
平形砂轮	1		外圆磨，内圆磨，平面磨，无心磨，工具磨
筒形砂轮	2		端磨平面
薄片砂轮	41		切断，切槽
碗形砂轮	11		刃磨刀具，磨导轨
蝶形一号砂轮	12a		磨齿轮，磨铣刀，磨铰刀，磨拉刀
双斜边砂轮	4		磨齿轮，磨螺纹
杯形砂轮	6		磨平面，磨内圆，刃磨刀具

7. 砂轮的特性要素及规格尺寸标志

在砂轮的端面上一般均印有砂轮的标志。标志的顺序是：形状代号，尺寸，磨料，粒度号，硬度，组织号，结合剂，线速度。例如，一砂轮标记为 1-400×60×75WA60L5V35。则表示形状为平形，外径为 400mm，厚度为 60mm，孔径为 75mm；磨料为白刚玉(WA)，粒度为 F60；硬度为 L(中软 2)，组织号为 5，结合剂为陶瓷(V)；最高工作线速度为 35m/s 的砂轮。

3.5.2 磨削过程

从本质上讲，磨削也是一种切削，砂轮表面上的每个磨粒，可以近似地看成一个微小刀齿，凸出的磨粒尖棱，可以认为是微小的切削刃。因此，砂轮可以看作是具有极多微小刀齿的铣刀，由于砂轮上的磨粒具有形状各异和分布的随机性，导致了它们在加工过程中均以负前角切削，且它们各自的几何形状和切削角度差异很大，工作情况相差甚远。

砂轮表面的磨粒在切入零件时，其作用大致可分为 3 个阶段，如图 3.32 所示。

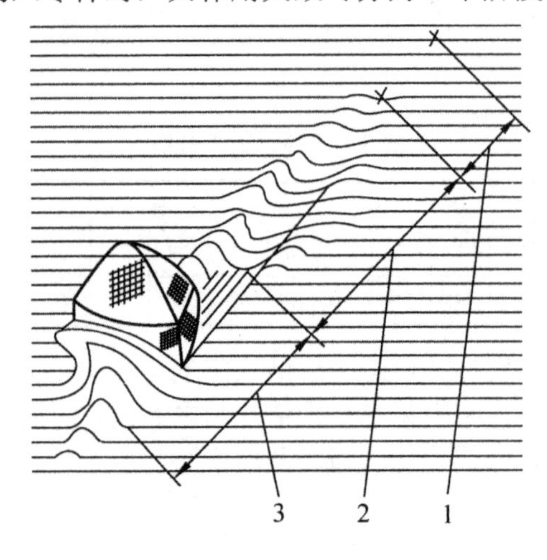

图 3.32 磨粒切削过程

1—滑擦 2—刻划 3—切削

1. 滑擦阶段

磨粒开始与零件接触，切削厚度由零逐渐增大。由于切削厚度较小，而磨粒切削刃的钝圆半径及负前角又很大，磨粒沿零件表面滑行并发生强烈的挤压摩擦，使零件表面材料产生弹性及塑性变形，零件表层产生热应力。

2. 刻划阶段

随着切削厚度的增大，磨粒与零件表面的摩擦和挤压作用加剧，磨粒开始切入零件，使零件材料因受挤压而向两侧隆起，在零件表面形成沟纹或划痕。此时除磨粒与零件间相互摩擦外，更主要的是材料内部发生摩擦，零件表层不仅有热应力，而且有由于弹、塑性变形所产生的变形应力。此阶段将影响零件表面粗糙度及表面烧伤、裂纹等缺陷。

3. 切削阶段

当切削厚度继续增大至一定值时，磨削温度不断升高，挤压力大于零件材料的强度，使被切材料明显地沿剪切面滑移而形成切屑，并沿磨粒前刀面流出。零件表面也产生热应力和变形应力。

由于砂轮表面砂粒高低分布不均，每个磨粒的切削厚度也不相同，故有些磨粒切削零件形成切屑，有些磨粒仅在零件表面上刻划、滑擦，从而产生很高的温度，引起零件表面的烧伤及裂纹。

在强烈的挤压和高温作用下，磨屑的形状极为复杂，常见的磨屑形态有带状屑、节状屑和灰烬。

3.5.3 磨削的工艺特点

1. 精度高、表面粗糙度小

磨削时，砂轮表面有极多的切削刃，并且刃口圆弧半径 r_ε 较小。例如粒度为 F46 的白刚玉磨粒，$r_\varepsilon \approx 0.006 \sim 0.012$mm，而一般车刀和铣刀的 $r_\varepsilon \approx 0.012 \sim 0.032$mm。磨粒上较锋利的切削刃，能够切下一层极薄的金属，切削厚度可以小到数微米，这是精密加工必须具备的条件之一。一般切削刀具的刃口圆弧半径虽也可以磨得小些，但不耐用，不能或难以进行经济的、稳定的精密加工。

磨削所用的磨床，比一般切削加工机床精度高，刚度及稳定性较好，并且具有微量进给机构(表 3-7)，可以进行微量切削，从而保证了精密加工的实现。

表 3-7 不同机床微量进给机构的刻度值

机 床 名 称	立式铣床	车床	平面磨床	外圆磨床	精密外圆磨床	内圆磨床
刻度值/mm	0.05	0.02	0.01	0.005	0.002	0.002

磨削时，切削速度很高，如普通外圆磨削 $v_c \approx 30 \sim 35$m/s，高速磨削 $v_c > 50$m/s。当磨粒以很高的切削速度从零件表面切过时，同时有很多切削刃进行切削，每个切削刃从零件上切下极少量的金属，残留面积高度很小，有利于降低表面粗糙度。

因此，磨削可以达到高的加工精度和低的表面粗糙度。一般磨削精度可达 IT7～IT6，表面粗糙度 R_a 值为 0.8～0.2μm，当采用小粗糙度磨削时，粗糙度 R_a 值可达 0.1～0.008μm。

2. 砂轮有自锐作用

磨削过程中，砂轮的自锐作用是其他切削刀具所没有的，一般刀具的切削刃，如果磨钝损坏，则切削不能继续进行，必须换刀或重磨。而砂轮由于本身的自锐性，使得磨粒能够以较锋利的刃口对零件进行切削。实际生产中，有时就利用这一原理进行强力连续磨削，以提高磨削加工的生产效率。

3. 背向磨削力 F_y 较大

与车外圆时切削力的分解类似，磨外圆时总磨削力 F 也可以分解为 3 个互相垂直的力(图 3.33)，其中 F_z 称为磨削力，F_y 称为背向磨削力，F_x 称为进给磨削力。磨削力 F_z 决定磨削时消耗功率的大小，在一般切削加工中，切削力 F_z 比背向力 F_y 大得多；而在磨削时，由于背吃刀量较小，磨粒上的刃口圆弧半径相对较大，同时由于磨粒上的切削刃一般都具有负前角，砂轮与零件表面接触的宽度较大，致使背向磨削力 F_y 大于磨削力 F_z。一般情况下，$F_y \approx (1.5 \sim 3) F_z$，零件材料的塑性越小，$F_y/F_z$ 之值越大，见表 3-8。

表 3-8　磨削不同材料时 F_y/F_z 之值

零 件 材 料	碳钢	淬硬钢	铸铁
F_y/F_z	1.6～1.8	1.9～2.6	2.7～3.2

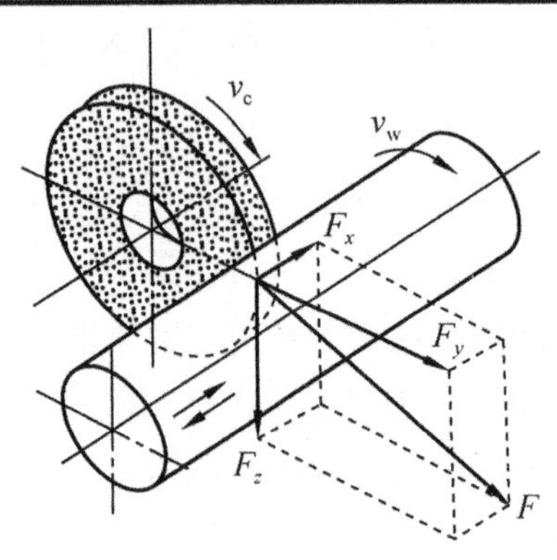

图 3.33　磨削力

虽然背向磨削力 F_y 不消耗功率，但它作用在工艺系统(机床—夹具—零件—刀具所组成的加工系统)刚度较差的方向上，容易使工艺系统产生变形，影响零件的加工精度。例如纵磨细长轴的外圆时，由于零件的弯曲而产生腰鼓形，如图 3.34 所示。进给磨削力 F_x 最小，一般可忽略不计。另外，由于工艺系统的变形，会使实际的背吃刀量比名义值小，这将增加磨削加工的走刀次数。一般在最后几次光磨走刀中，要少吃刀或不吃刀，以便逐步消除由于弹性变形而产生的加工误差，这就是常说的无进给有火花磨削。但是，这样将降低磨削加工的效率。

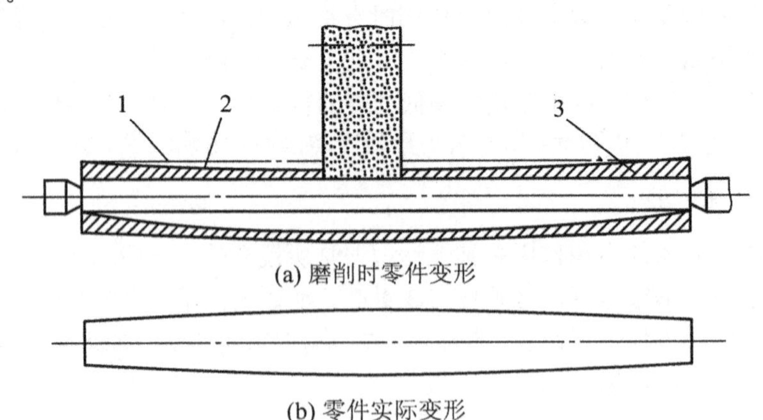

(a) 磨削时零件变形

(b) 零件实际变形

图 3.34　背向磨削力所引起的加工误差

1—变形前　2—变形后　3—被切除的金属层

4. 磨削温度高

磨削时的切削速度为一般切削加工的10～20倍。在这样高的切削速度下，加上磨粒多为负前角切削，挤压和摩擦较严重，磨削时滑擦、刻划和切削3个阶段所消耗的能量绝大部分转化为热量。又因为砂轮本身的传热性很差，大量的磨削热在短时间内传散不出去，在磨削区形成瞬时高温，有时高达800～1000℃，并且大部分磨削热将传入零件。

高的磨削温度容易烧伤零件表面，使淬火钢件表面退火，硬度降低，即使由于切削液的浇注可以降低切削温度，但又可能发生二次淬火，会在零件表层产生拉应力及显微裂纹，降低零件的表面质量和使用寿命。

高温下，零件材料将变软而容易堵塞砂轮，这不仅影响砂轮的耐用度，也影响零件的表面质量。

因此，在磨削过程中，应采用大量的切削液。磨削时加注切削液，除了冷却和润滑作用之外，还可以起到冲洗砂轮的作用。切削液将细碎的切屑以及碎裂或脱落的磨粒冲走，避免砂轮堵塞，可有效地提高零件的表面质量和砂轮的耐用度。

磨削钢件时，广泛应用的切削液是苏打水或乳化液。磨削铸铁、青铜等脆性材料时，一般不加切削液，而用吸尘器清除尘屑。

5. 表面变形强化和残余应力严重

磨削与刀具切削相比，磨削的表面变形强化层和残余应力层要浅得多，但危害程度却更为严重，对零件的加工工艺、加工精度和使用性能均有一定的影响。例如，磨削后的机床导轨面，刮削修整比较困难。残余应力使零件磨削后变形，丧失已获得的加工精度，还可导致细微裂纹，影响零件的疲劳强度。及时修整砂轮，施加充足的切削液，增加光磨次数，都可在一定程度上减少表面变形强化和残余应力。

3.5.4 磨削的应用及发展

磨削过去一般常用于半精加工和精加工，随着机械制造业的发展，磨床、砂轮、磨削工艺和冷却技术等都有了较大的改进，磨削已能经济地、高效地切除大量金属。又由于日益广泛地采用精密铸造、模锻、精密冷拔等先进的毛坯制造工艺，毛坯的加工余量较小，可不经车削、铣削等粗加工，直接利用磨削加工，达到较高的精度和表面质量要求。因此，磨削加工获得了越来越广泛的应用和迅速的发展，目前，在工业发达国家中磨床占机床总数的30%～40%，据推断，磨床所占比例今后还要增加。

磨削可以加工的零件材料范围很广，既可以加工铸铁、碳钢、合金钢等一般结构材料，也能够加工高硬度的淬硬钢、硬质合金、陶瓷和玻璃等难切削的材料。但是，磨削不宜精加工塑性较大的有色金属零件。

磨削可以加工外圆面、内孔、平面、成形面、螺纹和齿轮齿形等各种各样的表面，还常用于各种刀具的刃磨。

1. 外圆磨削

外圆磨削一般在普通外圆磨床或万能外圆磨床上进行。由于砂轮粒度及采用的磨削用量不同，磨削外圆的精度和表面粗糙度也不同。磨削可分为粗磨和精磨，粗磨外圆的尺寸精度可达公差等级IT8～IT7，表面粗糙度值 R_a 为1.6～0.8μm；精磨外圆的尺寸精度可达公差等级 IT6，表面粗糙度值 R_a 为 0.4～0.2μm 。

(1) 在外圆磨床上磨外圆。磨削时，轴类零件常用顶尖装夹，其方法与车削时基本相同，但磨床所用顶尖都是死顶尖，不随零件一起转动。盘套类零件则利用心轴和顶尖安装。磨削方法分为以下三种。

① 纵磨法如图 3.35(a)所示。磨削时砂轮高速旋转为主运动，零件旋转为圆周进给运动，零件随磨床工作台的往复直线运动为纵向进给运动。每一次往复行程终了时，砂轮作周期性的横向进给(磨削深度)。每次磨削深度很小，经多次横向进给磨去全部磨削余量。

由于每次磨削量小，所以磨削力小，产生的热量小，散热条件较好。同时，还可以利用最后几次无横向进给的光磨行程进行精磨，因此加工精度和表面质量较高。此外，纵磨法具有较大的适应性，可以用一个砂轮加工不同长度的零件。但是，它的生产效率较低，广泛用于单件、小批量生产及精磨，特别适用于细长轴的磨削。

② 横磨法如图 3.35(b)所示。又称切入磨法，零件不作纵向往复运动，而由砂轮作慢速连续的横向进给运动，直至磨去全部磨削余量。

横磨法生产率高，但由于砂轮与零件接触面积大，磨削力较大，发热量多，磨削温度高，零件易发生变形和烧伤。同时砂轮的修正精度以及磨钝情况，均直接影响到零件的尺寸精度和形状精度。所以横磨法适用于成批及大量生产中，加工精度较低、刚性较好的零件。尤其是零件上的成形表面，只要将砂轮修整成形，就可直接磨出，较为简便。

③ 深磨法如图 3.35(c)所示。磨削时用较小的纵向进给量(一般取 2～1mm/r)、较大的背吃刀量(一般为 0.35～0.1mm)，在一次行程中磨去全部余量，生产率较高。需要把砂轮前端修整成锥面进行粗磨，直径大的圆柱部分起精磨和修光作用，应修整得精细一些。深磨法只适用于大批大量生产中加工刚度较大的短轴。

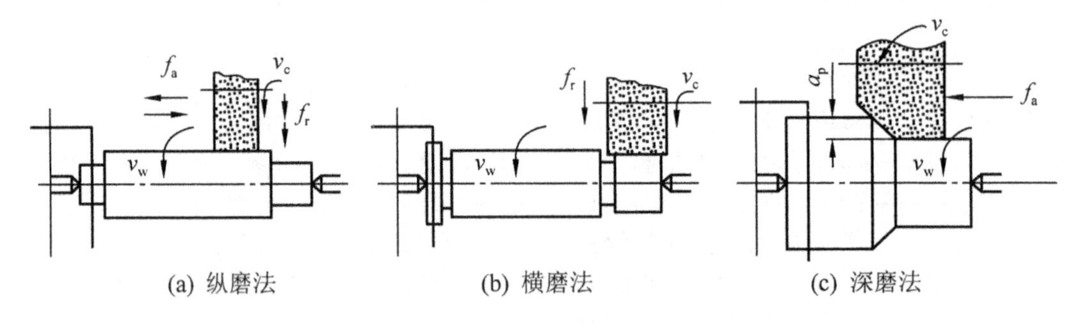

(a) 纵磨法　　(b) 横磨法　　(c) 深磨法

图 3.35　磨外圆

(2) 在无心外圆磨床上磨外圆，如图 3.36 所示。无心外圆磨削是一种生产率很高的精加工方法。磨削时，零件置于磨轮和导轮之间，下方靠托板支承，由于不用顶尖支承，所以称为无心磨削。零件以外圆柱面自身定位，其中心略高于磨轮和导轮中心连线。磨轮以一般的磨削速度($v_{轮}$= 30～40m/s)旋转，导轮以较低的速度同向旋转(v_c=0.16～0.5m/s)。由于导轮是用橡胶结合剂做的，磨粒较粗，零件与导轮之间的摩擦较大，所以零件由导轮带动旋转。导轮轴线相对于零件轴线倾斜一定角度(α =1°～5°)，故导轮与零件接触点的线速度可以分解为两个分量 $v_{w\tau}$ 和 v_{wa} 。$v_{w\tau}$ 为零件旋转速度，即圆周进给速度，v_{wa} 为零件轴向移动速度，即纵向进给速度，v_{wa} 使零件沿轴向作自动进给。导轮倾斜 α 角后，为了使导轮表面与零件表面仍能保持线接触，导轮的外形应修整成单叶双曲面。无心外圆磨削时，零

件两端不需预先打中心孔，安装也较方便；并且机床调整好之后，可连续进行加工，易于实现自动化，生产效率较高。零件被夹持在磨轮与导轮之间，不会因背向磨削力而被顶弯，有利于保证零件的直线度，尤其是对于细长轴类零件的磨削，优点更为突出。但是，无心外圆磨削要求零件的外圆面在圆周上必须是连续的，如果圆柱表面上有较长的键槽或平面等，导轮将无法带动零件连续旋转，故不能磨削。又因为零件被托在托板上，依靠本身的外圆面定位，若磨削带孔的零件，则不能保证外圆面与孔的同轴度。另外，无心外圆磨床的调整比较复杂。因此，无心外圆磨削主要适用于大批大量生产销轴类零件，特别适合于磨削细长的光轴。

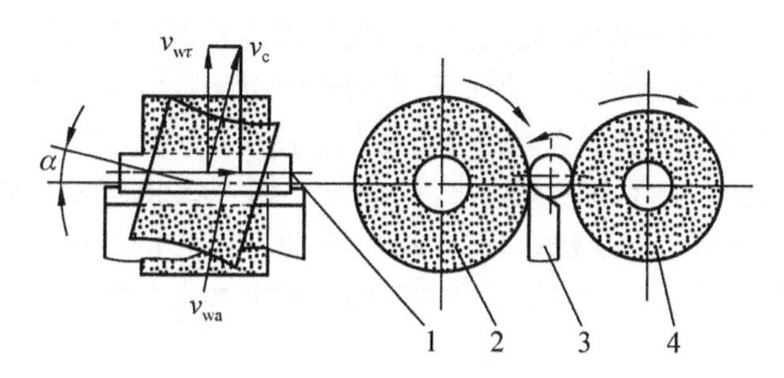

图 3.36 无心外圆磨削示意

1—零件 2—磨轮 3—托板 4—导轮

2. 孔的磨削

磨孔是用高速旋转的砂轮精加工孔的方法。其尺寸公差等级可达 IT7，表面粗糙度值 R_a 为 1.6～0.4μm。孔的磨削可以在内圆磨床上进行，也可以在万能外圆磨床上进行。磨孔时(图 3.37)，砂轮旋转为主运动，零件低速旋转为圆周进给运动(其旋转方向与砂轮旋转方向相反)；砂轮直线往复为轴向进给运动；切深运动为砂轮周期性的径向进给运动。

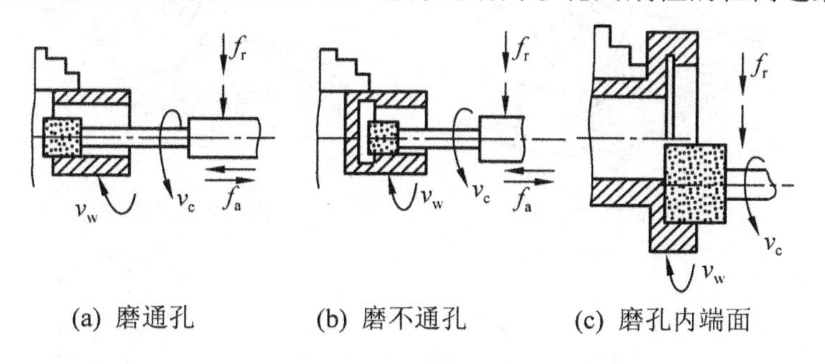

(a) 磨通孔 (b) 磨不通孔 (c) 磨孔内端面

图 3.37 磨孔示意

(1) 孔的磨削方法。与外圆磨削类似，内圆磨削也可以分为纵磨法和横磨法。横磨法仅适用于磨削短孔及内成形面。鉴于磨内孔时受孔径限制，砂轮轴比较细，刚性较差，所以多数情况下采用纵磨法。

在内圆磨床上，可磨通孔、磨不通孔，如图 3.37(a)、(b)所示。还可在一次装夹中同时磨出内孔的端面，如图 3.37(c)所示，以保证孔与端面的垂直度和端面圆跳动公差的要求。在外圆磨床上，除可磨孔、端面外，还可在一次装夹中磨出外圆，以保证孔与外圆的同轴度公差的要求。若要磨圆锥孔，只需将磨床的头架在水平方向偏转半个锥角即可。

(2) 磨孔与铰孔或拉孔比较有如下特点。

① 可磨削淬硬的零件孔，这是磨孔的最大优势。

② 不仅能保证孔本身的尺寸精度和表面质量，还可以提高孔的位置精度和轴线的直线度。

③ 用同一个砂轮可以磨削不同直径的孔，灵活性较大。

④ 生产率比铰孔低，比拉孔更低。

(3) 磨孔与磨外圆比较有如下特点。

① 表面粗糙度较大。由于磨孔时砂轮直径受零件孔径限制，一般较小，磨头转速又不可能太高(一般低于 20 000r/min)，故磨削时砂轮线速度较磨外圆时低。加上砂轮与零件接触面积大，切削液不易进入磨削区，所以磨孔的表面粗糙度值 R_a 较磨外圆时大。

② 生产率较低。磨孔时，砂轮轴悬伸长且细，刚度很差，不宜采用较大的背吃刀量和进给量，故生产率较低。由于砂轮直径小，为维持一定的磨削速度，转速要高，增加了单位时间内磨粒的切削次数，磨损快；磨削力小，降低了砂轮的自锐性，且易堵塞。因此，需要经常修整砂轮和更换砂轮，增加了辅助时间，使磨孔生产率进一步降低。

3. 平面磨削

平面磨削是在铣、刨基础上的精加工。经磨削后平面的尺寸精度可达公差等级 IT6～IT5，表面粗糙度值 R_a 达 0.8～0.2μm。

平面磨削的机床，常用的有卧轴、立轴矩台平面磨床和卧轴、立轴圆台平面磨床，其主运动都是砂轮的高速旋转，进给运动是砂轮、工作台的移动，如图 3.38 所示。

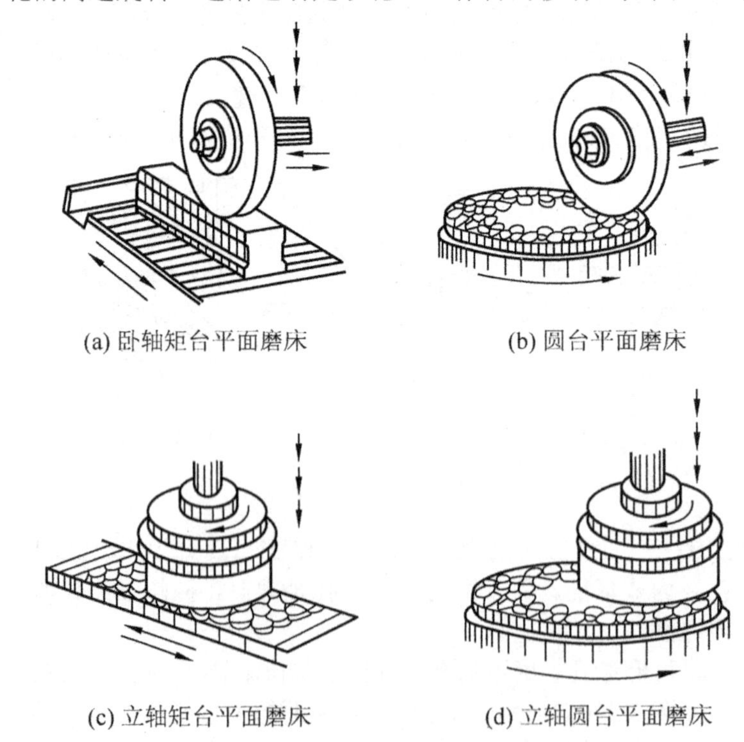

(a) 卧轴矩台平面磨床　(b) 圆台平面磨床

(c) 立轴矩台平面磨床　(d) 立轴圆台平面磨床

图 3.38　平面磨床及其磨削运动

与平面铣削类似，平面磨削可以分为周磨和端磨两种方式。周磨是在卧轴平面磨床上利用砂轮的外圆面进行磨削，如图 3.38(a)、(b)所示，周磨时砂轮与零件的接触面积小，磨削力小，磨削热少，散热、冷却和排屑条件好，砂轮磨损均匀，所以能获得高的精度和低的表面粗糙度，常用于各种批量生产中对中、小型零件的精加工。端磨则是在立轴平面磨床上利用砂轮的端面进行磨削，如图 3.38(c)、(d)所示，端磨平面时砂轮与零件的接触面积大，磨削力大，磨削热多，散热、冷却和排屑条件差，砂轮端面沿径向各点圆周速度不同，砂轮磨损不均匀，所以端磨精度不如周磨，但是，端磨磨头悬伸长度较短，又垂直于工作台面，承受的主要是轴向力，刚度好，加之这种磨床功率较大，故可采用较大的磨削用量，生产率较高，常用于大批量生产中代替铣削和刨削进行粗加工。

磨削铁磁性零件(钢、铸铁等)时，多利用电磁吸盘将零件吸住，装卸很方便。对于某些不允许带有磁性的零件，磨完平面后应进行退磁处理。因此，平面磨床附有退磁器，可以方便地将零件的磁性退掉。

4. 磨削发展简介

近年来，磨削正朝着高精度低粗糙度磨削、高效磨削和砂带磨削方向发展。

(1) 高精度低粗糙度磨削。它包括精密磨削(R_a为 0.1～0.05μm)、超精磨削(R_a为 0.025～0.012μm)和镜面磨削(R_a 为 0.008μm 以下)，可以代替研磨加工，以便节省工时和减轻劳动强度。

高精度低粗糙度磨削必须在刚度好的高精度磨床上进行。砂轮和头架主轴应具有很高的回转精度，工作台的纵向进给速度在不超过 10mm/min 时应能平稳移动而无爬行，横向进给机构能精确保证 0.002m/s 的微量进给。此外，还要合理地选用工艺参数，对所用砂轮要经过精细修整，以保证砂轮表面的磨粒具有等高性很好的微刃。磨削时，磨粒的微刃在零件表面上切下微细切屑，同时在适当的磨削压力下，借助半钝状态的微刃，对零件表面产生摩擦抛光作用，从而获得高的精度和低的表面粗糙度。

(2) 高效磨削。包括高速磨削和缓进给大切深磨削，主要目标是提高生产效率。

高速磨削是指磨削速度 v_c(即砂轮线速度 v_s)≥50m/s 的磨削加工，即使维持与普通磨削相同的进给量，也会因提高零件速度而增加金属切削率，使生产率提高。由于磨削速度高，单位时间内通过磨削区的磨粒数增多，每个磨粒的切削层厚度将变薄，切削负荷减小，砂轮的耐用度可显著提高。由于每个磨粒的切削层厚度小，零件表面的残留磨痕变浅，并且高速磨削时磨粒刻划作用所形成的隆起高度也小，因此磨削表面的粗糙度较小。高速磨削的背向力 F_p 将相应减小，工件不易变形，磨削精度提高，砂轮的使用寿命也随之增大。

缓进给大切深磨削又称深磨和蠕动磨削，是一种以大的背吃刀量(一次磨削深度达30mm)和缓进给速度(零件的横向进给速度为 5～300mm/min)的高效磨削方法。可以代替车削或铣削，直接把铸件或锻件磨成合格的零件，具有生产率高、加工成本低等特点。

缓进给磨削时，砂轮与工件边缘的接触次数少，受冲击机会较一般往复磨削少，可以延长砂轮的使用寿命并保持其廓形精度。它特别适合于成形表面及各种沟槽的磨削，也适合于耐热合金等难加工材料。

缓进给磨削时的缺点是易引起工件烧伤。这主要是由于砂轮与工件接触弧长度大，磨削液难以进入接触区而造成的。因此在选择砂轮时应选用软级或超软级、粗颗粒、大气孔砂轮，并应选用冷却效果较好的磨削液，采用高压大流量的方式，将磨削液注入磨削区。

缓进给深磨用磨床应有足够大的功率，砂轮轴的刚性应足够强，机床进给系统还应采用滚珠丝杠螺母机构，以有效的实施缓进给。

(3) 砂带磨削。它是用砂带代替砂轮的一种磨削方式，是20世纪60年代后出现的一种新的高效磨削方法。

砂带磨床由砂带、接触轮、张紧轮、支承板和工作台等基本部件组成。图3.39所示为砂带平面磨削示意图，环形砂带安装在接触轮和张紧轮上，并在接触轮的带动下高速旋转，这是砂轮磨削的主运动；工件由传送带向前输送实现进给运动。

砂带是在柔韧性的基体(布料、纸或化纤织物)上，用粘接剂(动物胶或合成树脂)牢固地粘接了一层粒度十分均匀的磨料而成。采用静电植砂法可使每颗磨粒垂直地粘附在基体上，并能保持间距均匀和良好的等高性，见图3.40所示。

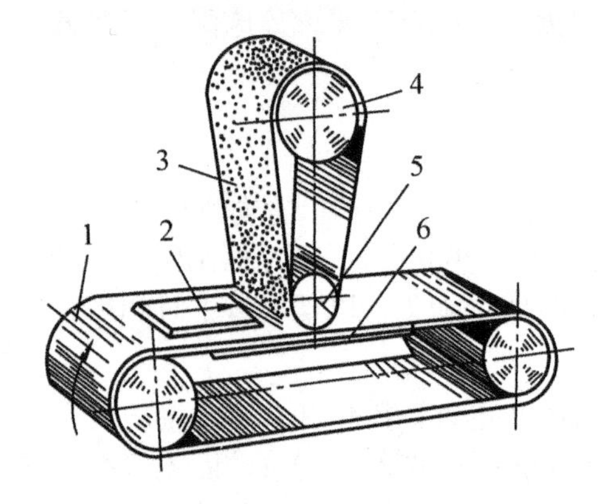

图3.39　砂带磨削

1—传送带　2—零件　3—砂带　4—张紧轮
5—接触轮　6—支承板

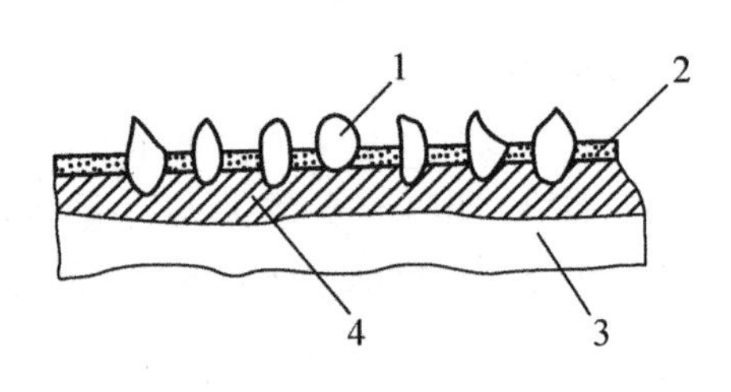

图3.40　标准砂带结构

1—磨粒　2—表层粘接剂　3—基体
4—底层粘接剂

砂带回转为主运动，零件由传送带带动作进给运动，零件经过支承板上方的磨削区，即完成加工。砂带磨削设备简单，操作方便，磨削效率高；砂带磨削散热性好，零件不易烧伤，表面质量高；砂带具有一定的柔韧性，能加工外圆、内孔、平面和各种复杂的成形表面。由于砂带与工件是弹性接触，且不能修整，故磨削精度比砂轮磨削低。砂带磨具有很强的适应性，因而成为磨削加工的发展方向之一，其应用范围越来越广。目前，工业发达国家的磨削加工中，估计约有1/3左右为砂带磨削，今后它所占的比例还会增大。

小　　结

本章以常用的加工方法为主线，介绍了车削、钻削、镗削、刨削、拉削、铣削和磨削等传统切削加工方法的工艺特点及应用。本章内容是机械加工的基础，也是“教学基本要求”要求学生应掌握的基本内容。学生学习要理论联系实际，多做练习，以取得良好的教学效果。学习本章内容时，可参阅一些其他参考文献，如邓文英主编的《金属工艺学》(下册第四版)、严霖元主编的《机械制造基础》及相关机械制造方面的教材和期刊。

习　　题

1. 加工要求精度高、表面粗糙度值小的纯铜或铝合金轴的外圆时，应选用哪种加工方法？

2. 一般情况下，车削的切削过程为什么比刨削、铣削等平稳？对加工有何影响？

3. 车削适于加工哪些表面？为什么？

4. 卧式车床、立式车床、转塔车床和自动车床各适用于什么场合？加工何种零件？

5. 磨孔和磨平面时，由于背向力的作用，可能产生什么样的形状误差？为什么？

6. 磨削为什么能达到较高的精度和较小的表面粗糙度值？

7. 无心外圆磨的导轮轴线为什么要与工作砂轮轴线斜交α角？导轮周面的母线为什么是双曲线？零件的纵向进给速度如何调整？

8. 超精加工的加工原理、工艺特点和应用场合有哪些不同？

9. 何谓周铣和端铣？为什么在大批量生产中常采用端铣而不用周铣？

10. 用无心磨法磨削带孔零件的外圆面，为什么不能保证它们之间同轴度的要求？

11. 扩孔、铰孔为什么能达到较高的精度和较小的表面粗糙度值？

12. 镗床镗孔与车床镗孔有何不同？各适用于什么场合？

13. 若用周铣法铣削带黑皮铸件或锻件上的平面，为减少刀具磨损，应采用顺铣还是逆铣？为什么？

14. 拉孔为什么无需精确的预加工？拉削能否保持孔与外圆的同轴度要求？

15. 内圆磨削的精度和生产率为什么低于外圆磨削，表面粗糙度R_a值为什么也略大于外圆磨削？

16. 为什么刨削、铣削只能得到中等精度和较大的表面粗糙度R_a值？

17. 插削适合于加工什么表面？

18. 用周铣法铣平面，从理论上分析，顺铣比逆铣有哪些优点？实际生产中，目前多采用哪种铣削方式？为什么？

第 4 章

精密加工和特种加工简介

教学提示

随着现代科学技术的迅猛发展，国防、航天、电子、机械等工业部门，要求产品向高精度、高速度、大功率、耐高温、耐高压、小型化等方向发展，产品工件所使用的材料越来越难加工，形状和结构越来越复杂，要求精度越来越高，表面粗糙度越来越小，普通的加工方法已不能满足其需要，人们便研究和开发了一些精密和特种加工技术。本章仅简要地介绍它们当中常用的几种。

教学要求

通过本章的学习，要求学生了解常见的几种精密与特种加工方法，了解其加工机理、特点及其工程应用。

4.1 精密和光整加工

精密加工是指加工精度和表面质量达到极高程度的加工工艺，一般加工精度为 0.1～1μm，加工表明粗糙度 R_a 在 0.02～0.1μm，通常包括精密切削加工和精密磨削加工。光整加工是采用颗粒很细的磨料对加工表面作微量切削和挤压、擦研、抛光的工艺加工方法。

4.1.1 研磨

1. 加工原理

研磨加工的工作机理是利用附着或压嵌在研具表面上的游离磨粒，及研具与工件之间的微小磨粒，借助于研具与工件之间的相对运动，对工件表面作轻微的切削，以获得精确的尺寸精度和表面粗糙度很小的加工面。图 4.1 为其工作原理图。

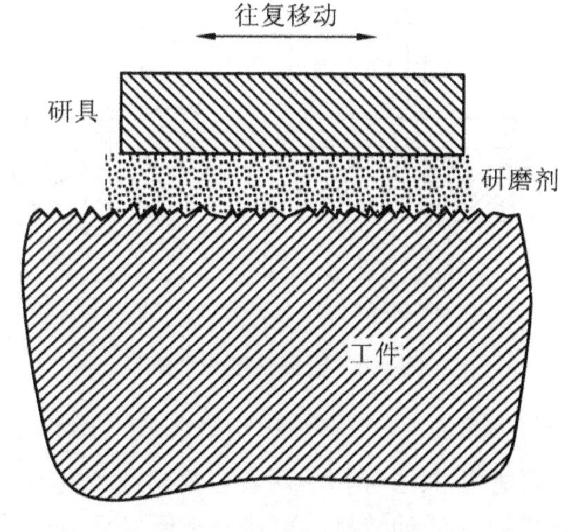

图 4.1 研磨加工原理图

研具的材料应比工件材料软，以便部分磨粒在研磨过程中能嵌入研具表面，起滑动切削作用。大部分磨粒悬浮于磨具与工件之间，起滚动切削作用。研具可以用铸铁、软钢、黄铜、塑料或硬木制造，但最常用的是铸铁研具。因此它适于加工各种材料，并能较好地保证研磨质量和生产效率，成本也比较低。

研磨剂由磨料、研磨液和辅助填料等混合而成，有液态、膏状和固态 3 种，以适应不同加工的需要。磨料主要起机械切削作用，是由游离分散的磨粒作自由滑动、滚动和冲击来完成的。常用的磨粒有刚玉、碳化硅等。研磨液主要起冷却和润滑作用，并能使磨粒均匀地分布在研具表面。常用的研磨液有煤油、汽油、全损耗系统用油(俗称机油)等。辅助填料可以使金属表面产生极薄的、较软的化合物膜，以便工件表面凸峰容易被磨粒切除，提高研磨效率和表面质量。最常用的辅助填料是硬脂酸、油酸等化学活性物质。

研磨方法分手工研磨和机械研磨两种。

(1) 手工研磨是人手持研具或工件进行研磨的方法，如图 4.2 所示，所用研具为研磨环。研磨时，将弹性研磨环套在工件上，并在研磨环与工件之间涂上研磨剂，调整螺钉使研磨环对工件表面形成一定的压力。工件装夹在前后顶尖上，作低速回转(20～30m/min)，同时手握研磨环作轴向往复运动，并经常检测工件，直至合格为止。手工研磨生产率低，只适用于单件小批量生产。

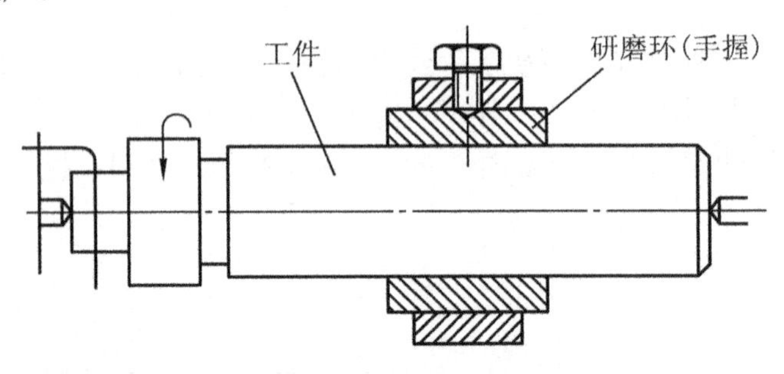

图 4.2 手工研磨外圆

(2) 机械研磨是在研磨机上进行，图 4.3 所示为研磨小件外圆用研磨机的工作示意图。

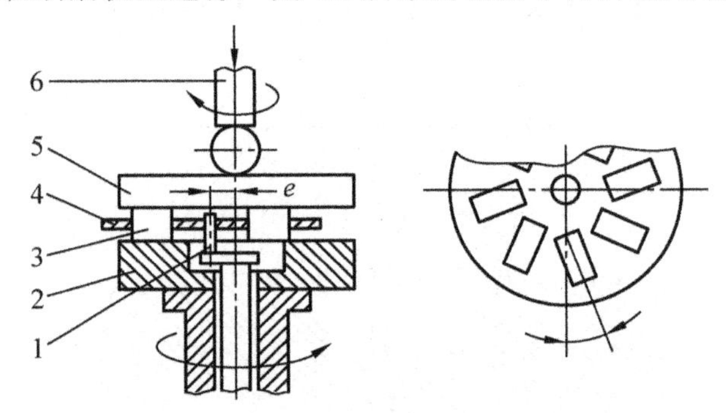

图 4.3 研磨机工作示意

1—偏心轴 2—下研磨盘 3—工件 4—分隔盘 5—上研磨盘 6—悬臂轴

研具由上下两块铸铁研磨盘 5、2 组成，两者可同向或反向旋转。下研磨盘与机床转轴刚性连接，上研磨盘与悬臂轴 6 活动铰接，可按照下研磨盘自动调位，以保证压力均匀。在上下研磨盘之间有一个与偏心轴 1 相连的分隔盘 4，其上开有安装工件的长槽，槽与分隔盘径向倾斜角为γ。当研磨盘转动时，分隔盘由偏心轴带动作偏心旋转，工件 3 既可以在槽内自由转动，又可因分隔盘的偏心而作轴向滑动，因而其表面形成网状轨迹，从而保证从工件表面切除均匀的加工余量。悬臂轴可向两边摆动，以便装夹工件。机械研磨生产率高，适合大批大量生产。

2. 研磨的特点及应用

研磨具有如下特点。

(1) 加工简单，不需要复杂设备。研磨除可在专门的研磨机上进行外，还可以在简单改装的车床、钻床等上面进行，设备和研具皆较简单，成本低。

(2) 研磨质量高。研磨过程中金属塑性变形小，切削力小、切削热少，表面变形层薄，切削运动复杂，因此，可以达到很高的尺寸精度、形状精度和较小的表面粗糙度，但不能纠正工件各表面间的位置误差。若研具精度足够高，经精细研磨，加工后表面的尺寸误差和形状误差可以小到 0.1～0.3μm，表面粗糙度 R_a 值可达 0.025μm 以下。

(3) 生产率较低。研磨对工件进行的是微量切削，前道工序为研磨留的余量一般不超过 0.01～0.03mm。

(4) 研磨工件的材料广泛。可研磨加工钢件、铸铁件、铜、铝等有色金属件和高硬度的淬火钢件、硬质合金及半导体元件、陶瓷元件等。

(5) 工艺参数：研磨压力(粗研为 15～30N/cm^2，精研为 3～10N/cm^2)；研磨速度(粗研为 40～50m/min，精研为 6～12m/min)。

研磨应用很广，常见的表面如平面、圆柱面、圆锥面、螺纹表面、齿轮齿面等，都可以用研磨进行精整加工。精密配合偶件如柱塞泵的柱塞与泵体、阀心与阀套等，往往要经过两个配合件的配研才能达到要求。

4.1.2 珩磨

1. 加工原理

珩磨是利用带有磨条(由几条粒度很细的磨条组成)的珩磨头对孔进行精整加工的方法。图 4.4(a)所示为珩磨加工示意图，珩磨时，珩磨头上的油石以一定的压力压在被加工表面上，由机床主轴带动珩磨头旋转并沿轴向作往复运动(工件固定不动)。在相对运动的过程中，磨条从工件表面切除一层极薄的金属，加之磨条在工件表面上的切削轨迹是交叉而不重复的网纹，如图 4.4(b)所示，故珩磨精度可达 IT7～IT5 以上，表面粗糙度 R_a 值为 0.008～0.1μm。

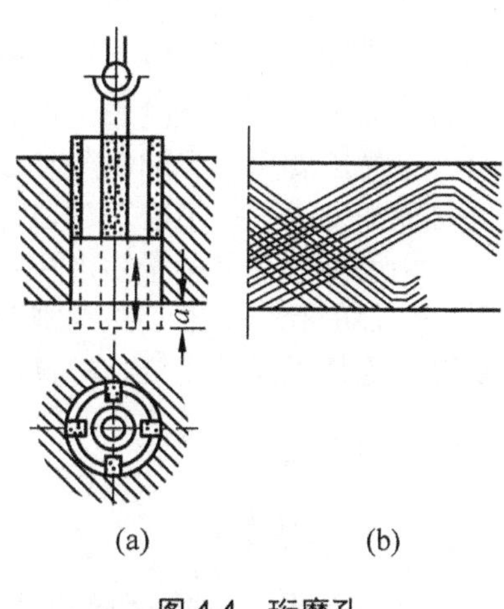

图 4.4 珩磨孔

图 4.5 所示为一种结构比较简单的珩磨头，磨条用粘接剂与磨条座固结在一起，并装在本体的槽中，磨条两端用弹簧圈箍住。旋转调节螺母，通过调节锥和顶销，可使磨条胀开，以便调整珩磨头的工作尺寸及磨条对孔壁的工作压力。为了能使加工顺利进行，本体必须通过浮动联轴节与机床主轴连接。

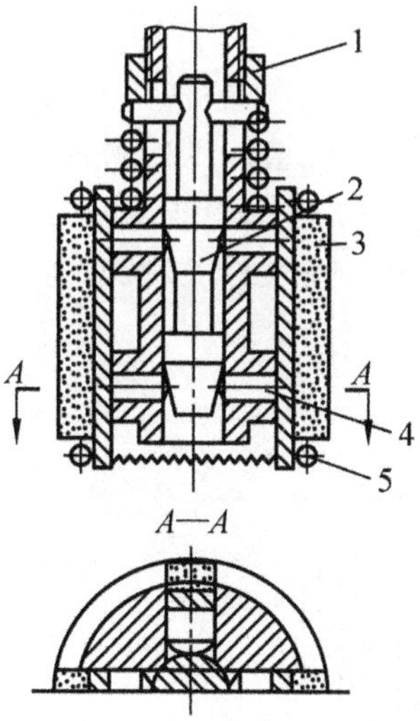

图 4.5 珩磨头

1—调节螺母 2—调节锥 3—磨条 4—顶块 5—弹簧箍

为了及时地排出切屑和切削热，降低切削温度和减少表面粗糙度，珩磨时要浇注充分的珩磨液。珩磨铸铁和钢件时通常用煤油加少量机油或锭子油(10%～20%)作珩磨液；珩磨青铜等脆性材料时，可以用水剂珩磨液。

磨条材料依工件材料选取。加工钢件时，磨条一般选用氧化铝；加工铸铁、不锈钢和有色金属时，磨条材料一般选用碳化硅。

在大批量生产中，珩磨在专门的珩磨机上进行。机床的工作循环常是自动化的，主轴旋转是机械传动，而其轴向往复运动是液压传动。珩磨头磨条与孔壁之间的工作压力由机床液压装置调节。在单件小批生产中，常将立式钻床或卧式车床进行适当改装，来完成珩磨加工。

2. 珩磨的特点及应用

珩磨具有如下特点。

(1) 生产率较高。珩磨时多个磨条同时工作，又是面接触，同时参加切削的磨粒较多，并且经常连续变化切削方向，能较长时间保持磨粒刃口锋利。珩磨余量比研磨大，一般珩磨铸铁时为0.02～0.15mm，珩磨钢件时为0.005～0.08mm。

(2) 精度高。珩磨可提高孔的表面质量、尺寸和形状精度，但不能纠正孔的位置误差。这是由于珩磨头与机床主轴是浮动连接所致。因此，在珩磨孔的前道精加工工序中，必须保证其位置精度。

(3) 珩磨表面耐磨损。由于已加工表面有交叉网纹，利于油膜形成，润滑性能好，磨损慢。

(4) 珩磨头结构较复杂，刚性好，与机床主轴浮动连接，珩磨时需用以煤油为主的冷却液。

(5) 工艺参数：网纹交叉角(淬火钢8°～11°、铸铁7°～26°)；圆周线速度$v_{圆}$(淬火钢22～36m/min、铸铁60～70m/min)；等压径向进给控制单位压力(10～200N/cm^2)；等速径向进给量f_r(钢0.1～1.25μm/(r/m)、铸铁0.5～2.7μm/(r/m))；磨条数量和宽度由工件表面直径而定；磨条长度由工件长度而定。

珩磨主要用于孔的精整加工，加工范围很广，能加工直径为5～500mm或更大的孔，并且能加工深孔。珩磨还可以加工外圆、平面、球面和齿面等。

珩磨不仅在大批量生产中应用极为普遍，而且在单件小批生产中应用也较广泛。对于某些工件的孔，珩磨已成为典型的精整加工方法，例如，飞机、汽车等的发动机的汽缸、缸套、连杆以及液压缸、枪筒、炮筒等。

4.1.3 超级光磨

1. 加工原理

超级光磨是用细磨粒的磨具(油石)对工件施加很小的压力进行光整加工的方法。如图4.6所示为超级光磨加工外圆的示意图。加工时，工件旋转(一般工件圆周线速度为6～30m/min)，磨具以恒力轻压于工件表面，作轴向进给的同时作轴向微小振动(一般振幅为1～6mm，频率为5～50Hz)，从而对工件微观不平的表面进行光磨。

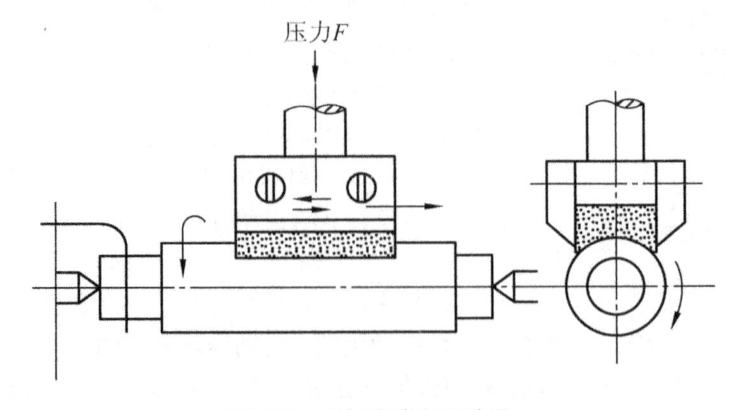

图4.6 超级光磨加工外圆

加工过程中，在油石和工件之间注入光磨液(一般为煤油加锭子油)，一方面为了冷却、润滑及清除切屑等，另一方面为了形成油膜，以便自动终止切削作用。当油石最初与比较粗糙的工件表面接触时，虽然压力不大，但由于实际接触面积小，压强较大，油石与工件表面之间不能形成完整的油膜，如图 4.7(a)所示，加之切削方向经常变化，油石的自锐作用较好，切削作用较强。随着工件表面被逐渐磨平，以及细微切屑等嵌入油石空隙，使油石表面逐渐平滑，油石与工件接触面积逐渐增大，压强逐渐减小，油石和工件表面之间逐渐形成完整的润滑油膜，如图 4.7(b)所示，切削作用逐渐减弱，经过光整抛光阶段，最后便自动停止切削作用。

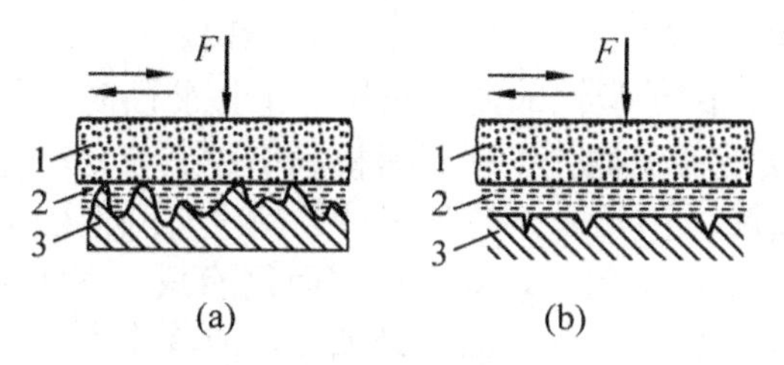

图 4.7 超级光磨加工过程

1—油石 2—油膜 3—工件

当平滑的油石表面再一次与待加工的工件表面接触时，较粗糙的工件表面将破坏油石表面平滑而完整的油膜，使磨削过程重新再一次进行。

2. 超级光磨的特点及应用

超级光磨具有如下特点。

(1) 设备简单，操作方便。超级光磨可以在专门的机床上进行，也可以在适当改装的通用机床(如卧式车床等)上进行，利用不太复杂的超精加工磨头进行。一般情况下，超级光磨设备的自动化程度较高，但操作简便，对工人的技术水平要求不高。

(2) 加工余量极小。由于油石与工件之间无刚性的运动联系，油石切除金属的能力较弱，只留有 3～10μm 的加工余量。

(3) 生产率较高。因为超级光磨只是切去工件表面的微观凸峰，加工过程所需时间很短，一般约为 30～60s。

(4) 表面质量好。由于油石运动轨迹复杂，加工过程是由切削作用过渡到光整抛光，表面粗糙度很小(R_a<0.012μm)，并具有复杂的交叉网纹，利于储存润滑油，加工后表面的耐磨性较好。但不能提高其尺寸精度和形位精度，工件所要求的尺寸精度和形位精度必须由前道工序保证。

超级光磨的应用也很广泛，如汽车和内燃机工件、轴承、精密量具等小粗糙度表面常用超级光磨作光整加工。它不仅能加工轴类工件的外圆柱面，而且还能加工圆锥面、孔、平面和球面等。

4.1.4 抛光

1. 加工原理

抛光是在高速旋转的抛光轮上涂以抛光膏，对工件表面进行光整加工的方法。抛光轮一般是用毛毡、橡胶、皮革、棉制品或压制纸板等材料叠制而成，是具有一定弹性的软轮。

抛光膏由磨料(氧化铬、氧化铁等)和油酸、软脂等配制而成。

抛光时，将工件压于高速旋转的抛光轮上，在抛光膏介质的作用下，金属表面产生的一层极薄的软膜，可以用比工件材料软的磨料切除，而不会在工件表面留下划痕。加之高速摩擦，使工件表面出现高温，表层材料被挤压而发生塑性流动，这样可填平表面原来的微观不平，获得很光亮的表面(呈镜面状)。

2. 抛光特点及应用

抛光具有如下特点。

(1) 方法简单、成本低。抛光一般不用复杂、特殊设备，加工方法较简单，成本低。

(2) 适宜曲面的加工。由于弹性的抛光轮压于工件曲面时，能随工件曲面而变化，也即与曲面相吻合，容易实现曲面抛光，便于对模具型腔进行光整加工。

(3) 不能提高加工精度。由于抛光轮与工件之间没有刚性的运动联系，抛光轮又有弹性，因此不能保证从工件表面均匀地切除材料，而只能减小表面粗糙度值，不能提高加工精度。所以，抛光仅限于某些制品的表面装饰加工，或者作为产品电镀前的预加工。

(4) 劳动条件较差。抛光目前多为手工操作，工作繁重，飞溅的磨粒、介质、微屑污染环境，劳动条件较差。为改善劳动条件，可采用砂带磨床进行抛光，以代替用抛光轮的手工抛光。

综上所述，研磨、珩磨、超级光磨和抛光所起的作用是不同的，抛光仅能提高工件表面的光亮程度，而对工件表面粗糙度的改善并无益处。超级光磨仅能减小工件的表面粗糙度，而不能提高其尺寸和形状精度。研磨和珩磨则不但可以减小工件表面的粗糙度，也可以在一定程度上提高其尺寸和形状精度。

从应用范围来看，研磨、珩磨、超级光磨和抛光都可以用来加工各种各样的表面，但珩磨则主要用于孔的精整加工。

从所用工具和设备来看，抛光最简单，研磨和超级光磨稍复杂，而珩磨则较为复杂。

实际生产中常根据工件的形状、尺寸和表面的要求，以及批量大小和生产条件等，选用合适的精密加工或光整加工方法。

4.1.5 超精密加工概述

1. 超精密加工的概念和分类

由于科学技术的发展，一些仪器设备工件所要求的精度和表面质量大为提高。例如计算机的磁盘、导航仪的球面轴承、激光器的激励腔等，其精度要求很高，表面粗糙度 R_a 值要求很低，用一般的精密加工难以达到要求。为了解决这类工件的加工问题，发展了超精密加工。

精密加工和超精密加工是指加工精度和表面质量达到极高精度的加工工艺。在不同制造业发展时期，其技术指标有所不同。如20世纪60年代，一般加工精度为100μm，精密加工精度为1μm，超精密加工精度为0.1μm；20世纪90年代，一般加工精度为5μm，精密加工精度为0.05μm，超精密加工精度为0.005μm；21世纪初，一般加工精度为1μm，精密加工精度为0.01μm，超精密加工精度为0.001μm (1nm)。一般加工、精密加工和超精密加工的界限将随着科学技术的进步而逐渐向前推进，过去的精密加工对今天来说已是一

般加工。当代的精密工程、微细工程和纳米技术是现代制造技术的前沿，也是明天技术的基础。

根据所用的工具不同，超精密加工可以分为超精密切削、超精密磨削和超精密研磨等。

(1) 超精密切削。是指用单晶金刚石刀具进行的超精密加工。因为很多精密工件是用有色金属制成的，难以采用超精密磨削加工，所以只能运用超精密切削加工。例如，用金刚石刀具精密切削高密度硬磁盘的铝合金基片，表面粗糙度 R_a 可达 0.003μm，平面度可达 0.2μm。

(2) 超精密磨削。是指用精细修整过的砂轮或砂带进行的超精密加工。它是利用大量等高的磨粒微刃，从工件表面切除一层极微薄的材料，来达到超精密加工的目的。它的生产率比一般超精密切削高，尤其是砂带磨削，生产率更高。

(3) 超精密研磨。一般是指在恒温的研磨液中进行研磨的方法。由于抑制了研具和工件的热变形，并防止了尘埃和大颗粒磨料混入研磨区，所以达到很高的精度(误差在 0.1 μm 以下)和很小的表面粗糙度(R_a<0.025μm)。

2. 金刚石刀具超精密切削机理

一般来讲，超精密加工切屑极薄，当背吃刀量小于 1μm时，背吃刀量可能小于工件材料晶粒的尺寸，切削就可能在晶粒内进行，这样切削力一定要超过晶粒内部非常大的原子结合力才能进行切削。因此，刀具上的切削应力就会非常大，刀具的切削刃必须能够承受这个巨大的切削应力和由此产生的巨大切削热，这对于一般的刀具或磨粒材料是难以承受的。金刚石刀具不仅具有很高的高温强度和高温硬度，而且由于金刚石材料本身质地细密，经过精细研磨，切削刃钝圆半径可达 0.005～0.02μm，而且切削刃平刃性可以加工得很好，表面粗糙度可以很低，因此能够进行 R_a 为 0.008～0.05μm的镜面切削，达到比较理想的效果。

3. 超精密加工的基本条件

超精密加工的核心，是切除微米级以下极微薄的材料。为了较好地解决这一问题，机床设备、刀具、工件、环境和检验等方面，应具备如下基本条件。

1) 高精密机床

超精密加工的机床应具有如下基本条件。

(1) 可靠的微量进给装置。一般精密机床，其机械的或液压的微量进给机构很难达到 1 μm 以下的微量进给要求。目前进行超精密加工的机床，常采用弹性变形、热变形或压电晶体变形等的微量进给装置。

(2) 主轴的回转精度高。在进行极微量切削或磨削时，主轴回转精度的影响是很大的。例如进行超精密加工的车床，其主轴的径向和轴向跳动允差应小于 0.12～0.15μm。这样高的回转精度，目前常用液体或空气静压轴承来达到。

(3) 低速运行特性好的工作台。超精密切削或超精密磨削修整砂轮时，工作台的运动速度都应在 10～20mm/min 左右或更小，在这样低的速度下运行，很容易产生“爬行”(即不均匀的窜动)，这是超精密加工绝不允许的，目前防止爬行的主要措施是选用防爬行导轨油、采用聚四氟乙烯导轨面黏敷板和液体静压导轨等。

(4) 较高的抗振性和热稳定性等。

2) 刀具或磨具

无论是超精密切削还是超精密磨削，为了切下一层极薄的材料，切削刃必须非常锋利，并有足够的耐用度。目前，只有精细研磨的金刚石刀具和精细修整的砂轮等，才能满足要求。

3) 工件材质

由于超精密加工的精度和表面质量都要求很高，而加工余量又非常小，所以对工件的材质和表面层微观缺陷等都要求很高。尤其是表层缺陷(如空穴、杂质等)，若大于加工余量，加工后就会暴露在表面上，使表面质量达不到要求。因此材料的选择，不仅要从强度、刚性方面考虑，而且更要注重材料本身必须具有均匀性和性能的一致性，不允许存在内部或外部的微观缺陷。

4) 加工环境

超精密加工需要超稳定的加工环境，主要包括恒温、防振和超净 3 个方面，以保证超精密加工的顺利进行。

4.2 特 种 加 工

特种加工是指利用电能、热能、光能、声能、化学能和磁能等或其与机械能的组合等形式来去除工件材料的多余部分，使其达到一定的尺寸精度和表面粗糙度要求的加工方法，也称为非传统加工技术，如电火花加工、电解加工、超声波加工、激光加工、电子束加工、离子束加工等。与传统的机械加工方法相比，它具有一系列的特点，能解决大量普通机械加工方法难以解决甚至不能解决的问题，因而自其产生以来，得到迅速发展，并显示出极大的潜力和应用前景。

特种加工主要有如下优点。

(1) 加工范围不受材料物理、力学性能的限制，具有“以柔克刚”的特点。可以加工任何硬的、脆的、耐热或高熔点的金属或非金属材料。

(2) 特种加工可以很方便地完成常规切(磨)削加工很难，甚至无法完成的各种复杂型面、窄缝、小孔，如汽轮机叶片曲面、各种模具的立体曲面型腔、喷丝头的小孔等加工。

(3) 用特种加工可以获得的工件的精度及表面质量有其严格的、确定的规律性，充分利用这些规律性，可以有目的地解决一些工艺难题和满足工件表面质量方面的特殊要求。

(4) 许多特种加工方法对工件无宏观作用力，因而适合于加工薄壁件、弹性件，某些特种加工方法则可以精确地控制能量，适于进行高精度和微细加工，还有一些特种加工方法则可在可控制的气氛中工作，适于要求无污染的纯净材料的加工。

(5) 不同的特种加工方法各有所长，它们之间合理的复合工艺，能扬长避短，形成有效的新加工技术，从而为新产品结构设计、材料选择、性能指标拟订提供更为广阔的可能性。

特种加工方法种类较多，这里仅简要介绍电火花加工、电解加工、超声波加工、激光束加工、电子束加工、离子束加工以及复合加工等。

4.2.1 电火花加工

1. 电火花加工的基本原理

电火花加工是利用工具电极和工件电极间脉冲放电时局部瞬间产生的高温，将金属腐蚀去除来对工件进行加工的一种方法。图 4.8 所示为电火花加工装置原理图。脉冲发生器 1 的两极分别接在工具电极 3 与工件 4 上，当两极在工作液 5 中靠近，两极间距离逐渐缩小，一般达到 0.01～0.02mm 时，两极间的液体介质按脉冲电压的频率不断被电离击穿，产生脉冲放电。由于放电时间很短(约为 10^{-6}～10^{-8}s)，且发生在放电区的小点上，所以能量高度集中，瞬时产生大量的热，使放电区的温度高达 10 000～12 000℃，使工件和工具表面局部材料熔化甚至气化而被蚀除下来，形成一个微小的凹坑。多次放电的结果，就使工件表面材料不断被蚀除，形成许多非常小的凹坑。电极不断下降，工具电极的轮廓形状便被精确地复印到工件上，达到了加工的目的。

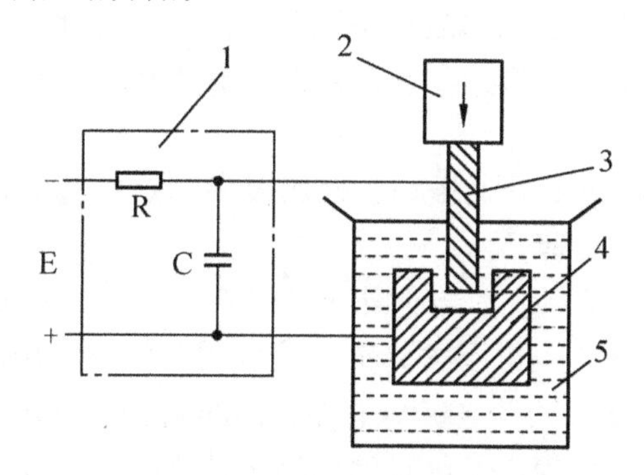

图 4.8 电火花加工装置原理示意

1—脉冲发生器 2—自动进给调节装置 3—工具电极 4—工件 5—工作液

由此可见，电火花加工必须利用脉冲放电原理，在每次放电之间的脉冲间隔内，电极之间的液体介质必须来得及恢复绝缘状态，使下一次脉冲能在两极间的另一个“相对最靠近点处”击穿放电，以免总在同一点放电而形成稳定的电弧，而稳定的电弧放电时间长，金属融化层较深，只能起焊接或切断作用，不可能使遗留下来的表面准确和光整，也不可能进行尺寸加工。

在电火花加工过程中，不仅工件被蚀除，工具电极也同样遭到蚀除。但阳极(指接电源正极)和阴极(指接电源负极)的蚀除速度是不一样的，这种现象叫“极效应”。为了减少工具电极的损耗，提高加工精度和生产效率，总希望极效应越显著越好，即工件蚀除越快越好，而工具蚀除越慢越好。因此，电火花加工的电源应选择直流脉冲电源。因为若采用交流脉冲电源，工件与工具的极性不断改变，使总的极效应等于零。极效应通常与脉冲宽度、电极材料及单个脉冲能量等因素有关，由此即决定了加工的极性选择。

2. 电火花加工机床的组成

电火花加工机床一般由脉冲电源、自动进给调节装置、机床本体和工作液及其循环过滤系统等部分组成。

(1) 脉冲电源。其作用是把普通50Hz的交流电转换成频率较高的脉冲电源，加在工具电极与工件上，提供电火花加工所需的放电能量。图4.8所示的脉冲发生器是一种最基本的脉冲发生器，它由电阻R和电容器C构成。直流电源E通过电阻R向电容器C充电，电容器两端电压升高，当达到一定电压极限时，工具电极(阴极)与工件(阳极)之间的间隙被击穿，产生火花放电。火花放电时，电容器将所储存的能量瞬时放出，电极间的电压骤然下降，工作液便恢复绝缘，电源即重新向电容器充电，如此不断循环，形成每秒数千到数万次的脉冲放电。

(2) 自动进给调节装置。脉冲放电必须在一定间隙下才能产生，两极间短路或断路(间隙过大)都不能产生，并且放电间隙的大小对电蚀效果有一最佳值，加工中应将放电间隙控制在最佳间隙附件。但随着电火花加工的进行，工件和工具电极表面不断被蚀除，放电间隙逐渐增大，因此，在加工过程中必须使工具电极不断向工件靠拢；当电极间短路时，工具电极必须迅速离开工件，而后重新调整到合理间隙；当加工条件变化时，引起实际放电间隙的变化，工具电极的进给也应随之做出相应的反应。为此，需采用自动调节器控制工具电极，以自动调节工具电极的进给，自动维持工具电极和工件之间的合理间隙，以保证脉冲放电正常进行。

(3) 机床本体。用来实现工具电极和工件的装夹固定及其保持一定位置精度的机械系统，包括床身、工作台、立柱等。

(4) 工作液及其循环过滤系统。电火花加工是在液体介质中进行的，常用的液体介质有煤油、锭子油及其混合油，也可用去离子水等水质工作液。循环过滤系统强迫清洁的工作液以一定的压力不断地通过工具电极与工件之间的间隙，以及时排除电蚀产物，并起绝缘、冷却和提高电蚀能力的作用，并经过滤后循环使用。

3. 电火花加工的特点与应用

1) 电火花加工的特点

电火花加工适用于导电性较好的金属材料的加工而不受材料的强度、硬度、韧性及熔点的影响，因此为耐热钢、淬火钢、硬质合金等难以加工材料提供了有效的加工手段，又由于加工过程中工具与工件不直接接触，故不存在切削力，从而工具电极可以用较软的材料如纯铜、石墨等制造，并可用于薄壁、小孔、窄缝的加工，而无须担心工具或工件的刚度太低而无法进行，也可用于各种复杂形状的型孔及立体曲面型腔的一次成形，而不必考虑加工面积太大会引起切削力过大等问题。

电火花加工需要制造精度高的电极，而且电极在加工中有一定损耗，在一定程度上影响加工精度。脉冲参数可以任意调节，加工中只要更换工具电极或采用阶梯形工具电极，就可以在同一台机床上通过改变电参数(电压、电流、频率、脉宽)连续进行粗、半精和精加工。精加工的尺寸精度可达0.01mm，表面粗糙度R_a为0.8μm。

2) 电火花加工的应用

电火花加工的应用范围很广，它可以用来加工各种型孔、小孔，如冲孔凹模、拉丝模孔、喷丝孔等；可以加工立体曲面型腔，如锻模、压铸模、塑料模的模膛；也可用来进行切断、切割，以及表面强化、刻写、打印铭牌和标记等。

4.2.2 电解加工

1. 电解加工原理

电解加工是在通电的情况下，利用金属在电解液中发生阳极溶解的电化学反应原理，将金属材料加工成形的一种特种加工方法。图 4.9 所示为电解加工装置示意图。工件接直流电源的正极，工具接负极，两极间保持较小的间隙(通常为 0.02～0.7mm)，电解液以一定的压力(0.5～2MPa)和速度(5～50m/s)从间隙间流过。当接通直流电源时(电压约为 5～25V，电流密度为 10～100A/cm^2)，工件表面的金属材料就产生阳极溶解，溶解的产物被高速流动的电解液及时冲走。工具电极以一定的速度(0.5～3mm/min)向工件进给，工件表面的金属材料便不断溶解，于是在工件表面形成与工具型面近而相反的形状，直至加工尺寸及形状符合要求时为止。

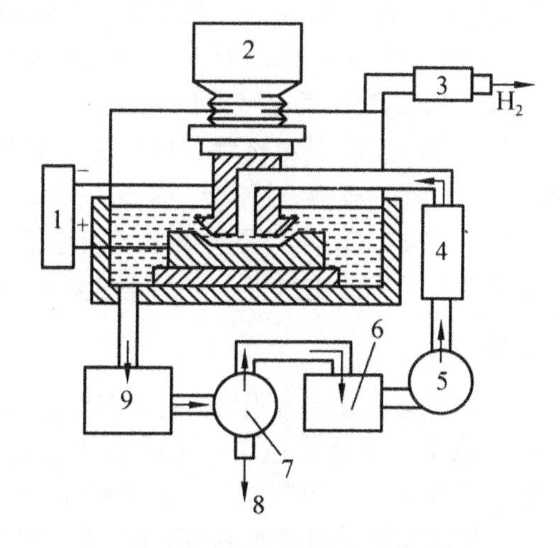

图 4.9 电解加工装置示意

1—直流电源 2—电极送进机构 3—风扇 4—过滤器 5—泵

6—清洁电解液 7—离心分离器 8—残液 9—脏电解液

阳极溶解过程如下：若电解液采用氯化钠水溶液，则由于离解反应

$$NaCl \rightarrow Na^+ + Cl^-$$

$$H_2O \rightarrow H^+ + OH^-$$

电解液中存在 4 种离子(Na^+、H^+、Cl^-、OH^-)。溶液中的正负离子电荷相等，且均匀分布，所以溶液仍保持中性。通电后，溶液中的离子在电场作用下产生电迁移，阳离子移向阴极，而阴离子移向阳极，并在两极上产生电极反应。

如果阳极用铁板制成，则在阳极表面，铁原子在外电源的作用下被夺走电子，成为铁的正离子而进入电解液。因此在阳极上发生下列反应

$$Fe - 2e \rightarrow Fe^{2+}$$

$$Fe^{2+} + 2(OH)^- \rightarrow Fe(OH)_2 \downarrow \text{(氢氧化亚铁)}$$

$$Fe^{2+} + 2Cl^- \rightarrow \Leftrightarrow FeCl_2$$

氢氧化亚铁在水溶液中溶解度极小，于是便沉淀下来，$FeCl_2$ 能溶于水，又离解为铁和氯的离子。$Fe(OH)_2$ 是绿色沉淀，它又不断地和电解液及空气中的氧反应成为黄褐色的氢氧

化铁。其反应式为

$$4Fe(OH)_2+2H_2O+O_2 \rightarrow 4Fe(OH)_3 \downarrow$$

阴极的表面有大量剩余电子，因此在阴极上应为

$$2H^+ +2e \rightarrow H_2 \uparrow$$

$$Na^+ +e \rightarrow Na \downarrow$$

总之，在电解过程中，阳极铁不断溶解腐蚀，最后变成氢氧化铁沉淀，阴极材料并不受腐蚀损耗，只是氢气不断从阴极上析出，水逐渐消耗，而 NaCl 的含量并不减少。这种现象就是金属的阳极溶解。

2. 电解加工设备的组成

电解加工设备主要由机床本体、电源和电解液系统等部分组成。

(1) 机床本体。主要用作安装工件、夹具和工具电极，并实现工具电极在高压电液作用下的稳定进给。电解加工机床应具有良好的防腐、绝缘及通风排气等安全防护措施。

(2) 电源。其作用是把普通 50Hz 的交流电转换成电解加工所需的低电压、大电流的直流稳压电源。电解电源可分为 3 类：直流发电机组、硅整流电源和可控硅整流电源。

(3) 电解液系统。主要由泵、电解液槽、净化过滤器、热交换器、管道和阀等组成。常用的电解液有 NaCl、$NaNO_3$ 和 $NaClO_3$ 等。要求该系统能连续而平稳地向加工部件供给流量充足、温度适宜、压力稳定、干净的电解液，并具有良好的耐腐蚀性。

3. 电解加工的特点及应用

影响电解加工质量和生产效率的工艺因素很多，主要有电解液(包括电解液成分、浓度、温度、流速以及流向等)、电流密度、工作电压、加工间隙及工具电极进给速度等。

电解加工不受材料硬度、强度和韧性的限制，可加工硬质合金等难切削金属材料；它能以简单的进给运动，一次完成形状复杂的型面或型腔的加工(如汽轮叶片、锻模等)；生产率高，比电火花成形加工高 5～10 倍；电解过程中，作为阴极的工具理论上没有损耗，故加工精度可达 0.2～0.005mm；电解加工时无机械切削力和切削热的影响，加工表面无残余应力和变形，无刀痕、飞边和毛刺，工件表面质量好，因此适宜于易变形或薄壁工件的加工。此外，在加工各种膛线、花键孔、深孔、内齿轮及去毛刺、刻印等方面，电解加工也获得广泛应用。

电解加工的主要缺点是：工具阴极制造复杂，设备投资较大，耗电量大；电解液有腐蚀性，需对设备采取防护措施，对电解产物也需妥善处理，以防止污染环境。

4.2.3 超声波加工

1. 超声波加工原理

超声波加工是利用工具端面作超声频振动，使工作液中的悬浮磨粒对工件表面撞击抛磨来实现加工，称为超声波加工。

人耳对声音的听觉范围为 16～16 000Hz。频率低于 16Hz 的振动波称为次声波，频率超过 16 000Hz 的振动波称为超声波。加工用的超声波频率为 16 000～25 000Hz。

超声波加工原理如图 4.10 所示。超声发生器将工频交流电能转变为有一定功率输出的超声频电振荡，然后通过换能器将此超声频电振荡转变为超声频机械振荡，由于其振幅很

小，一般只有 0.005～0.01mm，需再通过一个上粗下细的振幅扩大棒，使振幅增大到 0.1～0.15mm。固定在振幅扩大棒端头的工具即受迫振动，并迫使工作液中的悬浮磨粒以很大的速度，不断地撞击、抛磨被加工表面，把加工区域的材料粉碎成很细的微粒后打击下来。加工中的振动还迫使工作液在加工区工件和工具的间隙中流动，一方面将磨掉的工件微粒带走，另一方面将变钝了的磨粒及时更新。随着工具沿加工方向以一定速度移动，实现有控制的加工，逐渐将工具形状“复印”在工件上。

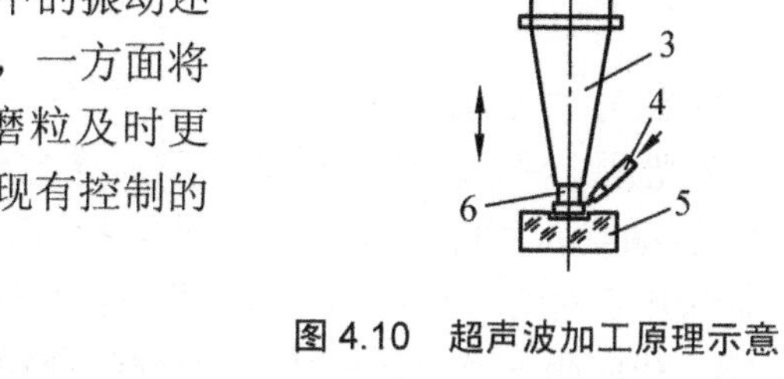

图 4.10 超声波加工原理示意

1—超声波发生器 2—换能器 3—振幅扩大棒 4—工作液 5—工件 6—工具

2. 超声波加工设备

超声波加工设备一般包括超声波发生器、超声波振动系统、磨料工作液及循环系统和机床本体四部分。

(1) 超声波发生器。其作用是将 50Hz 的交流电转变为有一定功率输出的 16 000Hz 以上的超声高频电振荡，以提供工具端面往复振动和去除被加工材料的能量。超声波发生器的输出功率和频率应连续可调，并具有结构简单、工作可靠、体积小等特性。

(2) 超声振动系统。其作用是把高频电能转变为机械能，使工具端面作高频率小振幅的振动，并将振幅扩大以进行加工。它是超声波加工设备中很重要的部件，由换能器、变幅杆(振幅扩大棒)及工具组成。

(3) 磨料工作液及循环系统。对于简单的超声波加工装置，其磨料是靠人工或小型离心泵输送和更换的。大型超声波加工机床采用流量泵自动向加工区供给磨料工作液，且品质好，循环好。常用的工作液是水，有时也用煤油或机油。磨料常用碳化硼、碳化硅或氧化铅等。

(4) 机床本体。其作用是把超声波发生器、超声波振动系统、磨料工作液及循环系统、工具机工件按照所需要位置和运动组成一体。

3. 超声波加工的特点

超声波加工适合于加工不导电的非金属材料，例如，玻璃、陶瓷、石英、锗、硅、玛瑙、宝石、金刚石等，对于导电的硬质合金、淬火钢等也能加工，但加工效率比较低；由于超声波加工是靠极小的磨料作用，所以加工精度较高，一般可达 0.02mm，表面粗糙度 R_a 值为 0.1～1.25μm，被加工表面也无残余应力、组织改变及烧伤等现象；在加工过程中不需要工具旋转，因此易于加工各种复杂形状的型孔、型腔及成形表面；超声波加工机床的结构比较简单，操作维修方便，工具可用较软的材料(如黄铜、45 钢、20 钢等)制造。超声波加工的缺点是生产效率低，工具磨损大。

近年来，超声波加工与其他加工方法相结合进行的复合加工发展迅速，如超声振动切削加工、超声电火花加工、超声电解加工、超声调制激光打孔等。这些复合加工方法由于把两种甚至多种加工方法结合在一起，起到取长补短的作用，使加工效率、加工精度及加工表面质量显著提高，因此越来越受到人们的重视。

4.2.4 高能束加工

高能束加工是利用被聚焦到加工部位上的高能量密度射束，对工件材料进行去除加工的特种加工方法的总称，高能束加工通常指激光加工、电子束加工和离子束加工。

1. 激光加工

1) 激光加工原理

激光是一种亮度高、方向性好(激光光束的发散角极小)、单色性好(波长或频率单一)、相干性好的光。由于激光的上述四大特点，通过光学系统可以使它聚焦成一个极小的光斑(直径仅几微米至几十微米)，从而获得极高的能量密度($10\sim10^{10}$W/cm)和极高的温度(10 000℃以上)。在此高温下，任何坚硬的材料都将瞬时急剧被熔化和气化，在工件表面形成凹坑，同时熔化物被气化所产生的金属蒸气压力推动，以很高的速度喷射出来。激光加工就是利用这个原理蚀除材料的。为了帮助蚀除物的排除，还需对加工区吹氧(加工金属时使用)，或吹保护气体，如二氧化碳、氮等(加工可燃物质时使用)。

激光加工过程受以下主要因素影响。

(1) 输出功率与照射时间。激光输出功率大，照射时间长，工件所获得的激光能量大，加工出来的孔就大而深，且锥度小。激光照射时间应适当，过长会使热量扩散，太短则使能量密度过高，使蚀除材料气化，两者都会使激光能量效率降低。

(2) 焦距、发散角与焦点位置。采用短焦距物镜(焦距为 20mm 左右)，减小激光束的发散角，可获得更小的光斑及更高的能量密度，因此可使打出的孔小而深，且锥度小。激光的实焦点应位于工件的表面上或略低于工件表面。若焦点位置过低，则透过工件表面的光斑面积大，容易使孔形成喇叭形，而且由于能量密度减小而影响加工深度；若焦点位置过高，则会造成工件表面的光斑很大，使打出的孔直径大、深度浅。

(3) 照射次数。照射次数多可使孔深大大增加，锥度减小。用激光束每照射一次，加工的孔深约为直径的 5 倍。如果用激光多次照射，由于激光束具有很小的发散角，所以光能在孔壁上反射向下深入孔内，使加工出的孔深度大大增加而孔径基本不变。但加工到一定深度后(照射 20～30 次)，由于孔内壁反射、透射以及激光的散射和吸收等，使抛出力减小、排屑困难，造成激光束能量密度不断下降，以致不能继续加工。

(4) 工件材料。激光束的光能通过工件材料的吸收而转换为热能，故生产率与工件材料对光的吸收率有关。工件材料不同，对不同波长激光的吸收率也不同，因此必须根据工件的材料性质来选用合理的激光器。

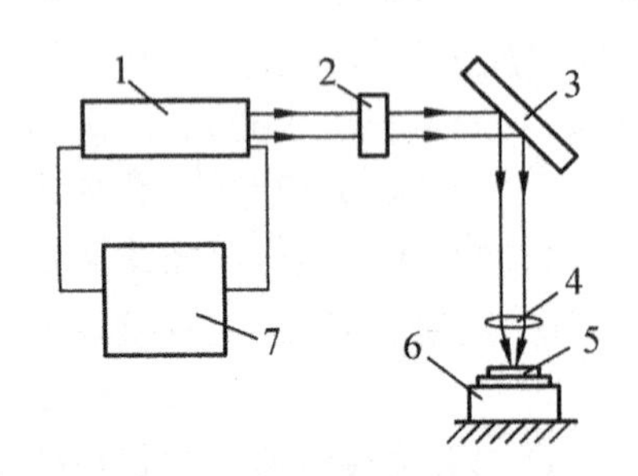

图 4.11 激光加工机示意

1—激光器 2—光阑 3—反光镜 4—聚焦镜 5—工件 6—工作台 7—电源

2) 激光加工机的组成

激光加工机通常由激光器、电源、光学系统和机械系统等部分组成(图 4.11)。

(1) 激光器。是激光加工机的重要部件，它的功能是把电能转变成光能，产生所需要的激光束。激光器按照所用的工作物质种类可分为

固体激光器、气体激光器、液体激光器和半导体激光器。激光加工中广泛应用固体激光器(工作物质有红宝石、钕玻璃及掺钕钇铝石榴石等)和气体激光器(工作物质为二氧化碳)。

固体激光器具有输出功率大(目前单根掺钕钇铝石榴石晶体棒的连续输出功率已达数百瓦，几根棒串联起来可达数千瓦)、峰值功率高、结构紧凑、牢固耐用、噪声小等优点。但固体激光器的能量效率很低，例如红宝石激光器仅为0.1%～0.3%，钕玻璃激光器为3%～4%，掺钕钇铝石榴石激光器约为2%～3%。

二氧化碳激光器具有能量效率高(可达20%～25%)、工作物质二氧化碳来源丰富、结构简单、造价低廉等优点；输出功率大(从数瓦到几万瓦)，既能连续工作，又能脉冲工作。其缺点是体积大，输出瞬时功率不高，噪声较大。

(2) 激光器电源。应根据加工工艺要求，为激光器提供所需的能量电源。电源通常由时间控制、触发器、电压控制和储能电容器等部分组成。

(3) 光学系统。其功用是将光束聚焦，并观察和调整焦点位置。它由显微镜瞄准、激光束聚焦以及加工位置在投影屏上的显示等部分组成。

(4) 机械系统。主要包括床身、三坐标精密工作台和数控系统等。

3) 激光加工的特点及应用

激光加工具有如下特点。

(1) 不需要加工工具，故不存在工具磨损问题，同时也不存在断屑、排屑的麻烦。这对高度自动化生产系统非常有利，目前激光加工机床已用于柔性制造系统之中。

(2) 激光束的功率密度很高，几乎对任何难加工的金属和非金属材料(如高熔点材料、耐热合金及陶瓷、宝石、金刚石等硬脆材料)都可以加工。

(3) 激光加工是非接触加工，工件无受力变形。

(4) 激光打孔、切割的速度很高(打一个孔只需0.001s，切割20 mm厚的不锈钢板，切割速度可达 1.27m/min)，加工部位周围的材料几乎不受热影响，工件热变形很小。激光切割的切缝窄，切割边缘质量好。

目前，激光加工已广泛用于金刚石拉丝模、钟表宝石轴承、发散式气冷冲片的多孔蒙皮、发动机喷油嘴、航空发动机叶片等的小孔加工，以及多种金属材料和非金属材料的切割加工。孔的直径一般为0.01～1mm，最小孔径可达0.001mm，孔的深径比可达50～100。切割厚度，对于金属材料可达10mm以上，对于非金属材料可达几十毫米，切缝宽度一般为0.1～0.5mm。激光还可以用于焊接和热处理。随着激光技术与数控技术的密切结合，激光加工技术的应用将会得到更迅速、更广泛的发展，并在生产中占有越来越重要的地位。

目前激光加工存在的主要问题是：设备价格高，更大功率的激光器尚处于试验研究阶段中；不论是激光器本身的性能质量，还是使用者的操作技术水平都有待进一步提高。

2. 电子束加工

1) 电子束加工的原理

按加工原理的不同，电子束加工可分为热加工和化学加工。

(1) 热加工。热加工是利用电子束的热效应来实现加工的，可以完成电子束熔炼、电子束焊接、电子束打孔等加工工序。图4.12所示是电子束打孔的原理示意图。在真空条件

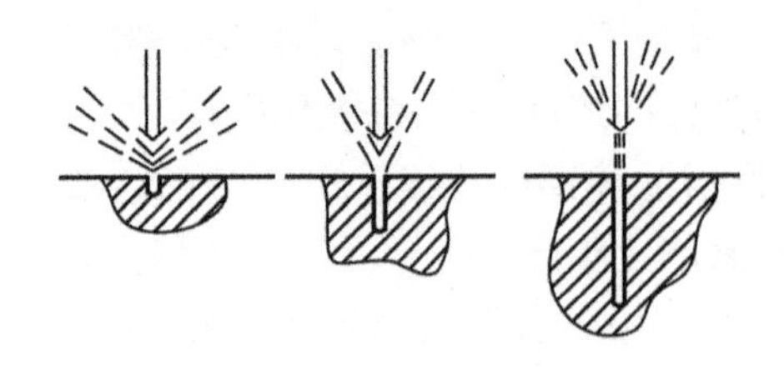

图 4.12　电子束打孔原理示意

下，经加速和聚焦的高功率密度电子束照射在工件表面上，电子束的巨大能量几乎全部转变成热能，使工件被照射部分立即被加热到材料的熔点和沸点以上，材料局部蒸发或成为雾状粒子而飞溅，从而实现打孔加工。

(2) 化学加工。功率密度相当低的电子束照射在工件表面上，几乎不会引起温升，但这样的电子束照射高分子材料时，就会由于入射电子与高分子相碰撞而使其分子链切断或重新聚合，从而使高分子材料的分子量和化学性质发生变化，这就是电子束的化学效应。利用电子束的化学效应可以进行化学加工——电子束光刻：光刻胶是高分子材料，按规定图形对光刻胶进行电子束照射就会产生潜像。再将它浸入到适当的溶剂中，由于照射部分和未照射部分的分子量不同，溶解速度不一样，就会使潜像显影出来。

图 4.13 所示是集成电路光刻工艺加工过程的原理图。基片 1(一般用硅片)经氧化处理，形成保护膜 2，如图 4.13(a)所示中的二氧化硅膜；在保护膜上涂敷光刻胶 3，如图 4.13(b)所示；用电子束(或紫外光、离子束等)按要求的图形对光刻胶曝光形成潜像，如图 4.13(c)所示；通过显影操作去除已经曝光的光刻胶，如图 4.13(d)所示；用腐蚀剂腐蚀保护膜的裸露部位，如图 4.13(e)所示；去除光刻胶，获得需要的微细图形，如图 4.13(f)所示。

电子束光刻的最小线条宽度为 0.1～1μm，线槽边缘的平面度在 0.05μm 以内，而紫外光刻的最小线条宽度受衍射效应的限制，一般不能小于 1μm。

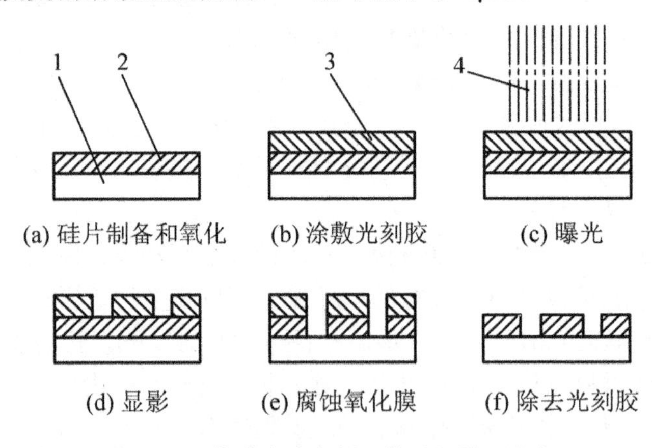

图 4.13　集成电路光刻工艺过程原理示意

1—基片　2—二氧化硅膜　3—光刻胶　4—曝光粒子流

2) 电子束加工装置

如图 4.14 所示，电子束加工装置主要由电子枪系统、真空系统、控制系统和电源系统等组成。电子枪用来发射高速电子流，进行初步聚焦，并使电子加速。它由电子发射阴极、控制栅极和加速阳极 3 部分组成。真空系统的作用是造成真空工作环境，因为在真空下电子才能高速运动，发射阴极才不会在高温下被氧化，同时也防止被加工表面和金属蒸气氧化。控制系统由聚焦装置、偏转装置和工作台位移装置等组成，控制电子束的束径大小和方向，按照加工要求控制电压及加速电压。

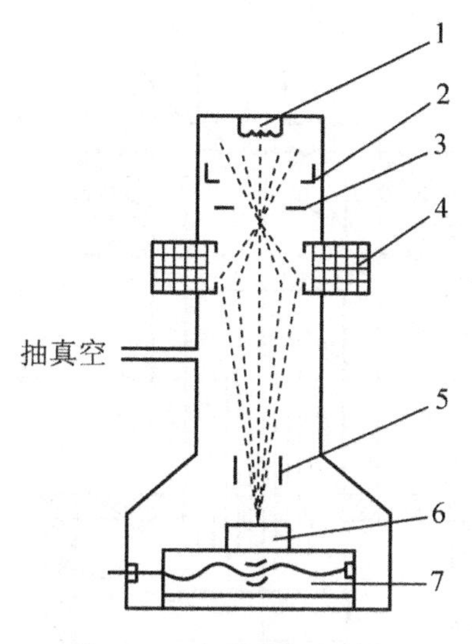

图 4.14 电子束加工装置

1—电子发射阴极 2—控制栅 3—加速阳极 4—聚焦装置
5—偏转装置 6—工件 7—工作台位移装置

3) 电子束加工的应用范围

电子束加工已广泛用于不锈钢、耐热钢、合金钢、陶瓷、玻璃和宝石等难加工材料的圆孔、异形孔和窄缝的加工，最小孔径或缝宽可达 0.003～0.02μm。电子束还可用来焊接难熔金属、化学性能活泼的金属，以及碳钢、不锈钢、铝合金、钛合金等。另外，电子束还用于微细加工的光刻中。

电子束加工时，高能量的电子会透入表层达几微米甚至几十微米，并以热的形式传输到相当大的区域，因此用它作为超精密加工方法要考虑热量对工件的影响。

3. 离子束加工

1) 离子束加工的基本原理

离子束加工也是在真空中进行的。把氩(Ar)、氪(Kr)、氙(Xe)等惰性气体经高温、强光或放射性照射、高速电子的冲撞形成等离子体，然后在加速电极作用下形成高速离子束流，再经聚焦后，投射到被加工表面而实现加工。

离子质量大、冲量大，轰击工件材料时，将引起变形、分离破坏等机械作用，离子的能量基本上是传递给工件材料的原子和分子，形成冲击、抛光产生溅射的过程。而且轰击是逐层逐层地去除原子，所以离子束加工不会产生高温。一般来说，当加速电能在几十至几千电子伏特时，离子束流就可把工件表面层的原子或分子击出，称其为离子溅射加工。如果用被加速了的离子从靶材上打出原子或分子，并将它们附着到工件表面上形成镀膜，称其为离子束溅射镀膜加工。用数十万电子伏特的高能离子轰击工件表面，离子将打入工件表层内，其电荷被中和，成为置换原子或晶格间原子而被留于工件表层中，从而改变了工件表层的材料成分和性质，称其为离子注入加工。图 4.15 为离子束加工原理图。

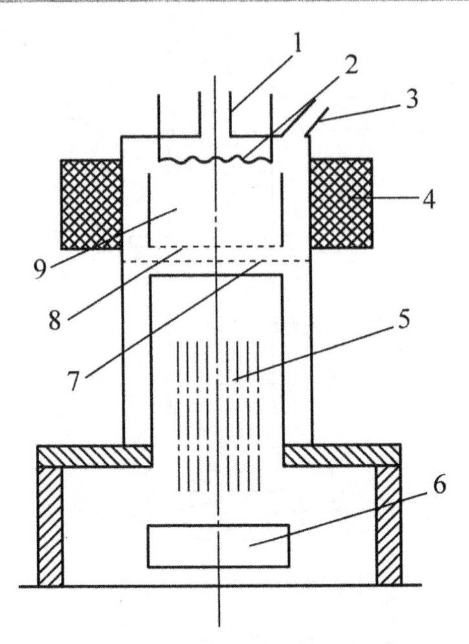

图 4.15　离子束加工原理示意

1—真空抽气孔　2、7—阴极　3—惰性气体注入口
4—电磁线圈　5—离子束流　6—工件　8—阳极　9—电力室

2) 离子束加工装置

离子束加工装置一般包括离子源系统、真空系统、控制系统和电源系统。其中离子源系统与电子束加工装置不同，其他系统类似。

离子源的作用是产生离子束流。其基本工作原理是将气态原子注入离子室，然后使气体原子经受高频放电、电弧放电、等离子体放电或电子轰击被电离成等离子体，并在电场作用下将正离子从离子源出口引出而成为离子束。根据离子产生的方式和用途，离子源分为考夫曼型离子源、双等离子体离子源和高频放电离子源等多种形式。

3) 离子束加工特点

离子束加工是一种新兴微细加工方法，在亚微米至纳米级精度的加工中很有发展前途。离子束通过离子光学系统进行聚焦扫描，能精确控制离子束密度、深度、含量等，可获得精密的加工效果。离子束加工是依靠离子撞击工件表面的原子而实现的，是一种微观作用，其宏观作用力小，加工应力、变形极小，故可对各种材料、低刚度工件进行微细加工，能得到很高的表面质量。由于离子束加工是在真空中进行的，故污染少；但是要增加抽真空装置，投资大，维护较麻烦。

4. 复合加工

复合加工是把两种或两种以上的能量形式(包括机械能)合理地组合在一起进行材料去除的工艺方法，以便能提高加工效率或获得很高的尺寸精度、形状精度和表面完整性。复合加工有很大的优点，它能成倍地提高加工效率和进一步改善加工质量，是特种加工发展的方向。下面简要介绍几种复合加工。

(1) 电解磨削。电解磨削是利用电解作用与机械磨削相结合的一种复合加工方法，如图 4.16 所示。图中高速旋转的导电砂轮接直流电源负极，工件(车刀)接直流电源正极。

电解磨削时，导电砂轮和工件间保持一定的接触压力，砂轮表面外凸的磨粒使砂轮导电体与工件间有一定间隙。当电解液从间隙中流过时，工件出现阳极溶解，工件表面形成一层较软的薄膜，很容易被导电砂轮中的磨粒磨除，工件上又露出新的金属表面并进一步电解。在加工过程中，电解作用与磨削作用交替进行，最后达到加工要求。在电解磨削加工过程中，电解作用是主要的。

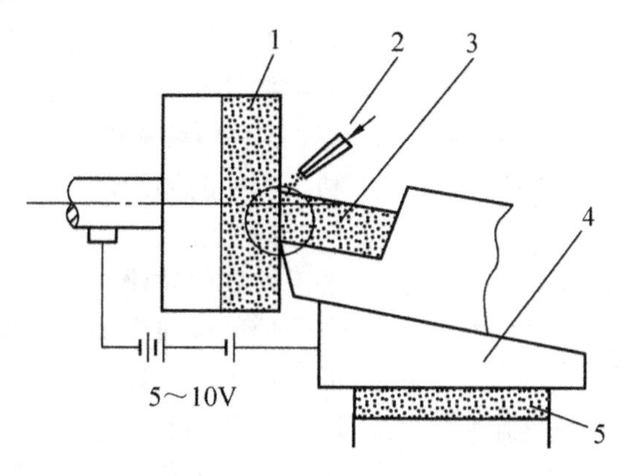

图 4.16 电解磨削原理图

1—导电砂轮 2—电解液 3—硬质合金车刀(工件)
4—工作台 5—绝缘层

电解磨削硬质合金车刀(工件)时，加工效率比普通的金刚石砂轮磨削要高 3～5 倍，表面粗糙度 R_a 值可达 0.012～0.2μm。

(2) 超声电解复合抛光。超声电解复合抛光是由超声波加工和电解加工复合而成的，它可以获得优于依靠单一电解或单一超声波抛光加工工件的抛光效率和表面质量。超声电解复合抛光的加工原理如图 4.17 所示。抛光时，工件接直流电源正极，工具接直流电源负极。工件与工具间通入钝化性电解液。高速流动的电解液不断在工件待加工表层生成钝化软膜，工具则以极高的频率进行抛磨，不断地将工件表面凸起部位的钝化膜去掉。被去掉钝化膜的表面迅速产生阳极溶解，溶解下来的产物不断被电解液带走。而工件凹下去的部位的钝化膜，工具抛磨不到，因此不溶解。这个过程一直持续到将工件表面整平时为止。

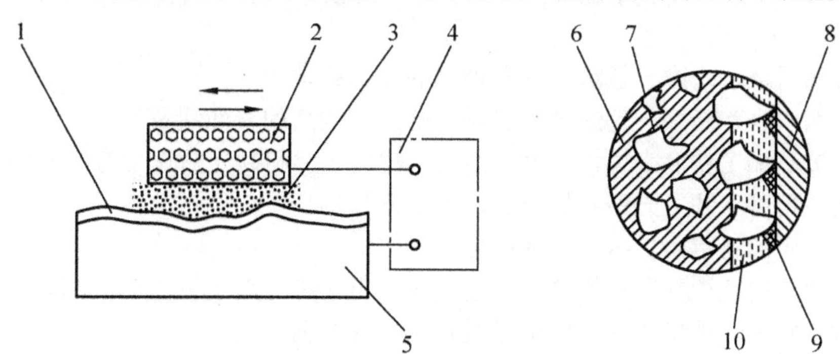

图 4.17 超声电解复合抛光原理图

1—钝化膜 2—工具 3—电解液 4—电解电源 5—工件 6—结合剂
7—磨粒 8—工件 9—阳极薄膜 10—电极间隙及电解液

工具在超声波振动下，不但能迅速去除钝化膜，而且在加工区域内产生的“空化”作用可增强电化反应，进一步提高工件表面凸起部位金属的溶解速度。

(3) 超声电火花复合抛光。超声电火花复合抛光是在超声波抛光的基础上发展起来的。这种复合抛光的加工效率比纯超声机械抛光要高出3倍以上，表面粗糙度 R_a 值可达0.1～0.2μm。特别适合于小孔、窄缝以及小型精密表面的抛光。超声电火花抛光的工作原理如图4.18所示。抛光时工具接脉冲电源的负极，工件接正极，在工具和工件间通乳化液作电解液。这种电解液的阳极溶解作用虽然微弱，但有利于工件的抛光。

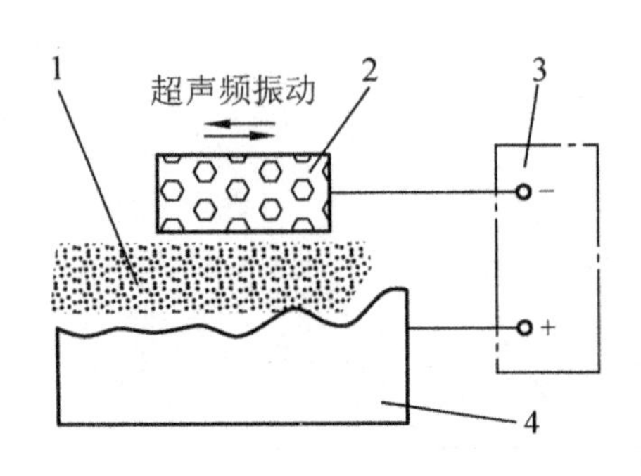

图4.18　超声电火花复合抛光原理

1—乳化液　2—工具　3—脉冲电源　4—工件

抛光过程中，超声的“空化”作用一方面会使工件表面软化，有利于加速金属的剥离；另一方面使工件表面不断出现新的金属尖峰，这样不但增加了电火花放电的分散性，而且给放电加工造成了有利条件。超声波抛磨和放电交错而连续进行，不仅提高了抛光速度，而且提高了工件表面材料去除的均匀性。

小　　结

本章主要介绍了几种精密及光整加工和特种加工方法，介绍了其工作原理、设备组成及应用特点。这些方法可应用于高精度、形状复杂的工件加工，不仅对金属材料，而且对各种非金属材料、难加工材料都可应用，具有常规加工方法所不具备的诸多优点。

习　　题

1. 珩磨时，珩磨头与机床主轴为何要作浮动连接？珩磨能否提高孔与其他表面之间的位置精度？
2. 试说明研磨、珩磨、超级光磨和抛光的加工原理。
3. 为什么研磨、珩磨、超级光磨和抛光能达到很高的表面质量？
4. 对于提高加工精度来说，研磨、珩磨、超级光磨和抛光的作用有何不同？为什么？
5. 研磨、珩磨、超级光磨和抛光各适用于何种场合？
6. 特种加工的特点是什么？其应用范围如何？
7. 简述集成电路微细图形光刻的工艺过程及电子束、离子束光刻的基本原理。
8. 电火花加工与线切割加工的原理是什么？各有何用途？
9. 电解加工的原理是什么？应用如何？与电火花加工相比较，各有何特点？
10. 简述激光加工的特点及应用。
11. 简述超声波加工的基本原理及应用范围。

第5章 典型表面加工分析

教学提示

机械零件是组成机器的最基本元件，一般需经加工后才能进行装配。尽管机械零件功能、形状各异、种类纷繁多变，但它们都是由外圆表面、内圆表面、平面及各种成形表面等基本几何要素构成。本章主要分析这些基本表面的技术要求和基本的加工方法。

教学要求

本章要求学生掌握常见典型表面的技术要求及基本加工方法，以便在实际应用中针对生产中的具体问题正确地选用零件的加工方案。本章的学习重点是分析零件各基本表面加工的技术要求，合理选择零件的加工方案。

机器是由若干机构和机械零件装配组合而成的，机械零件是构成机器的最基本元件。尽管机械零件功能不同、种类繁多，但如图 5.1 所示它们基本可归纳为四类，即轴套类零件、轮盘类零件、箱体类零件、叉架类零件，各种零件虽形状各异，但如图 5.1 所示是由几种基本表面组成，即外圆表面、内圆表面、平面和成形表面。在机械加工时不同的表面可选用不同的切削加工方法。对于同一种加工表面，由于技术要求不同，也应选用不同的加工方法和加工方案。

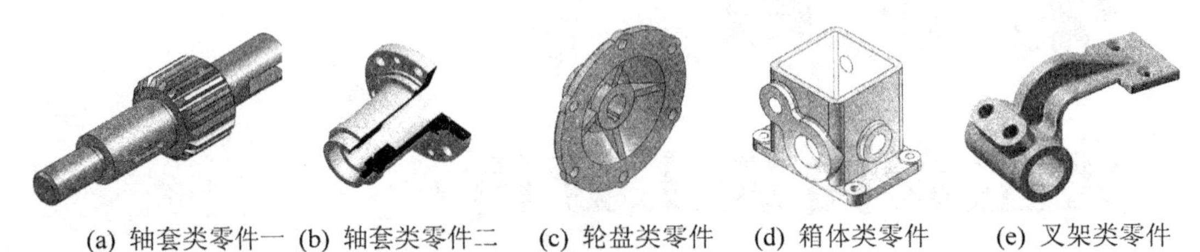

(a) 轴套类零件一 (b) 轴套类零件二 (c) 轮盘类零件 (d) 箱体类零件 (e) 叉架类零件

图 5.1 一般零件分类

5.1 外圆表面的加工

外圆表面是构成轴套类零件的主要表面，在机械加工中占有很大的比例。

5.1.1 外圆表面的技术要求

外圆表面的技术要求是由该表面所在零件上的位置及其功能决定的。下面以轴类零件如图 5.2 为例，说明外圆表面的技术要求。

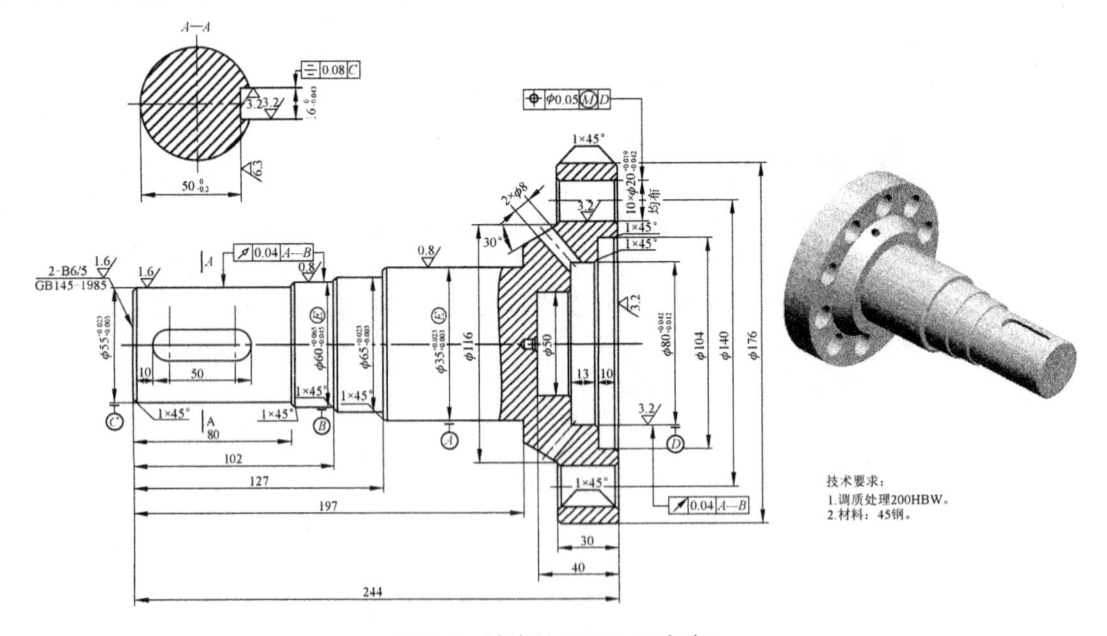

图 5.2 输出轴(CA6140 车床)

(1) 加工精度。外圆表面的加工精度主要包括结构要素的尺寸精度、形状精度和位置精度。

尺寸精度主要是指结构要素的直径和长度的精度。直径精度由使用要求和配合性质来确定。一般对于轴类零件，有配合要求的外圆表面的精度为IT9～IT6，特别重要的外圆表面，也可为 IT5，与轴承相配合处的外圆表面，精度要求相对较高。外圆表面的长度精度通常要求不是那么严格，一般为IT14～IT12，要求较高时，可达到IT10～IT8。

形状精度主要指外圆表面的圆度、圆柱度、母线的直线度等，因为外圆表面的形状误差直接影响着与之相配合零件的接触质量和回转精度，因此一般必须将形状误差限制在直径公差范围内；要求较高时可取直径公差的1/2～1/4，或者根据相配合的性质和特点另行规定形状精度的等级。

位置精度主要包括外圆表面的同轴度、圆跳动及端面对外圆表面轴心线的垂直度等。对于普通精度的轴类零件，配合外圆表面对支承外圆表面的径向圆跳动一般为0.01～0.03 mm，高精度的轴为0.005～0.010mm。对于套筒类零件，外圆表面常常与内孔有同轴度的要求，一般为0.01～0.03mm。

(2) 表面粗糙度。外圆表面的粗糙度值是由该表面的工作性质、配合类型、转速和尺寸精度等级决定。通常尺寸公差、表面形状公差小时，表面粗糙度值要求较小，尺寸公差、表面形状公差大时，表面粗糙度值较大。对于轴类零件，支承轴颈的表面粗糙度值为R_a=0.8～0.2μm；配合轴颈的表面粗糙度值 R_a=3.2～0.8μm；而非配合的外圆表面一般为R_a=12.5～3.2μm。

(3) 热处理要求。根据外圆表面的材料需要及使用条件，为了改善其切削加工性能或提高综合力学性能及使用寿命等，常在零件加工过程中根据需要对其进行热处理，常用的热处理方法有正火、退火、调质、淬火及回火、表面淬火及表面氮化等热处理。如对于轴用的45钢，在粗加工之前常安排正火处理，而调质处理安排在粗加工之后进行。

5.1.2　外圆表面的加工方案

外圆表面加工是轴套类零件的主要加工工序。外圆表面的基本加工方法有车削加工、磨削加工和光整加工。常用的外圆表面加工方案见表5-1。

表5-1　外圆表面的加工方案

序　号	加 工 方 案	经济精度等级	表面粗糙度 R_a/μm	适 用 范 围
1	粗车	IT11以下	50～12.5	适用于淬火钢以外的各种金属
2	粗车—半精车	IT10～IT8	6.3～3.2	
3	粗车—半精车—精车	IT8～IT6	1.6～0.8	
4	粗车—半精车—精车—滚压(或抛光)	IT7～IT5	0.2～0.025	
5	粗车—半精车—磨削	IT8～IT6	0.8～0.4	主要用于淬火钢，也可用于未淬火钢，但不宜加工有色金属
6	粗车—半精车—粗磨—精磨	IT7～IT5	0.4～0.1	
7	粗车—半精车—粗磨—精磨—超精加工(或轮式超精磨)	IT7～IT5	0.2～0.012	
8	粗车—半精车—精车—金刚石车	IT7～IT5	0.4～0.025	主要用于要求较高的有色金属的加工
9	粗车—半精车—粗磨—精磨—超精磨或镜面磨	IT5以上	0.025～0.006	高精度的外圆加工
10	粗车—半精车—粗磨—精磨—研磨	IT7～IT5	0.1～0.006	

5.2 内圆表面的加工

内圆表面是在各种类型的机械零件上广泛应用的一种结构要素，如图 5.1 所示各类机械零件上一般都有许多技术要求各不相同的内圆表面，这些内圆表面都需要经过不同的加工阶段和加工方法才能达到预期的设计要求。

5.2.1 内圆表面的技术要求

由于各类零件上的内圆表面功能不同，其技术要求也不相同。

(1) 回转零件的内圆表面。如空心轴、套筒、轮盘类零件上的内圆表面。这类内圆表面的精度要求较高(IT9～IT6)，表面粗糙度值较小(R_a=3.2～0.8μm)，内圆表面与外圆表面有较高的同轴度，与端面有一定的垂直度，以填料箱盖为例，如图 5.3 所示。

(2) 连接零件的紧固内圆表面。如螺钉孔、螺栓孔、非配合油孔、气孔等。这类内圆表面的精度和表面粗糙度值要求不高，精度一般在 IT12～IT10，表面粗糙度值 R_a=50～12.5μm。

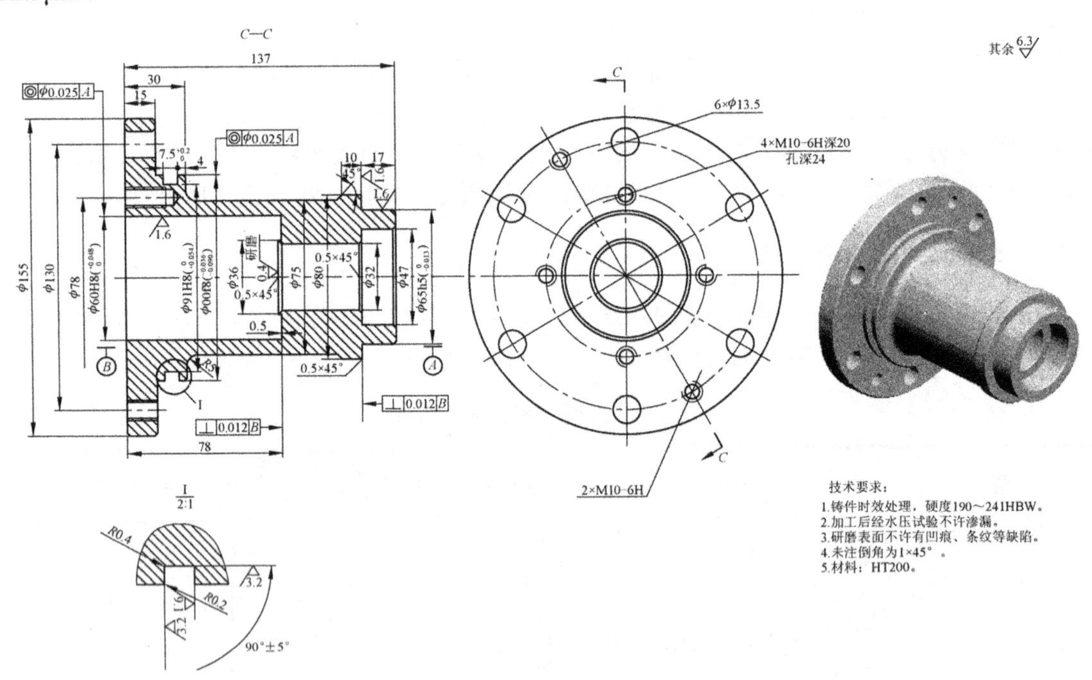

图 5.3 填料箱盖

(3) 箱体零件的内圆表面。如机床主轴箱上的轴承支承孔。这类内圆表面的精度要求较高(IT7～IT6)，表面粗糙度值较小(R_a=1.6～0.8μm)，几何形状精度一般应在内圆表面的公差范围内，要求高的应不超过内圆表面公差的 1/2～1/3。内圆表面中心距、各内圆表面轴心线间的平行度都有较高的要求，一般机床主轴箱上内圆表面的中心距允差为±(0.025～0.06)mm，轴心线平行度允差在全长取 0.03～0.1mm。内圆表面轴心线与箱体基准面的平行度、垂直度要求也较高，如图 5.4 所示。

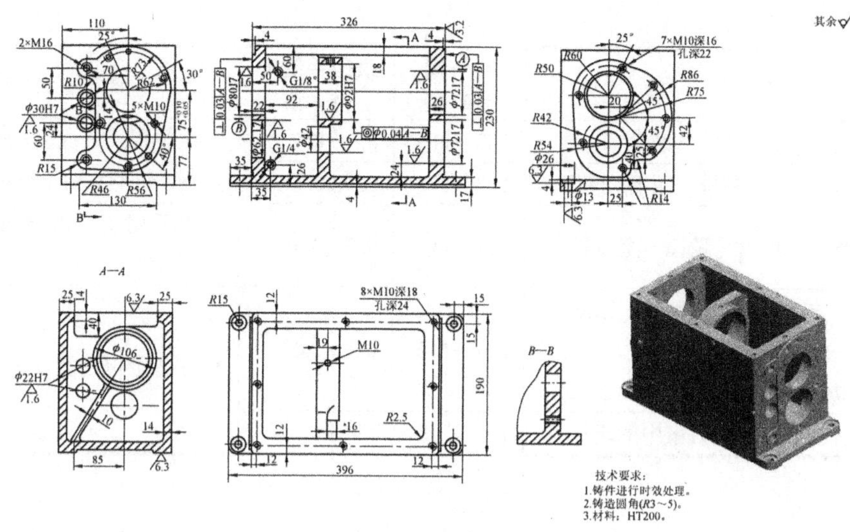

图 5.4　变速箱体

(4) 深孔。深孔是指长径比 $L/D \geqslant 5$ 的孔，如主轴孔、长油孔、枪孔等，其加工条件较差，很难保证较高的加工精度和较小的表面粗糙度值。一般要求精度为 IT10～IT8，表面粗糙度值 R_a=6.3～0.8μm，同时要求有一定的直线度。

5.2.2　内圆表面的加工方案

机械零件上分布着大小不同的内圆表面，对于内圆表面加工方法的选择主要取决于机械零件对内圆表面加工的技术要求，内圆表面尺寸大小、深度、零件形状、重量、材料、生产纲领及所用设备等。

内圆表面的加工方案较多，各种方法又各有不同的适用条件。如用定尺寸刀具加工的钻、扩、铰、拉，因受刀具尺寸的限制，只宜加工中小尺寸的内圆表面，大孔只能用镗削加工。因此，选择孔的加工方案应综合考虑各相关因素和加工条件。常用的内圆表面的加工方案见表 5-2。

表 5-2　内圆表面的加工方案

序号	加 工 方 案	经济精度等级	表面粗糙度 R_a/μm	适 用 范 围
1	钻	IT10～IT8	12.5	加工未淬火钢及铸铁的实心毛坯，也可用于加工有色金属(但表面粗糙度稍大，孔径小于 20mm)
2	钻—铰	IT8～IT7	3.2～1.6	
3	钻—粗铰—精铰	IT8～IT7	1.6～0.8	
4	钻—扩	IT10～IT8	12.5～6.3	同上，但是孔径大于 15～20mm
5	钻—扩—铰	IT8～IT7	3.2～1.6	
6	钻—扩—粗铰—精铰	IT8～IT7	1.6～0.8	
7	钻—扩—机铰—手铰	IT7～IT5	0.4～0.1	
8	钻—扩—拉	IT8～IT5	1.6～0.1	大批大量生产(精度由拉刀的精度而定)
9	粗镗(或扩孔)	IT10～IT18	12.5～6.3	除淬火钢外的各种钢和有色金属，毛坯的铸出孔或锻出孔
10	粗镗(粗扩)—半精镗(精扩)	IT8～IT7	3.2～1.6	
11	粗镗(扩)—半精镗(精扩)—精镗(铰)	IT8～IT6	1.6～0.8	
12	粗镗(扩)—半精镗(精扩)—精镗—浮动镗刀精镗	IT8～IT6	0.8～0.4	

续表

序号	加 工 方 案	经济精度等级	表面粗糙度 R_a/μm	适 用 范 围
13	粗镗(扩)—半精镗—磨孔	IT8～IT6	0.8～0.4	主要用于淬火钢，也用于未淬火钢，但不宜用于有色金属加工
14	粗镗(扩)—半精镗—粗磨—精磨	IT7～IT5	0.2～0.1	
15	粗镗—半精镗—精镗—金刚镗	IT7～IT5	0.4～0.05	主要用于精度要求高的有色金属加工
16	钻—(扩)—粗铰—精铰—珩磨 钻—(扩)—拉—珩磨 粗镗—半精镗—精镗—珩磨	IT7～IT5	0.2～0.025	精度要求很高的孔
17	以研磨代替上述方案中的珩磨	IT6 以上		

5.3 平面的加工

平面是盘形和板形零件的主要表面，也是箱体和支架类零件的主要表面之一。它包括回转体类零件上的端面，板形、箱体和支架类零件上的各种平面、斜面、沟槽和型槽等。

5.3.1 平面的技术要求

平面广泛存在于各类机械零件上，其主要的技术要求是平面度、直线度、垂直度与平行度等形位精度，以及表面粗糙度，热处理等。对于不同用途的零件，其技术要求也不同。

5.3.2 平面的加工方案

选择平面加工方案时，要综合考虑其技术要求和零件的结构形状、尺寸大小、材料性能及毛坯种类等情况，并结合生产纲领及具体加工条件。平面可分别采用车、铣、刨、磨、拉等方法加工。对于要求较高的精密平面，可用刮研、研磨、抛光等进行光整加工。常用的平面的加工方案见表 5-3。

表 5-3 平面的加工方案

序号	加 工 方 案	经济精度等级	表面粗糙度 R_a/μm	适 用 范 围
1	粗车—半精车	IT10～IT7	6.3～3.2	端 面
2	粗车—半精车—精车	IT8～IT6	1.6～0.8	
3	粗车—半精车—磨削	IT8～IT6	0.8～0.2	
4	粗刨(或粗铣)—精刨(或精铣)	IT10～IT7	6.3～1.6	一般不淬硬平面(端铣的表面粗糙度可较小)
5	粗刨(或粗铣)—精刨(或精铣)—刮研	IT8～IT5	0.8～0.1	精度要求较高的不淬硬平面，批量较大时宜采用宽刃精刨方案

续表

序号	加工方案	经济精度等级	表面粗糙度 R_a/μm	适用范围
6	粗刨(或粗铣)—粗刨(或精铣)—宽刃精刨	IT8～IT6	0.8～0.2	
7	粗刨(或粗铣)—精刨(或精铣)—磨削	IT8～IT6	0.8～0.2	精度要求较高的淬硬平面或不淬硬平面
8	粗刨(或粗铣)—精刨(或精铣)—粗磨—精磨	IT7～IT5	0.4～0.025	
9	粗刨—拉	IT8～IT6	0.8～0.2	大量生产，较小的平面(精度视拉刀的精度而定)
10	粗铣—精铣—磨削—研磨	IT7～IT5	0.1～0.006	高精度平面

5.4 成形表面的加工

成形表面是机械零件中常见的一类表面，其中最主要的是圆锥面，一般用于工具配合面，如车床主轴锥孔与前顶尖莫氏锥套的配合，麻花钻头的锥柄与钻床主轴锥孔的配合等；另外一类成形表面就是由若干条曲线组成的特形面，如图 5.5 所示。

图 5.5 常见几种典型特型面

由于它们的使用场合不同，对其技术要求也不一样，圆锥面一般要求较高的母线直线度和同轴度，由于主要用于工具上，表面粗糙度值一般较低。而特形面则要求有较高的表面质量，一般要经过抛光处理，同时对曲线的误差也有严格的要求，尤其是凸轮曲线。

5.4.1 车削圆锥面

(1) 转动小滑板法。如图 5.6(a)所示，用转动小滑板法车锥面时，把小滑板转动一个圆锥半角即可，当车削正锥体时(锥体大端靠近卡盘)，小滑板逆时针转过一个圆锥半角；当车削反锥体时，小滑板应该顺时针转过一个圆锥半角。因受小滑板行程的限制，采用转动小滑板法时只能车削长度较短、锥度较大的圆锥体；又因车床小滑板只能手动进给，劳动强度大且表面粗糙度难以控制，生产率低，所以用这种方法只适用于单件、小批生产、精度要求不高的锥面。

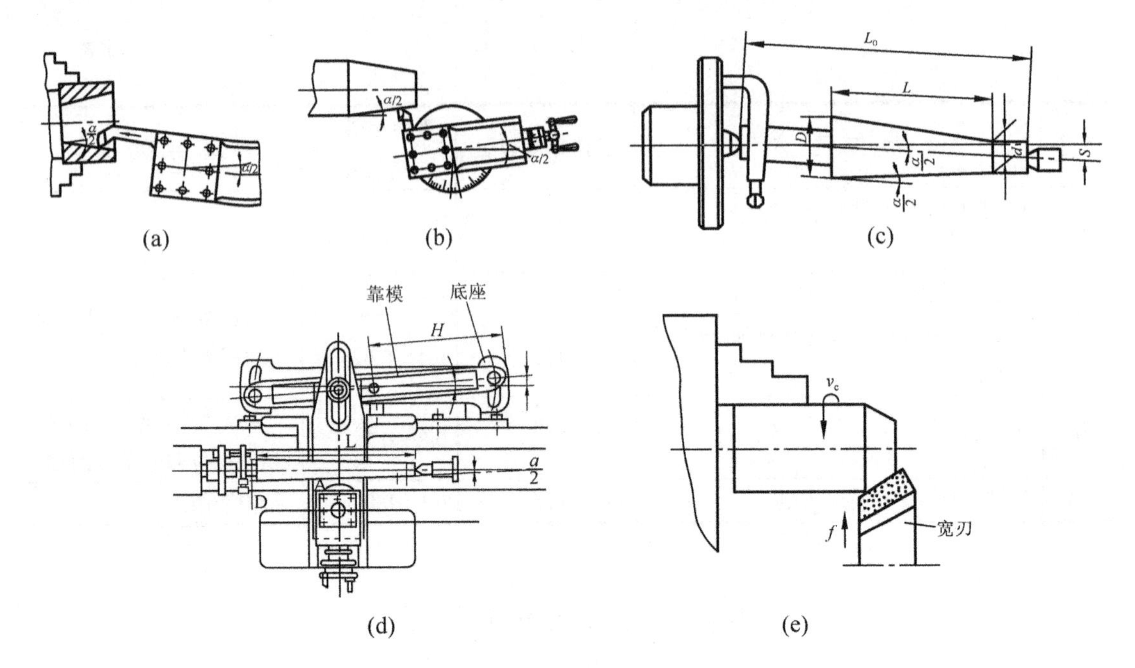

图 5.6 车削圆锥面的方法

(2) 偏移尾座法。如图 5.6(b)所示，把零件装在两顶尖之间，将车床尾座在水平面内横向偏移一段距离，使零件回转轴线和机床主轴轴线成一交角，交角大小等于锥体零件的圆锥半角，即可车出所需圆锥面。尾座偏移量可按式(5-1)和式(5-2)计算：

$$s = L_0 \tan\frac{\alpha}{2} \tag{5-1}$$

或

$$s = \frac{D-d}{2L}L_0 = \frac{C}{2}L_0 \tag{5-2}$$

式中：s——尾座偏移量，mm；

L_0——零件总长，mm；

$\frac{\alpha}{2}$——半锥角，度(°)；

D——圆锥大端直径，mm；

d——圆锥小端直径，mm；

L——前后两顶尖间零件的长度，mm；

C——锥度，度(°)。

采用尾座偏移法车削正圆锥时，尾座移向操作者(向里)；车削反锥体时，尾座向外移动，即远离操作者的方向。用偏移尾座法时，一般用来加工锥度较小(圆锥半角$\frac{\alpha}{2}<8°$)、圆锥长度较长、精度要求不太高的圆锥体。同时，由于前、后顶尖轴线的平行错位，将使顶尖工作面在零件中心孔中接触不良，影响加工质量，所以常采用球形顶尖或在零件上钻一小圆柱孔代替 60° 顶尖孔，以改善加工过程中磨损不均匀的状况。

采用偏移尾座法车削圆锥时，由于采用的是自动走刀，所以被加工零件的表面粗糙度值较小。但必须注意由于尾座偏移量的大小不仅与锥体有关，而且还与两顶尖间的距离有关，这段距离一般近似地等于零件总长，因此在成批加工时，零件的总长和中心孔的深浅应保持一致，否则会造成锥度和尺寸的误差。

(3) 仿形法(靠模法)。如图 5.6(c)所示，用仿形法车削锥体时，车刀除了纵向进给外，同时还要横向进给。刀尖的运动轨迹是一条与车床主轴中心线成一定角度的直线，仿形用的靠模实质上是一条可调整角度的导轨。

采用仿形法车圆锥的优点是调整方便、准确，车出的锥面质量高，可进行机动车削内、外圆锥面，但靠模调节范围小，一般在 12° 以下。当锥面精度要求较高、零件批量较大时常用这种方法。

(4) 宽刃法。如图 5.6(d)所示，其实质是用成形车刀车锥面，因此加工质量较好，但只能车削较短(L＜15mm)锥面。采用宽刃法车削圆锥面时，要求车刀的作用切削刃必须平直，车床和零件刚性好，否则易引起振动而使表面粗糙度值变大，影响表面加工质量。宽刃法车削圆锥是用切入法一次进给车出全部锥体长度，因此生产率较高。

5.4.2 铰削圆锥孔

在实际生产中，当加工直径较小的内圆锥面时，由于刀杆刚度较差，难以达到较高的精度和较小的表面粗糙度值，常用锥铰刀铰削。铰锥孔的精度比车削高，表面粗糙度值可达 R_a=1.6μm。铰锥孔又分为机动和手动两种。

铰锥孔前孔的预加工，直径较小者以小端直径为准，留够铰削余量钻出即可；直径较大者钻后应先粗车成锥孔，在直径上留 0.2～0.3mm 铰削余量，再用铰刀精铰至尺寸要求，也可采用粗、精铰分开的成套锥铰刀在钻出的底孔上直接铰孔。

铰锥孔应使用切削液，铰钢件锥孔常用乳化液，铰铸铁、铜料锥孔常用菜油作切削液。

5.4.3 磨削圆锥面

对于加工精度在 IT7 以上、表面粗糙度值 R_a≤1.6μm、淬火处理后硬度较高的圆锥面，一般采用磨削进行精加工。磨削外圆锥面一般在普通外圆磨床或万能外圆磨床上进行。如图 5.2 所示，其加工原理与车锥面相同。图 5.7(a)所示类似转动小滑板法车锥面，图 5.7(b)所示类似宽刃法车锥面，图 5.7(c)所示类似偏移尾座法车锥面。磨锥面时，转动磨床砂轮架、头架或工作台的角度，必须使被加工圆锥母线与轴线间的夹角等于圆锥半角 $\frac{\alpha}{2}$。

磨削内圆锥面时，可用内圆磨床或者万能外圆磨床。在万能外圆磨床上用内圆磨头进行磨削时，用卡盘装夹零件，其运动与磨削外圆和外圆锥面时基本相同，但砂轮的旋转方向相反。其磨削质量及磨削效率都比磨削外圆和外圆锥面时低。

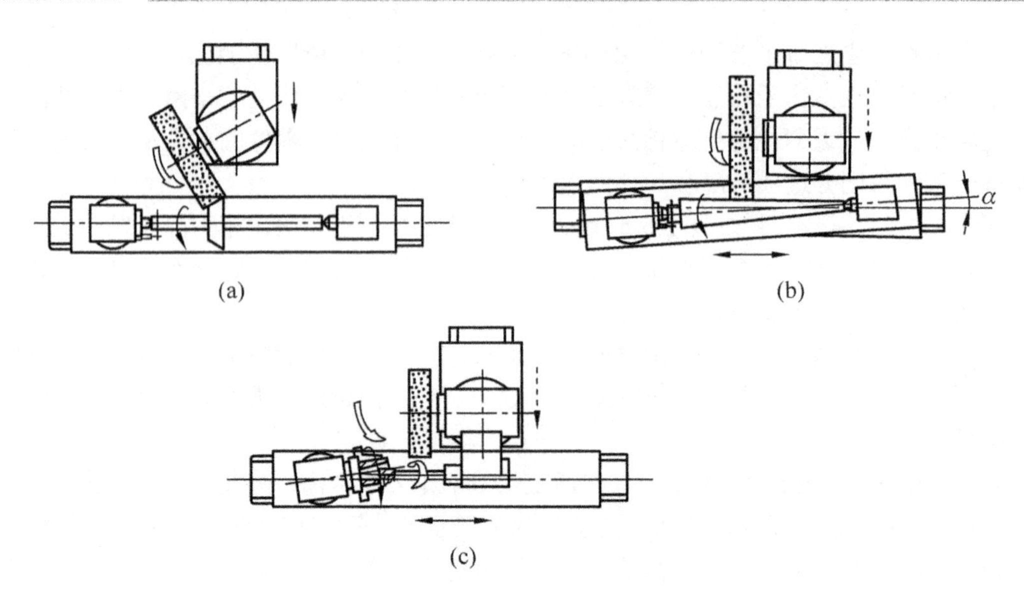

图 5.7　磨削圆锥面的方法

5.4.4　加工特形面

在实际生产中，精度要求较低的特形面常常采用车削的方法完成，车削时根据产品的结构特点、精度要求和生产规模大小等不同情况，可分别采用成形车刀、双手控制、靠模以及专用工具等车削方法。对于要求精度较高的的特形面则用数控机床进行加工，主要是针对各种模具上的特形面。

成形车刀又叫样板刀，是加工回转体成形表面的专用刀具。对于批量较大，零件上有大圆角、圆弧槽或者曲面狭窄而变化幅度较大的特形面，特别适合用成形车刀进行加工。成形车刀可按加工的要求做成各种样式的，如图 5.8 所示。零件的加工精度主要由成形车刀主刀刃的曲线形状来保证。

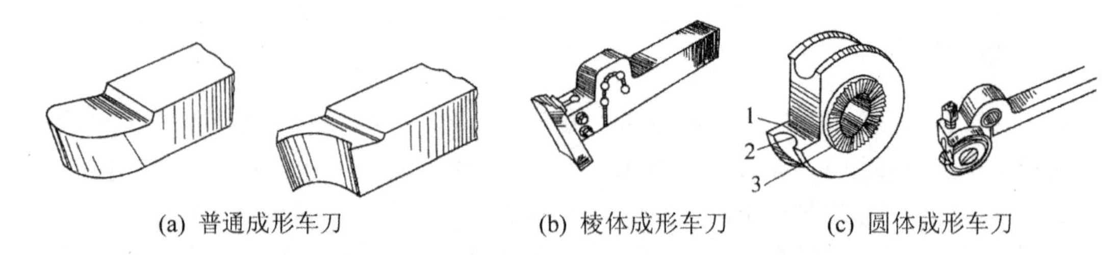

(a) 普通成形车刀　(b) 棱体成形车刀　(c) 圆体成形车刀

图 5.8　成形车刀

对于单件或小批量生产的特形面零件，可以用双手控制法进行车削。即用右手控制小滑板的手柄，左手控制中滑板的手柄，通过双手的协调动作，使车刀的运动轨迹和零件所要求的特形面曲线相同，从而车出所需要的成形面。用双手控制法时，一般要选用圆头车刀，对操作者有较高的技术要求，生产效率较低。

在车床上用成形车刀加工特形面时，为了保证被加工表面的粗糙度值，一般需要用砂布抛光。在车床上也可以采用仿形(靠模)法或者用专用工具车削特形面，仿形(靠模)法车削特形面的原理与车削圆锥面相同，如图 5.9 所示。

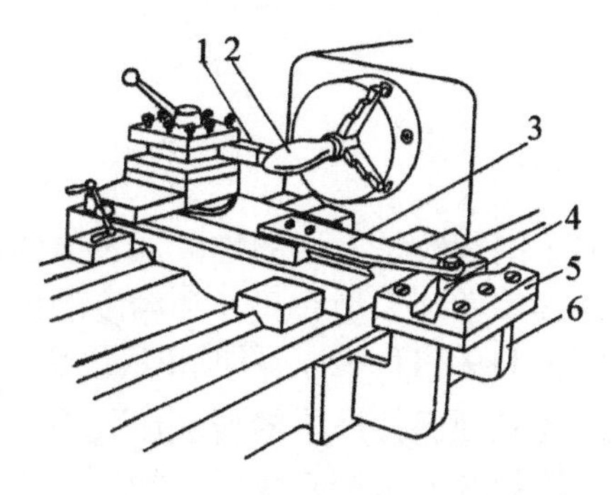

图 5.9 仿形(靠模)法车削特形面

1—车刀 2—工件 3—拉板 4—滚柱 5—仿形板 6—支撑板

5.5 螺纹表面的加工

螺纹与齿轮的工作面也属特形表面，由于其技术要求及加工方法的特点，故分开来介绍。

5.5.1 螺纹表面的技术要求

在机器和仪器制造中，常用的螺纹按用途主要可分为紧固螺纹、传动螺纹和紧密螺纹3 大类。紧固螺纹用于连接或固紧零件，其类型很多，要求也有所不同，对普通紧固用螺纹的主要是可旋合性和连接可行性的要求。传动螺纹用于传递动力、运动或位移，这类螺纹的牙型有梯形、矩形和三角形，如丝杆和测微螺纹，主要是传动准确、可靠，牙型接触良好及耐磨等要求。特别是对丝杆，要求传动比恒定，且在全长上的累积误差小。对测微螺纹，特别要求传递运动准确，且由间隙引起的空程误差要小。紧密螺纹主要用于密封结合，如各种油管、气管、水管的接头等，则要求不漏水、不漏气、不漏油。

(1) 螺纹精度。普通螺纹精度分为精密、中等和粗糙三级。精密级用于要求配合性质稳定，且保证相当定位精度的螺纹结合；中等级用于一般的螺纹结合；粗糙级则用于不重要的螺纹结合或加工较困难的螺纹。

(2) 旋合长度。螺纹的旋合性受螺纹的半角误差和螺距误差的影响，短旋合长度的螺纹旋合性比长旋合长度的螺纹旋合性好，加工时容易保证精度。螺纹的旋合长度分为 S、N、L 3 种。

(3) 形位公差的要求。对于普通螺纹一般不规定形位公差，仅对高精度螺纹规定在旋合长度内的圆柱度、同轴度和垂直度等规定形位公差。其公差值一般不大于中径公差的50%，并遵守包容原则。

(4) 尺寸精度。螺纹的基本偏差根据螺纹结合的配合性质和作用要求来确定。内螺纹的基本偏差优先选用 H，为保证螺纹结合的定心精度及结合强度，可选用最小间隙为零的配合(H/h)。

5.5.2 螺纹表面的加工方法

1. 车螺纹

在普通车床上用螺纹车刀车削螺纹是常用的螺纹加工方法。用来加工三角螺纹、矩形螺纹、梯形螺纹、管螺纹、蜗杆等各种牙型、尺寸和精度的内、外螺纹，尤其是导程和尺寸较大的螺纹，其加工精度可达IT9～IT4级，表面粗糙度值可达R_a=3.2～0.4μm。车螺纹时零件与螺纹车刀间的相对运动必须保持严格的传动比关系，即零件每转一周，车刀必须沿着零件轴向移动一个导程。车螺纹的生产率较低，加工质量取决于工人技术水平及机床和刀具的精度。但因车螺纹刀具简单，机床调整方便，通用性广，在单件、小批量生产中得到广泛应用。

2. 套螺纹与攻螺纹

用板牙在圆柱面上加工出外螺纹的方法称为套螺纹。套螺纹时，受板牙结构尺寸的限制，螺纹直径一般为ϕ1～ϕ52mm。套螺纹又分手工与机动两种，手工套螺纹可以在机床或钳工台上完成，而机动套螺纹需要在车床或钻床上完成。

用丝锥在零件内孔表面上加工出内螺纹的方法称为攻螺纹。对于小尺寸的内螺纹，攻螺纹几乎是唯一的加工方法。单件小批生产时，由操作者用手用丝锥攻螺纹；当零件批量较大时，可在车床、钻床或攻丝机上用机用丝锥攻螺纹。

采用手工攻螺纹或套螺纹时，板牙或丝锥每转过1/2～1圈后，均应倒转1/4～1/2圈，使切屑碎断后排除，以免因切屑挤塞而造成刀齿或零件螺纹的损坏。

攻、套螺纹的加工精度较低，主要用于精度要求不高的普通联接螺纹。攻螺纹与套螺纹因加工螺纹操作简单，生产效率高，成品的互换性也较好，在加工小尺寸螺纹表面中得到了广泛的应用。

3. 铣螺纹

铣螺纹是在螺纹铣床上用螺纹铣刀加工螺纹的方法，其原理与车螺纹基本相同。由于铣刀齿多，转速快，切削用量大，故比车螺纹生产率高。但铣螺纹是断续切削，振动大，不平稳，铣出螺纹表面较粗糙。因此铣螺纹多用于大批量加工精度不太高的螺纹表面。由于铣刀的廓形设计是近似的，加工精度不高，常用于加工大螺距螺纹和梯形螺纹及蜗杆的粗加工。

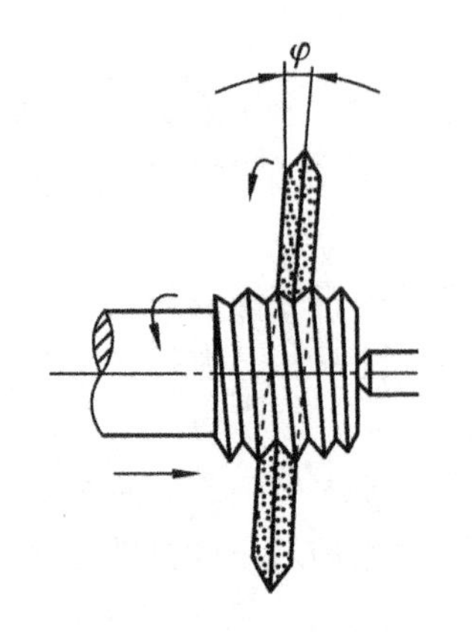

图5.10　单线砂轮磨削螺纹

4. 磨螺纹

磨螺纹是精加工螺纹的一种方法，用廓形经修整的砂轮在螺纹磨床上进行的。其加工精度可达IT6～IT4级，表面粗糙度R_a≤0.8μm。

根据采用的砂轮外形不同，外螺纹的磨削分为单线砂轮磨削和多线砂轮磨削，最常见的是单线砂轮磨削，如图5.10所示。

由于螺纹磨床是结构复杂的精密机床，加工精度高、效率低、费用高，所以磨螺纹一般只用于表面要求淬硬的精密螺纹(如精密丝杠、螺纹量块、丝锥等)的精加工。

5. 滚螺纹和搓螺纹

滚螺纹和搓螺纹是一种无屑加工，按滚压法来加工螺纹。用一副滚丝轮在滚丝机上滚轧出零件的螺纹表面称为滚螺纹；用一对搓丝板在搓丝机上轧制出零件的螺纹称为搓螺纹。滚螺纹或搓螺纹时，零件表层金属在滚丝轮或搓丝板的挤压力作用下，产生塑性变形而形成螺纹，生产率特别高；加工的螺纹精度高，滚螺纹可达 IT4 级，搓螺可达 IT5 级，螺纹的表面粗糙度 R_a 可达 1.6～0.4μm；滚或搓出螺纹的零件金属纤维组织连续，故强度高、耐用；滚或搓螺纹的设备简单，材料利用率高；但滚螺纹和搓螺纹只适用于加工塑性好、直径和螺距都较小的外螺纹。

5.6 齿轮表面的加工

5.6.1 齿轮表面的技术要求

齿轮是广泛应用于各种机械和仪表中的一种零件，其作用是按规定的传动比传递运动和功率。由齿轮构成的齿轮传动是机械传动的基本形式之一，因其传动的可靠性好、承载能力强、制造工艺成熟等优点，而成为各类机械中传递运动和动力的主要机构。

齿轮传动有圆柱齿轮传动、圆锥齿轮传动、齿轮—齿条传动及蜗杆—蜗轮传动等。由于齿轮传动的类型很多，对齿轮传动的使用要求也是多方面的，一般情况下，齿轮传动有以下几个方面的使用要求，每种要求都是由齿轮的一个或一组相应的评价指标表示。

(1) 齿轮传动准确性。齿轮传动的准确性是指齿轮转动一周内传动比的变动量，评定的指标主要包括齿距累积总误差；径向跳动、切向综合总误差；径向综合总误差；公法线长度变动等。通过对以上几项公差的控制使齿轮的传动精度达到要求。

(2) 齿轮传动的平稳性。齿轮传动的平稳性是指齿轮在转过一个齿距角的范围内传动比的变动量，评定指标有：单个齿距偏差、基圆齿距偏差、齿廓偏差、一齿切向综合误差、一齿径向综合误差等。该项指标主要影响齿轮在转动过程中的噪声。

(3) 载荷分布的均匀性。齿轮载荷分布的均匀性是指在轮齿啮合过程中，工作齿面沿全齿宽和全齿长上保持均匀接触，并具有尽可能大的接触面积比。评定指标有螺旋线偏差、接触斑点和轴线平行度误差，通过控制以上指标，保证齿轮传递载荷分布的均匀性，以提高齿轮的使用寿命。

(4) 齿轮副侧隙。齿轮副侧隙是指一对齿轮啮合时，在非工作齿面间应留有合理的间隙，目的是为储藏润滑油，补偿齿轮副的安装与加工误差及受力变形和发热变形，保证齿轮自由回转，评定指标包括齿厚偏差、公法线长度偏差和中心距偏差。

(5) 齿坯基准面的精度。齿坯基准表面的尺寸精度和五花八门的精度直接影响齿轮的加工精度和传动精度，齿轮在加工、检验和安装时的径向基准面和轴向辅助基准面应该尽量一致。对于不同精度的齿轮齿坯公差可查阅有关标准。

5.6.2 齿轮表面的加工方法

无论是圆柱齿轮还是圆锥齿轮的加工，按照加工时的工作原理可分为成形法和展成法两种。

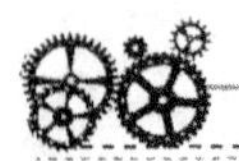

1. 圆柱齿轮齿面的加工

(1) 成形法。采用刀刃形状与被加工齿轮齿槽截面形状相同的成形刀具加工齿轮，常用成形铣刀进行铣齿。成形铣刀有盘状模数铣刀和指状模数铣刀两种，专门用来加工直齿和螺旋齿(斜齿)圆柱齿轮，其中指状模数铣刀适用于加工模数较大的齿轮，如图5.11所示。用成形铣刀加工齿轮时，每次加工齿轮的一个齿槽，零件的各个齿槽是利用分度装置依次切出的。其优点是所用刀具与机床的结构比较简单，还可在通用机床上用分度装置来进行加工。如可在升降台式铣床或牛头刨床上分别用齿轮铣刀或成形刨刀加工齿轮。

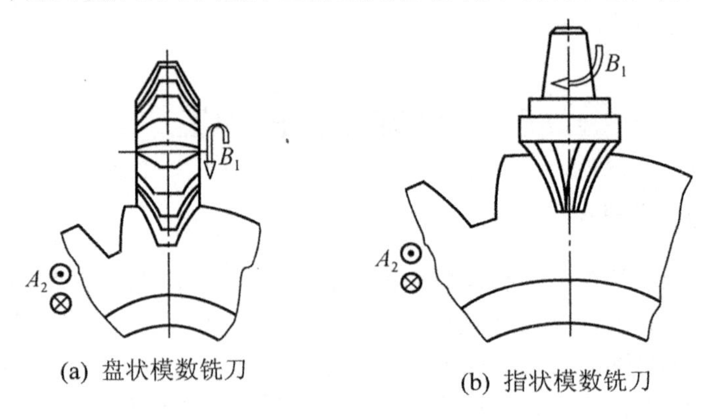

图5.11 用成形铣刀加工齿轮

用成形法加工齿轮时，由于同一模数的齿轮只要齿数不同，齿形曲线也不相同，为了加工准确的齿形，就需要很多的成形刀具，这显然是很不经济的。同时，因成形刀的齿形误差、系统的分度误差及齿坯的安装误差等影响，加工精度较低，一般低于IT10级。常用于单件小批生产和修配行业。

(2) 展成法。展成法加工齿面是根据一对齿轮啮合传动原理实现的，即将其中一个齿轮制成具有切削功能的刀具，另一个则为齿轮坯，通过专用机床使二者在啮合过程中由各刀齿的切削痕迹逐渐包络出零件齿面。展成法加工齿轮的优点是：用同一把刀具可以加工同一模数不同齿数的齿轮，加工精度和生产率较高。按展成法加工齿面最常见的方式是插齿、滚齿、剃齿和磨齿，用来加工内、外啮合的圆柱齿轮和蜗轮等。

① 插齿。插齿主要用于加工直齿圆柱齿轮的轮齿，尤其是加工内齿轮、多联齿轮，还可以加工斜齿轮、人字齿轮、齿条、齿扇及特殊齿形的轮齿。

插齿是按展成法的原理来加工齿轮的，如图5.12(a)所示。插齿精度高于铣齿，可达IT8～IT7级，齿面的表面粗糙度值R_a=3.2～1.6μm，但生产率较低。当插斜齿轮时，除了采用斜齿插齿刀外，还要在机床主轴滑枕中装有螺旋导轨副，以实现插齿刀的附加转动。

② 滚齿。滚齿是用齿轮滚刀在滚齿机上加工齿轮和蜗轮齿面的方法，如图5.12(b)所示。滚齿精度可达IT8～IT7级；因为滚齿属连续切削，故生产率比铣齿、插齿都高。

滚齿不仅用于加工直齿轮和斜齿轮，还可加工蜗轮和花键轴等；其他许多零件、棘轮、链轮、摆线齿轮及圆弧点啮合齿轮等也都可以设计专用滚刀来加工；它既可用于大批大量生产，也是单件小批生产中加工圆柱齿轮的基本方法。

(3) 齿面精加工。铣齿、插齿和滚齿只能获得一般精度的齿面；精度超过IT7级或需淬硬的齿面，在铣、插、滚等预加工或热处理后还需进行精加工。常用齿面精加工方法如下。

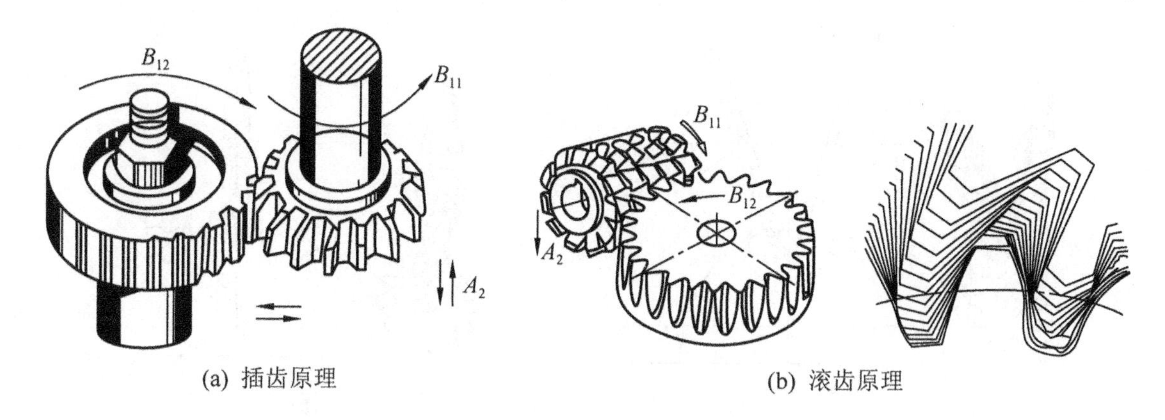

(a) 插齿原理　　(b) 滚齿原理

图 5.12　展成原理及其成形运动

① 剃齿。剃齿是用剃齿刀对齿轮或蜗轮未淬硬齿面进行精加工的基本方法，是一种利用剃齿刀与被切齿轮作自由啮合进行展成加工的方法。

剃齿加工精度主要取决于刀具，只要剃齿刀本身的精度高，刃磨好，就能够剃出表面粗糙度值 R_a=0.8～0.4μm、精度为 IT8～IT6 级的齿轮。剃齿精度还受剃前齿轮精度的影响，剃齿一般只能使轮齿精度提高一级。从保证加工精度考虑，剃前工艺采用滚齿比采用插齿好，因为滚齿的运动精度比插齿好，滚齿后的齿形误差虽然比插齿大，但这在剃齿工序中是不难纠正的。

剃齿加工主要用于加工中等模数，IT8～IT6 级精度、非淬硬齿面的直齿或斜齿圆柱齿轮，部分机型也可加工小锥度齿轮和鼓形齿的齿轮，由于剃齿工艺的生产率极高，被广泛的用作大批大量生产中齿轮的精加工。

② 珩齿。珩齿是用珩磨轮对齿轮或蜗轮的淬硬齿面进行精加工的重要方法，齿面硬度一般超过 35HRC；与剃齿不同的只是以含有磨料的塑料珩轮代替了原来的剃齿刀，在珩轮与被珩齿轮自由啮合过程中，利用齿面间的压力和相对滑动对被切齿轮进行精加工。但珩齿对零件齿面齿形精度改善不大，主要用于降低热处理后的齿面表面粗糙度。珩磨轮用金刚砂和环氧树脂等混合经浇注或热压而成。金刚砂磨粒硬度极高，珩磨时能切除硬齿面上的薄层加工余量。珩磨过程具有磨、剃和抛光等几种精加工的综合作用。

③ 磨齿。磨齿是按展成法的原理用砂轮磨削齿轮或齿条的淬硬齿面。磨齿需在磨齿机上进行，属于淬硬齿面的精加工。如图 5.13 所示，按展成法磨齿时，将砂轮的工作面修磨成锥面以构成假想齿条的齿面；加工时砂轮以高速旋转为主运动，同时沿零件轴向作往复进给运动；砂轮与零件间通过机床传动链保持着一对齿轮啮合运动关系，磨好一齿后由机床自动分度再磨下一个齿，直至磨完全部齿面。假想齿条的齿面可由两个碟形砂轮工作面来构成，如图 5.13(a)所示，也可由一个锥形砂轮的两侧工作面构成，如图 5.13(b)所示。

磨齿工序修正误差的能力强，在一般条件下加工精度能达到 IT8～IT6 级精度，表面粗糙度可达 R_a= 0.8～0.16μm，但生产率低，与剃齿形成了明显的对比，但磨齿可加工淬硬齿面，剃齿则不能。

磨齿是齿轮加工中加工精度最高、生产率最低的精加工方法，只是在齿轮精度要求特别高(IT5 级以上)，尤其是在淬火之后齿轮变形较大需要修整时才采用磨齿法加工。

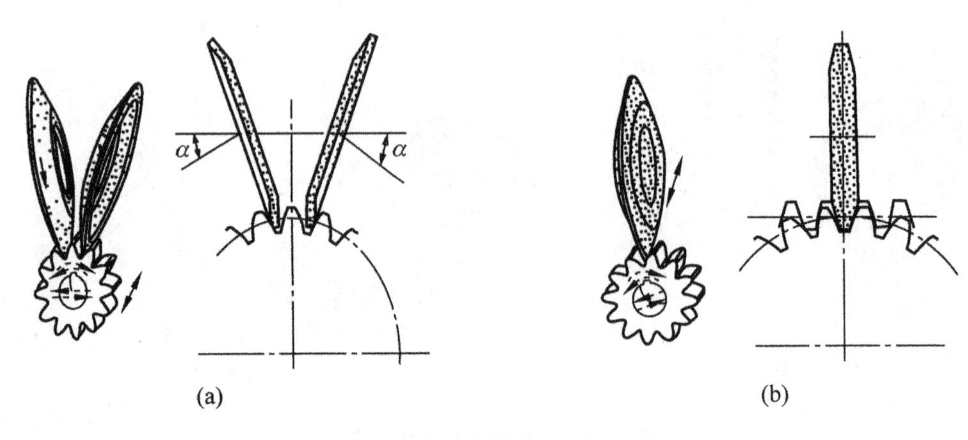

图 5.13 磨齿

2. 齿面加工方案

齿轮齿面的精度要求大多较高，加工工艺也较复杂，选择加工方案时应综合考虑齿轮的模数、尺寸、结构、材料、精度等级、生产批量、热处理要求和工厂加工条件等。在汽车、拖拉机和许多机械设备中，精度为IT9～IT6级、模数为1～10mm的中等尺寸圆柱齿轮，齿面加工方案通常按表5-4选择。

表 5-4 常见齿面加工方案

序号	加工方案	精度等级	生产规模	主要装备	适用范围	说明
1	铣齿	IT10～IT9	单件小批	通用铣床、分度头及盘铣刀或指状铣刀	机修业、农机业小厂及乡镇企业	靠分度头分齿
2	滚(插)齿	IT9～IT6	单件小批	滚(插)齿机、滚(插)齿刀	很广泛。滚齿常用于外啮合圆柱齿轮及蜗轮；插齿常用于阶梯轮、齿条、扇形轮、内齿轮	滚齿的运动精度较高；插齿的齿形精度较高
3	滚(插)—剃齿	IT7～IT6	大批大量	滚(插)齿机、剃齿机、滚(插)齿刀、剃齿刀	不需淬火的调质齿轮	尽量用滚齿后剃齿、双联、三联齿轮插后剃齿
4	滚(插)—剃—高频淬火—珩	IT6	成批大量	滚齿机、剃齿机、珩磨机	需淬硬的齿轮、机床制造业	矫正齿形精度及热处理变形能力较差
5	滚(插)—淬火—磨	IT6～IT5	单件小批	滚(插)齿机磨齿机及滚(插)齿刀、砂轮	精度较高的重载齿轮	生产率低、精度高

小 结

本章主要介绍了外圆表面、内圆表面、平面及几种成形表面的技术要求和加工方法，并列出了这些表面在实际生产中常用的加工方案。

习　题

1. 试比较分析零件基本表面加工中外圆、内孔、平面加工方法的工艺特点及其适用范围。

2. 试述零件基本表面加工中车锥面的方法，以及为保证车削精度操作时的注意问题和适用范围。

3. 对齿轮表面加工时主要有哪些技术要求？

4. 常见的齿形的加工方法有哪些，并分别叙述各自加工精度及适用范围。

5. 试比较外圆表面、平面、螺纹技术要求的异同。

第 6 章 先进制造技术

教学提示

先进制造技术是多学科的渗透、交叉和融合，是集机械、电子、信息、材料和管理技术为一体的新型学科。在加工、物流、信息等领域，任何一个领域的先进技术或多个领域综合的先进技术均可称为先进制造技术。如高速加工技术、超精密加工技术和快速原型制造技术是产生在加工领域的先进技术，而先进制造模式则为先进制造技术中的管理方法和工程技术相融合的新成果。

教学要求

本章要求学生掌握高速加工的特点，了解高速加工的关键技术——高速电主轴、高速进给系统及高速工具系统；掌握快速原型制造的基本原理及特点，了解两种常用的 RPM 工艺——SLA 和 LOM。6 种先进制造模式进一步拓宽学生的视野，企业生存的有效途径是运用先进制造模式进行管理。

6.1 高速加工技术

6.1.1 高速加工及其特点

自20世纪30年代德国 Carl Salomon 博士首次提出高速切削概念以来，经过50年代的机理与可行性研究，70年代的工艺技术研究，80年代全面系统的高速切削技术研究，到90年代初，高速切削技术开始进入实用化，到90年代后期，商品化高速切削机床大量涌现。21世纪初，高速切削技术在工业发达国家得到普遍应用，正成为切削加工的主流技术。

根据1992年国际生产工程研究会(CIRP)年会主题报告的定义，高速加工通常指切削速度超过传统切削速度5～10倍的切削加工。因此，根据加工材料的不同和加工方式的不同，高速加工的切削速度范围也不同。高速加工包括高速铣削、高速车削、高速钻孔与高速车铣等，但绝大部分应用是高速铣削。目前，加工铝合金的切削速度达到2 000～7 500m/min；铸铁为900～5 000m/min；钢为600～3 000m/min；耐热镍基合金达500m/min；钛合金达150～1 000m/min；纤维增强塑料为2 000～9 000m/min。

高速加工的主要特点如下。

(1) 加工效率高。高速切削加工比传统切削加工的切削速度高5～10倍，进给速度随切削速度的提高也可相应提高5～10倍，这样，单位时间材料切除率可提高3～6倍，因而零件加工时间通常可缩减到原来的1/3，从而提高了加工效率和设备利用率，缩短了生产周期。

(2) 切削力小。和传统切削加工相比，高速切削加工的切削力至少可降低30％，这对于加工刚性较差的零件(如细长轴、薄壁件)来说，可减少加工变形，提高零件加工精度。同时，采用高速切削单位功率材料切除率可提高40%以上，有利于延长刀具使用寿命，通常刀具寿命可提高约70％。

(3) 热变形小。高速切削加工过程极为迅速，95%以上的切削热来不及传给工件，而被切屑迅速带走，零件不会由于温升导致弯翘或膨胀变形。因此高速切削特别适合于加工容易发生热变形的零件。

(4) 加工精度高、加工质量好。由于高速切削加工的切削力和切削热影响小，使刀具和工件的变形小，工件表面的残余应力小，从而保持了尺寸精度。同时，由于切屑被飞快地切离工件，可以使工件达到较好的表面质量。

(5) 加工过程稳定。高速旋转刀具切削加工时的激振频率已远远高于切削工艺系统的固有频率，不会造成工艺系统振动，使加工过程平稳，有利于提高加工精度和表面质量。

(6) 能加工各种难加工材料。例如，航空和动力部门大量采用的镍基合金和钛合金，这类材料强度大、硬度高、耐冲击，加工中容易硬化，切削温度高，刀具磨损严重，在普通加工中一般采用很低的切削速度。如采用高速切削，则其切削速度为常规切速的10倍左右，不仅大幅度提高生产率，而且可有效地减少刀具磨损。

(7) 降低加工成本。高速切削时单位时间的金属切除率高、能耗低、工件加工时间短，从而有效地提高了能源和设备利用率，降低了生产成本。

6.1.2 高速加工机床

高速加工机床主要由高速回转主轴单元系统、高速进给系统、高速机床支承部件、高速刀具系统、高速数控系统及高速加工监测系统等几部分组成。

1. 高速回转主轴单元系统

高速机床主轴单元与普通机床主轴单元的不同之处主要表现在：主轴转速一般为普通机床主轴转速的 5～10 倍，机床的最高转速一般都大于 10 000r/min，有的高达 60 000～100 000r/min；主轴的加、减速度比普通机床高得多，一般比普通数控机床高出一个数量级，达到 1～8g(g=9.81m/s^2)的加速度，通常只需 1～2s 即可完成从启动到达到选定的最高转速(或从最高转速到停止)；主轴单元电机功率一般高达 15～80kW。

高速主轴单元是高速加工机床最重要的部件，也是实现高速加工的最关键技术之一。它要求动平衡性高、刚性好、回转精度高，有良好的热稳定性，能传递足够的力矩和功率，能承受高的离心力，带有准确的测温装置和高效的冷却装置。

1) 高速电主轴

高速电主轴在结构上大都采用交流伺服电机直接驱动的集成化结构，取消了齿轮变速机构，采用电动机无级调速，并配备有强力冷却和润滑装置。高速主轴把电机转子与主轴做成一体，即将无壳电动机的空心转子用过盈配合的形式直接套装在机床主轴上，带有冷却套的定子则安装在主轴单元的壳体中，形成内装式电动机主轴，简称电主轴。这样，电动机的转子就是机床的主轴，机床主轴单元的壳体就是电机座，从而实现了变频电动机与机床主轴的一体化。这种电动机与机床主轴“合二为一”的传动结构形式把机床主传动链的长度缩短为零，实现了机床的“零传动”，具有结构紧凑、易于平衡、传动效率高等特点。

2) 高速精密轴承

电主轴的轴承性能对电主轴的使用功能至关重要。轴承必须满足高速运转的要求，具有较高的回转精度和较低的温升，而且轴承要具有尽可能高的径向和轴向刚度，并具有较长的使用寿命。

高速主轴支承用的高速轴承有接触式和非接触式轴承两大类。接触式轴承存在摩擦且摩擦因数大，允许最高转速低。目前主要采用的有精密角接触球轴承。非接触式的流体轴承，其摩擦仅与流体本身的摩擦因数有关。由于流体摩擦因数很小，因而允许转速高。目前主要采用的有空气轴承、液体动静压轴承和磁悬浮轴承。

空气轴承高速性能好，但径向刚度低并有冲击，一般用于超高速、轻载、精密主轴；液体动静压轴承采用流体动、静力相结合的方法，使主轴在油膜支撑中旋转，具有径向和轴向跳动小、刚性好、阻尼特性好、寿命长的优点，主要用在低速重载场合，但维护保养较困难；磁悬浮轴承是一种利用电磁力将主轴无机械接触地悬浮起来的新型智能化轴承，其高速性能好、精度高，易实现实时诊断和在线监控，是超高速电主轴理想的支承元件，但其价格较高，控制系统复杂。

3) 高速电主轴的冷却

电主轴的主要热源有 3 个：置于主轴内部的电动机、轴承和切削刀具。

电动机在高速旋转时，电动机转子的工作温度高达 140～160℃，定子的温度也在 45～

85℃。由于电动机的内置使得主轴和电动机成为一个整体，电动机产生的热量会直接传递给主轴，从而引起主轴热变形产生加工误差。另外，电主轴的轴承在高速旋转时会产生大量的热量，这也会引起主轴温度的升高，而且容易烧坏轴承。安装在电主轴端部的切削刀具，在高速切削时也会产生大量的热量。因此，如果不采取有效的冷却措施，高速电主轴将无法正常工作，在电主轴结构设计时必须考虑散热问题，使电主轴在高速旋转时能保持恒定的温度。

2. 高速进给系统

高速进给系统是高速加工机床的重要组成部分，是评价高速机床性能的重要指标之一，是维持高速加工中刀具正常工作的必要条件。高速加工在提高主轴转速的同时必须提高进给速度，否则，不但无法发挥高速切削的优势，还会使刀具处于恶劣的工作条件下。同时，进给系统还需具有较大的加速度才能在最短的时间和行程内达到一定的高速度。因此，高速机床对进给系统主要有以下要求。

(1) 进给速度高。高速切削机床的电主轴的转速一般为常规切削的10倍左右，为保证加工质量和刀具使用寿命，必须保证刀具每齿进给量基本不变，因此高速机床的进给速度需要相应地提高。高速进给速度一般为常规进给速度的10倍左右，目前一般高速机床的进给速度为60m/min，特殊情况可以达到120m/min以上。

(2) 进给加速度高。大多数高速机床加工零件的工作行程范围只有几十毫米到几百毫米，如果不能提供大加速度来保证在极短的行程内达到高速和在高速行程中瞬间准停，高速度就失去意义。高加速度还可以以最大的速度连续进给，保证在加工小半径结构的复杂轮廓时的误差很小。目前一般高速机床要求进给加速度为 1～2g，某些高速机床要求加速度达到2～10g。

(3) 动态性能好，能实现快速的伺服控制和误差补偿，具有较高的定位精度和刚度。在高速运动情况下，进给驱动系统的动态性能对机床加工精度的影响很大。此外，随着进给速度的不断提高，各坐标轴的跟随误差对合成轨迹精度的影响将变得越来越突出。

普通数控机床进给系统采用的旋转伺服电机带动滚珠丝杠的传动方式已无法满足上述要求。在滚珠丝杠传动中，由于电动机轴到工作台之间存在联轴器、丝杠、螺母及其支架、轴承及其支架等一系列中间环节，因而在运动中就不可避免地存在弹性变形、摩擦磨损和反向间隙等，造成进给运动的滞后和其他非线性误差。此外，整个系统的惯性质量较大，必将影响系统对运动指令的快速响应等一系列动态性能。当机床工作台行程较长时，滚珠丝杠的长度必须相应加长，细而长的丝杠不仅难于制造，而且会成为这类进给系统的刚性薄弱环节，在力和热的作用下容易产生变形，使机床很难达到高的加工精度。

针对这些问题，世界上许多国家的研究单位和生产厂家对高速机床的进给系统进行了系统的研究，开发出若干种适用于高速机床的新型进给系统。目前，主要采用的是直线电动机进给驱动系统。

直线电机进给驱动系统采用直线电动机作为进给伺服系统的执行元件。直线电动机利用电磁感应的原理，输出定子和转子之间的相对直线位移，电动机直接驱动机床工作台，取消了电动机到工作台之间的一切中间传动环节，与电主轴一样把传动链的长度缩短为零。其优点如下。

(1) 精度高。由于取消了丝杠等机械传动机构，便可减少插补时因传动系统滞后带来的跟踪误差。

(2) 速度快，加减速过程短。由于无机械传动，则无机械旋转运动，无惯性力和离心力的作用，因此可容易实现启动时瞬间达到高速，高速运行时又能瞬间准停。

(3) 传动刚度高。由于进给传动链的长度缩短为零，因此刚度大大提高。

(4) 高速响应性。在进给系统中取消了一些响应时间常数大的机械传动件(如丝杠等)，整个闭环控制系统动态响应性能大大提高。

此外，直线电机进给驱动系统的运行效率高，噪声低，行程长度不受限制。

3. 高速数控系统

由于高速加工机床主轴转速、进给速度和其加(减)速度都非常高，且进给方向采用直线电机直接驱动，因此对数控系统提出更高的要求。为了实现高速，要求单个程序段处理时间短；为了在高速下保证加工精度，要有前馈和大量的超前程序段处理功能；要求快速形成刀具路径，此路径应尽可能圆滑，走样条曲线而不是逐点跟踪，少转折点、无尖转点；程序算法应保证高精度。

高速加工机床的CNC控制系统具有以下特点。

(1) 采用32位CPU、多CPU微处理器及64位RISC芯片结构，以保证高速度处理程序段。因为在高速下要生成光滑、精确的复杂轮廓时，会使一个程序段的运动距离只等于1mm的几分之一，其结果使NC程序将包括几千个程序段。这样的处理负荷不但超过了大多数16位控制系统，甚至超过了某些32位控制系统的处理能力。其原因之一是控制系统必须高速阅读程序段，以达到高的切削速度和进给速度要求；其二是控制系统必须预先做出加速或减速的决定，以防止滞后现象发生。对于16位CPU，一个程序段处理的速度在60ms以上，而大多数32位CPU控制系统的程序段处理速度在10ms以下。GE-FANUC的64位RISC系统可达到提前处理6个程序段且跟踪误差为零的效果，这样在切削加工直角时几乎不会产生伺服滞后。

(2) 能够迅速、准确地处理和控制信息流，把加工误差控制在最小，同时保证控制执行机构运动平滑、机械冲击小。

(3) CNC要有足够的容量和较大的缓冲内存，以保证大容量的加工程序高速运行。同时，一般还要求系统具有网络传输功能，便于实现复杂曲面的CAD / CAM / CAE一体化。

综上所述，高速切削加工机床必须具有一个高性能数控系统，以保证高速下的快速反应能力和零件加工的高精度。

6.1.3 高速加工工具系统

由于高速加工时主轴转速很高，主轴和刀柄将在径向受到巨大的离心力作用，因此在设计高速加工工具系统的结构时，必须考虑离心力对工具系统工作性能的影响。广泛运用于常规切削的传统的BT工具系统已无法应用于高速切削加工。

图6.1是高速加工时BT工具系统的工作图。在高速切削加工时主轴工作转速达每分钟数万转，在巨大的离心力作用下主轴孔的膨胀量比实心刀柄的大，由此产生了以下主要问题。

(1) 由于主轴孔和刀柄的膨胀差异，刀柄与主轴的接触面积减少，工具系统的径向刚度、定位精度下降。

(2) 在夹紧机构拉力的作用下，刀柄将内陷主轴孔内，轴向精度下降，加工尺寸无法控制。

(3) 机床停车后，内陷主轴孔内的刀柄将很难拆卸。

由于 BT 工具系统仅使用锥面定位和夹紧，这种结构在高速切削时还存在以下缺点。

(1) 换刀重复精度低。

(2) 连接刚度低，转矩传递能力低。

(3) 尺寸大、质量大，换刀时间长。

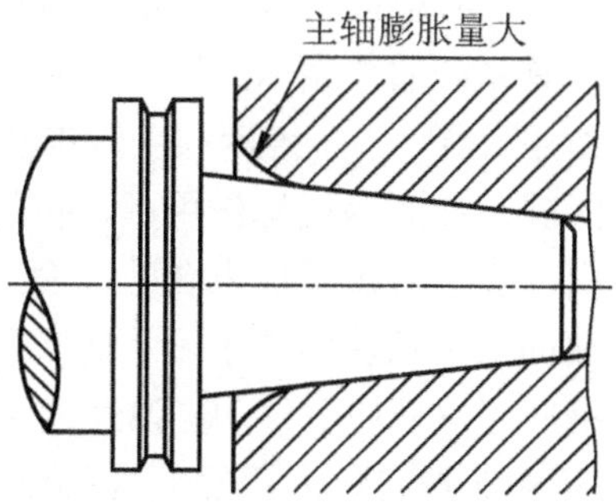

图 6.1 高速加工时 BT 工具系统

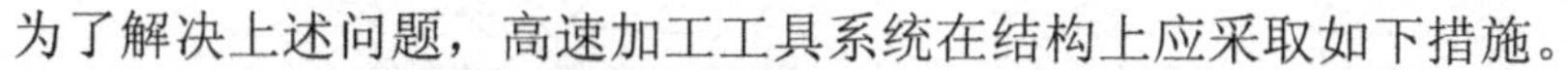

为了解决上述问题，高速加工工具系统在结构上应采取如下措施。

(1) 刀柄的横截面采用空心薄壁结构，以便减少由于离心力而产生的主轴孔和刀柄的膨胀差异，保证刀柄在主轴孔的可靠定位。采用空心薄壁结构的另一个好处是在刀柄安装时主轴孔与刀柄之间产生较大的过盈量，该过盈量可以补偿高速加工时由于离心力而产生的主轴孔和刀柄的膨胀差异。

(2) 采用具有端面定位的工具系统结构。由于刀柄端面的支撑作用，可以防止在高速加工时由于主轴孔和刀柄的膨胀差异而产生的刀柄轴向窜动，提高刀柄的轴向定位精度和刚度。

高速加工工具系统在采用端面定位的结构后，由于端面具有很好的支撑作用，锥体与主轴的接触长度对工具系统的刚度影响较小，为了克服加工误差对这种锥面和端面同时定位的过定位结构的影响，可以缩短刀柄与主轴锥面接触的长度，这种刀柄就是所谓的“空心短锥”刀柄。

此外，刀柄的锥面采用较小的锥角，一般选取 1∶20～1∶10。

图 6.2 为一种被称为 HSK 的接口标准。HSK 由德国阿亨大学机床研究所专门为高速加工机床开发的新型刀—机接口，并形成了用于自动换刀和手动换刀、中心冷却和端面冷却、普通型和紧凑型 6 种形式。HSK 是一种小锥度(1∶10)的空心短锥柄，使用时端面和锥面同时接触，从而形成高的接触刚性。研究表明，尽管 HSK 连接在高速旋转时主轴同样会扩张，但仍然能够保持良好的接触，转速对接口的连接刚性影响不大。

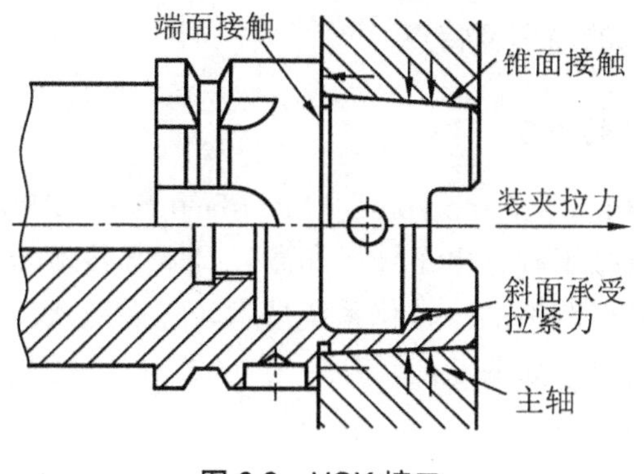

图 6.2 HSK 接口

具有端面定位的空心短锥结构的工具系统，一般使用内涨式的夹紧机构。图 6.3 是 HSK 工具系统的夹紧示意图。HSK 刀柄在机床主轴上安装时，空心短锥柄在主轴锥孔内起定心作用，当空心短锥柄与主轴锥孔完全接触时，HSK 刀柄端面与主轴端面之间约有 0.1mm 的间隙。在夹紧机构作用下，拉杆向左移动，拉杆前端的锥面将夹爪径向胀开，夹爪的外锥面顶在空心短锥柄内孔的锥面上，拉动刀柄向左移动，空心短锥柄产生弹性变形，使刀柄端面与主轴端面靠紧，从而实现了刀柄与主轴锥孔和主轴端面同时定位和夹紧。在松开刀柄时，拉杆向右移动，弹性夹头离开刀柄内孔锥面，拉杆前端将刀柄推出，便可卸下刀柄。HSK 的轴向定位精度可达 0.4μm，其径向位置精度可以控制在 0.25μm 以内。

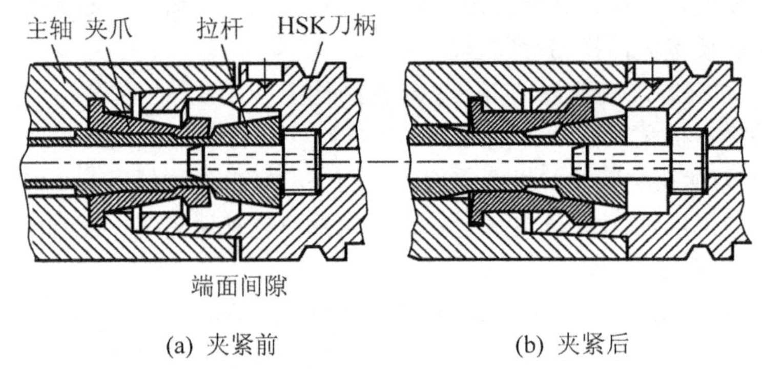

(a) 夹紧前　　(b) 夹紧后

图 6.3　HSK 工具系统

高速加工在航空航天、汽车、模具制造、电子工业等领域得到越来越广泛的应用。在航空航天业中主要是解决零件大余量材料去除、薄壁零件加工、高精度零件加工、难切削材料加工及生产效率等问题；在模具制造业中采用高速铣削，可加工硬度达 50～60HRC 的淬硬材料，可取代部分电火花加工，并减少钳工修磨工序，缩短模具加工周期；高速加工在电子印制线路板打孔和汽车大规模生产中也得到广泛应用。目前，适合于高速加工的材料有铝合金、钛合金、铜合金、不锈钢、淬硬钢、石墨和石英玻璃等。

6.2　快速原型制造技术

6.2.1　快速原型制造技术的原理及特点

1. 快速原型制造技术的原理

快速原型制造技术(Rapid Prototyping Manufacturing，RPM)技术是集 CAD 技术、数控技术、材料科学、机械工程、电子技术和激光技术等技术于一体的综合技术，是实现从零件设计到三维实体原型制造的一体化系统技术，它采用软件离散——材料堆积的原理实现零件的成形过程，其原理如图 6.4 所示。

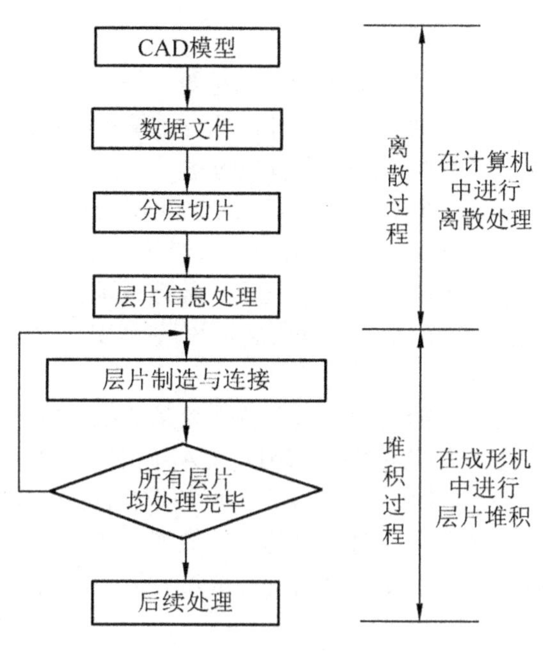

图 6.4 RPM 的工艺流程

(1) 零件 CAD 数据模型的建立。设计人员可以应用各种三维 CAD 造型系统，包括 MDT、SolidWorks、SolidEdge、UGⅡ、Pro/ENGINEER、Ideas 等进行三维实体造型，将设计人员所构思的零件概念模型转换为三维 CAD 数据模型。也可通过三坐标测量仪、激光扫描仪、核磁共振图像、实体影像等方法对三维实体进行反求，获取三维数据，以此建立实体的 CAD 模型。

(2) 数据转换文件的生成。由三维造型系统将零件 CAD 数据模型转换成一种可被快速成形系统所能接受的数据文件，如 STL、IGES 等格式文件。目前，绝大多数快速成形系统采用 STL 格式文件，因 STL 文件易于进行分层切片处理。所谓 STL 格式文件，即为对三维实体内外表面进行离散化所形成的三角形文件，所有 CAD 造型系统均具有对三维实体输出 STL 文件的功能。

(3) 分层切片。分层切片处理是根据成形工艺要求，按照一定的离散规则将实体模型离散为一系列有序的单元，按一定的厚度进行离散(分层)，将三维实体沿给定的方向(通常在高度方向)切成一个个二维薄片，薄片的厚度可根据快速成形系统制造精度在 0.05～0.5mm 之间选择。

(4) 层片信息处理。根据每个层片的轮廓信息，进行工艺规划，选择合适成形参数，自动生成数控代码。

(5) 快速堆积成形。快速成形系统根据切片的轮廓和厚度要求，用片材、丝材、液体或粉末材料制成所要求的薄片，通过一片片的堆积，最终完成三维形体原型的制备。

随着 RPM 技术的发展，其原理也呈现多样化，有自由添加、去除、添加和去除相结合等多种形式。目前，快速成形概念已延伸为包括一切由 CAD 直接驱动的原形成形技术，其主要技术特征为成形的快捷性。

2. RPM 的特点

(1) 制造过程柔性化。RPM 的最突出特点就是柔性好，它取消了专用工具，在计算机管理和控制下可以制造出任意复杂形状的零件，把可重编程、重组、连续改变的生产装备用信息方式集成到一个制造系统中。对整个制造过程，仅需改变 CAD 模型或反求数据结构模型，对成形设备进行适当的参数调整，即可制造出不同形状的零件和模型。制造原理的相似性，使得快速成形制造系统的软硬件也具有相似性。

(2) 技术的高度集成化。RPM 是计算机技术、数控技术、控制技术、激光技术、材料技术和机械工程等多项交叉学科的综合集成。它以离散/堆积为方法，以计算机和数控为基础，以追求最大的柔性为目标。

(3) 设计制造一体化。RPM 的另一个显著特点就是 CAD/CAM 一体化。由于 RPM 采用了离散/堆积分层制造工艺，因此能够将 CAD、CAM 很好地结合起来。

(4) 产品开发快速化。由于 RPM 是建立在高度技术集成的基础之上，从 CAD 设计到原型的加工完成只需几小时至几十小时，比传统的成型方法速度要快得多，从而大大缩短了产品设计、开发的周期，降低了新产品的开发成本和风险，尤其适合于小批量、复杂的新产品的开发。

(5) 制造自由成形化。RPM 的这一特点是基于自由成型制造的思想。自由的含义有两个方面：一是指根据零件的形状，不受任何专用工具(或模腔)的限制而自由成型；二是指不受零件任何复杂程度的限制，能够制造任意复杂形状与结构、不同材料复合的零件。RPM 技术大大简化了工艺规程、工装设备、装配等过程，很容易实现由产品模型驱动的直接制造或自由制造。

(6) 材料使用广泛性。在 RPM 领域中，由于各种 RPM 工艺的成形方式不同，因而材料的使用也各不相同，如金属、纸、塑料、光敏树脂、蜡、陶瓷，甚至纤维等材料在快速原型领域已有很好的应用。

6.2.2 两种常用的 RPM 工艺

1. 立体光刻

立体光刻(Stereo Lithography Apparatus，SLA)也称为立体印刷，或称为光造型，又称光敏液相固化。SLA 是基于液态光敏树脂的光聚合原理工作的。这种液态材料在一定波长和强度的紫外激光(如 $\lambda = 325$nm)的照射下能迅速发生光聚合反应，分子量急剧增大，材料也就从液态转变成固态。图 6.5 为 SLA 的工艺原理。

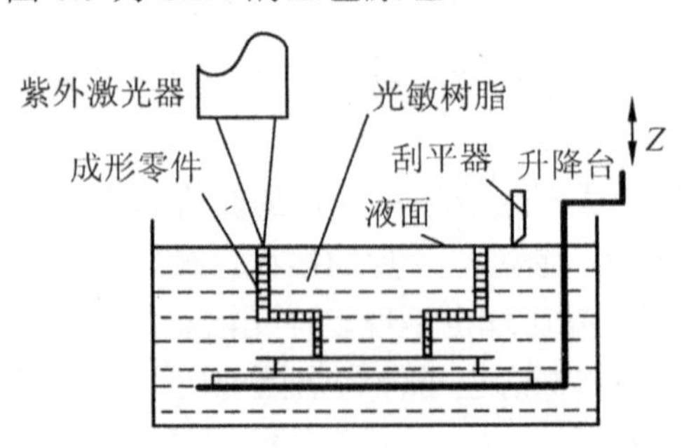

图 6.5 SLA 的工艺原理

液槽中盛满液态光敏树脂，激光束在偏转镜作用下，能在液态表面上扫描，扫描的轨迹及光线的有无均由计算机控制，激光照射到的地方，液体就固化。成形开始时，工作平台在液面下一个确定的深度，聚焦后的激光光斑在液面上按计算机的指令逐点扫描，即逐点固化。当一层扫描完成后，未被激光照射的地方仍是液态树脂。然后升降台带动平台下降一层高度，已成形的层面上又布满一层树脂，刮平器将黏度较大的树脂液面刮平，然后再进行第二层的扫描，形成一个新的加工层并与已固化部分牢牢连接在一起。如此重复直到整个零件制造完毕，得到一个三维实体模型。

SLA 的特点是：可成形任意复杂形状的零件；成形精度高；材料利用率高；性能可靠。

SLA 工艺适用于产品外形评估、功能试验、快速制造电极和各种快速经济模具；不足之处是所需设备及材料价格昂贵，光敏树脂有一定毒性。

2. 分层实体制造

分层实体制造(Laminated Object Manufacturing，LOM)又称叠层实体制造，或称为层合实体制造。LOM 的工艺原理如图 6.6 所示。LOM 工艺采用薄片材料，如纸、塑料薄膜等。片材表面事先涂覆上一层热熔胶。加工时，工作台上升至与片材接触，热压辊沿片材表面自右向左滚压，加热片材背面的热熔胶，使之与基板上的前一层片材粘接。CO_2 激光器发射的激光束在刚粘接的新层上切割出零件截面轮廓和工件外框，并在截面轮廓与外框之间多余的区域内切割出上下对齐的网格。激光切割完成后，工作台带动被切出的轮廓层下降，与带状片材(料带)分离。供料机构转动收料辊和供料辊，带动料带移动，使新层移到加工区域。工作台上升到加工平面，热压辊再次热压片材，工件的层数增加一层，高度增加一个料厚，再在新层上切割截面轮廓。如此反复直至零件的所有截面粘接、切割完，得到分层制造的实体零件。再经过打磨、抛光等处理就可获得完整的零件。

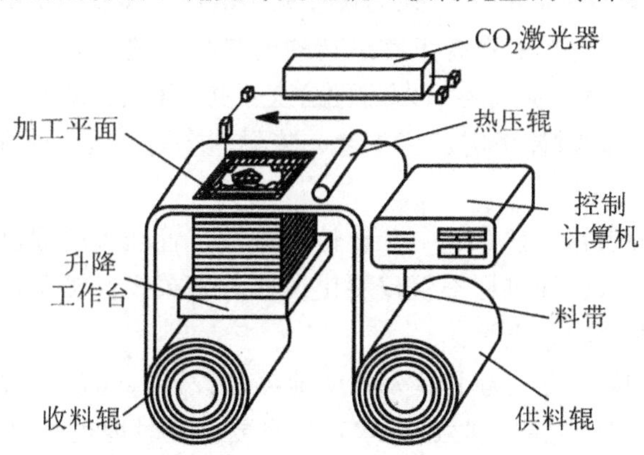

图 6.6　LOM 工艺原理

LOM 只需在片材上切割出零件截面的轮廓，而不用扫描整个截面，因此成形厚壁零件的速度较快，易于制造大型零件。工艺过程中不存在材料相变，成形后的零件无内应力，因此不易引起翘曲变形，零件的精度较高。工件外框与截面轮廓之间的多余材料在加工中起到了支撑作用，所以 LOM 工艺无须加支撑。LOM 工艺的关键技术是控制激光的光强和切割速度，使之达到最佳配合，以保证良好的切口质量和切割深度。LOM 工艺适合于航空、汽车等行业中体积较大零件的制件。

6.3 先进制造模式

6.3.1 并行工程

1. 并行工程的定义

依据美国防御分析研究所(IDA)1988年的报告，并行工程(Concurrent Engineering，CE)可定义为：并行工程是对产品及其相关过程(包括制造过程和支持过程)进行并行、一体化设计的一种系统化工作模式。这种工作模式力图使开发者从一开始就考虑到产品全生命周期中的所有因素，包括质量、成本、进度和用户需求。

CE可以理解为一种集企业组织、管理、运行等诸多方面于一体的先进设计制造模式。它通过集成企业内的所有相关资源，使产品生产的整个过程在设计阶段就全面展开，旨在设法保证设计与制造的一次性成功，缩短产品开发周期，提高产品质量，降低产品成本，从而增强企业的竞争能力。

CE运用的主要方法包括设计质量的改进(即设法使早期生产中工程变更次数减少50%以上)；产品设计及其相关过程并行(即设法使产品开发周期缩短40%～60%)；产品设计及其制造过程一体化(即设法使制造成本降低30%～40%)。

2. CE的特点

CE主要有以下4个特点。

(1) 设计人员的团队化。CE十分强调设计人员的团队工作(Team Work)，因为借助于计算机网络的团队工作是CE系统正常运转的前提和关键。

(2) 设计过程的并行性。并行性有两方面含义：① 开发者从设计开始便考虑产品全生命周期；② 产品设计的同时便考虑加工工艺、装配、检测、质量保证、销售、维护等相关过程。

(3) 设计过程的系统性。在CE中，设计、制造、管理等过程已不再是分立单元体，而是一个统一体或系统。设计过程不仅仅要出图样和有关设计资料，而且还需进行质量控制、成本核算、产生进度计划表等。

(4) 设计过程的快速反馈。为了最大限度地缩短设计时间，及时地将错误消除在“萌芽”阶段，CE强调对设计结果及时进行审查并且要求及时地反馈给设计人员。

3. CE的关键技术

CE的关键技术包括4个方面：① 产品开发的过程建模、分析与集成技术；② 多功能集成产品开发团队；③ 协同工作环境；④ 数字化产品建模。

CE中的产品开发工作是由多学科小组协同完成的。因此，需要一个专门的协调系统来解决各类设计人员的修改、冲突、信息传递和群体决策等问题。

6.3.2 敏捷制造

1. 敏捷制造的概念

敏捷制造(Agile Manufacturing，AM)是指制造企业采用现代通信手段，通过快速配置各种资源，包括技术、管理和人，以有效和协调的方式响应用户需求，实现制造的敏捷性。敏捷制造的核心是保持企业具备高度的敏捷性。敏捷性意指企业在不断变化、不可预测的经营环境中善于应变的能力，它是企业在市场中生存和领先能力的综合表现。

2. AM 的特征

(1) 敏捷虚拟企业组织形式。这是 AM 模式区别于其他制造模式的显著特征之一。

敏捷虚拟企业简称虚拟企业(Virtual Enterprise)，或称企业动态联盟(Dynamic Alliance Enterprise)。由于市场竞争环境快速变化，要求企业必须对市场变化做出快速反应；市场产品越来越复杂，对某些产品一个企业已不可能快速、经济地独立开发和制造其全部。依据市场需求和具体任务大小，为了迅速完成既定目标，就需要按照资源、技术和人员的最优配置原则，通过信息技术和网络技术，将一个公司内部的一些相关部门或者同一地域的一些相关公司或者不同地域且拥有不同资源与优势的若干相关企业联系在一起，快速组成一个统一指挥的生产与经营动态组织或临时性联合企业(即虚拟企业)。

这种虚拟企业组织方式可以降低企业风险，使生产能力前所未有地提高，从而缩短产品的上市时间，减少相关的开发工作量，降低生产成本。一般地，企业动态联盟或虚拟企业的产生条件是：参与联盟的各个单元企业无法单独地完全靠自身的能力实现超常目标，或者说某目标已经超越某企业运用自身资源可以达到的限度。这样，企业欲突破自身的组织界限，就必须与其他对此目标有共识的企业建立全方位的战略联盟。

虚拟企业具有适应市场能力的高度柔性和灵活性，其主要包括 5 个方面：组织结构的动态性和灵活性；地理位置的分布性；结构的可重构性；资源的互补性；依赖于信息和网络技术。

(2) 虚拟制造技术。这是 AM 模式区别于其他制造模式的另一个显著特征。虚拟制造技术(又称拟实制造技术或可视化制造技术)意指综合运用仿真、建模、虚拟现实等技术，提供三维可视交互环境，对从产品概念产生、设计到制造全过程进行模拟实现，以便在真实制造之前，预估产品的功能及可制造性，获取产品的实现方法，从而缩短产品上市时间，降低产品成本。

3. 实施 AM 模式的技术

(1) 总体技术。具体涉及 AM 方法论、AM 综合基础(包括信息服务技术、管理技术、设计技术、可重组和可重构制造技术 4 项使能技术；也包括信息基础结构、组织基础结构、智能基础结构 3 项支持基础结构)。

(2) 关键技术。具体涉及 4 个方面，即跨企业、跨行业、跨地域的信息技术框架；集成化产品工艺设计的模型和工作流控制系统；企业资源管理系统和供应链管理系统；设备、工艺过程和车间调度的敏捷化。

(3) 相关技术。如标准化技术、并行工程技术、虚拟制造技术等。

6.3.3 精益生产

1. 精益生产的概念

美国麻省理工学院的 Daniel Roos 教授于 1995 年出版了《改造世界的机器》(The Machine that Changed the World)一书，提出了精益生产(Lean Production，LP)的概念，并对其管理思想的特点与内涵进行了详细的描述。该书对精益生产定义为“精益生产的原则是：团队作业，交流，有效利用资源并消除一切浪费，不断改进及改善。精益生产与大量生产相比只需要 1/2 劳动力，1/2 占地面积，1/2 投资，1/2 工程时间，1/2 新产品开发时间。”

精益生产，其中的“精”表示精良、精确、精美，“益”包含利益、效益等，它突出了这种生产方式的特点。精益生产就是及时制造，消灭故障，消除一切浪费，向零缺陷、零库存进军。

精益生产的目标是：在适当的时间(或第一时间，The First Time)使适当的东西到达适当的地点，同时使浪费最小化和适应变化。

精益生产是在流水生产方式的基础上发展起来的，通过系统结构、人员组织、运行方式和市场供求等方面的变革，使生产系统能很快适应用户需求，实施以用户为导向、以人为中心、以精简为手段、采用小组工作方式和并行设计、实行准时制生产、提倡否定传统的逆向思维方式、充分利用信息技术等为内容的生产方式，最终达到包括产品开发、生产、日常管理、协作配套、供销等各方面最好的结果。

如果把精益生产体系看作一幢大厦，它的基础就是在计算机网络支持下的、以小组方式工作的并行工作方式。在此基础上的 3 根支柱是：① 全面质量管理，它是保证产品质量，达到零缺陷目标的主要措施；② 准时生产和零库存，它是缩短生产周期和降低生产成本的主要方法；③ 成组技术，这是实现多品种、按顾客订单组织生产、扩大批量、降低成本的技术基础。这幢大厦的屋顶就是精益生产体系。

2. 精益生产的特征

精益生产的主要特征可以概括为如下几个方面。

(1) 以用户为“上帝”。产品面向用户，与用户保持密切联系，将用户纳入产品开发过程，以多变的产品，尽可能短的交货期来满足用户的需求，真正体现用户是“上帝”的精神。不仅要向用户提供周到的服务，而且要洞悉用户的思想和要求，才能生产出适销对路的产品。产品的适销性、适宜的价格、优良的质量、快的交货速度、优质的服务是面向用户的基本内容。

(2) 以“人”为中心。人是企业一切活动的主体，应以人为中心，大力推行独立自主的小组化工作方式。充分发挥一线职工的积极性和创造性，使他们积极为改进产品的质量献计献策，使一线工人真正成为“零缺陷”生产的主力军。为此，企业对职工进行爱厂如家的教育，并从制度上保证职工的利益与企业的利益挂钩。应下放部分权力，使人人有权、有责任、有义务随时解决碰到的问题。还要满足人们学习新知识和实现自我价值的愿望，形成独特的、具有竞争意识的企业文化。

(3) 以“精简”为手段。在组织机构方面实行精简化，去掉一切多余的环节和人员。实现纵向减少层次，横向打破部门壁垒，将层次细分工，管理模式转化为分布式平行网络

的管理结构。在生产过程中，采用先进的柔性加工设备，减少非直接生产工人的数量，使每个工人都真正对产品实现增值。另外，采用准时生产(Just In Time，JIT) 和看板方式管理物流，大幅度减少甚至实现零库存，也减少了库存管理人员、设备和场所。此外，精益不仅是指减少生产过程的复杂性，还包括在减少产品复杂性的同时，提供多样化的产品。

(4) 成组技术。成组技术应用于机械制造系统，则是将多种零件按其相似性归类编组，并以组为基础组织生产，用扩大了的成组批量代替各种零件的单一产品批量，从而实现产品设计、制造工艺和生产管理的合理化，使原中小批生产能获得接近大批量生产的经济效益。

(5) JIT 供货方式。JIT 工作方式可以保证最小的库存和最少在制品数。为了实现这种供货方式，应与供货商建立起良好的合作关系，相互信任，相互支持，利益共享。

(6) 小组工作和并行设计。精益生产强调以小组工作方式进行产品的并行设计。综合工作组是指由企业各部门专业人员组成的多功能设计组，对产品的开发和生产具有很强的指导和集成能力。综合工作组全面负责一个产品型号的开发和生产，包括产品设计、工艺设计、编制预算、材料购置、生产准备及投产等工作，并根据实际情况调整原有的设计和计划。

(7) “零缺陷”工作目标。精益生产所追求的目标不是“尽可能好一些”，而是“零缺陷”。即最低的成本、最好的质量、无废品、零库存与产品的多样性。当然，这样的境界只是一种理想境界，但应无止境地去追求这一目标，才会使企业永远保持进步，永远走在他人的前头。

6.3.4 虚拟制造

1. 虚拟制造的定义

虚拟制造(Virtual Manufacturing，VM)是以制造技术和计算机技术支持的系统建模技术和仿真技术为基础，集成现代制造工艺、计算机图形学、并行工程、人工智能、人工现实技术和多媒体技术等多种高新技术为一体，由多学科知识形成的一种综合系统技术。它将现实制造环境及其制造过程通过建立系统模型映射到计算机及相关技术所支撑的虚拟环境中，在虚拟环境下模拟现实制造环境及其制造过程的一切活动和产品的制造全过程，并对产品制造及制造系统的行为进行预测和评价。

虚拟制造是对真实产品制造的动态模拟，是一种在计算机上进行而不消耗物理资源的模拟制造软件技术。

2. 虚拟制造的关键技术

1) 建模技术

VM 系统应当建立一个包容 3P 模型的、稳健的信息体系结构。3P 模型包括以下 3 个方面。

(1) 生产模型。包括静态描述和动态描述两个方面。静态描述是指系统生产能力和生产特性的描述。动态描述是指在已知系统状态和需求特性的基础上预测产品生产的全过程。

(2) 产品模型。不仅包括产品结构明细表、产品形状特征等静态信息，而且能通过映射、抽象等方法提取产品实施中各活动所需的模型。

(3) 工艺模型。工艺模型是将工艺参数与影响制造功能的产品设计属性联系起来，以反映生产模型与产品模型间的交互作用。它包括以下功能：物理和数学模型、统计模型、计算机工艺仿真、制造数据表和制造规划。

2) 仿真技术

仿真就是应用计算机对复杂的现实系统经过抽象和简化形成系统模型，然后在分析的基础上运行此模型，从而得到系统一系列的统计性能。由于仿真是以系统模型为对象的研究方法，因而不干扰实际生产系统。同时仿真可以利用计算机的快速运算能力，用很短的时间模拟实际生产中需要很长时间的生产周期，因此可以缩短决策时间，避免资金、人力和时间的浪费。计算机还可以重复仿真，优化实施方案。

产品制造过程仿真，可归纳为制造系统仿真和加工过程仿真。虚拟制造系统中的产品开发涉及产品建模仿真、设计思维过程和设计交互行为仿真等，以便对设计结果进行评价，实现设计过程早期反馈，减少或避免产品设计错误。加工过程仿真包括切削过程仿真、装配过程仿真、检验过程仿真及焊接、压力加工、铸造仿真等。目前上述两类仿真过程是独立发展起来的，尚不能集成，而 VM 中应建立面向制造全过程的统一仿真。

3) 虚拟现实技术

虚拟现实技术(Virtual Reality Technology，VRT)是在为改善人与计算机的交互方式，提高计算机可操作性中产生的，它是综合利用计算机图形系统、各种显示和控制等接口设备，在计算机上生成可交互的三维环境(称为虚拟环境)中提供沉浸感觉的技术。

虚拟现实的系统环境除采用计算机作为中央部件外，还包括头盔式显示装置、数据手套、数据衣、传感装置及各种现场反馈设备。

由图形系统及各种接口设备组成，用来产生虚拟环境并提供沉浸感觉，以及交互性操作的计算机系统称为虚拟现实系统(Virtual Reality System，VRS)。虚拟现实系统包括操作者、机器和人机接口 3 个基本要素。它不仅提高了人与计算机之间的和谐程度，也成为一种有力的仿真工具。利用 VRS 可以对真实世界进行动态模拟，通过用户的交互输入，并及时按输出修改虚拟环境，使人产生身临其境的沉浸感觉。虚拟现实技术是 VM 的关键技术之一。

6.3.5 网络化制造

1. 网络化制造的概念

网络化制造(Networked Manufacturing，NM)是指面对市场需求与机遇，针对某一个特定产品，利用以因特网为标志的信息高速公路，灵活而快速地组织社会制造资源(人力、设备、技术、市场等)，按资源优势互补原则，迅速地组成一种跨地域的、依靠电子网络联系的、统一指挥的运营实体——网络联盟。

具体地说，NM 意指企业利用计算机网络实现制造过程及制造过程与企业中工程设计、管理信息等子系统的集成，包括通过计算机网络远程操纵异地的机器设备进行制造；企业利用计算机网络搜寻产品的市场供应信息、搜寻加工任务、发现合适的产品生产合作伙伴、进行产品的合作开发设计和制造、产品的销售等，即通过计算机网络进行生产经营业务活动各个环节的合作，实现企业间的资源共享和优化组合利用，实现异地制造。它是制造业

利用网络技术开展产品设计、制造、销售、采购、管理等一系列活动的总称，涉及企业生产经营活动的各个环节。

NM 作为一种网络联盟，它的组建是由市场牵引力触发的。针对市场机遇，以最短的时间、最低的成本、最少的投资向市场推出高附加值产品。当市场机遇不存在时，这种联盟自动解散。当新的市场机遇来到时，再重新组建新的网络联盟。显然，网络联盟是动态的。

2. NM 的特点

NM 的基本特征包括敏捷化、分散化、动态化、协作化、集成化、数字化和网络化等 7 个方面。NM 的敏捷化表现为其对市场环境快速变化带来的不确定性做出的快速响应能力；其分散化表现为资源的分散性和生产经营管理决策的分散性；其动态化表现为依据市场机遇存在性而决定网络联盟的存在性；其协作化表现为动态网络联盟中合作伙伴之间的紧密配合，共同快速响应市场和完成共同的目标；其集成化表现为制造系统中各种分散资源能够实时地高效集成；其数字化表现为借助信息技术来实现真正完全的无图样化虚拟设计和虚拟制造；其网络化表现为依靠电子网络作为支撑环境。

3. NM 的关键技术

NM 的关键技术主要包括综合技术、使能技术、基础技术和支撑技术。其中，综合技术主要包括产品全生命周期管理、协同产品商务、大量定制和并行工程等。使能技术主要包括计算机辅助设计(CAD)、计算机辅助制造(CAM)、计算机辅助工程(CAE)、计算机辅助工艺过程设计(CAPP)、客户关系管理(CRM)、供应商关系管理(SRM)、企业资源计划(ERP)、制造执行系统(MES)、供应链管理(SCM)、产品数据管理(PDM)等。基础技术主要包括标准化技术、产品建模技术和知识管理技术等。支撑技术主要包括计算机技术和网络技术等。

6.3.6 智能制造

1. 智能制造的概念

智能制造(Intelligent Manufacturing，IM)应当包含智能制造技术(Intelligent Manufacturing Technology，IMT)和智能制造系统(Intelligent Manufacturing System，IMS)两方面的内容。

智能制造技术是当今最新的制造技术，但至今对智能制造技术尚无统一的定义。比较公认的说法是：智能制造技术是指在制造系统生产与管理的各个环节中，以计算机为工具，并借助人工智能技术来模拟专家智能的各种制造和管理技术的总称。简单地说，智能制造技术即是人工智能与制造技术的有机结合。

IMT 利用计算机模拟制造业人类专家的分析、判断、推理、构思和决策等智能活动，并将这些智能活动与智能机器有机地融合起来，将其贯穿应用于整个制造企业的各个子系统——经营决策、采购、产品设计、生产计划、制造装配、质量保证和市场销售等，以实现整个制造企业经营运作的高度柔性化和高度集成化，从而取代或延伸制造环境中人类专家的部分脑力劳动，并对制造业人类专家的智能信息进行收集、存储、完善、共享、继承与发展。

IMT 是制造技术、自动化技术、系统工程与人工智能等学科的互相渗透、互相交织而形成的一门综合技术。

智能制造系统是智能制造技术集成应用的环境，是智能制造模式展现的载体。它是一种智能化的制造系统，是由智能机器和人类专家结合而成的人机一体化的系统，它将智能技术融合进制造系统的各个环节，通过模拟人类的智能活动，取代人类专家的部分智能活动，使系统具有智能特征。简单地说，IMS 是基于 IMT 实现的制造系统。

IMS 在制造过程中，能自动监视其运行状态，在受到外界或内部激励时，能够自动调整参数，自组织达到最优状态。IMS 具有较强的自学能力，并能融合过去总是被孤立对待的生产系统的各种特征，在市场适应性、经济性、功能性、开放性和兼容能力等方面自动为生产系统寻找到最优的解决方案。

2. IM 的特征

和传统的制造技术相比，IMT 具有如下特征。

(1) 广泛性。IMT 涵盖了从产品设计、生产准备、加工与装配、销售与使用、维修服务直至回收再生的整个过程。

(2) 集成性。IMT 是集机械、电子、信息、自动化、智能控制为一体的新型综合技术，各学科的不断渗透交叉和融合，使得各学科间界限逐渐淡化甚至消失，各类技术趋于集成化。

(3) 系统性。IMT 追求的目标是实现整个制造系统的智能化。制造系统的智能化不是子系统的堆积，而是能驾驭生产过程中的物质流、能量流和信息流的系统工程。同时，人是制造智能的重要来源，只有人与机器有机高度结合才能实现系统的真正智能化。

(4) 动态性。IMT 的内涵不是绝对的和一成不变的，反映在不同的时期不同的国家和地区，其发展的目标和内容会有所不同。

(5) 实用性。IMT 是一项应用于制造业，且对制造业及国民经济的发展起重大作用的实用技术，其不是以追求技术的高新为目的，而是注重产生最好的实践效果。

IMS 是 IMT 的综合运用，这就使得 IMS 具备了一些传统制造系统所不具备的崭新的能力。

(1) 自组织。自组织能力是 IMS 的一个重要标志。IMS 中的各种智能机器能够按照工作任务的要求，自行集结成一种最合适的结构，并按照最优的方式运行。

(2) 自律。自律能力即收集与理解环境信息和自身信息，并进行分析判断和规划自身行为的能力。IMS 能根据周围环境和自身作业状况的信息进行监测和处理，并根据处理结果自行调整控制策略，以采用最佳行动方案。强有力的知识库和基于知识的模型是自律能力的基础。自律能力使整个制造系统具备抗干扰、自适应和容错等能力。

(3) 自学习和自维护。IMS 能以原有的专家知识为基础，在实践中不断进行学习，完善系统知识库，并删除库中有误的知识，使知识库趋向最优。同时，还能对系统故障进行自我诊断、排除和修复。这种能力使 IMS 能够自我优化并适应各种复杂的环境。

(4) 整个制造系统的智能集成。IMS 在强调各子系统智能化的同时，更注重整个制造系统的智能集成。IMS 包括了经营决策、采购、产品设计、生产计划、制造装配、质量保证和市场销售等各个子系统，并把它们集成为一个整体，实现整体的智能化。

(5) 人机一体化。IMS 不单纯是“人工智能”系统，而是人机一体化智能系统，是一种混合智能。基于人工智能的智能机器只能进行机械式的推理、预测、判断，它只能具有逻辑思维，最多做到形象思维，完全做不到灵感思维，只有人类专家才真正同时具备以上3种思维能力。因此，想以人工智能全面取代制造过程中人类专家的智能是不现实的。

3. IM 的关键技术

(1) 智能设计技术。工程设计中概念设计和工艺设计是大量专家的创造性思维活动，需要分析、判断和决策。这些大量的经验总结和分析工作，如果靠人们手工来进行，将需要很长的时间。把专家系统引入设计领域，将使人们从这一繁重的劳动中解脱出来。

(2) 智能机器人技术。智能机器人应具备以下功能特性：视觉功能—— 机器人能借助其自身所带工业摄像机，像“人眼”一样观察；听觉功能——机器人的听觉功能实际上是话筒，能将人们发出的指令，变成计算机接受的电信号，从而控制机器人的动作；触觉功能——机器人携带的各种传感器；语音功能—— 机器人可以和人们直接对话；分析判断功能——机器人在接受指令后，可以通过对知识库中的资料进行分析、判断、推理，自动找出最佳的工作方案，做出正确的决策。

(3) 智能诊断技术。除了计算机的自诊断功能(包括开机诊断和在线诊断)外，还可以进行故障分析、原因查找和故障的自动排除，保证系统在无人的状态下正常工作。

(4) 自适应技术。制造系统在工作过程中，由于影响因素很多，如材料的材质、加工余量的不均匀、环境的变化等，都会对加工带来影响。在线的自动检测和自动调整是实现自适应功能的关键技术。

(5) 智能管理技术。加工过程仅仅是企业运行的一部分，产品的发展规划、市场调研分析、生产过程的平衡、材料的采购、产品的销售、售后服务，甚至整个产品的生命周期都属于管理的范畴。因此，智能管理技术应解决对生产过程的自动调度，信息的收集、整理与反馈以及企业的各种资料库的有效管理等问题。

(6) 并行工程。并行工程是集成地、并行地设计产品及相关过程的系统化方法，通过组织多学科产品开发小组、改进产品开发流程和利用各种计算机辅助工具等手段，使多学科产品开发小组在产品开发初始阶段就能及早考虑下游的可制造性、可装配性、质量保证等因素，从而达到缩短产品开发周期、提高产品质量、降低产品成本，增强企业竞争力的目标。

(7) 虚拟制造技术。虚拟制造是建立在利用计算机完成产品整个开发过程这一构想基础之上的产品开发技术，它综合应用建模、仿真和虚拟现实等技术，提供三维可视交互环境，对从产品概念到制造全过程进行统一建模，并实时、并行地模拟出产品未来制造的全过程，以期在真实执行制造之前，预测产品的性能、可制造性等。

(8) 计算机网络与数据库技术。计算机网络与数据库的主要任务是采集 IMS 中的各种数据，以合理的结构存储它们，并以最佳的方式、最少的冗余、最快的存取响应为多种应用服务，与此同时为这些应用共享数据创造良好的条件，从而使整个制造系统中的各个子系统实现智能集成。

小　　结

本章主要内容如下。

(1) 介绍了高速加工的概念与特点，阐述实现高速加工的关键技术——高速电主轴、高速进给及高速数控系统。根据高速加工的要求，提出较合理的刀机接口——端面定位的空心短锥工具系统。在此基础上，介绍了常用的HSK工具系统。

(2) 详细阐述了快速原型制造技术(RPM)的成形原理及特点。给出了两种常用的RPM工艺——立体光刻(SLA)和分层实体制造(LOM)。

(3) 介绍了并行工程(CE)、敏捷制造(AM)、精益生产(LP)、虚拟制造(VM)、网络化制造(NM)和智能制造(IM)6种先进制造模式。对于每种制造模式，阐述了其基本概念、基本特征及实现的关键技术。

习　　题

1. 简述高速电主轴的结构。
2. 简述高速机床与普通机床进给系统的区别。
3. HSK工具系统是如何实现定位夹紧的？
4. 简述RPM的成形原理。RPM的特点是什么？
5. 简述SLA和LOM的成形原理。
6. 什么是并行工程？它的特点是什么？
7. 敏捷制造的含义是什么？什么是敏捷虚拟企业？
8. 什么是精益生产？它的特征是什么？
9. 虚拟制造有哪些关键技术？
10. 网络化制造的基本特征是什么？
11. 什么是智能制造？它的特征是什么？
12. 智能制造的关键技术有哪些？

第7章 工艺过程的基本知识

教学提示

机械加工工艺过程是生产过程的重要组成部分，它是采用机械加工的方法，直接改变毛坯的形状、尺寸和质量，使之成为合格的产品的过程。拟定加工工艺规程是根据生产条件，规定工艺过程和操作方法，并写成工艺文件。拟定出的工艺文件，是进行生产准备，安排生产作业计划，组织产品生产，制定劳动定额的主要依据；也是工人操作及技术检验等工作的主要依据。本章重点介绍工艺规程拟定的基础知识。

教学要求

本章要求学生了解机械加工工艺过程的基本概念，重点掌握机械加工工艺规程拟定的方法、原则、定位基准的选择、工序尺寸的确定及典型零件的工艺分析等。

7.1 基本概念

7.1.1 生产过程与工艺过程

1. 生产过程

制造机械产品时，由原材料转变成成品的各个相互关联的整个过程称为生产过程，它包括零件、部件和整机的制造。生产过程由一系列的制造活动组成，它包括原材料运输和保管、生产技术准备工作、毛坯制造、零件的机械加工和热处理、表面处理、产品装配、调试、检验及涂装和包装等过程。

根据机械产品的复杂程度的不同，工厂的生产过程又可按车间分为若干车间的生产过程。某一车间的原材料或半成品可能是另一车间的成品；而它的成品又可能是其他车间的原材料或半成品。如锻造车间的成品是机械加工车间的原材料或半成品；机械加工车间的成品又是装配车间的原材料或半成品等。

2. 工艺过程

工艺过程是指在生产过程中改变生产对象的形状、尺寸、相对位置和性能等，使其成为半成品或成品的过程。机械产品的工艺过程又可分为铸造、锻造、冲压、焊接、铆接、机械加工、热处理、电镀、涂装、装配等工艺过程。工艺过程是生产过程中的主要组成部分，工艺过程根据其作用不同可分为零件机械加工过程和部件或成品装配工艺过程。

机械加工工艺过程是利用切削加工、磨削加工、电加工、超声波加工、电子束及离子束加工等机械、电的加工方法，直接改变毛坯的形状、尺寸、相对位置和性能等，使其转变为合格零件的过程。把零件装配成部件或成品并达到装配要求的过程称为装配工艺过程。机械加工工艺过程直接决定零件和产品的质量，对产品的成本和生产周期都有较大的影响，是机械产品整个工艺过程的主要组成部分。

3. 机械加工工艺过程的组成

机械加工工艺过程是由一个或若干个顺次排列的工序组成。每一个工序又可分为一个或若干个安装、工位、工步和走刀等。

(1) 工序。指一个或一组操作者，在一个工作地点或一台机床上，对同一个或同时对几个零件进行加工所连续完成的那一部分工艺过程。只要操作者、工作地点或机床、加工对象三者之一变动或者加工不是连续完成，就不是一道工序。同一零件、同样的加工内容也可以安排在不同的工序中完成。

(2) 工步。指在同一个工序中，当加工表面不变、切削工具不变、切削用量中的进给量和切削速度不变的情况下所完成的那部分工艺过程。当构成工步的任一因素改变后，即成为新的工步。一个工序可以只包括一个工步，也可以包括几个工步。在机械加工中，有时会出现用几把不同的刀具同时加工一个零件的几个表面的工步，称为复合工步，如图 7.1 所示。有时，为提高生产效率，在铣床用组合铣刀铣平面的情况，则可视为一个复合工步。

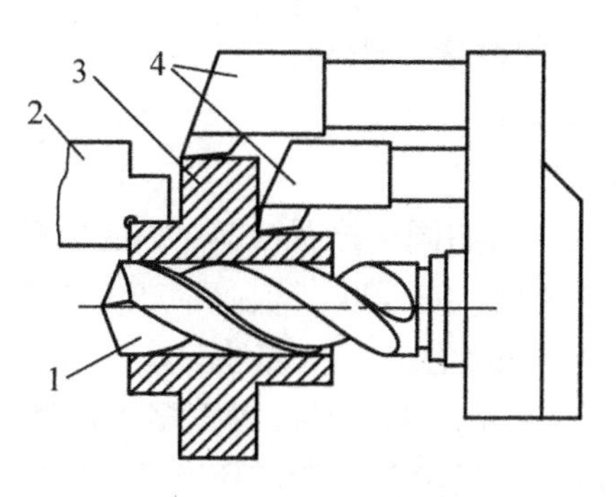

图 7.1　复合工步实例

1—钻头　2—夹具　3—零件　4—工具

(3) 走刀。加工表面由于被切去的金属层较厚，需要分几次切削，走刀是指在加工表面上切削一次所完成的那一部分工步，每切去一层材料称为一次走刀。一个工步可包括一次或几次走刀。

(4) 安装。工件经一次装夹后所完成的那一部分工序称为安装。在一个工序中，零件可能安装一次，也可能需要安装几次。但是应尽量减少安装次数，以免产生不必要的误差和增加装卸零件的辅助时间。

(5) 工位。指为了减少安装次数，常采用转位(移位)夹具、回转工作台，使零件在一次安装中先后处于几个不同的位置进行加工。零件在机床上所占据的每一个待加工位置称为工位。如图 7.2 所示为回转工作台上一次安装完成零件的装卸、钻孔、扩孔和铰孔 4 个工位的加工实例。采用这种多工位加工方法，可以提高加工精度和生产率。

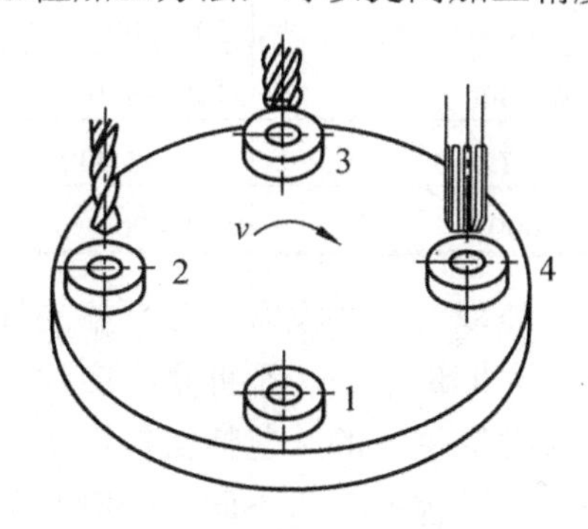

图 7.2　多工位加工

1—装卸　2—钻孔　3—扩孔　4—铰孔

7.1.2　生产类型

机械加工工艺受到生产类型的影响。生产类型是指产品生产的专业化程度，企业在计划期内应当生产的产品产量和进度计划称为生产纲领。计划期为一年的生产纲领称为年生产纲领，也称年生产总量。机械产品中某零件的年生产纲领 N 可按式(7-1)计算：

$$N = Qn(1+\alpha)(1+\beta) \tag{7-1}$$

式中：N——某零件的年生产纲领，件/年；

　　Q——某产品的年生产纲领，台/年；

n——每台产品中该零件的数量，件/台；

α——备品率，以百分数计；

β——废品率，以百分数计。

生产批量是指一次投入或产出的同一产品(或零件)的数量。根据零件的生产纲领或生产批量可以划分出不同的生产类型，它反映了企业生产专业化的程度，一般分为3种不同的生产类型：单件小批量生产、成批生产、大量生产。

(1) 单件生产。其基本特点是生产的产品品种繁多，每种产品仅制造一个或少数几个，很少重复生产。重型机械制造、专用设备制造、新产品试制等都属于单件生产。

(2) 成批生产。基本特点是一年中分批次生产相同的零件，生产呈周期性重复。机床、工程机械、液压传动装置等许多标准通用产品的生产都属于成批生产。

(3) 大量生产。基本特征是同一产品的生产数量很大，通常是一工作地长期进行同一种零件的某一道工序的加工。汽车、拖拉机、轴承等的生产都属于大量生产。

按年生产纲领，划分生产类型，见表7-1。

表7-1　不同产品生产类型的划分

生产类型	工作地点每月担负的工序数	产品年产量(台、件、种)		
		重　型 (单个零件质量大于2 000kg)	中　型 (单个零件质量在100～2 000kg)	小　型 (单个零件质量小于100kg)
单件生产	不作规定	＜5	＜20	＜100
小批生产	＞20～40	5～100	20～200	100～500
中批生产	＞10～20	100～300	200～500	500～5 000
大批生产	＞1～10	300～1 000	500～5 000	5 000～50 000
大量生产	1	＞1 000	＞5 000	＞50 000

在一定的范围内，各种生产类型之间并没有十分严格的界限。根据产品批量大小，又分为小批量生产、中批量生产、大批量生产。小批量生产的工艺特征接近单件生产，常将两者合称为单件小批量生产。大批量生产的工艺特征接近于大量生产常合称为大批大量生产。生产批量不同时，采用的工艺过程也有所不同。一般对单件小批量生产，只要制定一个简单的工艺路线；对大批量生产，则应制定一个详细的工艺规程，对每个工序、工步和工作过程都要进行设计和优化，并在生产中严格遵照执行。详细的工艺规程，是工艺装备设计制造的依据。

为了获得最佳的经济效益，对于不同的生产类型，其生产组织、生产管理、车间管理、毛坯选择、设备工装、加工方法和操作者的技术等级要求均有所不同，具有不同的工艺特点，各种生产类型的工艺特征见表7-2。

表 7-2 各种生产类型的工艺特征

工艺特点 / 批量 / 项目	单件生产	成批量生产	大量生产
加工对象	经常变换	周期性变换	固定不变
工艺规程	简单的工艺路线卡	有比较详细的工艺规程	有详细的工艺规程
毛坯的制造方法及加工余量	木模手工造型或自由锻，毛坯精度低，加工余量大	金属模造型或模锻，毛坯精度与余量中等	广泛采用模锻或金属模机器造型，毛坯精度高、余量少
机床设备	采用通用机床，部分采用数控机床。按机床种类及大小采用“机群式”排列	通用机床及部分高生产率机床。按加工零件类别分工段排列	专用机床、自动机床及自动线，按流水线形式排列
夹具	多用标准附件，极少采用夹具，靠划线及试切法达到精度要求	广泛采用夹具和组合夹具，部分靠加工中心一次安装	采用高效率专用夹具，靠夹具及调整法达到精度要求
刀具与量具	通用刀具和万能量具	较多采用专用刀具及专用量具	采用高生产率刀具和量具，自动测量
对工人的要求	技术熟练的工人	一定熟练程度的工人	对操作工人的技术要求较低,对调整工人技术要求较高
零件的互换性	一般是配对生产，无互换性，主要靠钳工修配	多数互换，少数用钳工修配	全部具互换性，对装配要求较高的配合件，采用分组选择装配
成本	高	中	低
生产率	低	中	高

7.2 零件的安装与夹具

7.2.1 零件的安装

加工时，首先要把零件安放在工作台或夹具里，使它和刀具之间有正确的相对位置，这就是定位。零件定位后，在加工过程中要保持正确的位置不变，才能得到所要求的尺寸精度，因此必须把零件夹住，这就是夹紧。零件从定位到夹紧的整个过程称为零件的安装或装夹。定位保证零件的位置正确，夹紧保证零件的正确位置不变。正确的安装是保证零件加工精度的重要条件。生产条件的不同，零件的安装有直接找正安装、划线找正安装和用夹具安装。

1. 直接找正安装

零件的定位是由操作工人利用千分表、划针等工具直接找正某些表面，以保证被加工表面位置的精度。直接找正安装因其生产率低，故一般多用于单件、小批量生产。定位精度与找正所用的工具精度有关，定位精度要求特别高时往往用精密量具来直接找正安装。

2. 划线找正安装

先在零件上划出将加工表面的位置，安装零件时按划线用划针找正并夹紧。按划线找正安装生产率低，定位精度也低，多用于单件、小批量生产中。对尺寸和质量较大的铸件和锻件，使用夹具成本很高，可按划线找正安装；对于精度较低的铸件或锻件毛坯，无法使用夹具，也可用划线方法，不致使毛坯报废。

3. 用夹具安装

将零件直接装在夹具的定位元件上并夹紧，这种方法安装迅速方便，定位可靠，广泛应用于成批和大量生产中。如加工套筒类零件时，就可以零件的外圆定位，用三爪自定心卡盘夹紧进行加工，由夹具保证零件外圆和内孔的同心度。

目前对于单件、小批量生产，已广泛使用组合夹具。

7.2.2 机床夹具简介

所谓机床夹具就是在机床上用于准确快捷地确定零件和刀具及机床之间的相对加工位置，并把零件可靠夹紧的工艺装备。机床夹具是用来安装零件的机床附加装置，其功用是保证零件各加工表面间的相互位置精度，以保证产品质量，提高劳动生产率和降低成本，扩大机床的加工范围及减轻工人的劳动强度，保证生产安全。

1. 机床夹具的分类

机床夹具分类的方法很多，按照通用程度可分为以下几种。

(1) 通用夹具。一般作为通用机床的附件提供，是指已经标准化的，在加工不同的零件时，无须调整或稍加调整(不必特殊调整)就可使用的夹具。如车床上的三爪自定心卡盘、四爪单动卡盘、顶尖等；铣床上的平口虎钳、分度头、回转工作台等。通用夹具一般由专业厂家制造。这类夹具的特点是通用性强，加工精度不很高，生产效率低，主要适用于单件、小批量的零件加工中。

(2) 专用夹具。指根据某一零件的某一工序的加工要求，专门设计的夹具。专用夹具可以按照零件的加工要求设计得结构紧凑、操作迅速、方便、省力。但专用夹具设计制造周期长，成本较高，当产品变更时无法继续使用。因此这类夹具适用于产品固定的大批量、大量生产中。

(3) 可调夹具。指加工形状相似、尺寸相近的多种零件时，只需更换或调整夹具上的个别元件或部件，就可使用的夹具。可调夹具又分为通用可调夹具和成组可调夹具。其中通用可调夹具的适用范围广一些，但加工对象不明确，其可更换或可调整部分的设计应有较大的适应性；而成组可调夹具是专门为成组工艺中的某一组(族)的零件加工而设计的，加工对象和使用范围都很明确。

采用这两种夹具可以显著减少专用夹具数量，缩短生产周期，降低生产成本，因此在多品种、小批量生产中得到广泛应用。

(4) 随行夹具。这是自动线夹具的一种。自动线夹具基本上可分为两类：一类为固定式夹具，它与一般专用夹具相似；另一类为随行夹具，该夹具既要起到装夹零件的作用，又要与零件成为一体沿着自动线从一个工位移到下一个工位，进行不同工序的加工。

(5) 组合夹具。由一套事先制造好的标准元件和部件组装而成的夹具。该类夹具是由专业厂家制造的。元、部件之间相互配合部分的尺寸精度高、硬度高、耐磨性好，且具有完全互换性，可以随时拆卸和组装，所以组合夹具特别适用于新产品的试制和单件、小批量生产。

按使用的机床夹具可分为车床夹具、铣床夹具、钻床夹具、镗床夹具、磨床夹具、齿轮机床夹具和其他机床夹具等。

按动力来源的不同，夹具可分为手动夹具、气动夹具、液压夹具、电动和磁力夹具、气-液增力夹具、真空夹具等。

2. 机床夹具的组成

对于各类机床，其夹具结构也是千差万别，但就其组成元件的基本功能来看，都有以下几个共同的部分。为了便于说明问题，以图 7.3 所示的钻床夹具为例。

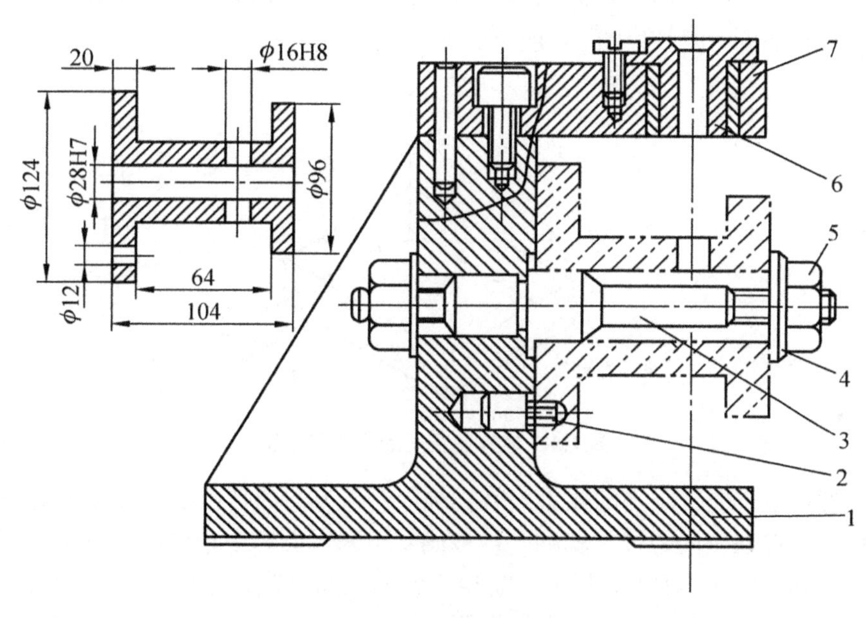

图 7.3 钻床夹具

1—夹具体 2—定位销 3—销轴 4—开口垫圈 5—螺母 6—快换钻套 7—钻模板

(1) 定位元件。指在夹具中用来确定零件加工位置的元件。与定位元件相接触的零件表面称为定位表面。图 7.3 中的定位销就是定位元件。

(2) 夹紧元件。用于保证零件定位后的正确位置，使其在加工过程中由于自重或受到切削力或振动等外力作用时避免产生位移。如图 7.3 中的螺母、开口垫圈。

(3) 导向元件。用于保证刀具进入正确加工位置的夹具元件，如图 7.3 中的快换钻套。对于钻头、扩孔钻、绞刀、镗刀等孔加工刀具用钻套作为导向元件，对于铣刀、刨刀等需用对刀块进行对刀。

(4) 夹具体。用于连接夹具上各元件及装置，使其成为一个整体的基础件，并通过它与机床有关部位连接，以确定夹具相对于机床的位置。如图 7.3 中的夹具体。

根据加工零件的要求，以及所选用的机床不同，有些夹具上还有分度机构、导向键、平衡块和操作件等。对于铣床、镗床夹具还有定位键与工作台上的T形槽配合进行定位，然后用螺钉固定。

7.2.3 零件定位原理

零件在夹具中定位实质就是解决零件相对于夹具应占有的准确几何位置问题。在定位前，零件相对于夹具的位置是不确定的，正如自由刚体在空间直角坐标系中一样。

一个自由刚体在空间直角坐标系中有6个独立活动的可能性。其中有3个是沿坐标轴方向的移动，另外3个是绕坐标轴的转动(正反方向的活动均认为是一个活动)，这种独立活动的可能性，称为自由度，活动可能性的个数就是自由度的数目。

零件可以看作是一个自由刚体。用了$\vec{x}$、$\vec{y}$、$\vec{z}$分别表示沿三个坐标轴x、y、z方向的移动自由度，用$\overset{\frown}{x}$、$\overset{\frown}{y}$、$\overset{\frown}{z}$分别表示绕三个坐标轴x、y、z的转动自由度。这就是零件在空间的6个自由度，如图7.4所示。

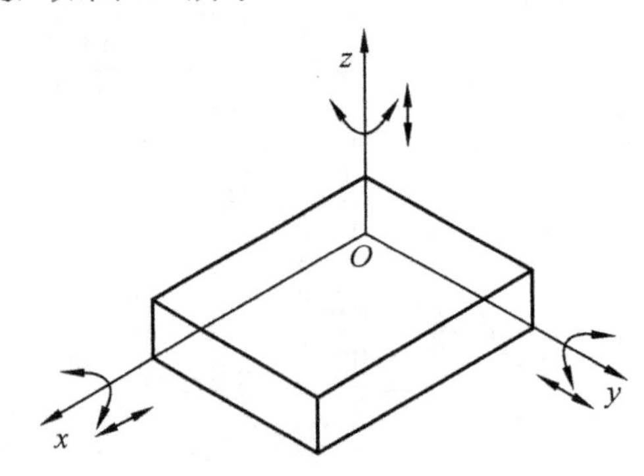

图7.4 零件在空间的6个自由度

要使零件在某方向有确定的位置，就必须限制该方向的自由度，当零件的6个自由度均被限制后。零件在空间的位置就唯一地被确定下来，而每个自由度可以用相应的点支承来加以限制。用6个点支承就可以完全确定零件的空间位置。这就是零件的六点定位原则。

如图7.5所示，在xOy坐标平面内设置3个定位点1、2、3，当零件底平面与3个定位点相接触且不背离的情况下，则零件沿z轴方向的移动自由度和绕x轴、y轴的转动自由度就被限制，即零件的$\vec{z}$、$\overset{\frown}{x}$、$\overset{\frown}{y}$ 3个自由度就被限制；然后在yOz坐标平面内再设置定位点4、5，当零件侧面与该两点相接触且不背离时，则零件沿z轴方向的移动自由度和绕轴的转动自由度就被限制，即4、5点限制了零件的$\vec{x}$、$\overset{\frown}{z}$两个自由度；最后在xoz坐标平面内设置定位点6，在零件后端面与点6相接触且不背离的情况下，零件沿y轴方向的移动自由度就被限制，即定位点6限制了零件的一个$\vec{y}$移动自由度。则1、2、3、4、5、6六个定位点就限制了零件的6个自由度，也就确定了零件在空间的唯一几何位置。

根据零件各工序的加工精度要求和选择定位元件的情况，零件在夹具中的定位通常有如下几种情况。

1. 完全定位

零件的 6 个自由度均被夹具定位元件限制，使零件在夹具中处于完全确定的位置，这种定位方式称为完全定位，如图 7.6 所示。

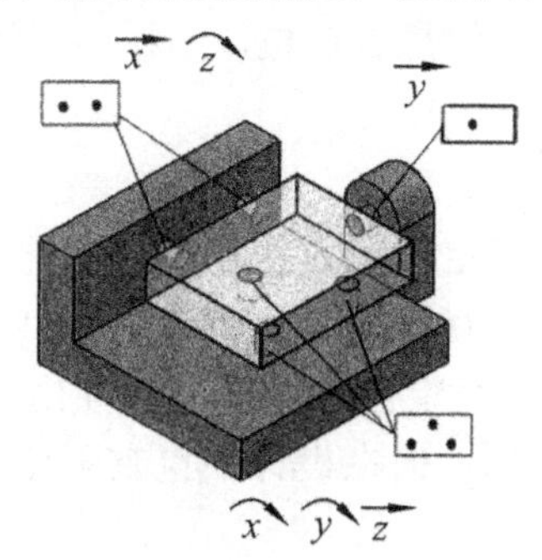

图 7.5 零件的 6 点定位

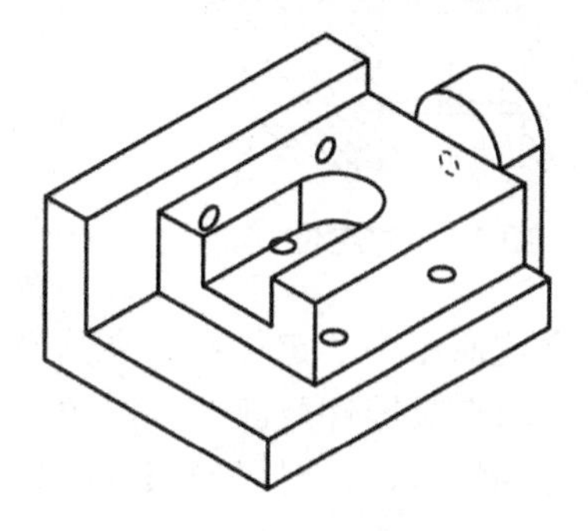

图 7.6 完全定位

2. 不完全定位

根据零件加工精度要求不需限制的自由度，没有被夹具定位元件限制或没有被全部限制的定位。这种定位虽然没有完全限制零件的 6 个自由度，但保证加工精度的自由度已全部限制，因此也是合理的定位，在实际夹具定位中普遍存在。如图 7.7 所示。

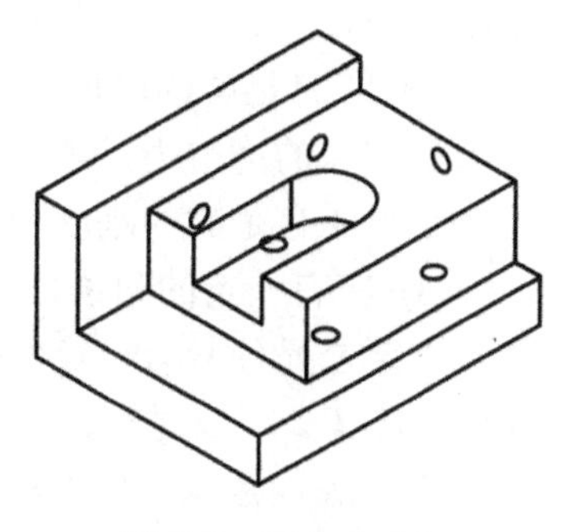

图 7.7 不完全定位

3. 欠定位

根据零件加工精度要求需要限制的自由度没有得到完全限制的定位。这种定位显然不能保证零件的加工精度要求，在零件加工中是绝对不允许的。但在夹具设计中，当零件上没有足够精确的定位面时，用定位元件定位就无法可靠保证零件在某方向的准确位置，此时就不能用定位元件限制零件在这些方向的自由度，这些自由度可以采用划线找正的方法加以限制。

4. 过定位

定位元件的一组限位面重复限制零件的同一个自由度的定位，这样的定位称为过定位。过定位可能导致定位干涉或零件装不上定位元件，进而导致零件或定位元件产生变形、定位误差增大，因此在定位设计中应该尽量避免过定位。但是，过定位可以提高零件的局部刚度和零件定位的稳定性。所以当加工刚性差的零件时，过定位又是非常必要的，在精密加工和装配中也时有应用。

应当指出的是，过定位的缺点总是存在的，但在某些情况下过定位又是必要的。在应用过定位时，应该尽量改善过定位的定位情况，以降低过定位的不良影响。可以从下列几个方面加以考虑：改变定位元件间的装配关系；改变定位元件的形状尺寸；提高过定位元件的精度。

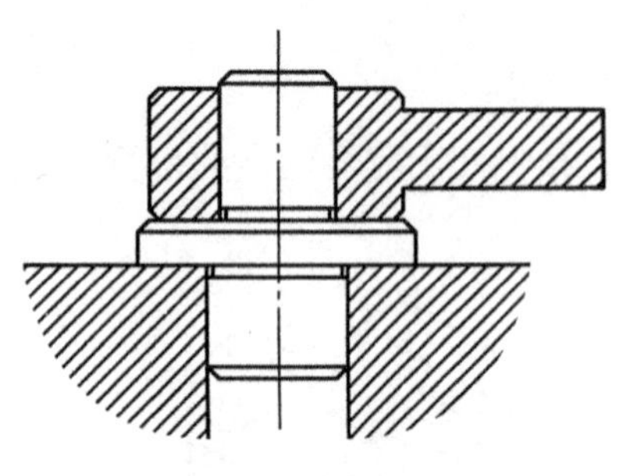
图 7.8 过定位

图 7.8 为一零件局部定位情况。长销与零件孔配合限制零件 $\vec{x}$、$\vec{y}$、$\widehat{x}$、$\widehat{y}$ 4 个自由度，支承平面限制零件 $\vec{z}$、$\widehat{x}$、$\widehat{y}$，3 个自由度，其中 $\widehat{x}$、$\widehat{y}$，2 个自由度被重复限制，因此该定位是过定位。

7.2.4 常用定位元件

定位元世是与零件定位面直接相接触或配合，用以保证零件相对于夹具占有准确几何位置的夹具元件。它是 6 点定位原则中的定位点在夹具设计中的具体体现。常用定位元件已经标准化(详见国家标准《机床夹具零件及部件》)，在夹具设计中可直接选用。但在设计中也有不便采用标准定位元件的情况，这时可参照标准自行设计。

设计时应注意：定位元件首先要保证零件准确位置。同时还要适应零件频繁装卸及承受各种作用力的需要。因此，定位元件应满足下列基本要求：

(1) 应具有足够的精度。定位元件的精度直接影响零件在夹具中的定位误差。因此，定位元件的精度，应能够满足零件工序加工精度对定位精度的需要。通常定位元件的尺寸精度取 IT6～IT8；表面粗糙度 R_a 值取 0.2～1.6μm 。

(2) 应有足够的刚度和强度。在零件的装夹和切削加工过程中，定位元件不可避免地要承受零件的撞击力、重力、夹紧力和切削力等的作用。为了保证零件的加工精度，定位元件必须要有足够的刚度和强度，以减小其本身变形和抗破坏能力。

(3) 应有一定的耐磨性。在大批量生产中，为了保证零件在夹具中定位精度的稳定性，就要求定位元件应有一定的耐磨性，也就是定位元件应有一定的硬度，其硬度一般要求为 58～65HRC。一般对较大尺寸的定位元件，采用优质低碳结构钢 20 钢或优质低碳合金结构钢 20Cr，表面渗碳深度 0.8～1.2mm，然后淬火；对较小尺寸的定位元件，一般采用高级优质工具钢 T7A、T8A 等直接淬火。

由于定位元件的限位面要与零件的定位面相接触或配合，因此定位元件限位面的形状、尺寸取决于零件定位面的形状和尺寸。按照零件定位面的不同，现对常用定位元件的介绍如下。

1. 平面定位的定位元件

当零件定位面是平面时，常用的定位元件有固定支承、可调支承和自位支承，这些支承统称为基本支承。其中固定支承是指支承钉和支承板，因为它们一旦装配在夹具上后，其定位高度尺寸是固定的、不可调整的。

1) 支承钉

图 7.9 是标准支承钉的结构。A 型是平头支承钉。用于对已经加工过的精基准定位，当多个该型支承钉的限位面处于同一平面时，对其高度尺寸 H 应有等高要求。一般通过配磨支承钉限位面实现。B 型支承钉的限位面是球面，用于定位没有经过加工的毛坯面。以提高接触刚度。C 型支承钉常用于侧面定位，以便利用其网纹限位面提高摩擦系数，增大摩擦力。

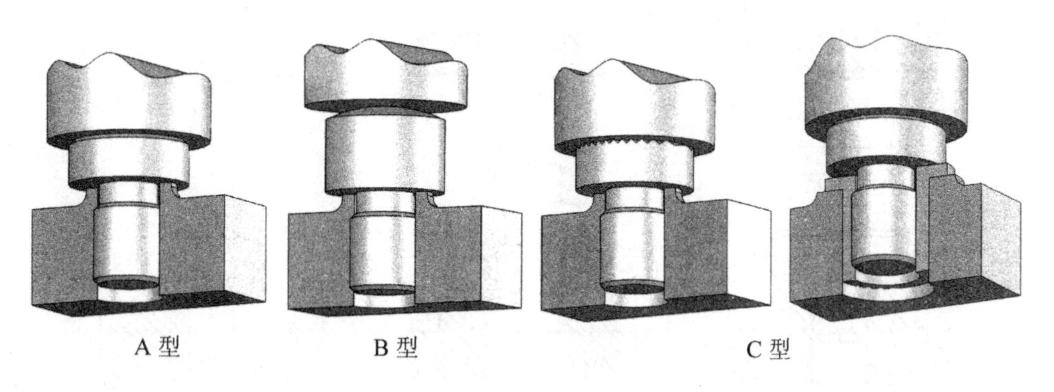

图 7.9 支承钉

支承钉可直接安装在夹具体上，与夹具体孔的配合采用 H7/r6。如果支承钉需要经常更换时，可加衬套，衬套与夹具体的配合采用 H7/r6，支承钉与衬套的配合采用 H7/js6。

2) 支承板

标准支承板是通过螺钉安装在夹具体上，其结构有两种，如图 7.10 所示。A 型支承板结构简单，但安装螺钉沉头孔部位易落入切屑且不易清理，会影响限位面定位的准确性，因此主要用于侧面和顶面定位。B 型支承板在安装螺钉部位开有斜槽，槽深约为 1.5～2mm，螺钉安装后，其顶面与槽底面平齐或略低，因此落入沉头孔部位的切屑不会影响定位的准确性，比较适合用于零件的底面定位。标准支承板的形状均为狭长形，当用多块支承板构成大平面时，应注意各支承板高度尺寸 H 的一致性，可以采用一次磨出或配磨的方法保证 H 尺寸的一致性。

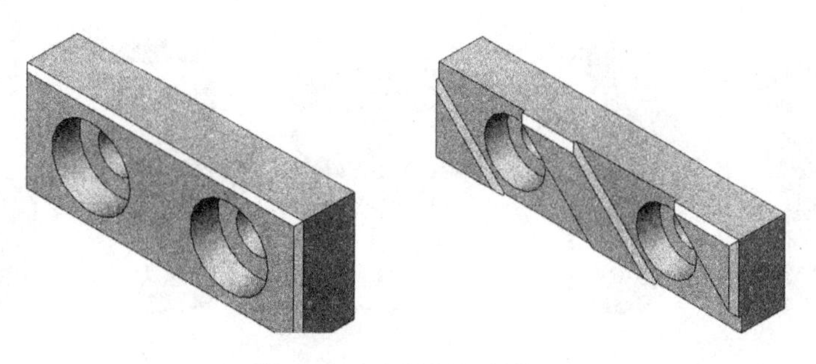

图 7.10 支承板的结构

3) 可调支承

当支承高度需要在一定范围内变化时，常采用图 7.11 所示的可调支承。其中，图 7.11(a)为手动调整，适用于小型零件的定位。图 7.11(c)可用扳手操作，适用于大、中型零件的定位。对重载或频繁操作的可调支承，为保护夹具体不受破坏，应采用图 7.11(b)结构，以便可调支承的更换。

可调支承利用螺纹副实现调整，由于螺纹副易于松动，因此必须设有防松措施，图 7.11 所示的螺母就是防松的。

可调支承的主要应用范围：批量化加工时的粗基准定位，以适应不同批毛坯的尺寸变化；可调夹具中用于满足零件系列尺寸变化的定位；成组夹具中需要可调的定位元件。

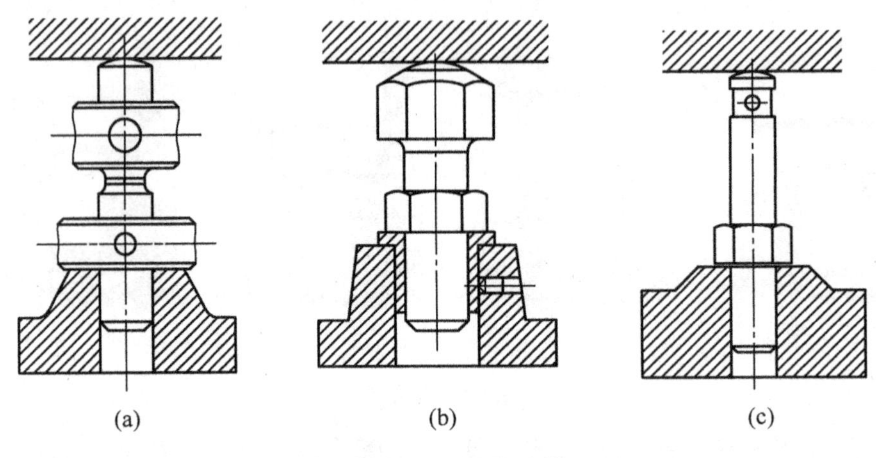

图 7.11　可调支承结构

2. 圆柱孔定位的定位元件

当零件定位面是圆柱孔时，相应的定位元件的限位面就应是外圆柱面。常用的这类定位元件有心轴、定位销和定心夹紧装置。但有时也用零件圆柱孔口的孔缘定位，这时的定位元件用锥销。

1) 定位销

按安装方式，定位销有固定式和可换式两种。根据对零件自由度限制的需要，定位销又有圆柱定位销和削边销之分，如图 7.12 所示。

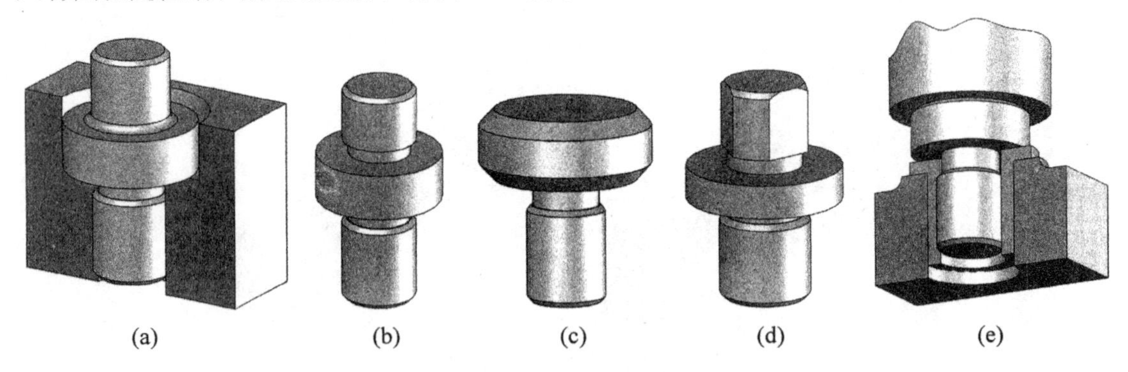

图 7.12　定位销的结构

图 7.12(a)、(b)、(c)为固定式定位销，图 7.12(d)为削边销，图 7.12(e)为可换式定位销。当 $D\leqslant 10$mm 时，为提高限位面与台肩连接处强度，避免应力集中，用半径为 1mm 的圆弧过渡连接，但要注意：零件定位孔不可与过渡圆弧配合，如图 7.12(a)所示。定位销的台肩是用于确定其本身在夹具体上安装时的轴向位置，一般不用它限制零件的自由度。当 $D>18$mm 时，为了节省材料、方便加工，一般不再专门做出定位销的台肩。当只需要限制零件一个自由度时，采用图 7.12(d)所示削边销。大批量生产时，为定位销磨损后更换上的方便，可采用图 7.12(e)所示结构，这时要加装衬套。

固定式定位销一般直接与夹具体上的孔配合，其配合采用基孔制 H7/r6。如果装有衬套，定位销与衬套按基轴制(H7/h6)制造，衬套与夹具体按基孔制(H7/r6)制造。

2) 定位心轴

定位心轴主要用于对套筒类和盘类零件的定位，在车床、磨床、铣床和齿轮加工机床上进行加工。根据与零件定位孔配合性质的不同，将心轴分为过盈心轴和间隙心轴两种，图 7.13 就是两种心轴的结构

图 7.13(a)所示为过盈心轴。是依靠过盈量产生的摩擦力来传递扭矩，心轴与零件孔一般采用 H7/r6 配合。过盈心轴由三部分构成：两侧铣扁的传动部分 1，心轴工作部分 2，方便零件装入的导向部分 3，当零件孔的长径比 $L/D>1$ 时，为了零件安装方便和有较高的定心精度，心轴的定位工作部分可采用圆锥心轴，其锥度一般取 1/1 000～1/8 000。过盈心轴的特点是：定心精度较高，可同时加工零件孔的端面，但零件安装麻烦。

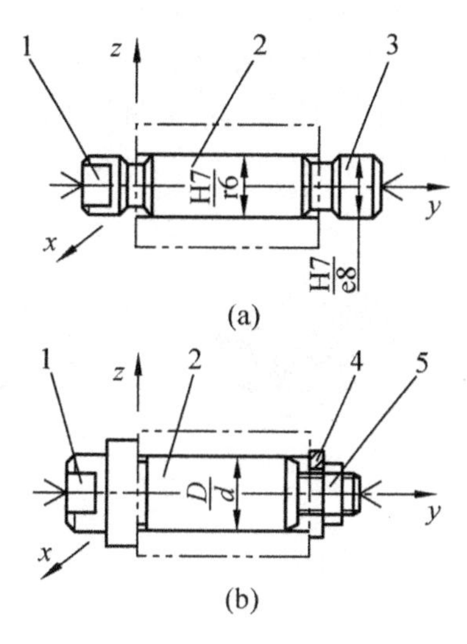

图 7.13　两种心轴结构

图 7.13(b)所示为间隙心轴，零件在心轴工作部分 2 上定位，同时靠在心轴台肩上限制轴向移动，通过开口垫圈 4，用螺母 5 将零件拧紧，心轴靠铣扁传动部分 1 传动。零件与心轴一般采用基轴制间隙配合(H7/g6 或 H7/f6)。间隙心轴的特点是：零件装夹方便，但定心精度差，且无法同时加工端面。

3) 圆锥销

图 7.14 为圆柱孔的孔缘在圆锥销上定位的示例。当零件定位孔为毛坯孔时，为了减少孔缘部分毛刺对定位的影响，一般采用图 7.14(a)所示结构。图 7.14(b)用于精基准定位。

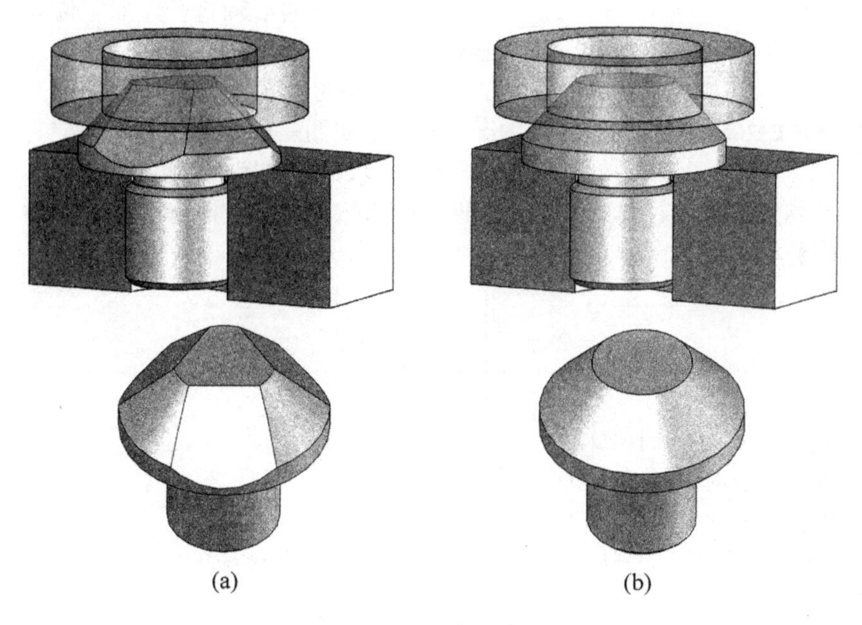

图 7.14　圆锥销

3. 零件以外圆柱面定位的定位元件

当零件以外圆柱面作定位基准时，根据零件外圆柱面的结构特点、加工要求和装夹方式，可以采用 V 形块、套筒、半圆套、圆锥孔及定心夹紧装置等实现零件定位。

1) V 形块

图 7.15 为常用 V 形块的结构形式。图 7.15(a)用于较短的精基准定位；图 7.15(b)用于较长的粗基准定位；图 7.15(c)用于较长的精基准定位；当零件直径较大且长度也大时，V 形块一般采用铸铁底座、镶淬火钢板结构，如图 7.15(d)所示。

除长短大小之分，V 形块还有固定式、活动式和调整式之分。固定式 V 形块通过螺钉和销钉直接安装在夹具体上。安装时，一般先将 V 形块在夹具体上的位置调整好，用螺钉拧紧，再配钻、铰销钉孔，然后安装销钉。

(a) 短 V 形块

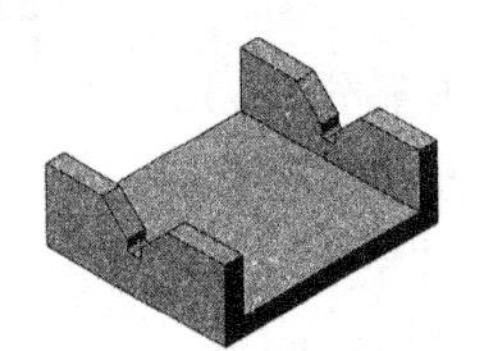
(b) 整体式长 V 形块

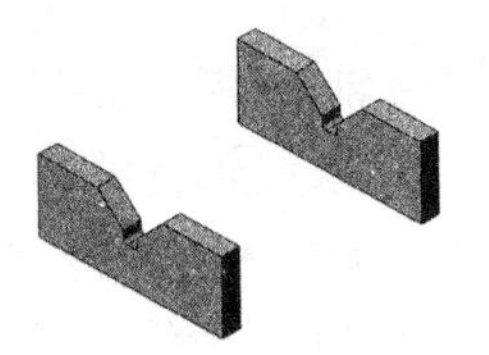
(c) 分体式长 V 形块

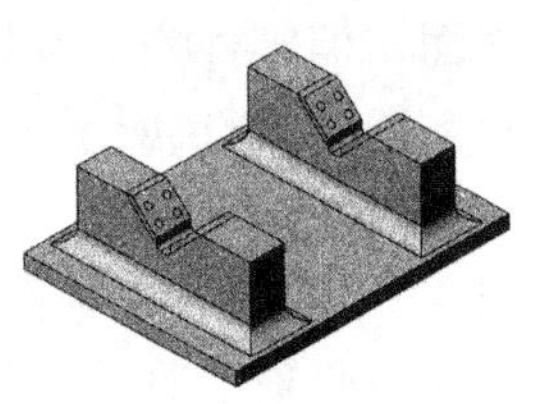
(d) 大型长 V 形块

图 7.15　V 形块的结构形式

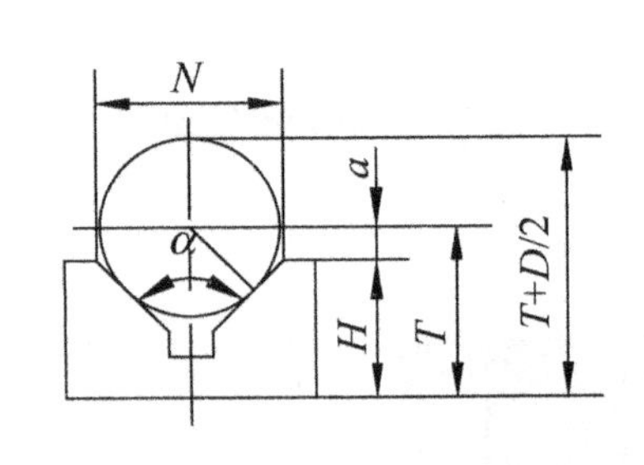

图 7.16　V 形块的主要结构尺寸计算

一般 V 形块两斜面间夹角 α 有 60°、90° 和 120° 三种，在定位设计中多采用夹角为 90° 的 V 形块。非标准 V 形块设计时，其主要结构尺寸可按图 7.16 进行计算。

V 形块的主要结构标注尺寸如下：

D——V 形块检验心轴直径，即定位零件的标准直径，mm；

H——V 形块的高度，mm；

α——V 形块两斜面夹角，度(°)；

T——V 形块的标准定位高度，mm。

在对 V 形块进行设计计算时，D 为零件标准定位尺寸，N 和 H 可以参照标准确定，也可由下式计算确定

$$N = 2\tan\frac{\alpha}{2}\left[\frac{D}{2\sin\frac{\alpha}{2}} - \alpha\right] \quad (\text{mm})$$

式中：α 一般取：(0.14～0.16)D。

用于大直径定位时：$H \leqslant 0.5D$

用于小直径定位时：$H \leqslant 1.2D$

T 值的计算：由图 7.18 中几何关系 $T=H+OE=H+(OB+BE)$ 可得：

$$T = H + \frac{1}{2}\left[\frac{D}{\sin\frac{\alpha}{2}} - \frac{N}{\tan\frac{\alpha}{2}}\right] \quad (\text{mm})$$

当 α=60° 时：T=H+D－0.867N

当 α= 90° 时：T=H+0.707D－0.5N

当 α=120° 时：T=H+0.578D－0.289N

V 形块定位的优点是：定位对中性好。即零件定位基准轴线总在 V 形块对称面上，不受零件定位面尺寸变化的影响；适应面广，不但可用于粗基准定位，也可以用于精基准定位，不但可用于圆柱面定位，也可用于局部圆弧面定位；零件装夹方便。

2) 定位套筒

套筒一般直接安装在夹具体上的孔中，零件定位外圆面与其孔一般采用基孔制配合(H7/g6)。套筒定位结构简单，主要用于精基准定位。套筒有长、短之分，其定位孔常与端面构成组合限位面，共同约束零件自由度。定位套筒的常见结构如图 7.17 所示。

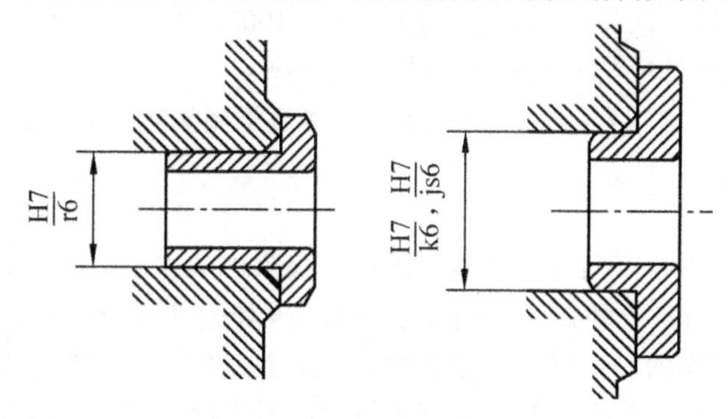

图 7.17 常见定位套筒的结构

7.2.5 夹紧装置的组成和要求

零件定位后将其固定，使其在加工过程中保持已定位的位置不发生改变的操作，称为夹紧。夹紧是零件装夹过程的重要组成环节。零件定位后必须进行夹紧，才能保证零件不会因为切削力、重力、离心力等外力作用而破坏定位。这种对零件进行夹紧的装置，称为夹紧装置。夹紧装置设计要受到定位方案、切削力大小、生产率、加工方法、零件刚性、加工精度要求等因素的制约。

1. 夹紧装置的组成

按照夹紧动力源的不同，一般把夹紧机构划分为两类：手动夹紧装置和机动夹紧装置；而根据扩力次数的多少，把具有单级扩力的夹紧装置称为简单(基本)夹紧装置，把具有两级或更多级扩力机构的夹紧装置称为复合夹紧装置。由此可知，夹紧装置的结构形式是千变万化的。但不管夹紧装置的结构形式如何变化，作为简单夹紧装置一般由以下三部分构成。

(1) 动力源装置。能够产生力的装置，是机动夹紧的必有装置，如气动、电动、液压、电磁等夹紧的动力装置。

(2) 夹紧元件。与零件直接接触实施夹紧的元件。

(3) 中间传力机构。介于动力源装置和夹紧元件之间的传力机构。它把动力源产生的力传递给夹紧元件以实施对零件的夹紧。为满足夹紧设计需要，中间传力机构在传力过程中，可以改变力的大小和方向并可具有自锁功能。

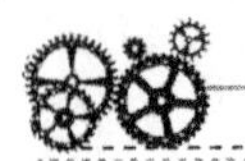

2. 对夹紧装置的基本要求

夹紧装置设计的合理与否，直接影响着零件的加工质量、工人的工作效率和劳动强度等方面。为此，设计夹紧装置时应满足下列基本要求。

(1) 夹紧装置应保证零件各定位面的定位可靠，而不能破坏定位。

(2) 夹紧力大小要适中，在保证零件加工所需夹紧力大小的同时，应尽量减小零件的夹紧变形。

(3) 夹紧装置要具有可靠的自锁，以防止加工中夹紧装置突然松开。

(4) 夹紧装置要有足够的夹紧行程，以满足零件装卸空间的需要。

(5) 夹紧动作要迅速，操作要方便、安全、省力。

(6) 手动夹紧装置工人作用力一般不超过80～100N。

(7) 夹紧装置的设计应与零件的生产类型相一致。

(8) 夹紧装置的结构应紧凑，工艺性要好，尽量采用标准化元件。

7.2.6 夹紧力的确定

力的三要素是大小、方向和作用点。因此，夹紧力的大小、方向、作用点的确定就至关重要，它直接影响着夹紧装置工作的各个方面。但作为夹紧力，由于其作用的目的不同，所以夹紧力是有所区别的。在确定夹紧力时，首先要考虑夹具的整体布局问题，其次要考虑加工方法、加工精度、零件结构、切削力等方面对夹紧力的不同需要。

1. 夹紧力方向的确定原则

夹紧力作用方向主要影响零件的定位可靠性、夹紧变形、夹紧力大小诸方面。选择夹紧力作用方向时应遵循下列原则：

(1) 为了保证加工精度，主要夹紧力的作用方向应垂直于零件的主要定位基准，同时要保证零件其他定位面定位可靠。如图7.18所示，图7.18(a)是正确的，图7.18(b)是错误的。

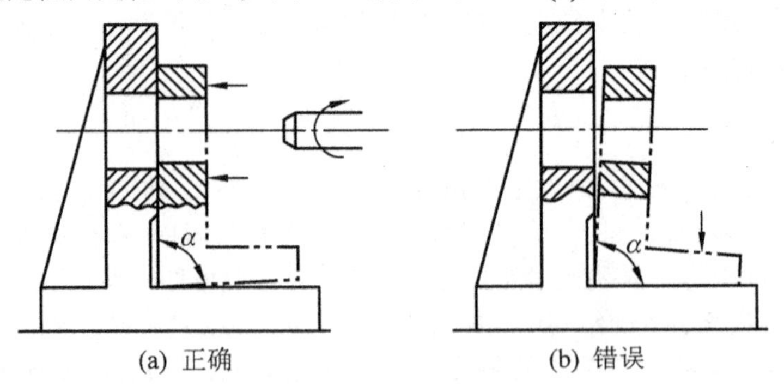

图7.18 夹紧力作用方向与零件主要定位基准的关系

(2) 夹紧力的作用方向应尽量避开零件刚性比较薄弱的方向，以尽量减小零件的夹紧变形对加工精度的影响。例如，应避免图7.19(a)所示的夹紧方式，可采用图7.19(b)所示的夹紧方式。

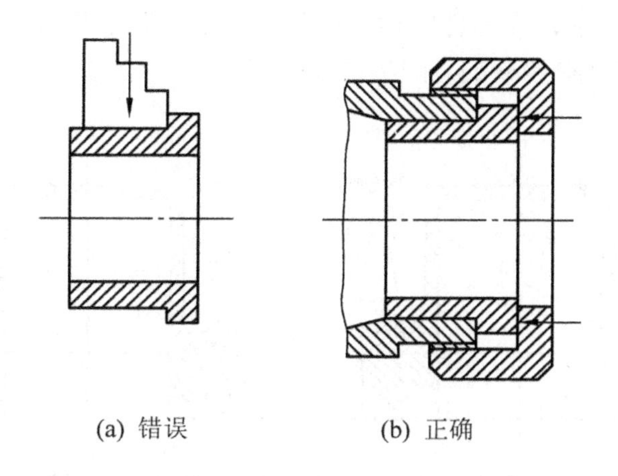

(a) 错误　　(b) 正确

图 7.19　夹紧力作用方向对零件变形的影响

(3) 夹紧力的作用方向应尽可能有利于减小夹紧力。假设机械加工中零件只受夹紧力 F_j、切削力 F 和零件重力 F_G 的作用，这几种力的可能分布如图 7.20 所示。为保证零件加工中定位可靠，显然只有采用图 7.20(a)受力分布时夹紧力 F_j 最小。

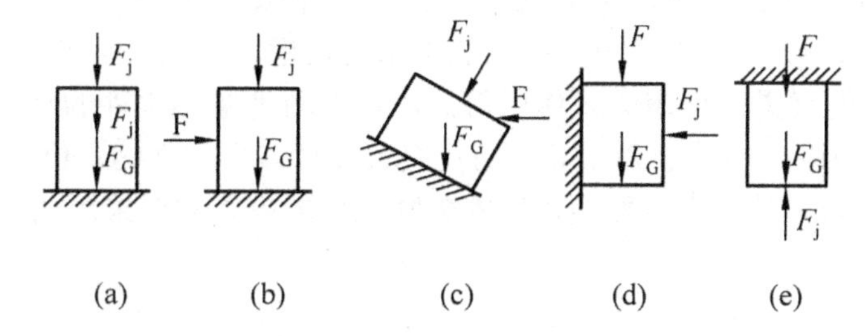

(a)　(b)　(c)　(d)　(e)

图 7.20　夹紧力作用方向对夹紧力大小的影响

2. 夹紧力作用点的确定原则

夹紧力作用点选择，包括作用点的位置、数量、布局、作用方式。它们对零件的影响主要表现在：定位准确性和可靠性及夹紧变形；同时，作用点选择还影响夹紧装置的结构复杂性和工作效率。具体设计时应遵循下列原则：

(1) 夹紧力作用点应正对定位元件限位面或落在多个定位元件所组成的定位域之内，以防止破坏零件的定位。图 7.21(a)中夹紧力作用点是不正确的，夹紧时会破坏定位；图 7.21(b)的夹紧是正确的。

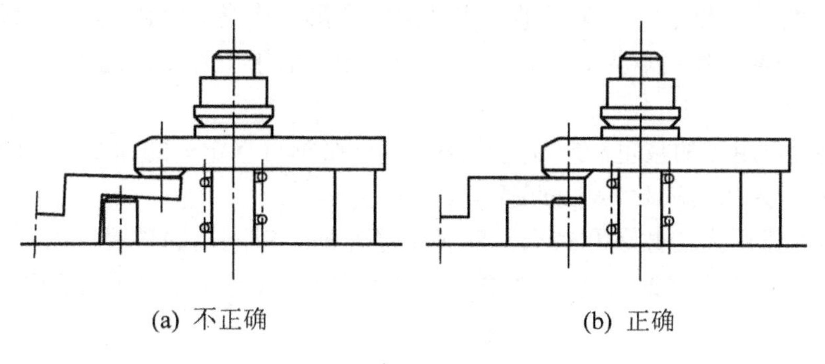

(a) 不正确　　(b) 正确

图 7.21　夹紧力作用点对零件定位的影响

(2) 夹紧力作用点应落在零件刚性较好的部位上，以尽量减小零件的夹紧变形。如图 7.22 所示，图 7.22(a)是错误的，图 7.22(b)是正确的。

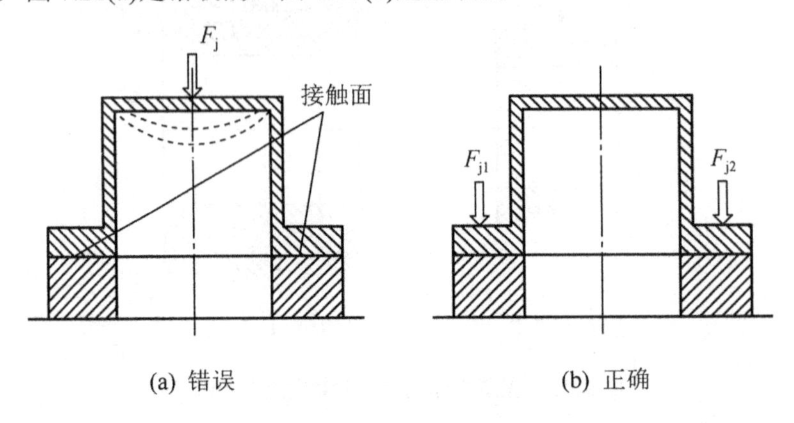

图 7.22 零件刚性对夹紧力作用点选择的影响

(3) 夹紧力作用点应尽量靠近零件被加工面，以便最大限度地抵消切削力，提高零件被加工部位的刚性，降低由切削力引起的加工振动。如图 7.23 所示，夹紧力 F_{j1}、F_{j2}、不能保证零件的可靠定位，F_{j4} 的作用点距离加工部位较远，因此只有 F_{j3} 作用点选择最好。

(4) 选择合适的夹紧力作用点的作用形式，可有效地减小零件的夹紧变形、改善接触可靠性、提高摩擦因数、增大接触面积、防止夹紧元件破坏零件的定位和损伤零件表面等。针对不同的需要，与零件被夹紧面相接触的夹紧元件的夹紧面应采用如图 7.24 所示的相应形式。

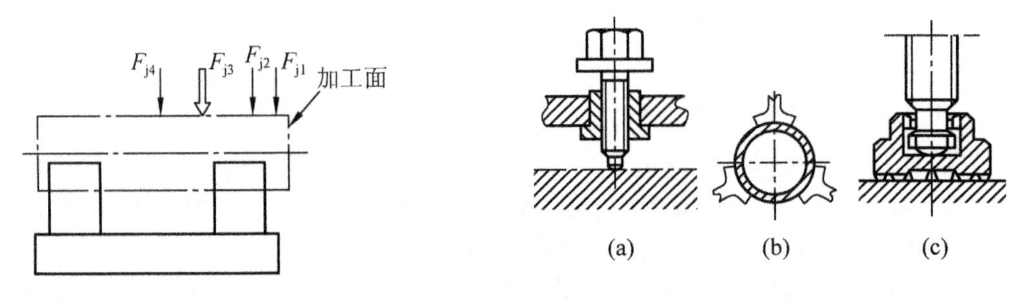

图 7.23 夹紧力作用点与零件被加工部位的位置关系　　**图 7.24 夹紧力作用点作用形式选择**

由于零件毛坯面粗糙不平，所以对毛坯面夹紧时应采用球面压点，如图 7.24(a)所示。图 7.24(b)的零件是薄壁套筒，为了减小零件夹紧变形，应增大夹压面积，以使零件受力均匀。图 7.24(c)夹紧力作用点为大面积、网纹面接触，适用于对零件已加工表面夹紧并可提高摩擦因数。

(5) 夹紧力作用点的数量和布局，应满足零件必须可靠定位的需要，如图 7.25 所示，最好由 F_{j1} 和 F_{j2} 共同实施对零件的夹紧。

(6) 夹紧力作用点的数量和布局，应满足零件加工对刚性的需要，以减小零件的受力变形和加工振动。如图 7.26 所示，必须设置夹紧力 F_{j2} 以提高零件加工部位的刚性。

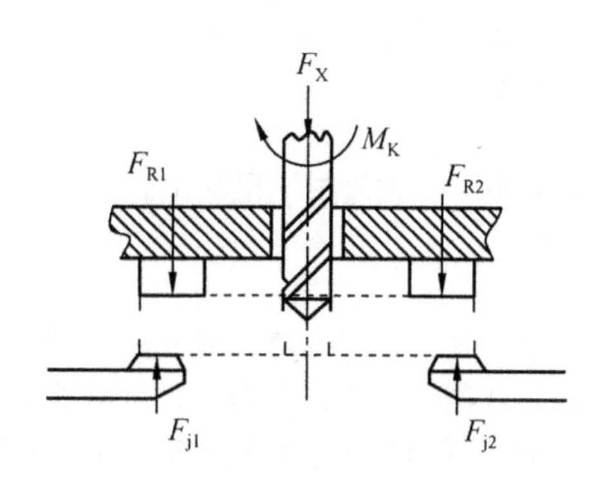

图 7.25 夹紧力作用点的数量和布局对零件定位可靠性的影响

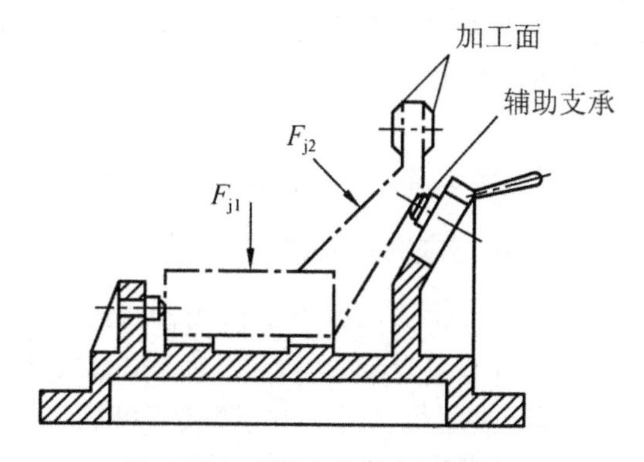

图 7.26 夹紧力作用点的数量和布局对零件刚性的影响

3. 夹紧力的种类和设计注意事项

1) 夹紧力的种类

零件在夹具中装夹时，有时有多个夹紧力作用于零件，这些夹紧力的作用目的可能不尽相同，根据其作用目的的不同，将夹紧力分为下列三种：

(1) 基本夹紧力。为保证零件已定好的位免遭切削力、重力、离心力等作用力破坏而施加的作用力，一般是在零件定位后才开始作用，如图 7.27 中的力 F_{j1} 和图 7.27 中的力 F_{j2}。

(2) 辅助(定位)夹紧力。定位过程中，为保证零件可靠定位而施加的作用力。这种力与零件定位过程同步进行，如图 7.27 中的力 F_{j1}。

(3) 附加夹紧力。为提高零件局部刚性而施加的作用力。一般在基本夹紧力作用后才开始作用，如图 7.26 中的力 F_{j2}。

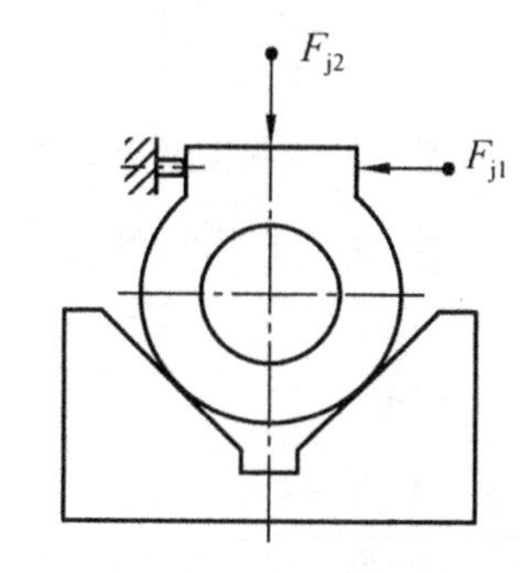

图 7.27 基本夹紧力和辅助(定位)夹紧力的区别

2) 夹紧力的设计注意事项

在设计夹紧力时，清楚零件装夹对上述三种夹紧力的需要是非常必要的，在搞清楚三种夹紧力需要的情况下，必须清楚三种夹紧力作用的时间顺序。辅助(定位)夹紧力一般应同时作用，但应注意各夹紧力作用主次和大小的差别，以防相互干涉。为提高效率，其他同种夹紧力最好同时作用。同时作用的夹紧力，应尽量采用联动或浮动夹紧机构。在某些情况下，某一夹紧力可能兼有上述多种夹紧力的作用，这时它的作用时间以其兼有作用的夹紧力的最先作用时间计。

4. 夹紧力大小的确定原则

夹紧力的大小主要影响零件定位的可靠性、零件的夹紧变形及夹紧装置的结构尺寸和复杂性。因此，夹紧力的大小应当适中。辅助(定位)夹紧力的大小一般以能保证零件可靠定位即可。附加夹紧力应能保证零件局部刚性、避免加紧变形为基本原则。在实际设计中，确定基本夹紧力大小的方法有两种：经验类比法和分析计算法。

采用分析计算法计算夹紧力时，实质上是解静力平衡的问题：首先以零件作受力体进行受力分析，受力分析时，一般只考虑切削力和零件夹紧力；然后建立静力平衡方程，求

出理论夹紧力 F_L；最后还要考虑到实际加工过程的动态不稳定性，需要将理论夹紧力再乘上一个安全系数 K，就得出零件加工所需要的实际夹紧力 F_j，即

$$F_j=KF_L$$

式中：K——安全系数。一般取 K=1.5～3，小值用于精加工，大值用于粗加工。

7.2.7 常用基本夹紧机构

夹紧装置可由简单夹紧机构直接构成，大多数情况下使用的是复合夹紧机构。夹紧机构的选择需要满足加工方法、零件所需夹紧力大小、零件结构、生产率等方面的要求。因此，在设计夹紧机构时，首先需要了解各种简单夹紧机构的工作特点(能产生的夹紧力大小、自锁性能、夹紧行程、扩力比等)。

1. 斜楔夹紧机构

斜楔夹紧机构的工作原理，如图 7.28 所示。在夹紧源动力 F_Q 的作用下，斜楔向左移动 L 位移，由于斜楔斜面的作用，将导致斜楔在垂直方向上产生夹紧行程 S，从而实现对零件的夹紧。斜楔夹紧机构的应用实例，如图 7.29 所示。

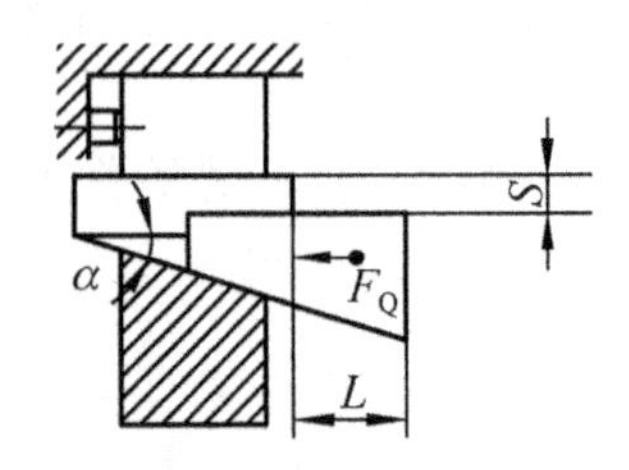

图 7.28　斜楔夹紧机构的工作原理

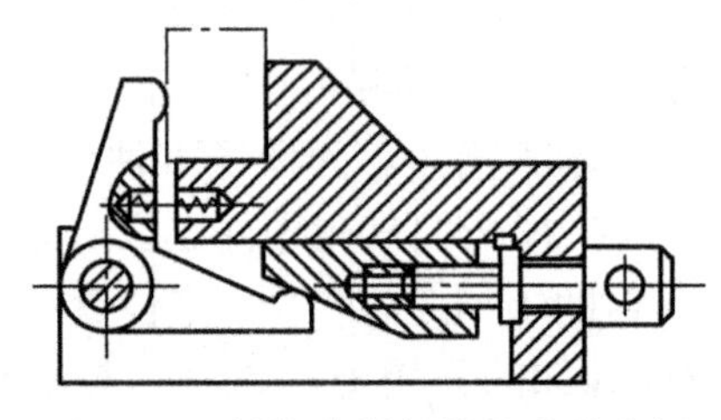

图 7.29　斜楔夹紧机构的应用实例

1) 斜楔夹紧机构所能产生的夹紧力计算

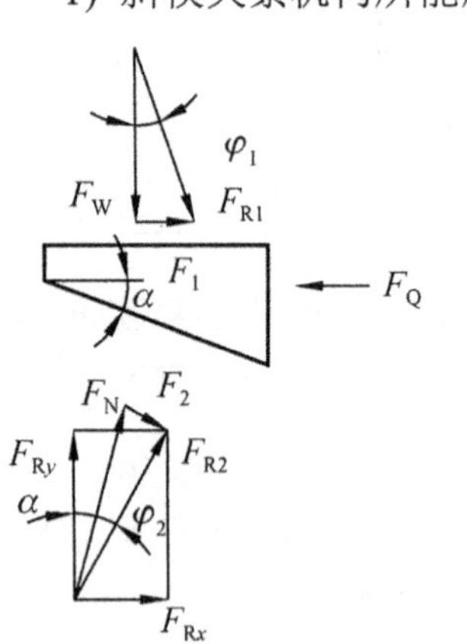

图 7.30　斜楔夹紧的受力分析

夹紧时斜楔的受力分析如图 7.30 所示。

当斜楔处于平衡状态时。根据静力平衡，可列方程组如下：

$$F_1+F_{Rx}=F_Q$$

$$F_1=F_w\tan\varphi_1$$

$$F_{Rx}=F_w\tan(\alpha+\varphi_2)$$

解上述方程组，可得斜楔夹紧所能产生的夹紧力：

$$F_w=\frac{F_Q}{\tan\varphi_1+\tan(\alpha+\varphi_2)}$$

式中：F_Q——斜楔所受的源动力，N；

F_w——斜楔所能产生的夹紧力的反力，N；

φ_1、φ_2——分别为斜楔与零件和夹具体间的摩擦角；

α——斜楔的楔角。

由于 α、φ_1、φ_2 均很小，设 $\varphi_1=\varphi_2=\varphi$，夹紧力可简化为

$$F_w=\frac{F_Q}{\tan(\alpha+2\varphi)}$$

2) 斜楔夹紧的自锁条件

手动夹紧机构必须具有自锁功能。自锁是指对零件夹紧后，撤除源动力时，夹紧机构

依靠静摩擦力仍能保持对零件的夹紧状态。根据这一要求，当撤除源动力后，斜楔受力分析如图 7.31 所示。

由图可知，要使斜楔能够保证自锁，必须满足下列条件：

$$F_1 \geqslant F_{Rx}$$

$$F_w \tan\varphi_1 \geqslant F_w \tan(\alpha-\varphi_2)$$

由于角度 α、φ_1 和 φ_2 的值均很小，所以上式可近似写成：

$$\varphi_1 \geqslant \alpha-\varphi_2$$

即 $$\alpha \leqslant \varphi_1+\varphi_2$$

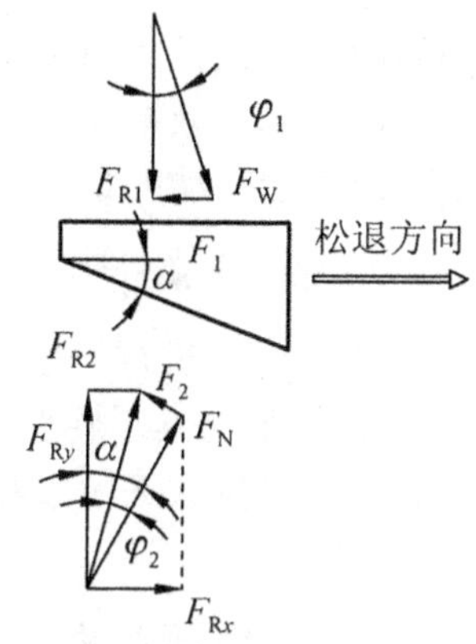

图 7.31 斜楔受力分析

上式说明了斜楔夹紧的自锁条件是：斜楔的楔角必须小于或等于斜楔分别与零件和夹具体的摩擦角之和。

钢铁表面之间的摩擦因数一般为 f=0.1～0.15，而 $\tan\varphi=f$，所以可知摩擦角 φ_1 和 φ_2 的值为 5° 43'～8° 32'。因此，斜楔夹紧机构满足自锁的条件是：$\alpha \leqslant$11° ～17° 。但为了保证自锁可靠，一般取 α=6° ～8° 。由于气动、液压系统本身具有自锁功能，所以采用气动、液压夹紧的斜楔楔角可以选取较大的值，一般取 α=15° ～30° 。

3) 斜楔夹紧的扩力比(扩力系数)

扩力比是指在夹紧源动力 F_Q 作用下，夹紧机构所能产生的夹紧力 F_w 与 F_Q 的比值，用符号 i_F 表示，即

$$i_F=\frac{F_w}{F_Q}$$

扩力比反映的是夹紧机构的省力与否。当 $i_F>1$ 时，表明夹紧机构具有增力特性，即以较小的夹紧源动力可以获得较大的夹紧力；当 $i_F<1$ 时，则说明夹紧机构是缩力的。在夹紧机构设计中，一般希望夹紧机构具有扩力作用。

斜楔夹紧机构是扩力机构，其扩力比为

$$i_F=\frac{F_w}{F_Q}=\frac{1}{\tan\varphi_1+\tan(\alpha+\varphi_2)}$$

显然：α、φ_1 和 φ_2 越小，i_F 就越大。当 $\varphi_1=\varphi_2=\alpha=6°$ 时，$i_F\approx3$。

4) 斜楔夹紧机构的行程比

一般把斜楔的移动行程 L 与零件需要的夹紧行程 S 的比值，称为行程比，用符号 i_s 表示。行程比从一定程度上反映了对某一零件夹紧的夹紧机构的尺寸大小。斜楔夹紧机构的行程比为

$$i_s=\frac{L}{s}=\frac{1}{\tan\alpha}$$

5) 应用注意事项

比较斜楔夹紧机构的扩力比和行程比可以发现：当不考虑摩擦时，两者相等，其大小均为

$$i_F=\frac{F_w}{F_Q}=\frac{1}{\tan\alpha}=\frac{L}{s}=i_s$$

由此式可知：当夹紧源动力 F_Q 和斜楔行程 L 一定时，楔角 a 越小，则所能产生的夹紧力 F_W 越大，而夹紧行程 s 却越小。斜楔夹紧机构的这一重要特性表明：在选择楔角 a 时，必须同时兼顾扩力和夹紧行程，不可顾此失彼。

由于机械效率较低，所以斜楔夹紧机构很少直接应用于手动夹紧，而多应用于机动夹紧。应用于手动夹紧时，一般应与其他夹紧机构复合使用。

2. 螺旋夹紧机构

螺旋夹紧机构可以看作是一个螺旋斜楔，它是将斜楔斜面绕在圆柱上形成螺旋面。图 7.32 是手动单螺旋夹紧机构，转动手柄，使压紧螺钉 1 向下移动，通过压块 4 将零件夹紧。压块可增大夹紧接触面积，并防止压紧螺钉旋转时有可能破坏零件的定位和损伤零件表面。

3. 偏心夹紧机构

偏心夹紧机构是由偏心件来实现夹紧的一种夹紧机构。偏心件有偏心轮和凸轮两种。其偏心方法分别采用了圆偏心和曲线偏心两种，如图 7.33 所示。

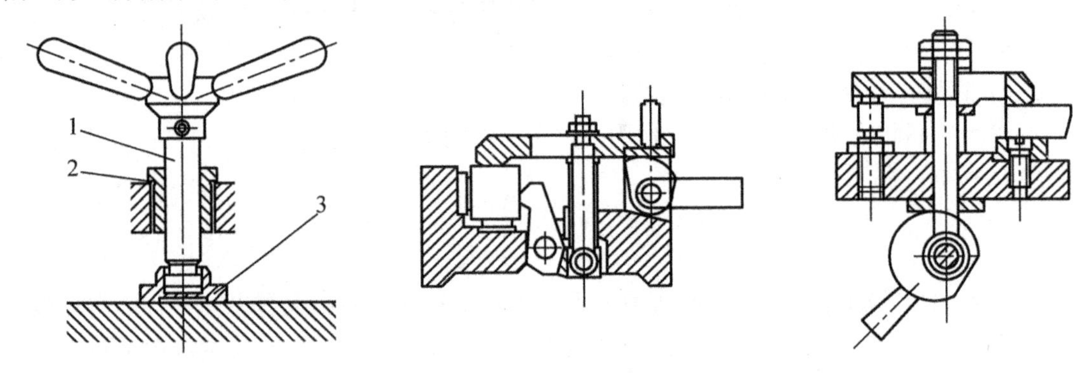

图 7.32 单螺旋夹紧机构

图 7.33 偏心夹紧形式

7.3 机械加工工艺规程的拟定

为保证产品质量、提高生产效率和经济效益，把根据具体生产条件拟订的较合理的工艺过程，用图表(或文字)的形式写成的工艺文件称为工艺规程。该工艺规程是生产准备、生产计划、生产组织、实际加工及技术检验的重要技术文件。

拟定机械加工工艺规程的主要步骤包括：

① 分析产品装配图和零件图，对零件进行工艺分析，形成拟定工艺规程的总体思路；
② 确定毛坯的制造方法；
③ 拟定工艺路线，选定定位基准，划定加工阶段；
④ 确定各工序所用的机床设备和工艺装备(含刀具、夹具、量具、辅具等)；
⑤ 确定各工序的加工余量，计算工序尺寸和公差；
⑥ 确定各工序的切削用量和工时定额；
⑦ 确定各主要工序的技术要求和检验方法；
⑧ 编制工艺文件。

7.3.1 零件的工艺分析

拟定工艺规程时，必须分析零件图以及产品装配图，充分了解产品的用途、性能和工作条件，熟悉该零件在产品中的位置和功用，分析对该零件提出的技术要求，找出技术关键，以便在拟定工艺规程时采取适当的工艺措施加以保证。同时要审查零件的尺寸精度、形状精度、位置精度、表面质量等技术要求，以及零件的结构是否合理，在现有生产条件下能否达到，以便与设计人员共同研究探讨，通过改进设计的方法达到经济合理的要求。同样零件材料的选择不仅要考虑实用性能及材料成本，还要考虑加工需要。

7.3.2 毛坯的选择及其尺寸和形状的确定

1. 毛坯的种类

机械制造中所用的毛坯除少部分零件直接用圆钢、钢管、钢板或其他型材经切削加工制成外，大多数的零件都是通过铸造、锻造、冲压或焊接等方法制成毛坯的。毛坯的种类及不同毛坯的选用原则参见本书的上册第15章的有关内容。

2. 毛坯尺寸和形状的确定

零件的形状与尺寸基本上决定了毛坯的形状和尺寸，二者的差别在于把毛坯上需要加工表面上的余量去掉，即是零件表面，去掉的部分称为加工余量。毛坯上加工余量的大小，直接影响机械加工的加工量的大小和原材料的消耗量，从而影响产品的制造成本。因此，在选择毛坯形状和尺寸时尽量与零件达到一致，力求做到少切削或者无切屑加工。

毛坯尺寸及其公差与毛坯制造的方法有关，实际生产中可查有关手册或专业标准。精密毛坯还需根据需要给出相应的形位公差。

确定了毛坯的形状和尺寸后，还要考虑毛坯在制造中机械加工和热处理等多方面的工艺因素。如图7.34所示的零件，由于结构形状的原因，在加工时，装夹不稳定，则在毛坯上制造出工艺凸台。工艺凸台只是在零件加工中使用，一般加工完成后要切掉，对于不影响外观和使用性能的也可保留。对于一些特殊的零件如滑动轴承、发动机连杆和车床开合螺母等，常做成整体毛坯，加工到一定阶段再切开，如图7.35所示。

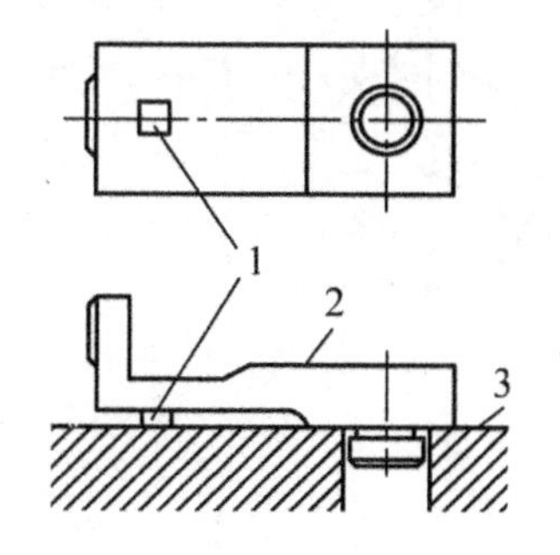

图7.34 带工艺凸台的零件实例

1—工艺凸台 2—加工表面 3—定位表面

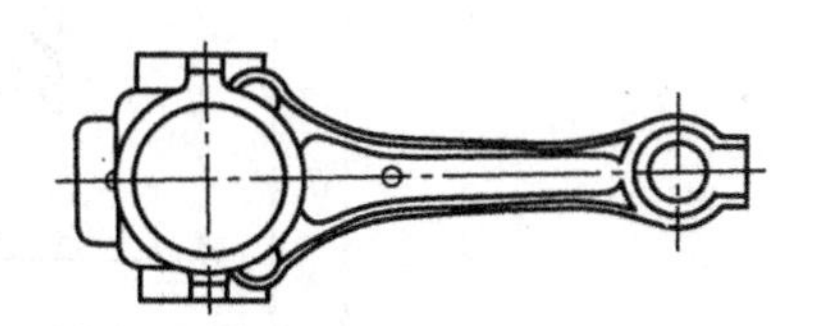

图7.35 连杆体的毛坯

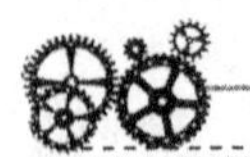

7.3.3 定位基准的选择

1. 基准的基本概念

基准就是零件上用来确定其他点、线或面位置的点、线或面等几何要素。根据功用的不同，基准可以分为设计基准和工艺基准两大类。

(1) 设计基准。是在零件图上用于标注尺寸和表面相互位置关系的基准。它是标注设计尺寸的起点。如图 7.36 所示的 3 个零件，图 7.36(a)中，平面 *A* 与平面 *B* 互为设计基准，即对于 *A* 平面，*B* 是它的设计基准，对于 *B* 平面，*A* 是它的设计基准；在图 7.36(b)中，*C* 是 *D* 平面的设计基准；在图 7.36(c)中，虽然尺寸 ϕE 与 ϕF 之间没有直接的联系，但它们有同轴度的要求，因此，ϕE 的轴线是 ϕF 设计基准。

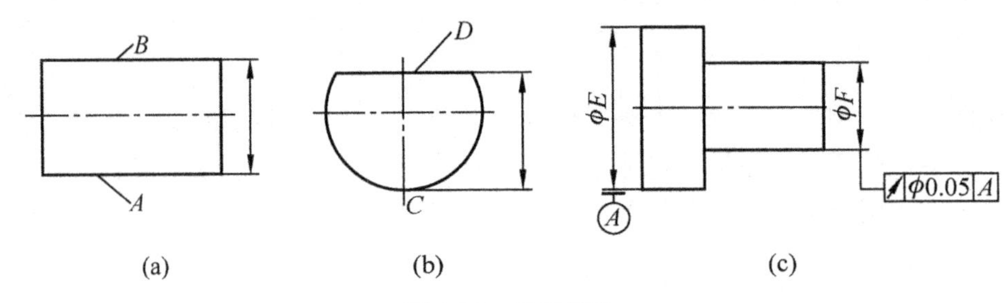

图 7.36 设计基准

(2) 工艺基准。在零件加工、测量和装配过程中所使用的基准称为工艺基准。又可分为定位基准、测量基准、装配基准和工序基准。

① 定位基准是指零件在加工过程中，用于确定零件在机床或夹具上的位置的基准。它是零件上与夹具定位元件直接接触的点、线或面。如图 7.37 所示，精车齿轮的大外圆时，为了保证它们对孔轴线 *A* 的圆跳动要求，零件以精加工后的孔定位安装在锥度心轴上，孔的轴线 *A* 为定位基准。在零件制造过程中，定位基准很重要。

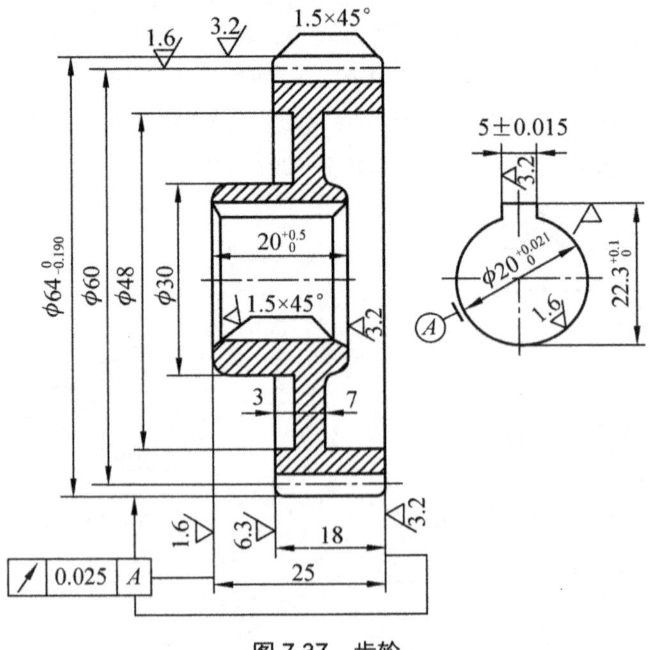

图 7.37 齿轮

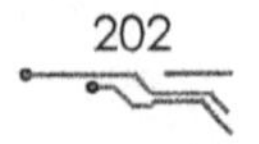

② 测量基准是测量已加工表面的尺寸及各表面之间位置精度的基准，主要用于零件的检验。

③ 装配基准是指机器装配时用以确定零件或部件在机器中正确位置的基准。

④ 工序基准是用来确定本工序所加工表面加工后的尺寸、形状、位置的基准。

2. 定位基准的选择

在实际生产的第一道工序中，只能用毛坯表面作定位基准，这种定位基准称为粗基准；在以后的工序中，可以用已加工过的表面作为定位基准，这种定位基准称为精基准。有时，当零件上没有合适的表面作为定位基准时，就需要在零件上专门加工出定位面，称为辅助基准，如轴类零件上的中心孔等。

(1) 粗基准的选择。选择粗基准时，主要是保证各加工表面有足够的余量，使不加工表面的尺寸、位置符合要求。一般要遵循以下原则。

① 如果必须保证零件上加工表面与不加工表面之间的位置要求，则应选择不需要加工的表面作为粗基准。若零件上有多个不加工表面，要选择其中与加工表面的位置精度要求较高的表面作为粗基准。如图 7.38 所示，以不加工的外圆表面作为粗基准，可以在一次装夹中把大部分要加工的表面加工出来，并保证各表面间的位置精度。

② 如果必须保证零件某重要表面的加工余量均匀，则应以该表面为粗基准。如图 7.39 所示机床导轨的加工，在铸造时，导轨面向下放置，使其表层金属组织细致均匀，没有气孔、夹砂等缺陷，加工时要求只切除一层薄而均匀的余量，保留组织细密耐磨的表层，且达到较高的加工精度。因此，先以导轨面为粗基准加工床脚平面，然后以床脚平面为精基准加工导轨面。

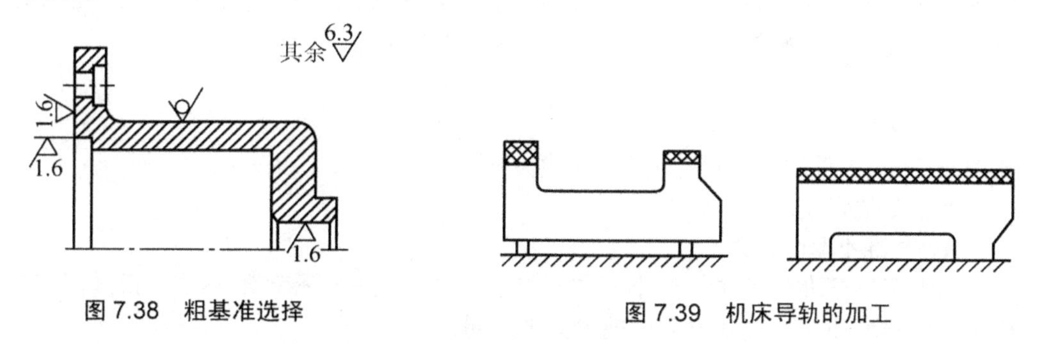

图 7.38 粗基准选择

图 7.39 机床导轨的加工

③ 如果零件上所有的表面都需要机械加工，则应以加工余量最小的加工表面作粗基准，以保证加工余量最小的表面有足够的加工余量。

④ 为了保证零件定位稳定、夹紧可靠，尽可能选用面积较大、平整光洁的表面作粗基准。应避免使用有飞边、浇注系统、冒口或其他缺陷的表面作粗基准。

⑤ 粗基准一般只能用一次，重复使用容易导致较大的基准位移误差。

(2) 精基准的选择。选择精基准时，应保证零件的加工精度。一般要遵循以下原则。

① 基准重合原则。主要考虑减少由于基准不重合而引起的定位误差，即选择设计基准作为定位基准，尤其是在最后的精加工。

② 基准统一原则。为减少设计和制造夹具的时间与费用，避免因基准频繁变化所带来的定位误差，提高各加工表面的位置精度，尽可能选用同一个表面作为各个加工表面的加

工基准。如轴类零件用两个顶尖孔作精基准；齿轮等圆盘类零件用其端面和内孔作精基准等。

③ 互为基准原则。为了获得小而均匀加工余量和较高的位置精度，采用反复加工，互为基准。如图7.37所示的齿轮，在进行精密加工时，采用先以齿面为基准磨削齿轮内孔，再以磨好的内孔为基准磨齿面，从而保证磨齿面余量均匀，且内孔与齿面又有较高的位置精度。

④ 自为基准原则。为了保证精加工或光整加工工序加工面本身的精度，选择加工表面本身作为定位基准进行加工。采用自为基准原则，不能校正位置精度，只能保证被加工表面的余量小而均匀，因此，表面的位置精度必须在前面的工序中予以保证。

(3) 辅助基准。在精加工过程中，如定位基准面过小，或者基准面和被加工面位置错开了一个距离，定位不可靠时，常常采取辅助基准。辅助支承和辅助基准虽然都是在加工时起增加零件的刚性的作用，但两者是有本质区别的。辅助支承仅起支承作用，辅助基准既起支承作用，又起定位作用。

7.3.4 定位误差分析

正确的选择定位基准，对保证加工精度、减小定位误差、合理安排加工顺序和提高加工生产率有着重要的意义和作用。

定位误差是由于工件在夹具上(或机床上)定位不准确而引起的加工误差。对一批工件来说，刀具经调整后位置是不动的，即被加工表面的位置相对于定位基准是不变的，所以同一批工件的工序基准在加工尺寸或位置要求方向上的最大变动量，就是定位误差，用$\varDelta_D$表示。计算定位误差的目的就是要判断定位精度，看定位方案能否保证加工要求。为了保证加工质量，定位误差与加工精度一般应满足下列关系：

$$\varDelta_D \leqslant \left(\frac{1}{3} \sim \frac{1}{5}\right)T$$

式中：T——工件的工序尺寸公差或位置公差。

产生定位误差的原因如下：

(1) 基准不重合误差。

由于定位基准与工序基准不一致所引起的定位误差，称基准不重合误差，即工序基准相对定位基准在加工尺寸方向上的最大变动量。

(2) 基准位移误差。

由于定位副制造不准确及其配合间隙所引起的定位误差，称基准位移误差，即定位基准的相对位置在加工尺寸方向上的最大变动量。

7.3.5 工艺路线的拟定

1. 零件表面加工方法的选择

确定零件表面的加工方法时，在保证零件质量和技术要求的前提下，要兼顾生产率和经济性。因此，加工方法的选择是以加工经济精度和其相应的表面粗糙度为依据的。所谓加工经济精度是指在正常加工条件下，即采用符合质量标准的设备、工艺装备和标准技术等级的操作者，不延长加工时间所能保证的加工精度。相应的粗糙度称为经济粗糙度。

在选用加工方法时，要综合考虑零件材料、结构形状、尺寸大小、热处理要求、加工经济性、生产效率、生产类型和企业生产条件等各个方面的情况。

在第 5 章的表 5-1、表 5-2 和表 5-3 分别列出了几种加工方法所能达到的经济精度和表面粗糙度及典型零件表面的加工方案，供选用时参考。

2. 加工阶段的划分

零件的加工，往往不可能在一道工序内完成一个或几个表面的全部加工内容。一般把零件的整个工艺路线分成以下几个加工阶段。

(1) 粗加工阶段。是切除各加工面或主要加工面的大部分加工余量，并加工出精基准，因此一般就选用生产率较高的设备。

(2) 半精加工阶段。是切除粗加工后可能产生的缺陷，为主要表面的精加工做准备，即，要达到一定的加工精度，保证适当的加工余量，并完成一些次要表面的加工。

(3) 精加工阶段。使各主要表面达到图样的技术要求。

(4) 光整加工阶段。目的是提高零件的尺寸精度，降低表面粗糙度值或强化加工表面，一般不能提高位置精度。主要用于表面粗糙度要求很细(IT6 以上，表面粗糙度值 $R_a \leqslant 0.32\mu m$)的表面加工。

(5) 超精密加工阶段。超精密加工是以超稳定、超微量切除等原则的亚微米级加工，其加工精度在 0.2～0.03μm，表面粗糙度值 $R_a \leqslant 0.03\mu m$。

将零件划分为加工阶段的主要目的是：

(1) 保证加工质量。粗加工阶段切削用量大，产生的切削力和切削热较大，所需夹紧力也较大，故零件残余内应力和工艺系统的受力变形、热变形、应力变形都较大，所产生的加工误差，可通过半精加工和精加工逐步消除，从而保证加工精度。

(2) 合理地使用设备。粗加工要求功率大、刚性好、生产率高、精度要求不高的设备；精加工则要求精度高的设备。划分加工阶段后，就可充分发挥粗、精加工设备的长处，做到合理使用设备。

(3) 便于安排热处理工序，使冷、热加工工序配合得更好。例如，粗加工后零件残余应力大，可安排时效处理，消除残余应力；热处理引起的变形又可在精加工中消除等。

(4) 便于及时发现问题。毛坯的各种缺陷如气孔、砂眼和加工余量不足等，在粗加工后即可发现，便于及时修补或决定是否报废，避免后续工序完成后才发现，造成工时浪费，增加生产成本。

(5) 精加工和光整加工的表面安排在最后加工，可保护零件少受磕碰、划伤等损坏。

加工阶段的划分不是绝对的，主要是以零件本身的结构形状、变形特点和精度要求来确定。例如对那些余量小、精度不高，零件刚性好的零件，则可以在一次安装中完成表面的粗加工和精加工；有些刚性好的重型零件，由于装夹及运输很费时，也常在一次装夹下完成全部粗、精加工，为了弥补不分阶段带来的缺陷，重型零件在粗加工工步后，松开夹紧机构，让零件有变形的可能，然后用较小的夹紧力重新夹紧零件，继续进行精加工工步。

3. 工序的集中与工序分散

在选定了各表面的加工方法和划分加工阶段之后，就可以按工序集中原则和工序分散原则拟定零件的加工工序。

(1) 工序集中原则是指每道工序加工的内容较多，工艺路线短，零件的加工被最大限度地集中在少数几个工序中完成。其特点是：①减少了零件安装次数，有利于保证表面间的位置精度，还可以减少工序间的运输量，缩短加工周期；②工序数少，可以采用高效机床和工艺装备，生产率高；③减少了设备数量以及操作者和占地面积，节省人力、物力；④所用设备的结构复杂，专业化程度高，一次性投入高，调整维修较困难，生产准备工作量大。

(2) 工序分散原则是指每道工序的加工内容很少，工艺路线很长，甚至一道工序只含一个工步。其特点是：①设备和工艺装备比较简单，便于调整，生产准备工作量少，又易于平衡工序时间，容易适应产品的变换；②可以采用最合理的切削用量，减少机动时间；③对操作者的技术要求较低；④所需设备和工艺装备的数目多，操作者多，占地面积大。

在实际生产中，要根据生产类型、零件的结构特点和技术要求、机械设备等实际条件进行综合分析，决定采用工序集中还是工序分散原则来安排工艺过程。一般情况下，大批量生产时，既可以采用多刀、多轴等高效、自动机床，将工序集中，也可以将工序分散后组织流水线生产；单件小批生产时宜采用工序集中，在一台普通机床上加工出尽量多的表面。而重型零件，为了减少零件装卸和运输的劳动量，工序应适当集中；对于刚性差且精度高的精密零件，则工序应适当分散。如汽车连杆零件加工采用工序分散。但从技术发展方向来看，随着数控技术和柔性制造系统的发展，今后多采用工序集中的原则来组织生产。

4. 加工顺序的安排

在安排加工顺序时要注意以下几点。

(1) 基准先行。用作精基准的表面，要先加工出来，然后以精基准定位加工其他表面。在精加工阶段之前，有时还需对精基准进行修复，以确保定位精度。例如采用中心孔作为统一基准的精密轴，在每一加工阶段开始总是先钻中心孔或修正中心孔。如果精基面有几个，则应按照基面转换顺序和逐步提高加工精度的原则来安排加工工序。

(2) 先粗后精。整个零件的加工工序，应该先进行粗加工，半精加工次之，最后安排精加工和光整加工。

(3) 先主后次。先安排主要表面(加工精度和表面质量要求比较高的表面，如装配基面、工作表面等)的加工，后进行次要表面的加工(即键槽、油孔、紧固用的光孔、螺纹孔等)。因为主要表面加工容易出废品，应放在前阶段进行，以减少工时浪费，次要表面的加工一般安排在主要表面的半精加工之后，精加工或光整加工之前进行，也有放在精加工后进行加工的。

(4) 先面后孔。先加工平面，后加工内圆表面。因为箱体类、支架类等零件，平面所占轮廓尺寸较大，用它作为精基准定位稳定，而且在加工过的平面上加工内圆表面，刀具的工作条件较好，有利于保证内圆表面与平面的位置精度。

此外，为了保证零件某些表面的加工质量，常常将最后精加工安排在部件装配之后或总装过程中加工。如柴油机连杆大头孔，是在连杆体和连杆盖装配好后再进行精镗和珩磨的；车床主轴上连接三爪自定心卡盘的端盖，它的止口及平面需待端盖安装在车床主轴上后再进行最后加工。

在机械加工过程中，热处理工艺的安排遵循以下的原则。如正火、退火、时效处理和调质等预备热处理常安排在粗加工前后，其目的是改善加工性能，消除内应力和为最终热处理作好组织准备；淬火－回火、渗碳淬火、渗氮等最终热处理一般安排在精加工(磨削)之前，或安排在精加工之后，其目的是提高零件的硬度和耐磨性。

为了保证加工质量，在机械加工工艺中还要安排检验、表面强化和去毛刺、倒棱、去磁、清洗、动平衡、防锈和包装等辅助工序。

5. 加工余量的确定

加工余量是指在加工过程中，从加工表面切除的那层材料的厚度。加工余量又可分为工序余量和总余量。某一表面在同一道工序中切除的材料层厚度，在数量上等于相邻两道工序基本尺寸之差，称为工序余量 Z_i。某一表面毛坯尺寸与零件尺寸之差称为总余量 Z_o。总余量等于各工序余量之和。即

$$Z_o = \sum_{i=1} Z_i$$

根据零件的不同结构，加工余量有单面和双面之分。对于平面(或非对称面)，加工余量单向分布，称为单边余量；对于外圆和内孔等回转表面，加工余量在直径方向上是对称分布的，称为双边余量。

前面所讲的工序余量，是相邻两道工序基本尺寸之差，因而是基本加工余量，也叫公称加工余量。由于各工序尺寸都有公差，所以实际加工余量值也是变化的。一般工序尺寸公差都是按“入体原则”单向标注。即被包容尺寸的上偏差为为 0，其最大尺寸就是基本尺寸；包容尺寸的下偏差为0，其最小尺寸就是基本尺寸。加工余量的计算如图 7.40 所示。

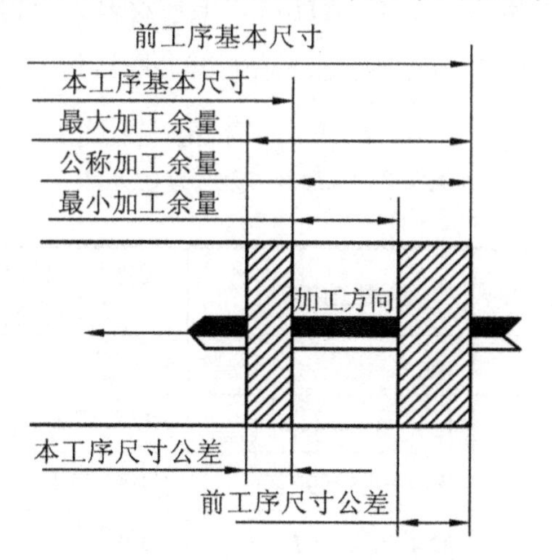

图 7.40　加工余量及其公差

加工余量的大小对于零件的加工质量和生产率有较大的影响。余量太小时，保证不了加工质量；太大时，既浪费材料又浪费人力物力，因此，合理确定加工余量，对确保加工质量、提高生产率和降低成本都有很重要的意义。影响加工余量的因素如下。

① 上道工序所形成的表面粗糙度值和变质层深度；

② 上道工序工序尺寸公差；

③ 上道工序已加工表面形状与位置误差；

④ 本工序装夹误差。此外，对于有热处理要求的零件，还要考虑热处理后零件变形的大小和规律对加工余量的影响。

确定加工余量时常采用分析计算、查表修正和经验估计 3 种方法。分析计算法是以一定的试验资料和计算公式，对影响加工余量的各项因素进行分析和综合计算来确定加工余量的方法。这种方法确定的加工余量最经济合理，但需要全面的试验资料，计算也较复杂，实际应用较少。查表修正法是以企业生产实践和工艺试验积累的有关加工余量的资料数据为基础，并结合实际加工情况进行修正来确定加工余量的方法，应用比较广泛。经验估计法是工艺人员根据经验确定加工余量的方法。为了避免产生废品，所估计的加工余量一般偏大，此法常用于单件小批生产。

6. 确定工序尺寸及其公差

在确定工序尺寸及其公差时，有工艺基准与设计基准重合和不重合两种情况，在两种情况下工序尺寸及其公差的计算是不同的。当工序基准、定位基准或测量基准与设计基准重合，表面多次加工时，工序尺寸及公差的计算是比较容易的。其计算顺序是由最后一道工序开始向前推算。首先根据各工序不同的加工方法、加工精度确定所需工序余量，再由各工序余量计算毛坯总余量；最终工序尺寸公差等于设计尺寸公差，其余工序公差按经济精度确定，查有关手册确定；从零件图上的设计尺寸开始，一直往前推算到毛坯尺寸，某工序基本尺寸等于后道工序基本尺寸加上或减去后道工序余量。计算好后，最后一道工序的公差按设计尺寸标注，毛坯尺寸公差为双向分布，其余工序尺寸公差按入体原则标注。

现以查表法确定余量以及各加工方法的经济精度和相应公差值。例如某零件孔的设计要求为$\phi100^{+0.035}_{0}$mm，表面粗糙度值 R_a=0.8μm，毛坯材料为 HT200，其加工工艺路线为毛坯—粗镗—半精镗—精镗—浮动镗。则毛坯总加工余量与其公差、工序余量及工序的经济精度和公差值见表 7-3。

表 7-3　工序尺寸及公差的计算

单位：mm

工 序 名 称	工序加工余量	基本工序尺寸	工序加工精度等级及工序尺寸公差	工序尺寸及公差
浮动镗	0.1	100	H7($^{+0.035}_{0}$)	$\phi100^{+0.035}_{0}$
精镗	0.5	100−0.1＝99.9	H8($^{+0.054}_{0}$)	$\phi99.9^{+0.054}_{0}$
半精镗	2.4	99.9−0.5＝99.4	H10($^{+0.14}_{0}$)	$\phi99.4^{+0.14}_{0}$
粗镗	5	99.4−2.4＝97	H13($^{+0.54}_{0}$)	$\phi97^{+0.54}_{0}$
毛坯	8	97−5＝92	±1.2	$\phi92\pm1.2$
数据确定方法	查表确定	第一项为图样规定尺寸，其余计算得到	第一项图样规定，毛坯公差查表，其余按经济加工精度及入体原则定	

在拟定加工工艺时，当测量基准、定位基准或工序基准与设计基准不重合，需通过工艺尺寸链原理进行工序尺寸及其公差的计算。

7.3.6 工艺尺寸链的计算

在零件加工(测量)或机械的装配过程中，遇到的尺寸往往不是孤立的，而是相互联系的。这种按一定顺序连接成封闭形式的关联尺寸组合称为工艺尺寸链。按尺寸链在空间分布的位置关系，可分为直线尺寸链、平面尺寸链和空间尺寸链。

如图 7.41 所示零件，先按尺寸 A_2 加工台阶，再按尺寸 A_1 加工左右两侧端面，而 A_0 由 A_1 和 A_2 所确定，即 $A_0=A_1-A_2$。那么，这些相互联系的尺寸组合 A_1、A_2 和 A_0 就是一个工艺尺寸链。

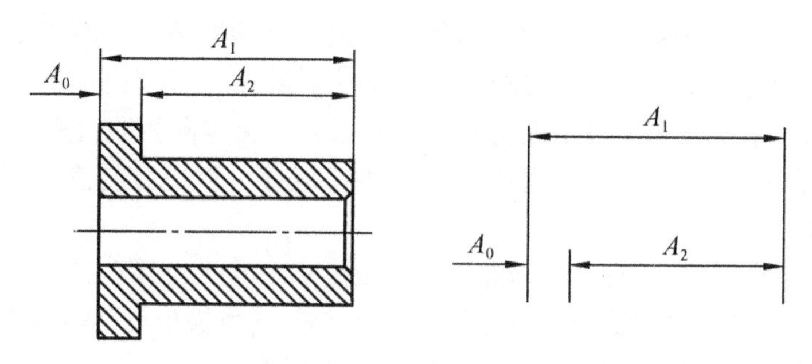

图 7.41 零件加工与测量中的尺寸关系图

在图 7.42 所示的圆柱形零件的装配过程中，其间隙 A_0 的大小由孔径 A_1 和轴径 A_2 所决定，即 $A_0=A_1-A_2$。这样，尺寸 A_1、A_2 和 A_0 也形成一个工艺尺寸链。

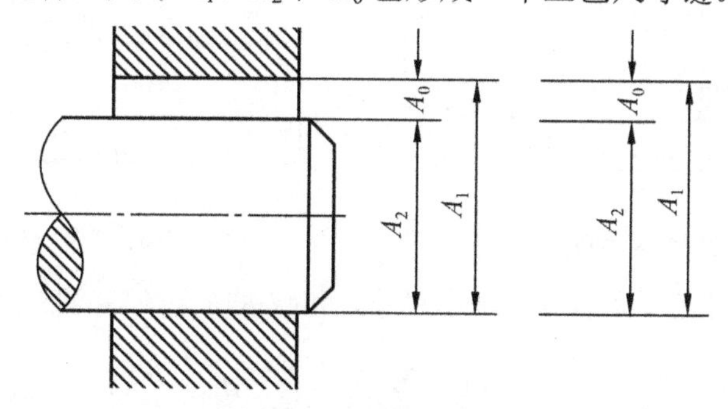

图 7.42 零件装配过程中的尺寸关系

通过以上分析可以知道，工艺尺寸链的主要特征是：①封闭性，即互相关联的尺寸必须按一定顺序排列成封闭的形式；②关联性，指某个尺寸及精度的变化必将影响其他尺寸和精度的变化，即它们的尺寸和精度互相联系、互相影响。

工艺尺寸链中各尺寸简称环。根据各环在尺寸链中的作用，可分为封闭环和组成环两种。

(1) 封闭环(终结环)是工艺尺寸链中唯一的一个特殊环，它是在加工、测量或装配等工艺过程完成时最后间接形成的。封闭环用 A_0 表示。在装配尺寸链中，封闭环很容易确定，如图 7.42 所示，封闭环 A_0 就是零件装配后形成的间隙。在加工尺寸链中封闭环必须在加工(或测量)顺序确定后才能判定。在图 7.41 所示条件下，封闭环 A_0 是在所述加工(或测量)顺序条件下，最后形成的尺寸。当加工(或测量)顺序改变，封闭环也随之改变。

(2) 组成环是尺寸链中除封闭环以外的所有环。同一尺寸链中的组成环，一般以同一字母加下角标表示，如 A_1、A_2、A_3，…组成环的尺寸是直接保证的，它又影响到封闭环的尺寸。根据组成环对封闭环的影响不同，组成环又可分为增环和减环。

① 增环是在其他组成环不变的条件下，此环增大时，封闭环随之增大，则此组成环称为增环，在图 7.41、7.42 中尺寸 A_1 为增环。为简明起见，增环可标记为 A_z。

② 减环是在其他组成环不变的条件下，此环增大时，封闭环随之减小，则此组成环称为减环，在图 7.41、7.42 中尺寸 A_2 为减环，减环可标记为 A_j。

当尺寸链环数较多、结构复杂时，增环及减环的判别也比较复杂。为了便于判别，可按照各尺寸首尾相接的原则，顺着一个方向在尺寸链中各环的字母上划箭头。凡组成环的箭头与封闭环的箭头方向相同者，此环为减环，反之则为增环。如图 7.43 所示尺寸链由 4 个环组成，按尺寸走向顺着一个方向画各环的箭头，其中 A_1、A_3 的箭头方向与 A_0 的箭头方向相反，则 A_1、A_3 为增环；A_2 的箭头方向与 A_0 的箭头方向相同，则 A_2 为减环。需要注意的是：所建立的尺寸链，必须使组成环数最少，这样可以更容易满足封闭环的精度或者使各组成环的加工更容易，更经济。

工艺尺寸链的计算方法有两种：概率法和极值法。在大批量生产中，由于各组成环尺寸符合正态分布，一般采用概率法；而其他生产中多采用极值法(或称极大极小值法)。从图 7.44 中可以看出用极值法计算尺寸链的基本公式如下。

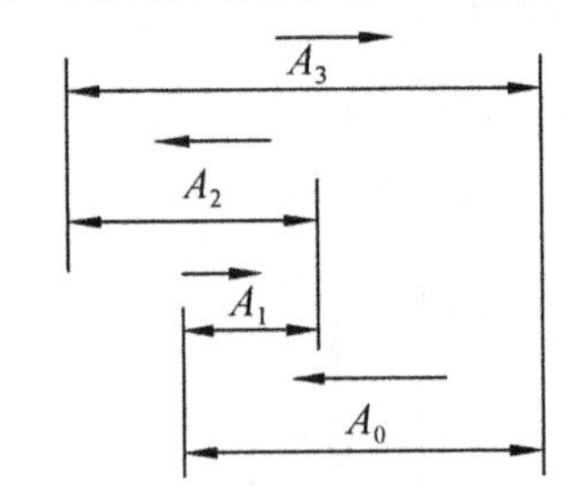

图 7.43 组成环增减性的判别

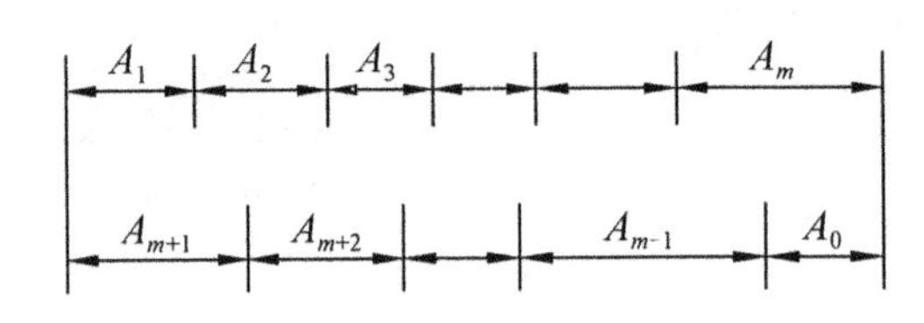

图 7.44 组成环的构成

封闭环的基本尺寸等于所有增环基本尺寸之和减去所有减环的基本尺寸之和，见式(7-2)。

$$A_0=\sum_{z=1}^{m}A_z-\sum_{j=m+1}^{n-1}A_j \tag{7-2}$$

式中：m——为增环的环数；

n——为总环数；

A_0——封闭环的基本尺寸。

封闭环的最大极限尺寸等于所有增环的最大极限尺寸之和减去减环的最小极限尺寸之和，见式(7-3)。

$$A_{0\max}=\sum_{z=1}^{m}A_{z\max}-\sum_{j=m+1}^{n-1}A_{j\min} \tag{7-3}$$

封闭环的最小极限尺寸等于所有增环的最小极限尺寸之和减去减环最大极限尺寸之和，见式(7-4)。

$$A_{0\min}=\sum_{z=1}^{m}A_{z\min}-\sum_{j=m+1}^{n-1}A_{j\max} \tag{7-4}$$

用式(7-3)减去式(7-2)，得封闭环的上偏差，即封闭环的上偏差等于所有增环上偏差之和，减去所有减环下偏差之和。

$$ES_{A_0}=\sum_{Z=1}^{m}ES_{A_z}-\sum_{j=m+1}^{n-1}EI_{A_j} \tag{7-5}$$

用式(7-4)减去式(7-2)，得封闭环的下偏差，即为封闭环的下偏差等于所有增环下偏差之和，减去所有减环上偏差之和。

$$EI_{A_0}=\sum_{z=1}^{m}EI_{A_z}-\sum_{z=m+1}^{n-1}ES_{A_j} \tag{7-6}$$

用式(7-3)减去式(7-4)，得封闭环的公差，即封闭环的公差等于所有组成环的公差之和。

$$T_{A_0}=\sum_{i=1}^{n-1}T_{A_i} \tag{7-7}$$

由此可知，封闭环的公差比任一组成环的公差都大。因此，在工艺尺寸链中，一般选最不重要的环作为封闭环。在装配尺寸链中，封闭环是装配的最终要求。为了减小封闭环的公差，应尽量减小尺寸链的环数，这就是在设计中应遵守的最短尺寸链原则。

求解工艺尺寸链是确定工序尺寸的一个重要环节，尺寸链的计算步骤一般是：首先正确地画出尺寸链图；按照加工顺序确定封闭环、增环和减环；再进行尺寸链的计算；最后可以按封闭环公差等于各组成环公差之和的关系进行校核。

7.3.7 工艺文件的编制

常用的工艺规程(工艺文件)有以下几种。

(1) 机械加工工艺过程卡片(工艺过程卡)主要列出零件加工所经过的工艺路线(包括毛坯制造、机械加工、热处理等)，是制定其他工艺文件的基础，也是生产技术准备、编制作业计划和组织生产的依据。由于这种卡片对各工序的说明不够具体，一般不能直接指导操作者操作，而多作为生产管理方面使用。在单件小批生产中，通常不编制其他较详细的工艺文件，只用它指导操作者操作。其格式见表 7-4。

(2) 机械加工工艺卡是以工序为单位详细说明具体的工序、工步的顺序和内容等整个工艺过程的工艺文件。它用来指导操作者操作和帮助管理人员及技术人员掌握零件加工过程，广泛用于成批生产的零件和小批生产的重要零件。其格式见表 7-5。

(3) 机械加工工序卡片是用来指导生产的一种详细的工艺文件。它详细地说明该工序中的每个工步的加工内容、工艺参数、操作要求、所用设备和工艺装备等。一般都有工序简图，注明该工序的加工表面和应达到的尺寸公差、形位公差和表面粗糙度值等。它主要用于大批大量生产。其格式见表 7-6。

表 7-4　机械加工工艺过程卡片

工厂名称		机械加工工艺过程卡片		产品型号		零(部)件型号		共　页
				产品名称		零(部)件名称		第　页
材料牌号	毛坯种类		毛坯外形尺寸			每毛坯件数	每台件数	备注
工序号	工序名称	工序内容		车间	工段	设备	工艺装备	工时
								准终 / 单件

										编制(日期)	审核(日期)	会签(日期)		
标记	处记	更改文件号	签字	日期	标记	处记	更改文件号	签字	日期					

表 7-5 机械加工工艺卡片

<table>
<tr><td colspan="3">工厂名称</td><td></td><td colspan="3">机 械 加 工 工 艺 卡 片</td><td>产品型号</td><td></td><td colspan="3">零(部)件型号</td><td></td><td></td><td colspan="2">共 页</td></tr>
<tr><td colspan="3"></td><td></td><td colspan="3"></td><td>产品名称</td><td></td><td colspan="3">零(部)件名称</td><td></td><td></td><td colspan="2">第 页</td></tr>
<tr><td colspan="3">材 料 牌 号</td><td></td><td>毛 坯 种 类</td><td></td><td>毛坯外形尺寸</td><td colspan="2"></td><td colspan="2">每毛坯件数</td><td></td><td>每台件数</td><td></td><td>备注</td><td></td></tr>
<tr><td rowspan="2">工序</td><td rowspan="2">装夹</td><td rowspan="2">工步</td><td rowspan="2">工 序 内 容</td><td rowspan="2">同时加工零件数</td><td colspan="4"></td><td rowspan="2">设备名称及编号</td><td colspan="3">工艺装备名称及编号</td><td rowspan="2">技术等级</td><td colspan="2">工时定额</td></tr>
<tr><td>背吃刀量(mm)</td><td>切削速度(m/min)</td><td>每分钟转数或往复次数</td><td>进 给 量(mm/r)</td><td>夹具</td><td>刀具</td><td>量具</td><td>单件</td><td>准终</td></tr>
<tr><td></td><td></td><td></td><td></td><td></td><td></td><td></td><td></td><td></td><td></td><td></td><td></td><td></td><td></td><td></td><td></td></tr>
</table>

<table>
<tr><td></td><td></td><td></td><td></td><td></td><td></td><td></td><td></td><td></td><td></td><td>编制(日期)</td><td>审核(日期)</td><td>会签(日期)</td><td></td><td></td></tr>
<tr><td></td><td></td><td></td><td></td><td></td><td></td><td></td><td></td><td></td><td></td><td></td><td></td><td></td><td></td><td></td></tr>
<tr><td>标记</td><td>处记</td><td>更改文件号</td><td>签字</td><td>日期</td><td>标记</td><td>处记</td><td>更改文件号</td><td>签字</td><td>日期</td><td></td><td></td><td></td><td></td><td></td></tr>
</table>

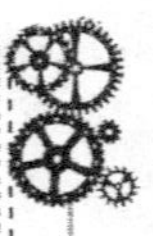

表 7-6 机械加工工序卡片

工　厂	机械加工工序卡片				产品型号		零(部)件型号			共　页	
					产品名称		零(部)件名称			第　页	
材料牌号		毛坯种类		毛坯外形尺寸		每毛坯件数		每台件数		备注	
(工序图)					车间	工序号		工序名称		材料牌号	
					毛坯种类	毛坯外形尺寸		每坯件数		每台件数	
					设备名称	设备型号		设备编号		同时加工件数	
					夹具编号		夹具名称			冷却液	
										工序工时	
										准终	单件
工步号	工步内容		工艺装备		主轴转速 (r/min)	切削速度 (m/min)	进给量 (mm/r)	背吃刀量 /mm	进给次数	工时定额	
										机动	辅助
					编制(日期)	审核(日期)	会签(日期)				
标记	处记	更改文件号	签字	日期	标记	处记	更改文件号	签字	日期		

7.4 典型零件的工艺过程

7.4.1 轴类零件

轴类零件是机器中常见的典型回转体零件之一，其主要功用是支承传动零部件(带轮、齿轮、联轴器等)、传递扭矩以及承受载荷。对于机床主轴，要求有较高的回转精度。按形状结构特点可分为光轴、空心轴、阶梯轴、异形轴(如曲轴、齿轮轴、凸轮轴、十字轴等)4大类。

轴类零件的结构特点是长度(*L*)大于直径(*d*)的回转体零件，若长径比 $L/d \leqslant 12$ 通称为刚性轴，而长径比 $L/d > 12$ 时称为细长轴或挠性轴。其被加工表面常有同轴线的内外圆柱面、内外圆锥面、螺纹、花键、键槽及沟槽等。

轴类零件的技术要求是设计者根据轴的主要功用以及使用条件确定的，它要符合第 5 章所讲的内、外圆表面加工的通用技术要求，在这里就不再赘述。

1. 轴类零件的材料及毛坯

轴类零件选用的材料、毛坯生产方式以及采用的热处理，对选取加工过程有极大影响。一般轴类零件常用的材料是 45 钢，并根据其工作条件选取不同的热处理规范，可得到较好的切削性能及综合力学性能。40Cr 等合金结构钢适用于中等精度而转速较高的轴类零件，这类钢经调质和表面淬火处理后，具有较高的综合力学性能。轴承钢 GCr15 和弹簧钢 65Mn 经调质和表面高频淬火后再回火，表面硬度可达 50～58HRC，具有较高的耐疲劳性能和较好的耐磨性能，可制造较高精度的轴。

20CrMnTi、18CrMnTi、20Mn2B、20Cr 等含铬、锰、钛和硼等元素，经正火和渗碳淬火处理可获得较高的表面硬度，较软的芯部。因此，耐冲击、韧性好，可用来制造在高转速、重载荷等条件下工作的轴类零件，其主要缺点是热处理变形较大。中碳合金氮化钢 38CrMoAlA，由于氮化温度比一般淬火温度低，经调质和表面氮化后，变形很小，且硬度也很高，具有很高的心部强度，良好的耐磨性和耐疲劳性能。

轴类零件可选用棒料、铸件、或锻件等毛坯形式。一般的光轴和外圆直径相差不大的阶梯轴，以棒料为主；而对于外圆直径相差大的阶梯轴或重要的轴，常选用锻件；对于某些大型的、结构复杂的轴(如曲轴)才采用铸件。

2. 轴类零件的加工工艺特点

轴类零件最常用的精定位基准是两中心孔，采用这种方法符合基准重合与基准统一的原则，因为轴类零件的各外圆表面、圆锥面、螺纹表面的同轴度及端面的垂直度等设计基准都是轴的中心线。

粗加工时为了提高零件的刚度，一般用外圆表面或外圆表面与中心孔共同作为定位基准。内孔加工时，也以外圆作为定位基准。

对于空心轴，为了使以后各工序有统一的定位基准，在加工出内孔后，采用带中心孔的锥堵或锥堵心轴，保证用中心孔定位，如图 7.45 所示。

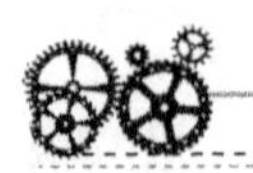

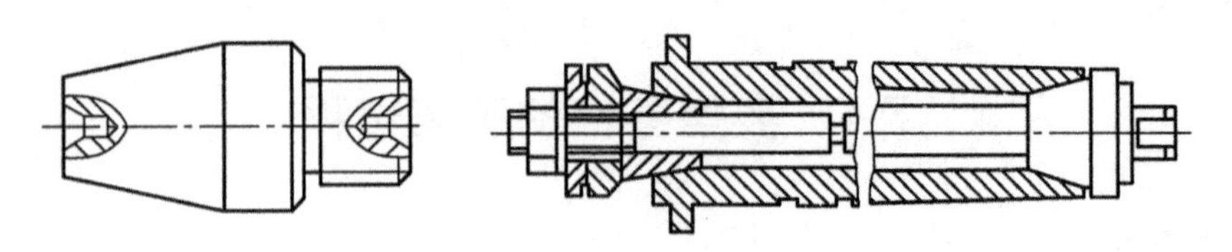

图 7.45　带中心孔的锥堵或锥堵心轴

3. 轴类零件的加工工艺过程

轴类零件的加工工艺过程需根据轴的结构类型、生产批量、精度及表面粗糙度要求、毛坯种类、热处理要求等的不同而变化。在设备维修和备件制造等单件小批生产中，一般遵循工序集中原则。

在批量加工轴类零件时，要将粗、精加工分开，先粗后精，对于精密的轴类零件，精磨是最终的加工工序，有些要求较高精度的机床主轴，还要安排光整加工。车削和磨削是加工轴类零件的主要加工方法，其一般的加工工序安排为：准备毛坯—正火—切端面打中心孔—粗车—调质—半精车—精车—表面淬火—粗、精磨外圆表面—终检。轴上的花键、键槽、螺纹、齿轮等表面的加工，一般都放在外圆半精加工以后，精磨之前进行。

轴类零件毛坯是锻件，大多需要进行正火处理，以消除锻造内应力、改善材料内部金相组织和降低硬度，改善材料的可加工性。对于机床主轴等重要轴类零件，在粗加工后应安排调质处理以获得均匀细致的回火索氏体组织，提高零件材料的综合力学性能，并为表面淬火时得到均匀细密的组织，也可获得由表面向中心逐步降低的硬化层奠定基础，同时，索氏体金相组织经机械加工后，表面粗糙度值较小。此外，对有相对运动的轴颈表面和经常装卸工具的内锥孔等摩擦部位一般应进行表面淬火，以提高其耐磨性。

图 7.46 所示是 CA6140 型车床主轴零件图。主轴材料为 45 钢，在大批量生产的条件下，拟定的加工工艺过程见表 7-7。

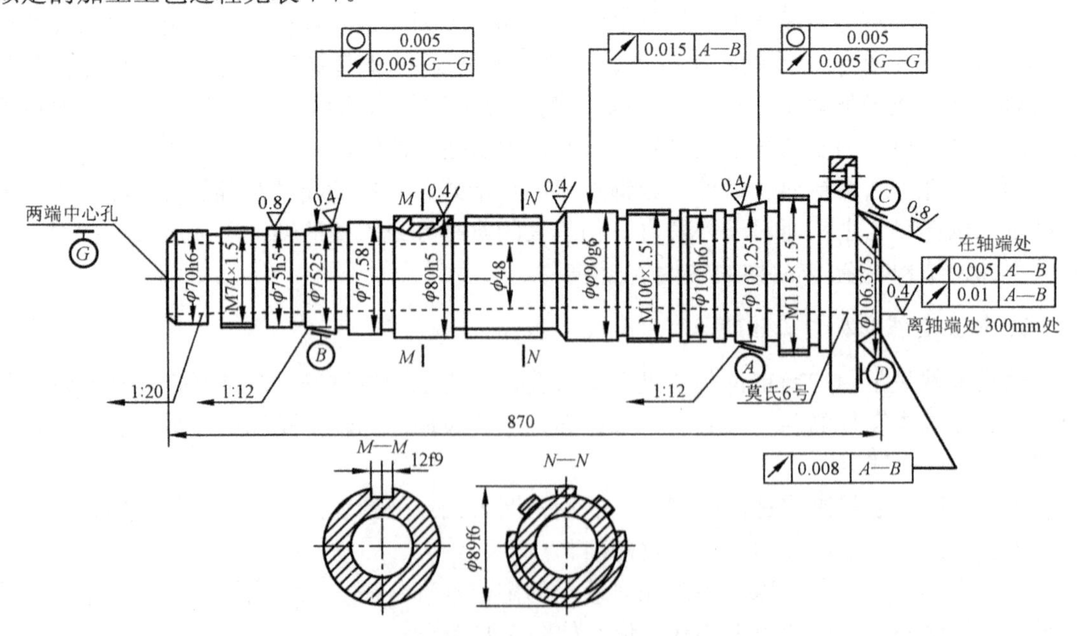

图 7.46　CA6140 型车床主轴

表 7-7 CA6140 车床主轴加工工艺过程

工序	工 序 名 称	工 序 内 容	设备及主要工艺装备
1	模锻	锻造毛坯	—
2	热处理	正火	—
3	铣端面，钻中心孔	铣端面，钻中心孔，控制总长 872mm	专用机床
4	粗车	粗车外圆、各部留量 2.5～3mm	仿形车床
5	热处理	调质	—
6	半精车	车大头各台阶面	卧式车床
7	半精车	车小头各部外圆，留余量 1.2～1.5mm，	仿形车床
8	钻	钻 ϕ48 通孔	深孔钻床
9	车	车小头 1∶20 锥孔及端面(配锥堵)	卧式车床
10	车	车大头莫氏 6 号孔、外短锥及端面(配锥堵)	卧式车床
11	钻	钻大端端面各孔	钻床
12	热处理	短锥及莫氏 6 号锥孔、ϕ75h5、ϕ90g6、ϕ100h6 进行高频淬火	—
13	精车	仿形精车各外圆，留余量 0.4～0.5mm，并切槽	数控车床
14	粗磨	粗磨 ϕ75h5、ϕ90g6、ϕ100h6 外圆	万能外圆磨床
15	粗磨	粗磨小头工艺内锥孔(重配锥堵)	内圆磨床
16	粗磨	粗磨大头莫氏 6 号内锥孔(重配锥堵)	内圆磨床
17	铣	粗精铣花键	花键铣床
18	铣	铣 12f9 键槽	铣床
19	车	车三处螺纹 M115×1.5、M100×1.5、M74×1.5	卧式车床
20	精磨	精磨外圆至尺寸	万能外圆磨床
21	精磨	精圆锥面及端面 D	专用组合磨床
22	精磨	精磨莫氏 6 号锥孔	主轴锥孔磨床
23	检验	按图样要求检验	—

7.4.2 套类零件

在机器中套类零件应用十分广泛，一般起支承或导向作用，如图 7.47 所示。套筒类零件工作时主要承受径向力或轴向力。由于功用的不同，其结构和尺寸有很大的差别，但套类零件的共同点是：结构简单，主要工作表面为形状精度和位置精度要求较高的内、外回转面，零件的壁厚较薄，加工中极易变形，长径比较大。

1. 套类零件的技术要求与材料

套类零件一般由内、外圆表面所组成。技术要求要符合第 5 章所讲的内、外圆表面加工的通用技术要求，在这里就不再赘述。

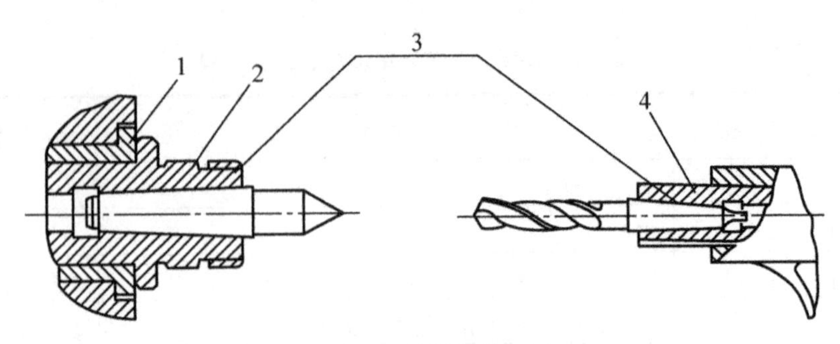

图 7.47 套类零件示例

1—轴套 2—主轴 3—圆锥表面 4—锥套

套筒零件常用材料是钢、铸铁、青铜或黄铜等。对于要求较高的滑动轴承，采用双金属结构，即用离心铸造法在钢或铸铁套筒的内壁上浇注一层巴氏合金等材料，在提高轴承寿命的同时，也节省了贵重材料。

套筒零件毛坯的选择，与材料、结构尺寸、批量等因素有关。直径较小(如 d<20mm)的套筒一般选择热轧或冷拉棒料或实心铸件。直径较大的套筒，常选用无缝钢管或带孔的铸、锻件。大批量生产时可采用冷挤压和粉末冶金等先进的毛坯制造工艺。

2. 套筒类零件的工艺分析

套筒零件的加工主要考虑如何保证内圆表面与外圆表面的同轴度、端面与其轴线的垂直度、相应的尺寸精度、形状精度，同时兼顾其壁薄，易变形的工艺特点。所以套类零件的加工工艺过程常用的有两种。一是当内圆表面是最重要表面时，采用备料→热处理→粗车内圆表面及端面→粗、精加工外圆表面→热处理→划线(键槽及油孔线)→精加工内圆表面。二是当外圆表面是最重要表面时，采用备料→热处理→粗加工外圆表面及端面→粗、精加工内圆表面→热处理→划线(键槽及油孔线)→精加工外圆表面。

图 7.48 所示为液压缸缸体，毛坯选用无缝钢管，其加工工艺过程见表 7-8。

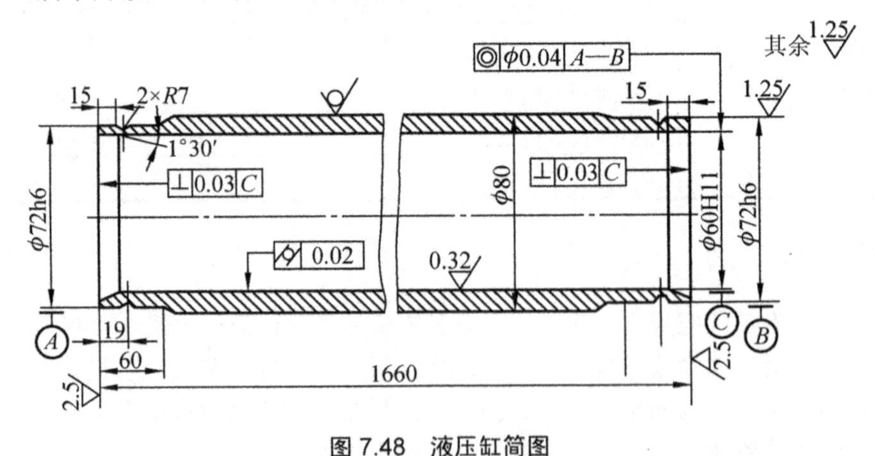

图 7.48 液压缸筒图

由于套筒类零件的主要技术要求是内、外圆的同轴度，因此选择定位基准和装夹方法时，应着重考虑在一次装夹中尽可能完成各主要表面的加工，或以内孔和外圆互为基准反复加工以逐步提高其精度。同时，由于套筒类零件壁薄、刚性差，选择装夹方法、定位元件和夹紧机构时，要特别注意防止零件变形。

表 7-8 液压缸加工工艺过程

序号	工 序 名 称	工 序 内 容	定位与夹紧
1	备料	无缝钢管切断	
2	热处理	调质 241～285HBW	
3	车削	车一头外圆到 ϕ 78 mm，并车工艺螺纹 M78×1.5	三爪自定心卡盘，一夹一顶
		车端面及倒角	三爪自定心卡盘夹一端，搭中心架
		调头车另一头外圆到 ϕ 74 mm	三爪自定心卡盘，一夹一顶
		车端面及倒角，取总长 1661mm，留加工余量 1 mm	三爪自定心卡盘夹一端，搭中心架
4	粗镗、半精镗内孔	粗镗内孔到 ϕ 58mm	一端用 M88×1.5 工艺螺纹固定在夹具上，另一端用中心架
		半精镗内孔到 ϕ 59.85 mm	
		精铰(浮动镗刀镗孔)到 ϕ 60±0.02 mm，R_a=1.6 μm	
5	滚压孔	用滚压头滚压到 ϕ $60_{0}^{+0.19}$ mm，R_a=0.2 μm	一端用 M88×1.5 工艺螺纹固定在夹具上，另一端用中心架
6	车	车去工艺螺孔，车 ϕ 72h6 到尺寸，割 $R7$ 槽	软爪夹一端，以孔定位，顶另一端
		镗内锥孔 1° 30′ 及车端面，取总长 1660mm	软爪夹一端，以孔定位，顶另一端，用百分表找正
		调头，车 ϕ 72h6 到尺寸，割 $R7$ 槽	软爪夹一端，顶另一端夹工艺圆
7	清洗		
8	终检		

常用的防止套类零件变形的工艺措施有以下几种。

① 为了减少切削力和切削热的影响，粗、精加工要分开；

② 为减少夹紧力的影响，改径向夹紧为轴向夹紧，当必须采用径向夹紧时，尽可能增大夹紧部位的面积，使夹紧力分布均匀，可采用过渡套或弹性套及扇形夹爪，或者制造工艺凸边或工艺螺纹等以减小夹紧变形，如图 7.49 所示。

③ 为减少热处理的变形引起的误差，常把热处理工序安排在粗、精加工之间进行，并且要适当放大精加工余量。

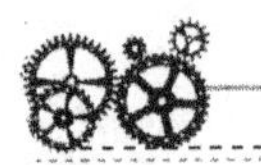

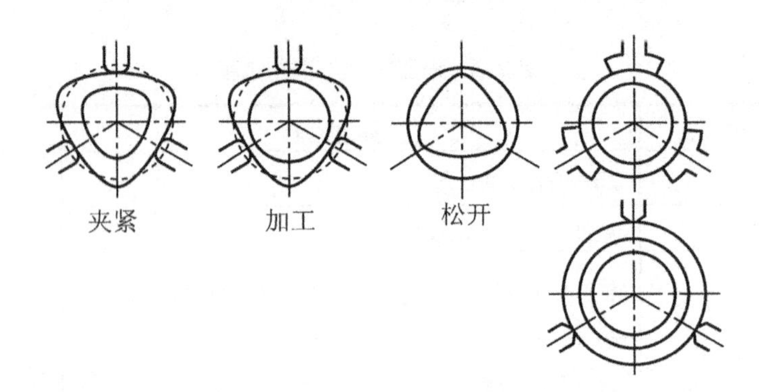

图 7.49　套筒类零件夹紧变形示意及减少夹紧力的方法

7.4.3　箱体类零件

箱体零件是将箱体内部的轴、齿轮等有关零件和机构连接为一个有机整体的基础零件，如机床的床头箱、进给箱，汽车、拖拉机的发动机机体、变速箱，农机具的传动箱等。它们的尺寸大小、结构形式、外观和用途虽然各有不同，但是有共同的结构特点：结构复杂，一般是中空、多孔的薄壁铸件，刚性较差，在结构上常设有加强肋、内腔凸边、凸台等；箱体壁上既有尺寸精度和形位公差要求较高的轴承支承孔和平面。又有许多小的光孔、螺纹孔以及用于安装定位的销孔。因此，箱体类零件加工部位多且加工难度较大。

1. 箱体类零件的技术要求与材料

图 7.50 所示为 CA6140 型车床主轴箱体，以它为例来说明箱体零件的主要技术要求。

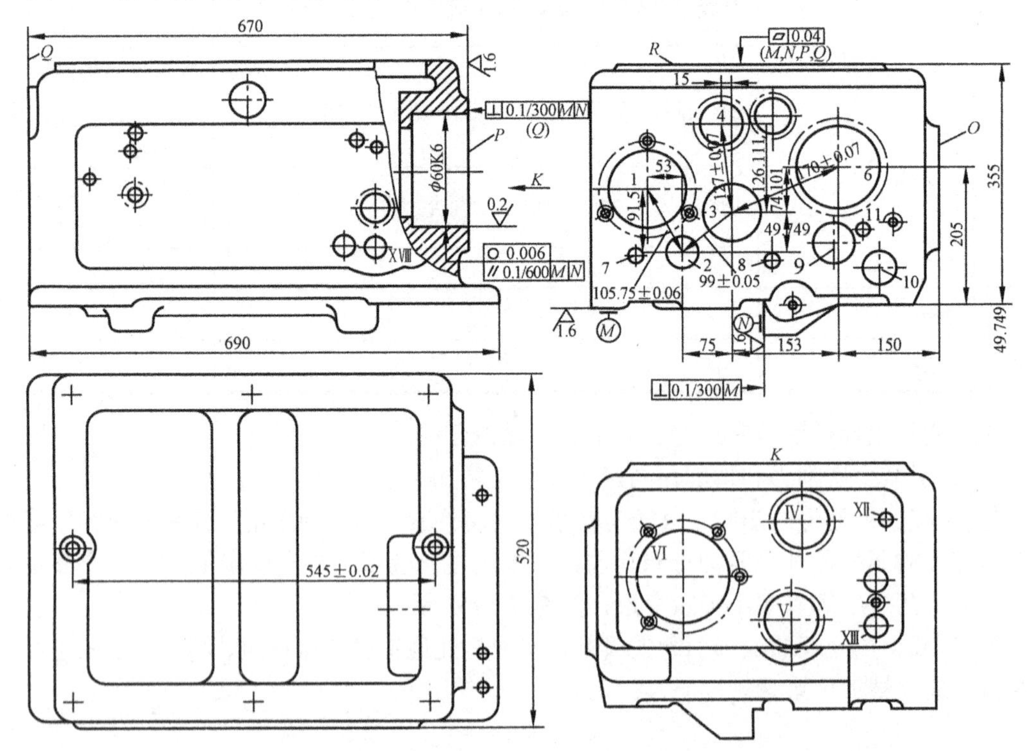

图 7.50　CA6140 型车床主轴箱简图

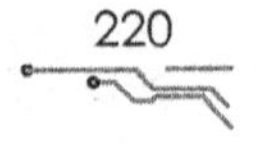

(1) 支承孔本身的精度。轴承支承孔要求有较高的尺寸精度、形状精度和较小的表面粗糙度值。在 CA6140 型车床主轴箱体上主轴孔的尺寸公差等级为 IT6，其余孔为 IT7～IT6；主轴孔的圆度为 0.006～0.008mm，其余孔的几何形状精度未作规定，一般控制在尺寸公差范围内即可；一般主轴孔的表面粗糙度值 R_a=0.4μm，其他轴承孔 R_a=1.6μm，孔的内端面 R_a=3.2μm。

(2) 孔与孔的相互位置精度。在箱体类零件中，同一轴线上各孔的同轴度要求较高，若同轴度超差，会使轴和轴承装配到箱体内出现歪斜，造成主轴径向跳动和轴的跳动，加剧轴承磨损。所以主轴轴承孔的同轴度为 0.012mm，其他支承孔的同轴度为 0.02mm。

箱体类零件中有齿轮啮合关系的相邻孔系之间的平行度误差，会影响齿轮的啮合精度，工作时会产生噪声和振动，降低齿轮的使用寿命，因此，要求较高的平行度，在 CA6140 型车床主轴箱体各支承孔轴心线平行度为 0.04～0.06mm/400mm。中心距之差为±(0.05～0.07)mm。

(3) 主要平面的精度。箱体类零件的主要平面 M 是装配基准或加工中的定位基面，它的平面度和表面粗糙度将影响主轴箱与床身连接时的接触刚度，加工过程中作为定位基面则会影响主要孔的加工精度。因此有较高的平面度和较小的表面粗糙度值要求。在 CA6140 型车床主轴箱体中平面度要求为 0.04mm，表面粗糙度值 R_a=0.63～2.5μm，而其他平面的 R_a=2.5～10μm。主要平面间的垂直度为 0.1/300mm。

(4) 支承孔与主要平面间的相互位置精度。一般都规定主轴孔和主轴箱安装基面的平行度要求，它们决定了主轴与床身导轨的相互位置关系，同时各支承也对端面要有一定的垂直度要求。因此在 CA6140 型车床主轴箱体中主轴孔对装配基准的平行度为 0.1/600mm。

箱体类零件最常用的材料是 HT200～400 灰铸铁，在航天航空、电动工具中也有采用铝和轻合金，当负荷较大时，可用 ZG200～400、ZG230～450 铸钢，在单件小批生产时，为缩短生产周期，也可采用焊接件。

2. 箱体类零件的加工工艺分析

如前所述，箱体零件结构复杂，加工精度要求较高，尤其是主要孔的尺寸精度和位置精度。要确保箱体零件的加工质量，首先要正确选择加工基准。

(1) 在选择粗基准时，要求定位平面与各主要轴承孔有一定位置精度，以保证各轴承孔都有足够的加工余量，并要求与不加工的箱体内壁有一定位置精度以保证箱体的壁厚均匀、避免内部装配零件与箱体内壁互相干扰。

(2) 箱体类零件加工工艺过程的特点。箱体类零件的结构、功用和精度不同，加工方案也不同。大批量生产时，箱体零件的一般工艺路线为：粗、精加工定位平面→钻、铰两定位销孔→粗加工各主要平面→精加工各主要平面→粗加工轴承孔系→半精加工轴承孔系→各次要小平面的加工→各次要小孔的加工→重要表面的精加工(本工序视具体箱体零件而定)→轴承孔系的精加工→攻螺纹。

(3) 在加工箱体类零件时，一般按照先面后孔、先主后次的顺序加工。因为先加工平面，不仅为加工精度较高的支承孔提供了稳定可靠的精基准，而且还符合基准重合原则，有利于提高加工精度。加工平面或孔系时，也应遵循先主后次的原则，以先加工好的主要平面或主要孔作精基准，可以保证装夹可靠，调整各表面的加工余量较方便，有利于提高各表面的加工精度。当有与轴承孔相交的油孔时，应在轴承孔精加工之后钻出油孔以免先钻油孔造成断续切削，影响轴承孔的加工精度。

箱体类零件的结构一般较为复杂，壁厚不均匀，铸造残留内应力大。为消除内应力，减少箱体在使用过程中的变形以保持精度稳定，铸造后一般均需进行时效处理，对于精密机床的箱体或形状特别复杂的箱体，在粗加工后还要再安排一次人工时效，以促进铸造和粗加工造成的内应力释放。

箱体零件上各轴承孔之间，轴承孔与平面之间，具有一定的位置要求，工艺上将这些具有一定位置要求的一组孔称为“孔系”。孔系有平行孔系、同轴孔系、交叉孔系。孔系加工是箱体零件加工中最关键的工序。根据生产规模，生产条件以及加工要求的不同，可采用不同的加工方法。

CA6140 型车床主轴箱体的加工工艺见表 7-9，主轴箱装配基面和孔系的加工是其加工的核心和关键。

表 7-9　CA6140 主轴箱机械加工工艺过程

工序	工序名称	工 序 内 容	设备及主要工艺装备
1	铸造	铸造毛坯	
2	热处理	人工时效	
3	涂装	上底漆	
4	划线	兼顾各部划全线	
5	刨	①按线找正，粗刨顶面 *R*，留量 2～2.5mm ②以顶面 *R* 为基准，粗刨底面 *M* 及导向面 *N*，各部留量为 2～2.5mm ③以底面 *M* 和导向面 *N* 为基准，粗刨侧面 *O* 及两端面 *P*、*Q*，留量为 2～2.5mm	龙门刨床
6	划	划各纵向孔镗孔线	
7	镗	以底面 *M* 和导向面 *N* 为基准，粗镗各纵向孔，各部留量为 2～2.5mm	卧式镗床
8	时效		
9	刨	①以底面 *M* 和导向面 *N* 为基准精刨顶面 *R* 至尺寸 ②以顶面 *R* 为基准精刨底面 *M* 及导向面 *N*，留刮研量为 0.1mm	龙门刨床
10	钳	刮研底面 *M* 及导向 *N* 至尺寸	
11	刨	以底面 *M* 和导向面 *N* 为基准精刨侧面 *O* 及两端面 *P*、*Q* 至尺寸	龙门刨床
12	镗	以底面 *M* 和导向面 *N* 为基准 ①半精镗和精镗各纵向孔，主轴孔留精细镗余量为 0.05～0.1mm，其余镗好，小孔可用铰刀加工 ②用浮动镗刀块精细镗主轴孔至尺寸	卧式镗床
13	划	各螺纹孔、紧固孔及油孔孔线	
14	钻	钻螺纹底孔、紧固孔及油孔	摇臂钻床
15	钳	攻螺纹、去毛刺	
16	检验		

7.5　机械加工精度与表面质量

机械产品的质量是由零件的加工质量和机器的装配质量两方面保证的，其中机械零件的加工质量是保证机器质量的基础，直接影响到产品的使用性能和寿命。机械零件的加工质量一般用机械加工精度和加工表面质量两个重要指标来表示。

7.5.1　机械加工精度

机械加工精度是指零件加工后的实际几何参数(尺寸、形状和相互位置)与理想几何参数相符合的程度。符合的程度越高，则加工精度越高。理想几何参数是指图纸规定的理想零件的几何参数，即形状误差为零、位置误差为零、尺寸为零件尺寸公差带中心(平均值)。受加工过程中的各种因素影响，实际上不可能把零件做得与理想零件完全一致。零件加工后的实际几何参数(尺寸、形状和位置)对理想几何参数的偏差称为加工误差。通常用加工误差的数值表示加工精度高低。加工误差越小，加工精度越高；反之，加工精度越低。

零件加工精度包含3个方面的内容，即尺寸精度、形状精度和位置精度，这3方面的内容是既有区别又有联系的。一般来说，形状精度应高于相应的尺寸精度；大多数情况下，相互位置精度也应高于尺寸精度；但形状精度要求高时，相应的尺寸精度和位置精度不一定要求高。

机械加工工艺系统是由机床、夹具、刀具和工件组成的。在机械加丁过程中，工艺系统各组成部分本身存在各种形式的误差，这些误差在不同的加工条件下会以各种不同的方式(或扩大、或缩小)反映为工件的加工误差。工艺系统的误差是产生加工误差的根源，因此，我们把工艺系统的误差称为原始误差。研究加工精度应从研究原始误差着手。在工艺系统的诸多原始误差中，一部分与工艺系统的初始状态有关，另一部分与切削过程有关。按照这些原始误差性质进行的归类如图7.51所示。

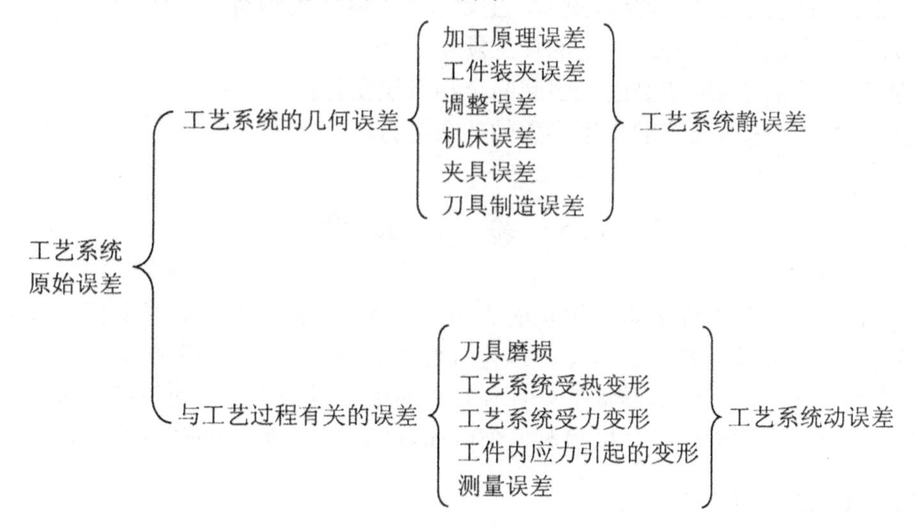

图7.51　影响加工精度的误差因素

7.5.2 机械加工表面质量

表面质量是零件机械加工质量的重要组成部分。机械加工表面质量是指机械加工后零件表面层的几何结构，以及受加工的影响，表面层金属与基体金属性质产生变化的情况。机械产品的工作性能，尤其是它的可靠性、耐久性，在很大程度上取决于其主要零件的表面质量，零件的磨损、腐蚀和疲劳破坏都是从零件表面开始的。随着科学技术的发展，机器向着高速重载、高温高压等方向发展，对零件表面质量的要求也越来越高。因此，研究表面质量是机械制造业必须面对的问题。

任何机械加工所得的表面，不可能是理想的光滑表面，总是存在一定的微观几何形状偏差，表面层的物理力学性能也发生变化。因此，加工表面质量应包括加工表面的几何特征和表面层物理力学性能的变化两方面的内容。

1. 表面的几何特征

零件加工表面的微观几何形状包括表面粗糙度和表面波度，一般以波距 L 和波高 H 的比值来加以区分。当 $L/H<50$ 时为表面粗糙度；当 L/H=50～1 000 则称为表面波度；当 $L/H>1\,000$ 时称为宏观几何形状，即形状误差，属于加工精度研究范畴。

(1) 表面粗糙度。

表面粗糙度是完成切削运动后刀刃在被加工表面上形成的峰谷不平的痕迹。通常是由刀具的运动轨迹以及切削过程中的塑性变形和振动等因素引起的。我国现行的表面粗糙度标准是 GB/T 1031—2009。表面粗糙度参数可从轮廓算术平均值 R_a、微观不平度十点高度 R_z 或轮廓最大高度 R_y 三项中选取，推荐优先选用 R_a。

(2) 表面波度。

通常指由于加工过程中工艺系统的低频振动所引起的周期性误差，用波度表示。

2. 表面层物理力学性能

加工表面层的物理力学性能的变化，主要有以下 3 方面内容。

(1) 加工表面层因塑性变形产生的加工硬化。

(2) 加工表面层因切削或磨削热引起的金相组织变化。

(3) 加工表面层因力或热的作用产生的残余应力。

7.6 装 配 工 艺

任何一台机器都是由许多零件组合而成的。将零件、组件和部件按装配图及装配工艺过程组装起来，并经过调整。试车使之成为合格产品的过程，称为装配。它是机械产品在制造过程中的最终工序。产品质量的好坏往往由装配质量来决定，所以装配过程必须严格按照装配工艺规程进行操作，严格检测，使产品达到设计时规定的技术要求。

7.6.1 装配工艺的制定

装配工艺规程是指用文件、图表等形式将装配内容、顺序、操作方法和检验项目规定下来，作为指导装配工作和组织装配生产的依据。装配工艺规程对保证产品的装配质量、

提高装配生产效率、缩短装配周期、减轻工人的劳动强度、缩小装配车间面积、降低生产成本等方面都有重要作用。制定装配工艺规程的主要依据有产品的装配图样、零件的工作图、产品的验收标准和技术要求、生产纲领和现有的生产条件等。

1. 制定装配工艺规程的基本要求

制定装配工艺规程的基本要求是在保证产品的装配质量的前提下，提高生产率和降低成本。具体如下：

(1) 保证产品的装配质量，争取最大的精度储备，以延长产品的使用寿命。

(2) 尽量减少手工装配工作量，降低劳动强度，缩短装配周期，提高装配效率。

(3) 尽量减少装配成本，减少装配占地面积。

2. 制定装配工艺规程的步骤与工作内容

(1) 产品分析

① 研究产品及部件的具体结构、装配技术要求和检查验收的内容和方法。

② 审查产品的结构工艺性。

③ 研究设计人员所确定的装配方法，进行必要的装配尺寸链分析与计算。

(2) 确定装配方法和装配组织形式

选择合理的装配方法，是保证装配精度的关键。要结合具体生产条件，从机械加工和装配的全过程出发应用尺寸链理论，同设计人员一起最终确定装配方法。

装配组织形式的选择，主要取决于产品的结构特点(包括尺寸、重量和复杂程度)、生产纲领和现有的生产条件。装配组织形式按产品在装配过程中是否移动，分为固定式和移动式两种。

固定式装配的全部装配工作在一个固定的地点进行，产品在装配过程中不移动，多用于单件小批生产或重型产品的成批生产，如机床、汽轮机的装配。

移动式装配是将零部件用输送带或小车按装配顺序从一个装配地点移动到下一个装配地点，各装配点完成一部分装配工作，全部装配点完成产品的全部装配工作。移动式装配常用于大批大量生产，组成流水作业线或自动线，如汽车、拖拉机、仪器仪表等产品的装配。

3. 划分装配单元，确定装配顺序

1) 划分装配单元

将产品划分为可进行独立装配的单元是制定装配工艺规程中最重要的一个步骤，这对于大批大量生产结构复杂的产品尤为重要。任何产品或机器都是由零件、合件、组件、部件等装配单元组成。零件是组成机器的最基本单元。若干零件永久连接或连接后再加工便成为一个合件，如镶了衬套的连杆、焊接成的支架等。若干零件或与合件组合在一起成为一个组件，它没有独立完整的功能，如主轴和装在其上的齿轮、轴、套等构成主轴组件。若干组件、合件和零件装配在一起，成为一个具有独立、完整功能的装配单元，称为部件，如车床的主轴箱、溜板箱、进给箱等。

表示装配单元装配先后顺序的图称为装配单元系统图。图 7.52 所示为某减速器低速轴的装配示意图，它的装配过程可用装配单元系统图来表示，如图 7.53 所示。由装配单元系统图可以清楚地看出成品的装配过程，装配时所有零件、组件的名称、编号和数量，并可以根据它编写装配工序，因此，装配单元系统图可起到指导和组织装配工作的作用。

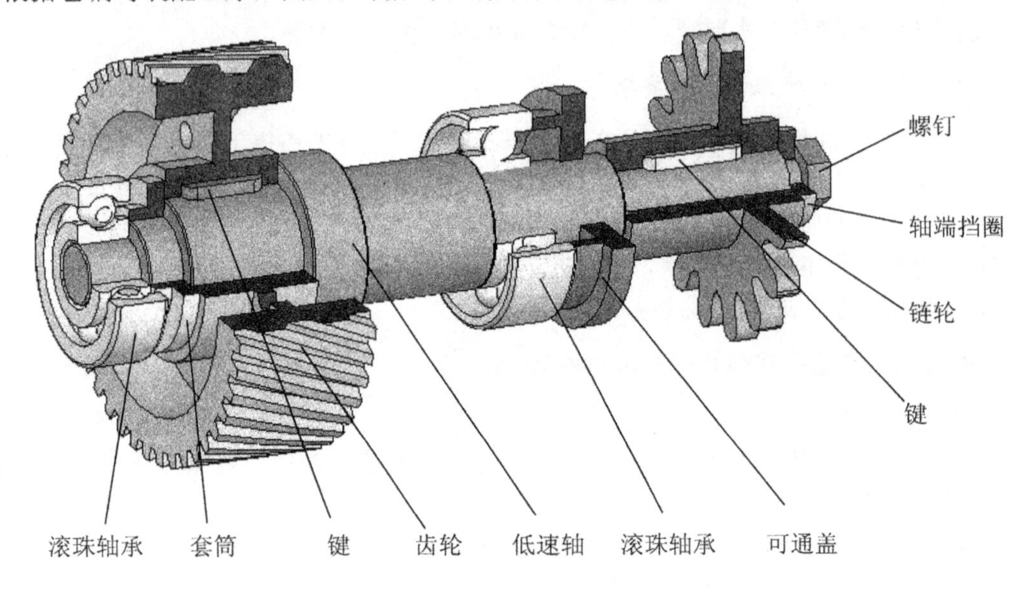

图 7.52　减速器低速轴组件装配示意

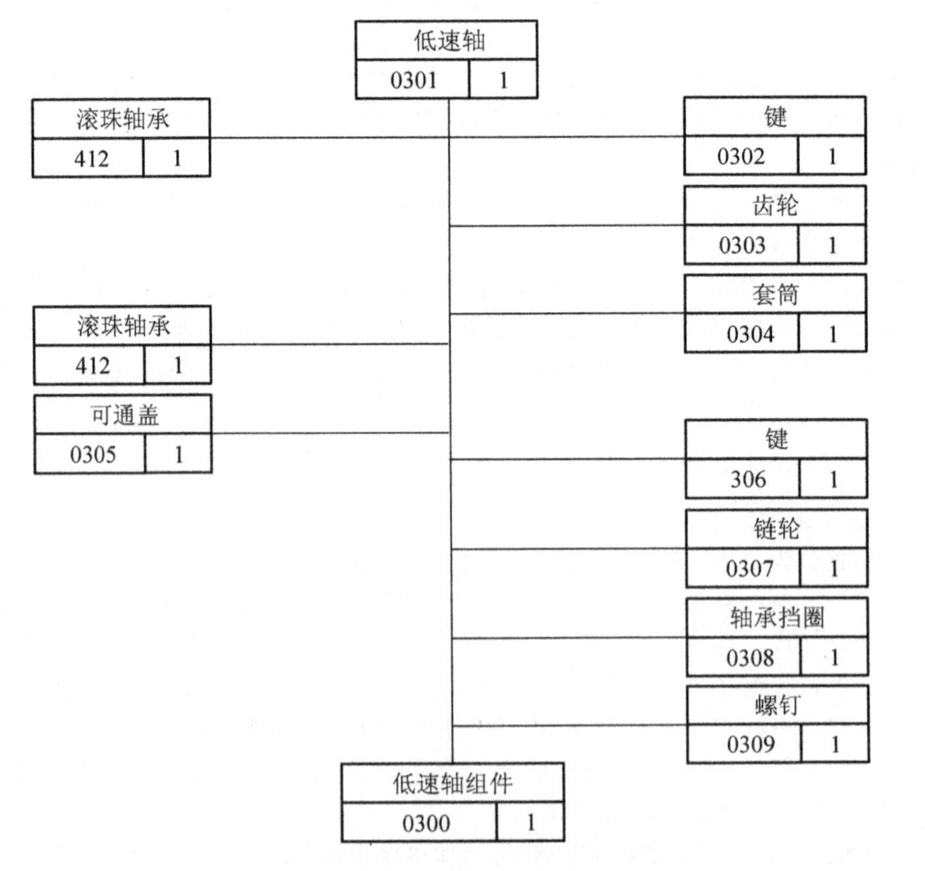

图 7.53　装配单元系统

2) 选择装配基准件

上述各装配单元都要首先选择某一零件或低一级的单元作为装配基准件。基准件应当体积(或质量)较大，有足够的支承面以保证装配时的稳定性。如主轴是主轴组件的装配基准件，主轴箱体是主轴箱部件的装配基准件，床身部件又是整台机床的装配基准件等。

3) 确定装配顺序的原则

划分好装配单元并选定装配基准件后，就可安排装配顺序。安排装配顺序的原则如下：

① 工件要先安排预处理，如倒角、去毛刺、清洗、涂漆等。

② 先下后上，先内后外，先难后易，以保证装配顺利进行。

③ 位于基准件同一方位的装配工作和使用同一工艺装配的工作尽量集中进行。

④ 易燃、易爆等有危险性的工作，尽量放在最后进行。

装配系统图比较清楚而全面地反应了装配单元的划分、装配顺序和装配工艺方法。它是装配工艺规程制定中的主要文件之一，也是划分装配工序的依据。

4) 划分装配工序，设计工序内容

装配顺序确定以后，根据工序集中与分散的程度将装配工艺过程划分为若干工序，并进行工序内容的设计。工序内容设计包括制定工序的操作规范、选择设备和工艺装备、确定时间定额等。

5) 填写工艺文件

单件小批生产时，通常只绘制装配系统图。成批生产时，除装配系统图外还编制装配工艺卡，在其上写明工序次序、工序内容、设备和工装名称、工人技术等级和时间定额等。大批大量生产中，不仅要编制装配工艺卡，而且要编制装配工序卡，以便直接指导工人进行装配。

7.6.2 保证装配精度的方法

机械产品的精度要求，最终要靠装配工艺来保证。因此，用什么方法能够以最快的速度、最小的装配工作量和较低的成本来达到较高的装配精度要求，是装配工艺的核心问题。

为了保证机器的工作性能和精度，达到零、部件相互配合的要求，根据产品结构、生产条件和生产批量不同，装配方法可分为下面4种。

(1) 完全互换法。装配精度由零件制造精度保证，在同类零件中，任取一个，不经修配即可装入部件中，并能达到规定的装配要求。

完全互换法装配的特点是装配操作简单，生产效率高，有利于组织装配流水线和专业化协作生产。由于零件的加工精度要求较高，制造费用较大，故其只适用于成组件数少、精度要求不高或批量大的生产。

(2) 调整法。调整法是指装配过程中调整一个或几个零件的位置，以消除零件积累误差，达到装配要求的方法，如用不同尺寸的可换垫片[图 7.54(a)]、衬套[图 7.54(b)]、可调节螺母或螺钉、镶条等进行调整。

调整法只靠调整就能达到装配精度的要求，并可定期调整，容易恢复配合精度，对于容易磨损及需要改变配合间隙Δ的结构极为有利，但此法由于增设了调整用的零件，结构显得稍复杂，易使配合件刚度受到影响。

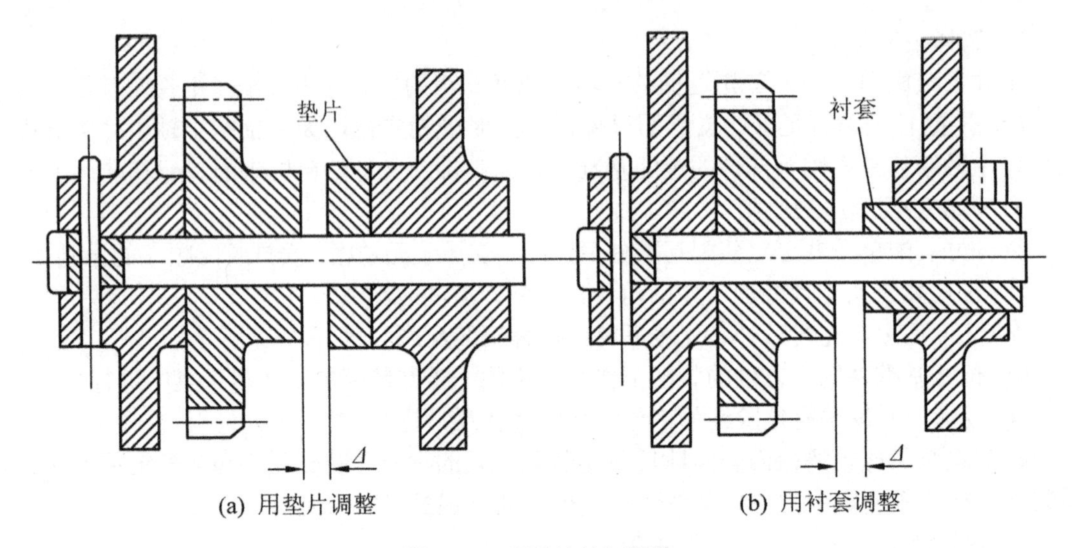

(a) 用垫片调整　　(b) 用衬套调整

图 7.54　调整法控制间隙

(3) 选配法(不完全互换法)。是将零件的制造公差适当放宽，然后选取其中尺寸相当的零件进行装配，以达到配合要求。选配法装配最大的特点是既提高了装配精度，又不增加零件制造费用，但此法装配时间较长，有时可能造成半成品和零件的积压，因而选配法适用于成批或大量生产中的装配精度高、配合件的组成数少及不便于采用调整法装配的情况。

(4) 修配法。当装配精度要求较高，采用完全互换法不够经济时，常用修正某个配合零件的方法来达到规定的装配精度。图 7.55 所示的车床两顶尖不等高，装配时可修刮尾座底座来达到精度要求(图中，$A_2=A_1-A_3$)。

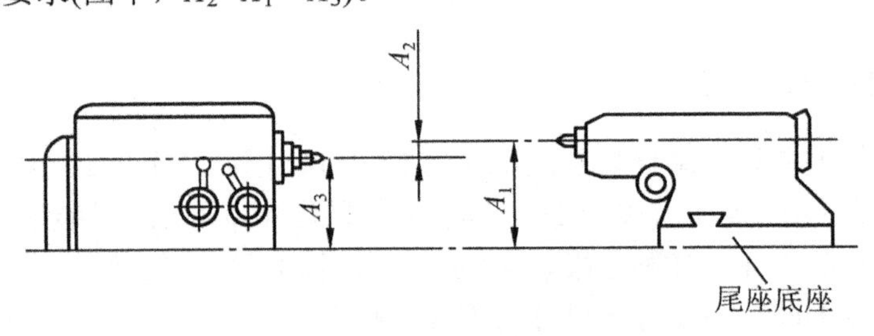

图 7.55　修刮尾座底座

修配法虽然使装配工作复杂化和增加了装配时间，但在加工零件时可适当降低其加工精度，不需要采用高精度的设备，节省了机械加工时间，从而使产品成本降低，该方法适于单件、小批生产或成批生产精度高的产品装配。

一种产品究竟采用何种装配方法来保证装配精度，通常在设计阶段即应确定。因为只有在装配方法确定后，通过尺寸链的解算，才能合理地确定各个零、部件在加工和装配中的技术要求。但是，同一种产品的同一装配精度要求，在不同的生产类型和生产条件下，可能采用不同的装配方法。例如，在大量生产时采用完全互换法或调整法保证的装配精度，在小批生产时可用修配法。因此，工艺人员特别是主管产品的工艺人员，必须掌握各种装配方法的特点及其装配尺寸链的解算方法，以便在制订产品的装配工艺规程和确定装配工序的具体内容时，或在现场解决装配质量问题时，根据可工艺条件审查或确定装配方法。

7.7 CAD/CAM 技术

计算机辅助设计(Computer Aided Design，CAD)是指工程技术人员借助于计算机进行设计的方法。其特点是将人的创造能力和计算机的高速运算能力、巨大存储能力及逻辑判断能力很好地结合起来。计算机辅助制造(Computer Aided Manufacturing，CAM)一般是指计算机自动生成数控加工程序、工艺过程设计、加工顺序和加工参数的优化及加工过程仿真分析等。广义上讲 CAM 是指利用计算机系统辅助完成从生产准备到产品制造整个过程的活动，包括工艺设计、数控加工代码的生成、加工作业计划、生产监控及制造质量控制等。

CAD/CAM 技术是围绕产品的设计与制造相对独立发展起来的，形成了一些针对性强的单项技术，如计算机辅助工艺过程设计(Computer Aided Process Planning，CAPP)、计算机虚拟制造(Virtual Manufacturing，VM)等。为了提高工作效率，人们将各单项技术集成在一个大系统中，实现了数据与功能的自动连接，这就是 CAD/CAM 集成系统。

7.7.1 成组技术

随着市场竞争的加剧和科学技术的发展，多品种小批量的生产方式越来越占有重要的地位。与大批量生产相比，传统的小批量生产方式存在着设备水平低、生产率低、生产管理复杂等很多弊端，不能适应生产进一步发展的需要。成组技术(Group Technology，GT)就是为了解决这一矛盾应运而生的一门新的生产技术。

1. 成组技术原理

成组技术是一门生产技术科学和管理科学，它是提高多品种、中小批量机械制造业生产效率和水平增加生产效益的一种基础技术。它研究如何识别和发展生产活动中有关事物的相似性，并充分利用它把各种问题按其相似性归类成组，并寻求解决这一组问题相对统一的最优方案，以取得所期望的经济效益。

生产中有关事物的相似性是客观存在的。大量的统计资料表明，组成机械产品的零件大致可以分为复杂件(或称特殊件)、相似件和简单件(主要指标准件)三大类。同种零件之间在形状(复杂程度)、结构(特征)和尺寸等方面存在着相似性，这必然导致其工艺方法的相似性，这就是零件的相似性原理。成组技术正是研究和利用这一原理。

成组技术的普遍原理适用于很多领域。在机械制造系统领域研究与应用时，成组技术可定义为：将企业生产的多种产品、部件和零件，按照一定的相似性准则分类成组，并以这种分组为基础组织生产的全过程，从而实现产品设计、制造和生产管理的合理化及高效益。

2. 零件的分类编码方法

零件的分类编码就是按照一定的规则选用流行的数字代码，对零件各有关特征进行描述和识别，这些编码规则称为零件编码法则。工程零件图能详尽地描述一个产品或零件的全部信息和数据，为制造者提供待加工零件的全部工艺决策信息。但是，在采用计算机来对这些信息处理时，计算机无法识别，成组技术中提供的零件编码系统就是适用于这个目的的一种工具。通过编码系统对零件进行分类编码，其目的是将零件图上的信息代码化，把零件的属性转化成计算机能识别和处理的代码，使计算机能够了解零件的技术要求。在建立适合具体企业的零件编码系统时，零件编码系统应满足以下具体要求：建立编码系统的目标和使用部门(设计、工艺和管理等)；分类编码系统应包括企业所有产品零件的各有关特征，描述的信息尽可能全面；所描述的信息应具有一定的永久性和扩充性，以适应产品更新换代和生产条件的改变，以及企业的发展；每个代码的含义应保证唯一性；分类编码系统的结构尽量简单，便于使用。目前国内外采用的分类编码系统有几十种，以下介绍两种常用的分类编码系统。

1) JLBM-1 分类编码系统

JLBM-1 分类编码系统是我国机械工业部门为在机械制造中推行成组技术而开发的。该系统主要针对中等和中等以上规模的多品种中小批量生产的机械加工企业，力求能满足机械行业中各种不同产品零件的分类之用，是一个适用于机械制造企业在设计、工艺、制造和生产管理部门应用成组技术的多用途分类编码系统。该系统采用主、辅分段的混合式结构，用 15 个码位表示，每个码位包含 10 个特征项。该系统的 1、2 码位表示零件的名称类别，它采用零件的功能和名称作为标志，以矩阵表的形式表示出来，不仅容量大，也便于设计部门检索。3～9 码位是形状及加工码，分别表示回转体零件和非回转体零件的外部形状、内部形状、平面、孔及其加工与辅助加工的种类。10～15 码位是辅助码，表示零件的材料、毛坯、热处理、主要尺寸和精度的特征。如图 7.56 所示。

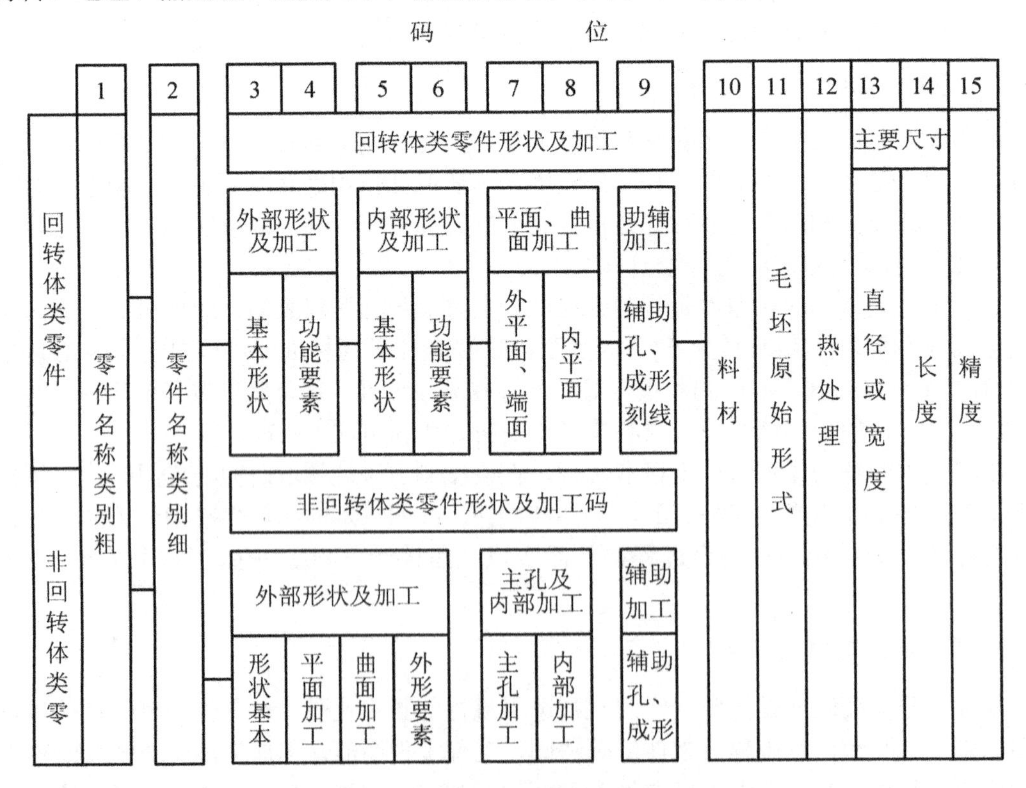

图 7.56　JLBM-1 分类编码系统基本结构

2) 奥匹茨(Opitz)零件分类编码系统

奥匹茨零件分类编码系统是20世纪60年代由德国阿亨工业大学奥匹茨教授领导的机床与生产工程实验室开发的，得到了德国机床制造商协会的支持。它一共有9位代码组成，前五位是形状代码(也称主码)，后四位是辅助代码(也称副码)。每一个码位内存10个特征码(0～9)，分别表示10种零件特征。图7.57是奥匹茨系统的基本结构示意图。因篇幅所限，有关码位更详尽的规定和编码术语的定义说明请参阅有关文献。

奥匹茨系统的特点是功能多、码位少，系统结构简单灵活，使用方便，因此应用较广。但该系统对零件的描述比较粗略，尤其对零件工艺特征的描述很不够，很多国家和企业在它的基础上又发展和建立了自己的编码系统。

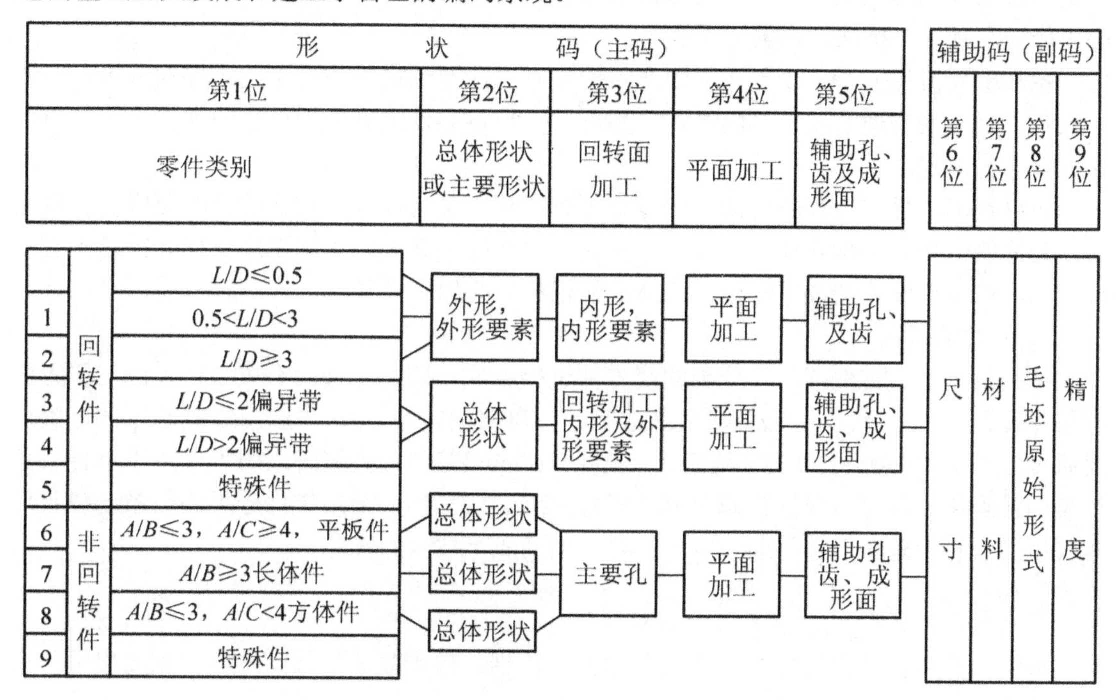

图7.57 奥匹茨系统的基本结构示意

3. 零件的分组方法

零件分类成组是实施成组技术的又一项基础工作。在实施成组技术时，首先必须按照零件的相似特征将零件分类编组，然后才能以零件组为对象进行工艺设计和组织生产。因此，研究简便、有效、快速的分组方法是实施成组技术的关键问题。目前应用的零件分类成组方法主要有：人工视检法、生产流程分析法和分类编码法。

1) 人工视检法

人工视检法是由经验的技术人员直接观测零件图或实际零件以及零件的制造过程，并依靠人的经验和判断，按其中工艺相似程度直接将零件进行分类编组。这种方法简单易行，但分组合理与否完全依赖技术人员的经验和水平，一般仅适合于零件形状简单、品种不多的小型企业。

2) 生产流程分析法

生产流程分析法是研究工厂生产活动中物料流程客观规律的一种统计分析方法。它着重生产中从原材料到产品的物料流程，研究最佳的物料流程系统。生产流程分析一般包括三个主要步骤：工厂流程分析、车间流程分析和生产单元流程分析。

工厂流程分析是对全厂的物料流进行统计分析，以正确地组成和区划各个生产车间和管理部门，使工厂全生产过程有合理的物料流程，从而决定各车间的生产任务和设备。

车间流程分析是对本车间生产的全部零件的工艺过程进行统计分析，按工艺过程将零件划分为零件组，同时也求出与各零件组相对应的一组设备(机床组)。车间流程分析有助于正确规划车间的组成和简化车间的物料流程。目前常用的车间流程分析算法主要有：核心机床法、顺序分析法、聚类分析法等。

生产单元流程分析是以单元内生产零件为对象，通过进一步对工艺过程的分析，可以寻求生产单元最合理的设备平面布置，并可进一步将零件组划分为更小的零件小组，以优化成组工艺过程。

可以看出，生产流程分析的三个步骤既有区别，又有联系，它们的分析范围和目的是各不相同的，但前一步骤往往是后一步骤的必要前提。其中，车间生产流程分析是关键一步，它不仅将零件分类成零件组，还决定其相对应的加工设备。

3) 分类编码法

按编码分类，首先需将待分类的诸零件进行编码，即将零件的有关设计，制造等方面的信息转译为代码(代码可以是数字或数字、字母兼用)。为此，需选用或制定零件分类编码系统(如采用 JLBM-1 分类编码系统、奥匹茨(Opitz)零件分类编码系统等)。由于零件有关信息的代码化，就可以根据代码对零件进行分类。应指出，采用零件分类编码系统使零件有关生产信息代码化，将有助于应用计算机辅助成组技术的实施。

4. 成组工艺设计

成组工艺是以零件结构和加工工艺相似为依据。根据划分好的零件组，制定出每一组的工艺规程。

常用的成组工艺设计方法有以下两种。

(1) 复合零件法。复合零件法也叫样件法，它是利用一种所谓的复合零件来设计成组工艺的方法。复合零件既可是一零件组中实际存在的某个具体零件，也可是一个实际上并不存在而纯属人为虚拟的假想零件。无论怎样，作为复合零件必须具有同组零件全部待加工的表面要素或特征。图 7.58 是复合零件法示例，复合零件就包括了其他三个零件的所有待加工表面特征。由于组内其他零件所具有的待加工表面特征都比复合零件少，所以按复合零件设计的成组工艺，自然便能适用于加工零件组内的所有零件。即只要从成组工艺中删除某一个零件所不用的工序(或工步)内容，便形成该零件的加工工艺。

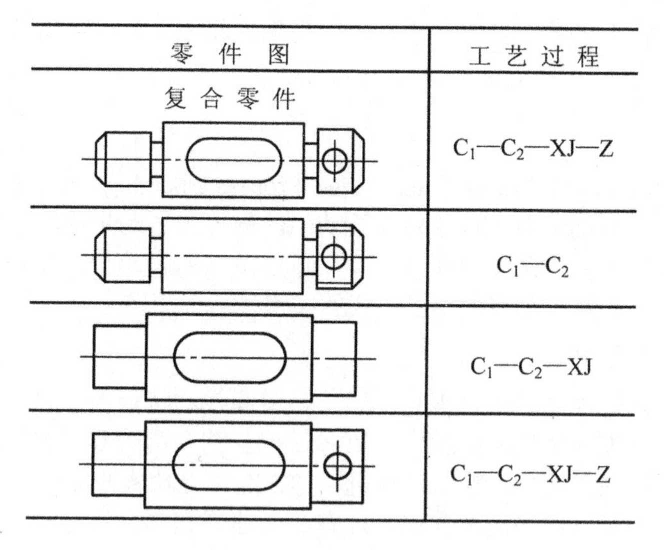

图 7.58 复合零件法示例

C_1—车一端外圆 C_2—车另一端外圆、螺纹、倒角

XJ—铣键槽 Z—钻孔

(2) 复合路线法。对于非回转体类零件来说，因其形状极不规则，所以要虚拟复合零件十分困难，这就需要采用复合路线法。复合路线法是在零件分类成组的基础上，分析比较全组所有零件的工艺路线，从中选出工艺较长、流程合理、代表性强的一条作为基础工艺路线，然后将其他零件的工序(去掉重复的)按合理的位置安插到基础工艺路线中，便得到一条适合整个零件组的成组工艺路线，并以它为依据来编制详细的工艺规程。图 7.59 是复合路线法示例，选第一个零件的工艺路线作为基本工艺路线，然后添加 C(车)工序，即形成全组零件的复合工艺路线。

零 件 图	工 艺 路 线
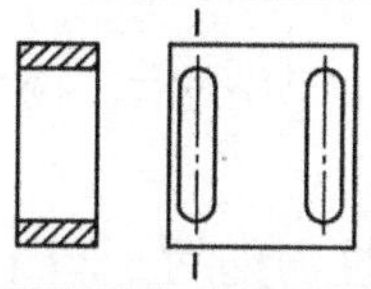	选作基本工艺路线 X_1—X_2—Z—X
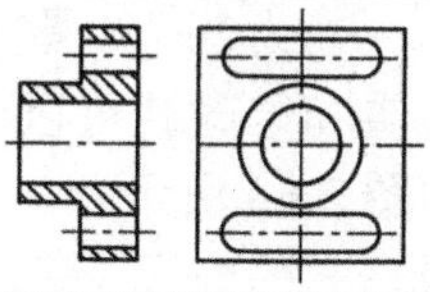	X_1—C—Z
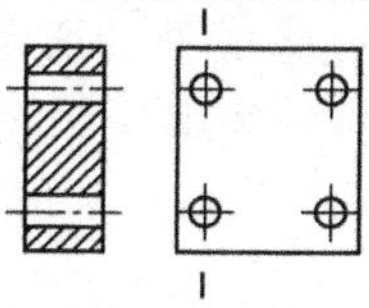	X_1—X_2—Z
复合工艺路线	X_1—X_2—C—Z—X

图 7.59 复合路线法示例

X_1—铣一面 X_2—铣另一面 C—车端面 Z—钻孔 X—铣槽

综上所述，成组工艺设计有两个要点：一是确定相似工序并尽可能标准化，二是为一组零件设计复合工艺。

7.7.2 CAPP

计算机辅助工艺规程设计(Computer Aided Process Planning，CAPP)。CAPP是应用计算机快速处理信息功能及应用具有各种决策功能的软件来自动生成工艺文件的过程。采用CAPP不仅克服了传统工艺设计的许多缺点，适应了当前日趋自动化的现代制造环节的需要，而且为实现计算机集成制造提供了必要的技术基础。

1. CAPP的基本原理

计算机辅助工艺规程设计的过程是：第一，将零件的特征信息以代码或数据的形式存入计算机，并建立起零件信息的数据库；第二，把工艺人员编制工艺的经验、工艺知识和逻辑思想以工艺决策规则的形式输入计算机，建立起工艺决策规则库(工艺知识库)；第三，把制造资源、工艺参数以适当的形式输入计算机，建立起制造资源和工艺参数库；第四，通过程序设计充分利用计算机的计算、逻辑分析判断、存储以及编辑查询等功能来自动生成工艺规程。这就是CAPP的基本原理。

计算机辅助工艺规程设计是应用计算机来自动生成工艺规程，而CAPP系统是自动生成工艺规程的软件，它能在读取零件加工信息后自动生成和输出工艺规程。CAPP系统内零件信息、工艺知识、逻辑判断推理规则等都是人工设计好后存入计算机的，因此，计算机只能按CAPP系统规定方法生成工艺规程，而不能创造新的工艺方法和加工参数。一旦有新的工艺方法和加工参数出现，就必须修改CAPP系统中的相关部分，以适应新的加工制造环境。

CAPP系统一般由若干成型模块组成，如输入输出模块、工艺规程设计模块、工序决策模块、工步决策模块、控制模块、动态仿真模块等。视系统的规模大小和完善程度而存在一定的差异。

2. CAPP系统的设计方法

根据CAPP系统的工作原理，可以将其分为三大类型：派生式、创成式和智能式。

1) 派生式系统

派生式系统的基本原理是利用零件的相似性，即对于一个相似的零件组，可以采用一个公共的制造方法，即具有相似性的标准工艺。当为一个新零件设计工艺规程时，从计算机中检索出标准工艺文件，然后经过一定的编辑和修改就可以得到该零件的工艺规程。由此得到“派生”这个名称。其工作原理框图如图7.60所示。

派生式系统的开发设计一般包括以下步骤。

(1) 选择或开发零件分类编码系统。可选择比较成熟的通用编码系统，如奥匹茨(Opitz)、JLBM-1分类编码系统等。也可以开发一个新的分类编码系统，以满足本企业产品特点的需要。

(2) 对现有的零件进行编码。

(3) 划分零件组，建立零件组特征矩阵。采用成组技术中零件分组的方法，将工艺过程相似的零件归并成一个零件组，再将同组零件的编码进行复合即可得到零件组特征矩阵。

(4) 编制零件组标准工艺规程。采用成组技术中编制成组工艺的方法，为每一个零件组编制一份标准工艺规程。

(5) 建立工艺数据库或数据文件。把标准工艺规程和工艺设计中的有关数据、技术资料和技术规范存入数据库或数据文件。

(6) 系统软件设计和调试。确定系统的总体结构；确定零件信息的输入方式；确定对标准工艺规程的检索、筛选和编辑等方法；确定工艺文件的输出形式；设计系统主程序和各种功能子程序，经调试和运行，确保无误后，可交付使用。

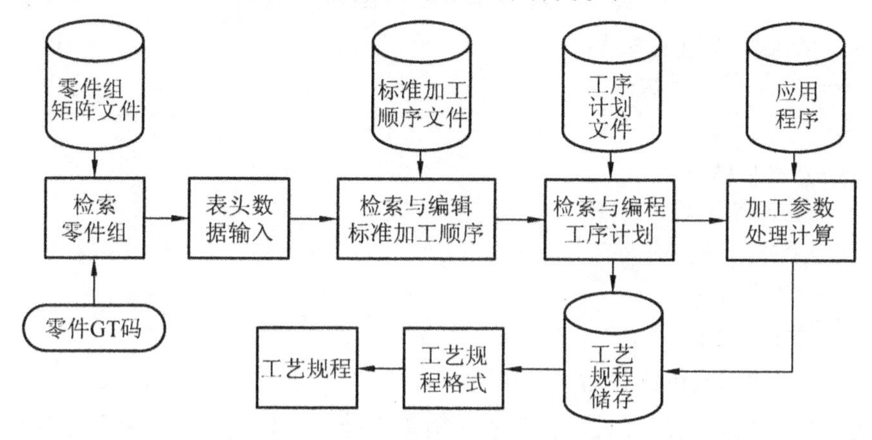

图 7.60 派生式 CAPP 系统工作原理框图

目前常用的派生式 CAPP 系统主要有 CAM-I 系统、TOJICAP 系统、MLPLAN 和 MULTICAPP 系统等。

2) 创成式系统

创成式系统带有包含在软件中的工艺规程设计用的全部决策逻辑和规则，拥有工艺规程设计所需要的全部信息。创成式系统理论上是一个完备而易于使用的系统。但到目前为止，由于工艺规程设计的复杂性，还没有一个创成式系统能包含所有的工艺规程设计决策逻辑，也没有一个系统能完全自动化。该系统具有下列特点：①通过决策逻辑、专家系统、制造数据库自动生成新零件的工艺规程，运行时一般不需要人的技术性干预；②适应范围广，回转体和非回转体零件的工艺规程设计都能胜任，具有较高的柔性；③便于和 CAD、CAM 系统的集成。创成式系统工作原理框图如图 7.61 所示。

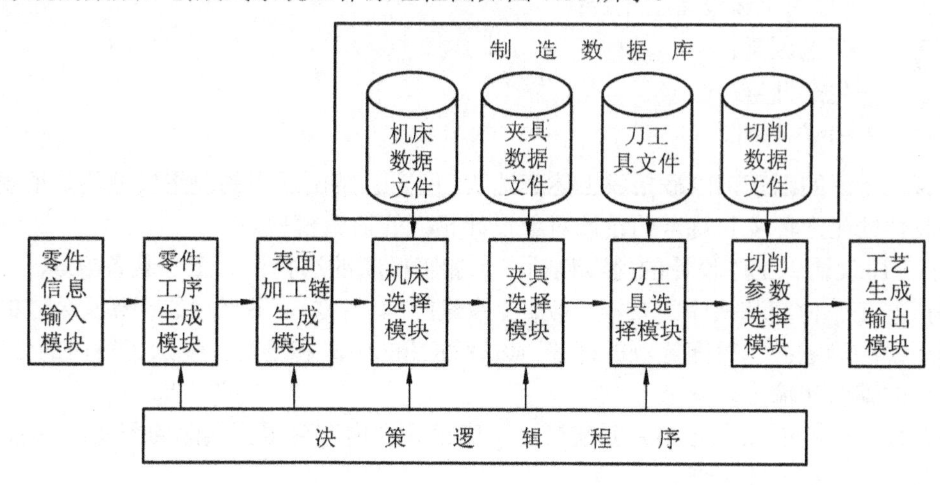

图 7.61 创成式 CAPP 系统工作原理框图

创成式系统的开发设计一般包括以下步骤。

(1) 零件表面加工方法的选择。机器零件的形状多种多样，同一种表面可以用多种方法进行加工，而每一种加工方法所能达到的加工精度和粗糙度以及生产率和加工成本又是各不相同的，因此选择加工方法时要考虑的因素很多，用函数的形式概括表示如下：

$$P = f\left(Bf, D, T, Sf, M, Q, C_{p}, M_{c}\right)$$

式中：P——所选择的加工方法；
Bf——零件表面形状；
D——尺寸；
T——公差及精度；
Sf——表面粗糙度；
M——工件材料；
Q——生产批量；
C_{p}——生产费用；
M_{c}——可使用的机床设备。

这个公式仅仅是个定性公式，包含的因素未必全面，但它可以为决策逻辑的设计提供方便。

(2) 工艺路线的安排。加工路线的安排，即各加工工序的划分和先后顺序的确定，是工艺过程设计中的重要环节，要考虑的因素很多，用函数的形式概括表示如下：

$$S = f\left(P, Bf, D, T, Sf, M_{c}, T_{y}, Q, C_{p,}\right)$$

式中：S——零件的工艺路线；
P——所选择的加工方法；
Bf——零件表面形状；
D——尺寸；
T——公差及精度；
Sf——表面粗糙度；
M_{c}——使用机床设备的集合；
T_{y}——工艺因素；
Q——生产批量；
C_{p}——生产费用。

尽管应考虑的因素可以概括成上述表达式，但要总结出通用的决策模型还是很困难的，只能按具体的生产环境和特定的设计对象设计相应的决策模型。

(3) 工序设计。工序设计的内容包括：①加工机床的选择；②工艺装备(刀具、夹具和量具等)；③工步内容和次序的安排；④加工余量的确定；⑤工序尺寸的计算及公差的确定；⑥切削用量的确定；⑦时间定额的计算；⑧工序图的生成和绘制；⑨加工费用的估算；⑩工艺文件的编辑和输出。

在开发具体的创成式 CAPP 系统时，工序设计的内容可根据实际的需要，包括上述内容的一部分、大部分或全部。

常见的创成式系统有 APPAS 系统、AUTAP 系统、CPPP 系统等。

3) 智能式系统

智能式系统是采用智能思维决策，以知识和知识的应用为特征的 CAPP 专家系统。专家系统是一个智能系统，内部具有大量专家水平的领域知识和经验，利用人类专家的知识和推理方法来解决现实世界中的复杂问题。

专家系统一般有五部分组成，专家系统的基本组成框图如图 7.62 所示。

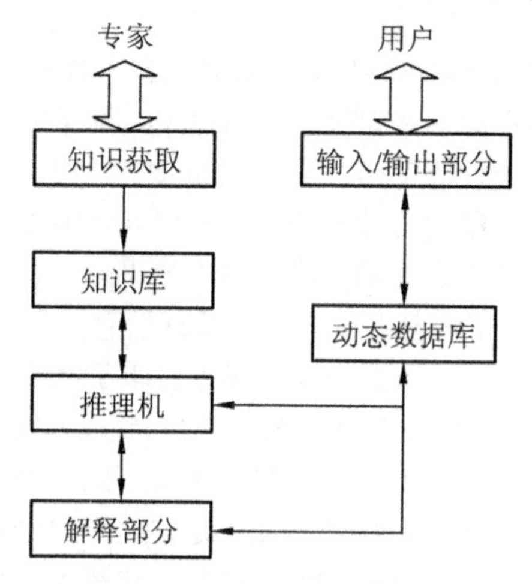

图 7.62 专家系统的基本组成

(1) 知识库。知识库是专家系统的核心部分之一，用于存储从专家那里得到的关于某个领域的专门权威性知识。知识是决定一个专家系统的性能是否优越的主要因素。

(2) 推理机。推理机是专家系统的第二个主要组成部分，它具有进行推理的能力，即能够根据知识推导出结论，而不是简单地去搜索现成的答案。推理机是一组程序，采用一定的推理策略根据用户输入的数据选择知识库中的知识进行推理，解决用户提出的问题。

(3) 解释部分。解释部分是一组程序，负责对推理给出必要的解释，让用户了解推理过程，向系统学习和维护系统提供方便，使用户容易接受和信任系统。

(4) 知识获取。知识获取是从领域专家、工程技术人员、书籍、资料等处收集所要解决问题的专门知识，把求解问题的知识经过传递、教授等方式变为专家系统拥有的知识。

(5) 动态链接库。用于存储用户输入的数据和推理过程中得到的各种中间信息。

目前常用的专家系统有 EXCAPP 系统、GARI 系统、TOM 系统等。

7.7.3 CAD/CAM 集成技术

计算机辅助技术 CAD、CAPP、CAM、CAE、CAFD 等独立地分别在产品设计自动化、工艺规程设计自动化和数控编程自动化等方面起到了很重要的作用。这些各自独立的系统不能实现系统之间信息的自动传递和交换。为了提高工作效率、减少中间环节，提高自动化水平，人们将各个独立的系统集成起来，实现系统之间的信息和数据自动传递与转换，这就是 CAD/CAM 集成系统。

1. CAD/CAM 集成系统的组成及功能

CAD/CAM 集成系统主要由 CAD、GT、CAPP、CAM 等及计算机仿真、分布式工程数据库，以及计算机网络等“单元”技术组成。

CAD/CAM 集成系统能实现设计和制造各功能模块之间的信息传输和交换，并对各功能模块的运行统一管理和控制，具有计算和图像处理、数据和知识的存储、检索及编辑、人-机交互通信、输入和输出操作等功能。

2. CAD/CAM 集成系统的关键技术

1) 产品建模技术

(1) 产品特征建模。传统的实体建模方法存在诸多问题，诸如：现有的基本体素及其布尔运算只能部分构造产品零件；在定义产品信息中，除了零件几何尺寸外，对于工艺过程、材料、尺寸公差和形位公差等都必须提供附加文字说明；零件形状复杂时，描述困难等。特征建模技术是在继承传统建模技术完善的几何表达能力基础上提出来的，它弥补了传统建模技术在体素造型方法上存在的不足，可以使设计人员应用产品特征在更高层次上从事产品设计。它完整地表达了产品技术和生产管理信息，有效地促进了产品信息在设计、工艺、制造等环节的传递及共享，为建立集成模型打下了坚实的基础。

(2) 产品集成建模。产品集成建模是 CAD/CAM 集成系统关键技术的更高要求。产品集成建模技术把原来局限于产品制造过程的自动化发展到产品的设计过程、生产过程和经营管理过程的自动化，使建模技术由局部自动化走向全局自动化。集成产品建模技术使用了把产品全部相关信息集成在一起的集成产品模型，该模型不仅包括与生产过程有关的信息，而且在结构上还能清楚地表达这些信息之间的关联。

2) 集成数据管理

CAD/CAM 集成系统在运行过程中产生大量及复杂的数据，管理好这些数据是保证系统正常运行的必要条件。产品数据管理(Product Data Management，PDM)是以产品数据管理为核心，通过计算机网络和数据库技术，把企业生产过程中所有与产品相关的信息和过程集成管理的技术。PDM 是 CAD/CAPP/CAM 的集成平台，对共享数据进行统一管理。

3) 产品交换标准

CAD/CAM 集成系统的关键是各单项系统间的产品数据交换和共享。随着计算机集成制造技术的发展，要求各个计算机辅助系统能纳入集成的产品设计、分析、制造框架内，需要交换的产品数据不仅仅是几何和图形数据，还有许多非几何信息，因此需要制定能支持产品生命周期的数据交换标准，应用这一标准来实现各个计算机辅助系统之间的数据交换和信息集成。国际标准化组织(ISO)制定的产品数据表达与交换标准 STEP 可满足该要求。

3. CIMS

计算机集成制造系统(Computer Integrated Manufacturing System)是一个典型的 CAD/CAM 集成系统，它由一个多级计算机控制结构，配合一套将设计、制造和管理综合为一个整体的软件系统所构成的全盘自动化系统，是未来机械制造工业的生产模式。

从技术角度看，CIMS 包含四个应用分系统和二个支撑分系统，如图 7.63 所示。四个应用分析是管理信息系统(Management Information System，MIS)、工程设计系统(Engineering Design System，EDS)，质量保证系统(Quality Assurance System，QAS)和制造自动化系统(Manufacturing Automation System，MAS)。二个支撑系统是数据库(DB)和通讯网络(NET)。

(1) 管理信息系统(MIS)。一个企业的管理信息是指整个生产经营过程中产、供、销、人、财、物的有关信息，一般可把管理信息系统(MIS)分解为经营管理(Business Management，BM)、物料管理(Material Management，MM)、生产管理(Product Management，PM)、人力资源管理(Labor Resource Management，LRM)和财务管理(Finance Management，FM)等子系统。管理信息系统的基本功能有三个方面：① 信息处理，包括信息的收集、传递、加工和查询等；② 事务管理，指经营计划管理、物料管理、生产管理、财务管理、人力资源管理及质量管理等；③辅助决策，分析归纳现有信息。

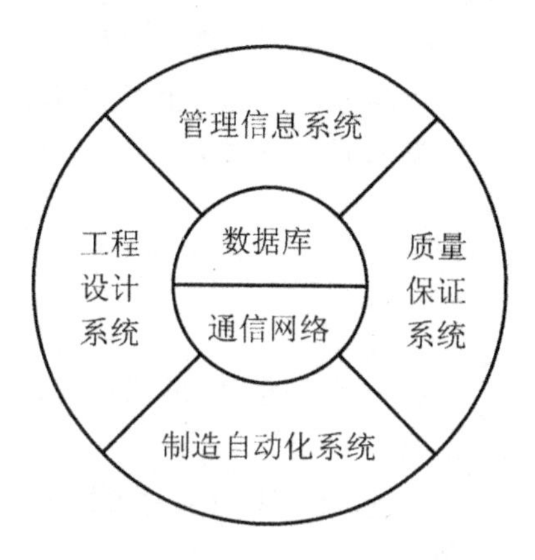

图 7.63　CIMS 的基本构成

(2) 工程设计系统(EDS)。通常是指 CAD/CAPP/CAM 的集成，有时包括 CAE。其基本功能有：① 面向产品生命周期的产品建模，生成基于 STEP 标准的统一产品设计模型，为 CAPP、CAM 提供零件几何拓扑信息、加工工艺信息，为 CIMS 提供管理所需信息。② 通过信息交换、共享技术将 CAD/CAPP/CAM/CAE 等分系统集成在一起。

(3) 质量保证系统(QAS)。质量保证系统由质量计划制定、制造过程质量信息管理和质量综合信息管理三个部分组成。其功能是根据设计要求进行产品质量检测，采集、存储和处理质量数据，并以此为基础进行质量分析、评价、控制、规划和决策，从而保证产品的最终质量满足客户要求。

(4) 制造自动化系统(MAS)。制造自动化系统是通过计算机将企业内部生产活动所需的各自分散的自动化过程有机地集成起来，从而使其成为适用于多品种、中批量生产的高效益、高柔性的智能化生产制造系统。其基本功能有：① 实现 MAS 的递阶控制；② 工具、量具、夹具集中管理与调度；③ 信息采集自动化，工件检测、刀具监控和故障诊断；④对零件加工质量进行统计分析，并反馈给质量保证系统。

CAD/CAM 集成技术经过多年的发展，已经逐渐成熟起来，并在生产实践中得到了应用。随着科学技术的迅猛发展，世界工业发达国家有出现了一些新的生产模式和战略思想，比如精益生产(Lean Production，LP)、并行工程(Concurrent Engineering，CE)、敏捷制造(Agile Manufacturing，AM)等，从而推动 CAD/CAM 集成技术进一步向前发展。

小　　结

机械加工工艺过程是利用切削加工、磨削加工、电加工、超声波加工、电子束及离子束加工等机械、电的加工方法，直接改变毛坯的形状、尺寸、相对位置和性能等，使其转变为合格零件的过程。它是由一个或若干个顺次排列的工序组成。每一个工序又可分为一个或若干个安装、工位、工步和走刀等。

安排工序时应遵循工序集中与工序分散的原则，并且要合理地安排零件的热处理，制订工艺文件等。通过对典型零件的结构工艺性分析，说明了制订一般零件工艺规程的原则、内容、步骤和要求。

对于拟定工艺规程中所用的详细知识请参考相关的技术手册。

加工时，可采用直接找正、划线找正安装、夹具安装等方法装夹零件，机床夹具是常用的安装零件的方法，一般包括定位元件、夹紧元件、导向元件和夹具等几个部分。

习　　题

1. 什么是生产过程、机械加工工艺过程、机械加工工艺规程？工艺规程在生产中起什么作用？

2. 划分工序的主要依据是什么？试举例说明工序、工步、走刀、安装、工位、定位的概念。

3. 什么是设计基准、定位基准、工序基准、测量基准？举例说明。

4. 什么是工序集中和工序分散的原则？影响工序集中与工序分散的主要因素有哪些？各用于什么场合？

5. 什么是加工余量、工序余量和总余量？

6. 请简述粗、精基准的选择原则，为什么在同一尺寸方向上粗基准一般只允许使用一次？

7. 何谓工艺尺寸链？如何确定封闭环、增环和减环？

8. 图7.64所示零件加工时，设计要求保证尺寸(5±0.2)mm，但这一尺寸不便于测量，只有通过测量L来间接保证。试求工序尺寸L及其上下偏差。

9. 举例说明在机械加工工艺过程中，如何合理安排热处理工序？

10. 试拟定出下列图示零件的加工工艺规程。图7.65中各零件均采用45钢，成批生产。(a)图零件采用锻件，(b)图零件采用无缝钢管。

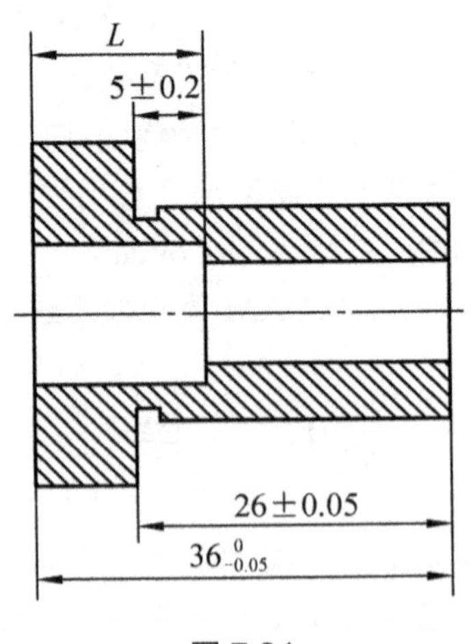

图7.64

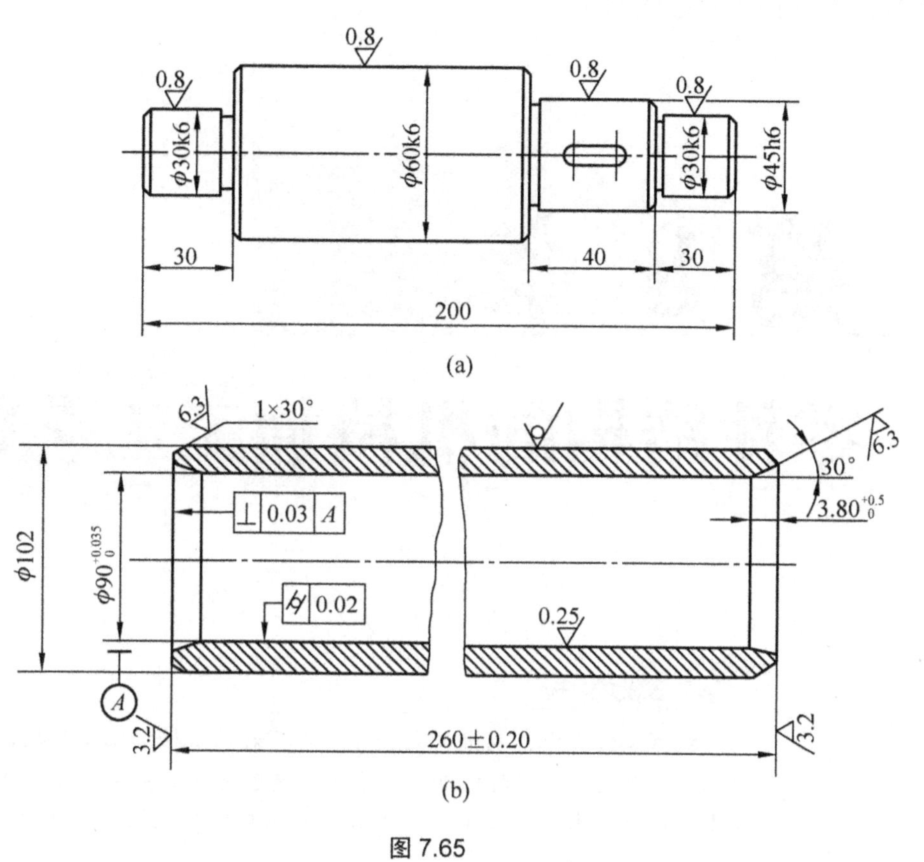

图 7.65

11. 简述保证装配精度的方法。

第 8 章

零件结构的机械加工工艺性

机械零件在保证功能的前提下，要有好的机械加工工艺性，即能够保证加工质量，同时使加工量最小，这也是衡量机械零件设计质量的重要标准。本章通过生产实例分析机械零件加工工艺性的优缺点。

教学要求

本章要求学生了解机械零件加工工艺性评价的基本原则，并了解生产中的一些典型的案例。

8.1 切削加工对零件结构的要求

零件的结构工艺性是指零件所具有的结构是否便于制造、装配和拆卸，它是评价零件结构设计好坏的一个重要指标。结构工艺性良好的零件，能够在一定的生产条件下，高效低耗地制造生产。因此机械零件结构的工艺性包括零件本身结构的合理性与制造工艺的可能性两个方面的内容。

机械产品设计在满足产品使用要求外，还必须满足制造工艺的要求，否则就有可能影响产品的生产效率和产品成本，严重时甚至无法生产。

由于加工、装配自动化程度的不断提高，机器人、机械手的推广应用，以及新材料、新工艺的出现，出现了不少适合于新条件的新结构，与传统的机械加工有较大的差别，这些在设计中应该充分地予以注意与研究。因此，评价机械产品(零件)工艺性的优劣是相对的，它随着科学技术的发展和具体生产条件(如生产类型、设计条件、经济性等)的不同而变化。

切削加工对零件结构的一般要求如下。

(1) 加工表面的几何形状应尽量简单，尽量布置在同一平面上、同一母线上或同一轴线上，减少机床的调整次数。

(2) 尽量减少加工表面面积，不需要加工的表面，不要设计成加工面，要求不高的面不要设计成高精度、低粗糙度的表面，以便降低加工成本。

(3) 零件上必要的位置应设有退刀槽、越程槽，便于进刀和退刀，保证加工和装配质量。

(4) 避免在曲面和斜面上钻孔，避免钻斜孔，避免在箱体内设计加工表面，以免造成加工困难。

(5) 零件上的配合表面不宜过长，轴头要有导向用倒角，便于装配。

(6) 零件上需用成形和标准刀具加工的表面，应尽可能设计成同一尺寸，减少刀具的种类。

8.2 机械零件结构加工工艺性的实例分析

零件的制造包括毛坯生产、切削加工、热处理和装配等许多生产阶段，各个生产阶段都是有机地联系在一起的。结构设计时，必须全面考虑，使在各个生产阶段都具有良好工艺性。产生矛盾时，应统筹考虑，予以妥善解决。并且，在设计的开始阶段，就应充分注意结构设计的工艺性。零件的结构工艺性直接影响着机械加工工艺过程，使用性能相同而结构不同的两个零件，它们的加工方法和制造成本有较大的差别。在拟定机械零件的工艺规程时，应该充分地研究零件工作图，对其进行认真分析，审查零件的结构工艺是否良好、合理，并提出相应的修改意见。例 8-1～例 8-31 列举了机械零件结构加工工艺性的典型实例分析，供设计时参考。

1. 考虑采用标准参数的零件结构实例分析

设计产品和零件时，对有关的参数，如螺纹的公称直径、螺距、轴径、孔径、公差、锥度和齿轮模数等均应采用国标标准值，以便购置相应的刀具和量具，使加工和测量十分方便，也便于购置或更换相应的配件。

【例 8-1】 图 8.1(a)所示内孔 $\phi40_{0}^{+0.025}$ 符合国家标准规定的值；图 8.2(b)所示 M20×1 符合国家标准规定的值。

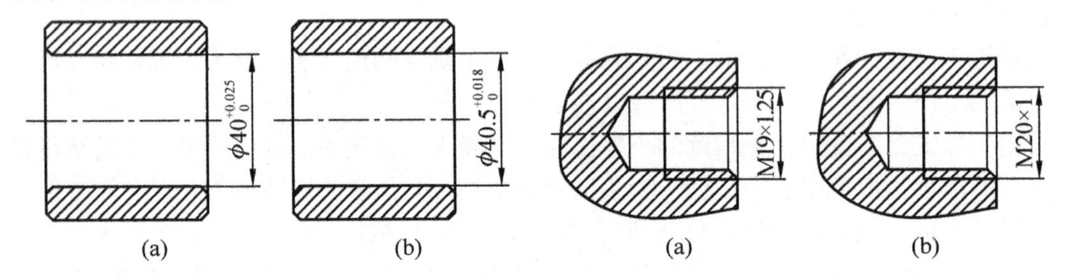

图 8.1　孔径尺寸符合国标

图 8.2　螺纹直径和螺距符合国标

2. 考虑便于装夹的零件结构实例分析

1) 考虑装夹部位的设计

【例 8-2】 图 8.3(a)所示的 1∶70 锥度心轴在车削、磨削加工中，一般采用双顶尖装夹，因此应有安装卡箍(鸡心夹)的部位，如图 8.3(b)所示，否则工件无法装夹。

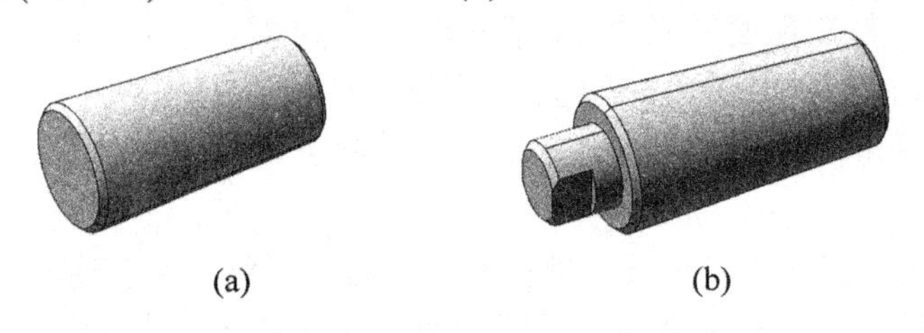

图 8.3　锥度心轴

【例 8-3】 图 8.4(a)所示的电动机端盖一般采用三爪自定心卡盘装夹，在一次装夹中加工出有关表面，因此，应设有卡盘装夹的部位，如图 8.4(b)或图 8.4(c)所示。

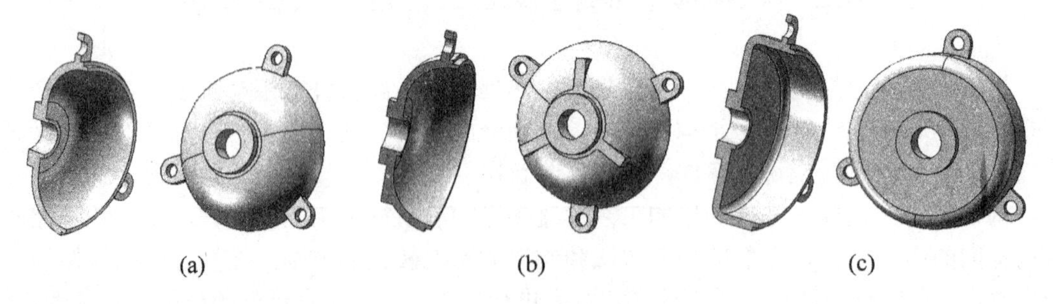

图 8.4　电动机端盖

2) 考虑装夹稳定性的设计

【例 8-4】 图 8.5 所示为车床小滑板的燕尾槽，常采用刨削或铣削加工，应设置工艺凸台，否则小滑板不能水平装夹。

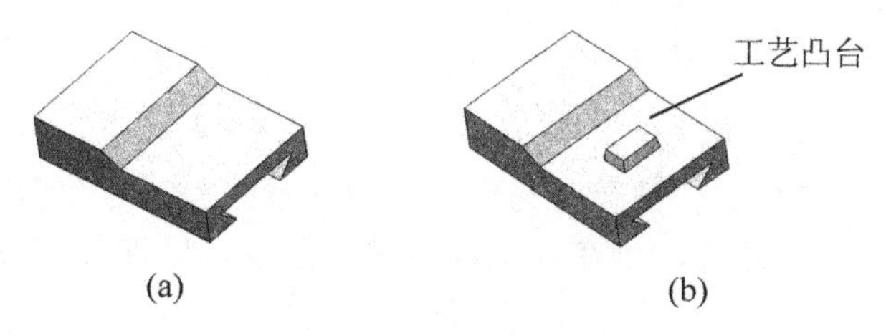

图 8.5　车床小滑板的结构设计

【例 8-5】 图 8.6(a)所示为划线大平板工作平面多在龙门刨床上用压板螺栓装夹，应设置压板放置的工艺孔，该孔还可用于起吊搬运，如图 8.6(b)所示。

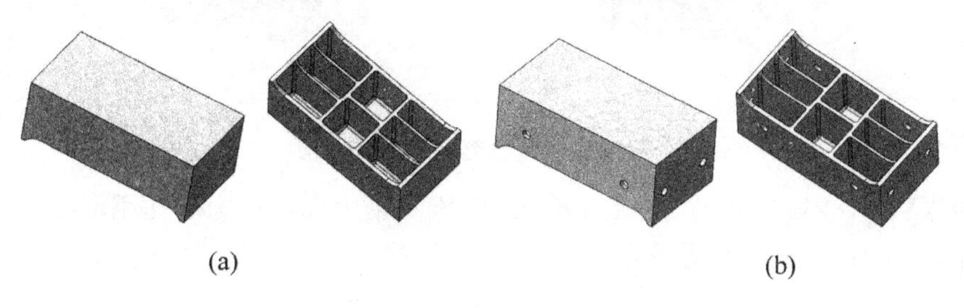

图 8.6　划线大平板工作平面

3) 考虑减少装夹次数的设计

【例 8-6】 铣削时，如果轴上有两个键槽，如图 8.7(a)所示的结构，那么需装夹两次。而图 8.7(b)所示的结构只需装夹一次，因此，轴上键槽最好设计在同一侧。

图 8.7　轴上键槽最好设计在同一侧

【例 8-7】 有相互位置精度要求的表面，尽量在一次装夹中完成加工(即“一刀活”)可有效地保证其位置精度要求。如图 8.8 所示的轴套零件，(a)图结构需两次装夹，(b)图结构可在三爪自定心卡盘的一次装夹中镗削内孔，可以很好地保证轴套两侧内孔的同轴度。图 8.9 所示的盘零件，(b)图的结构可在三爪自定心卡盘的一次装夹中车出外圆 1、内孔 2 和 3，其相对于中心轴线的位置精度同轴度、圆跳动等均可保证。

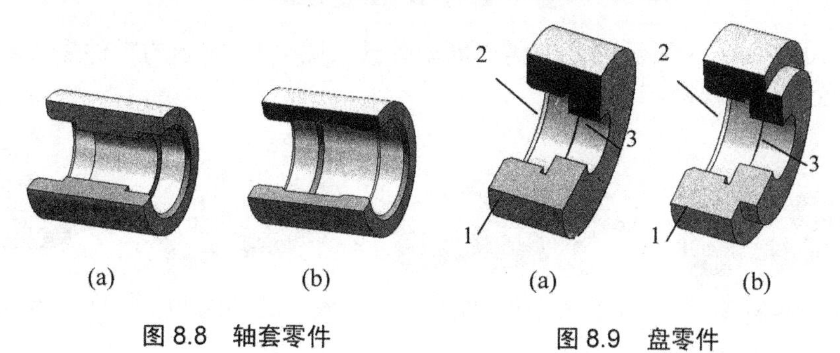

图 8.8　轴套零件　　图 8.9　盘零件

3. 考虑便于加工的零件结构实例分析

1) 零件结构应有足够刚度

【例 8-8】 以三爪卡盘定位薄壁套为例，薄壁套常因夹紧力和切削力的作用而变形，如图 8.10(a)所示。若结构允许，可在一端或两端加凸缘，以增加零件刚度，如图 8.10(b)所示。

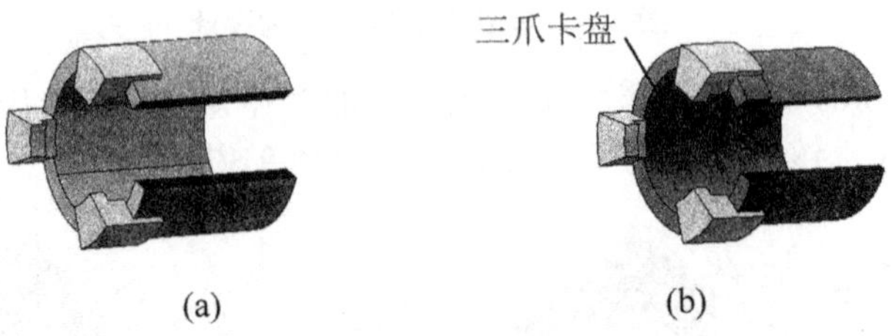

图 8.10　薄壁套设置凸缘结构

【例 8-9】 薄壁箱体如图 8.11(a)所示，常因夹紧力和切削力的作用而变形，可设置肋板以增加刚度，如图 8.11(b)所示。

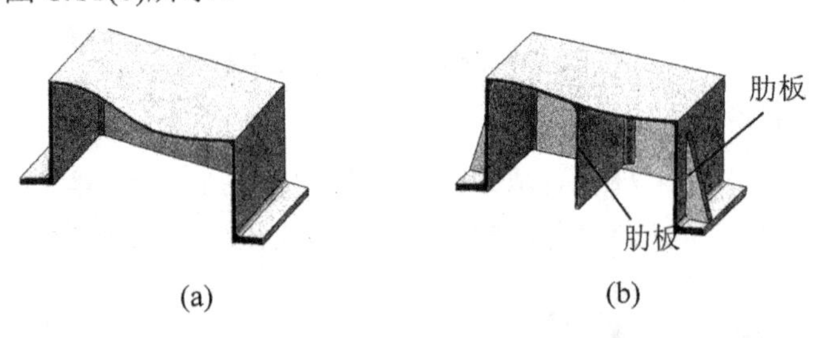

图 8.11　薄壁箱体设置肋板结构

2) 零件结构应便于进刀和退刀

【例 8-10】 图 8.12 所示的螺纹尾部有凸起台肩的应设置螺尾退刀槽。

(a) 未设退刀槽　　(b) 设有退刀槽

图 8.12　设置螺尾退刀槽

【例 8-11】 图 8.13 所示的零件需要磨削外圆，图 8.14 所示的零件需要磨削圆锥面，端部都应设置砂轮越程槽。

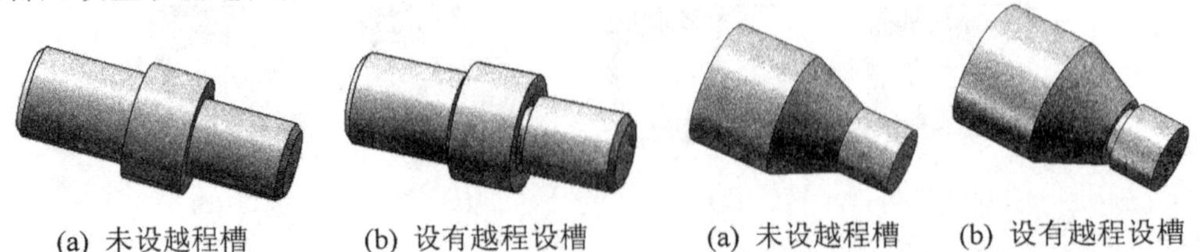

(a) 未设越程槽　　(b) 设有越程设槽

图 8.13　磨外圆砂轮越程槽

(a) 未设越程槽　　(b) 设有越程设槽

图 8.14　磨圆锥面砂轮越程槽

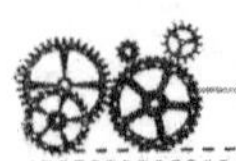

【例 8-12】 图 8.15(a)所示为插削内孔键槽，为便于退刀应设置插削越程槽，如图 8.15(b)、(c)所示。

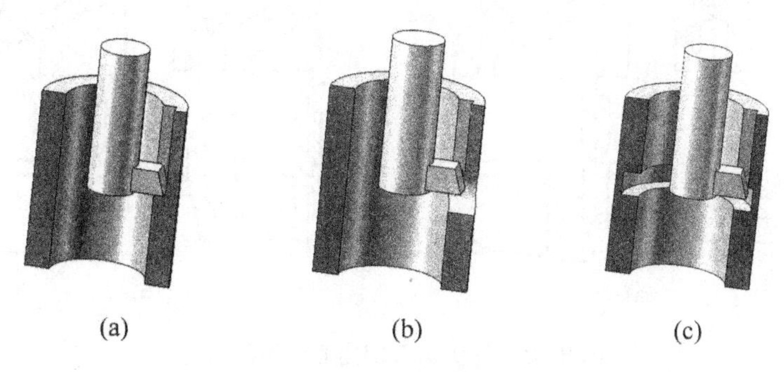

图 8.15　插刀越程槽

3) 零件结构上应减小加工困难

【例 8-13】 图 8.16 所示箱体底板小孔距箱壁应有合适的距离尺寸，以便钻孔时有钻夹头或钻床主轴所占的空间。

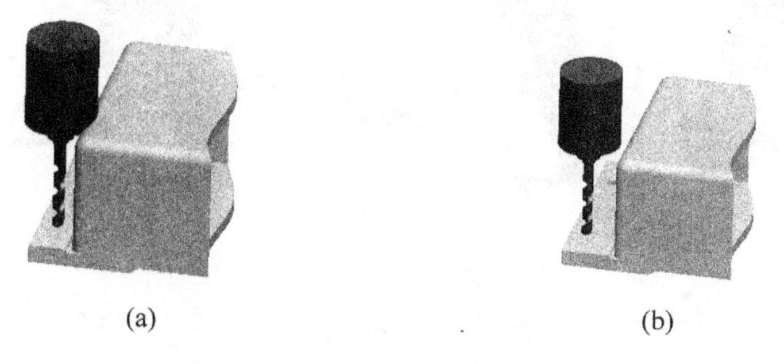

图 8.16　箱体底板小孔距箱壁的尺寸

【例 8-14】 图 8.17 所示为用立铣刀铣削凹下的表面形状，图 8.17(a)为直角结构，加工困难；图 8.17(b)做了工艺倒角，倒角直径大于等于铣刀刀杆直径，减小了加工的困难。

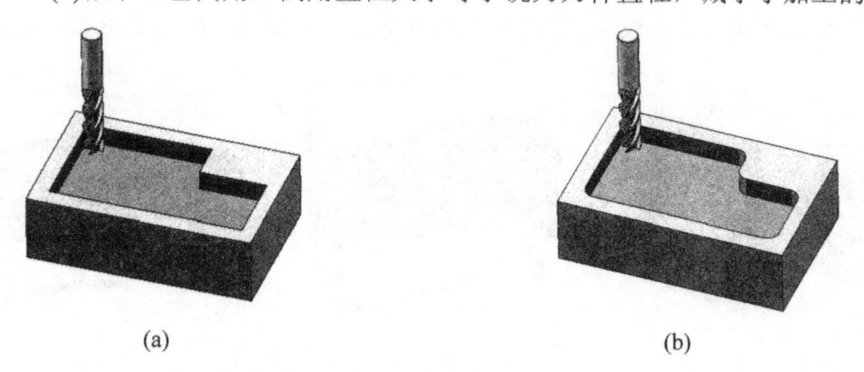

图 8.17　凹下表面的形状

【例 8-15】 钻头的切入和切出面如果是斜面或阶梯面，如图 8.18(a)所示，则会使钻头两边受力不平衡而很难定心，钻出的孔会偏斜，钻头也易折断，图 8.18(b)为合理结构。

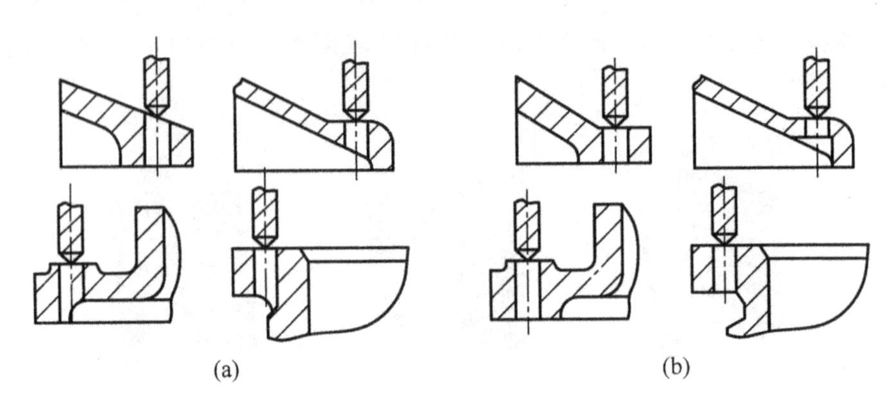

图 8.18　钻头切入切出面的不同结构

【例 8-16】 图 8.19(a)所示零件加工较为困难，而改为图(b)的组合件，加工并不困难。图 8.19(c)为图 8.19(b)的分解视图。

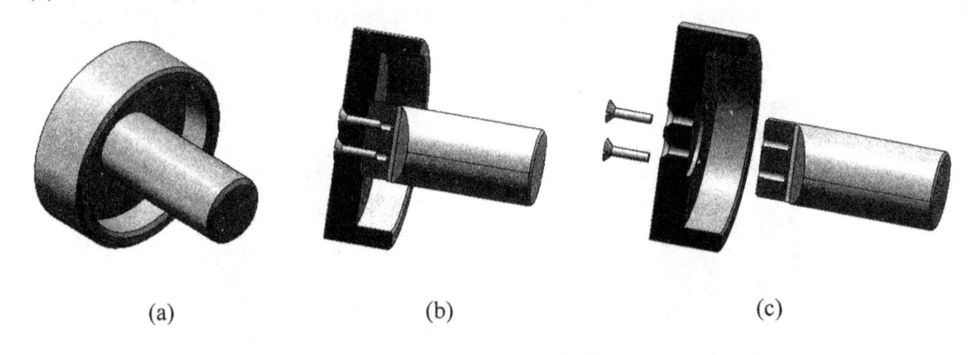

图 8.19　采用组合件

4) 零件结构上应避免内表面的加工

【例 8-17】 外表面的加工比内表面的加工要简便、经济。图 8.20(a)所示箱体内部需要安装轴承座，将装配平面设置在内部加工极为不便，装配也很困难。将加工面转化到箱体外部，如图 8.20(b)所示，不仅加工方便，装配也较容易。图 8.20(c)为图 8.20(b)的分解视图。

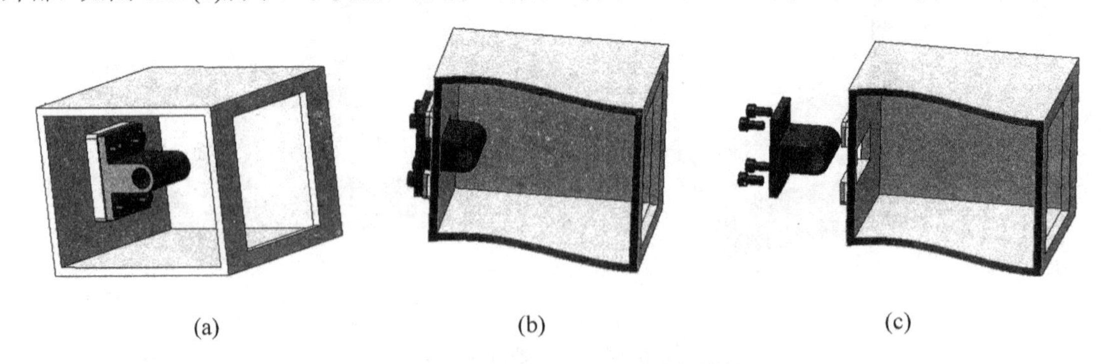

图 8.20　在箱体内安装轴承座的结构

5) 零件结构上应减少加工面积

【例 8-18】 图 8.21(a)所示支座装配在机座上，其底面应设计成图 8.21(b)的结构(平面空刀)，既减少机加工工时，又有利于提高接触刚度。

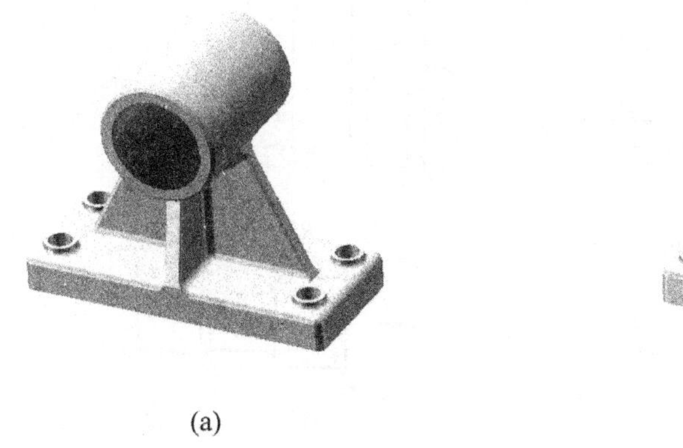
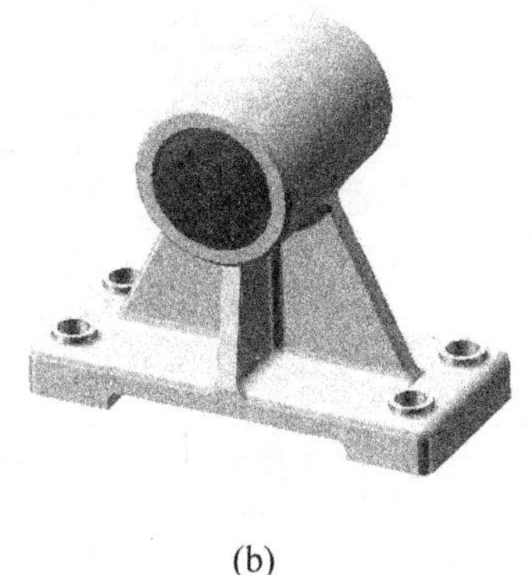

(a)　　　　(b)

图 8.21　在箱体内安装轴承座的结构

6) 零件结构上应减少机床调整次数

【例 8-19】 图 8.22 所示箱体上有两个凸台，图 8.22(a)凸台不在一个平面内，铣削时需调整两次机床。而图 8.22(b)在一个平面内，只需调整一次机床。因此，同一零件同一方向上的加工面高度尺寸应尽可能一致。

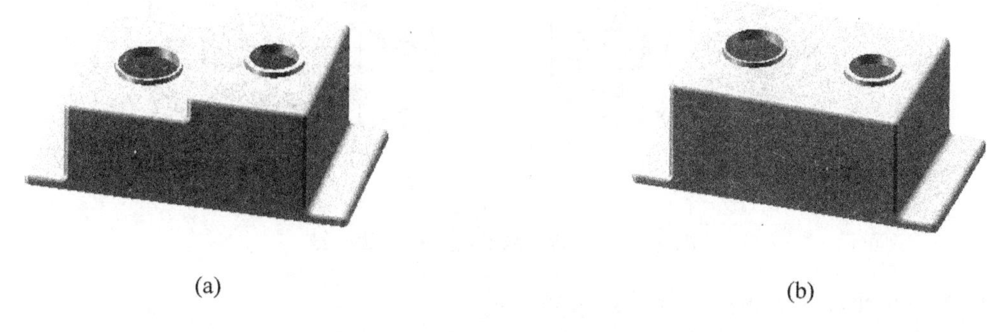

(a)　　　　(b)

图 8.22　同一方向的加工面高度尽量一致

【例 8-20】 图 8.23 所示零件上有两段锥度，图 8.23(a)所示锥度不一致，车锥度时需调整两次机床。而图 8.23(b)所示锥度一致，只需调整一次机床，因此同一零件上锥度应尽量一致。

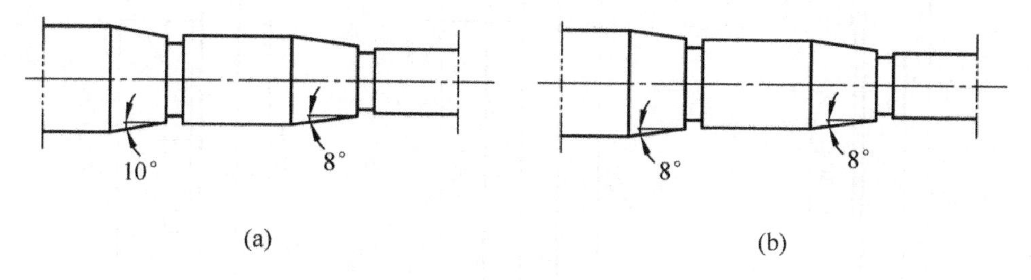

(a)　　　　(b)

图 8.23　同一零件上的锥度尽量一致

7) 零件结构上应减少刀具种类

【例 8-21】 图 8.24 所示轴上有若干回转槽和轴肩倒角，图 8.24(b)所需刀具种类较少，加工较为方便。因此轴上槽的宽度尺寸和轴肩倒角应尽量一致。

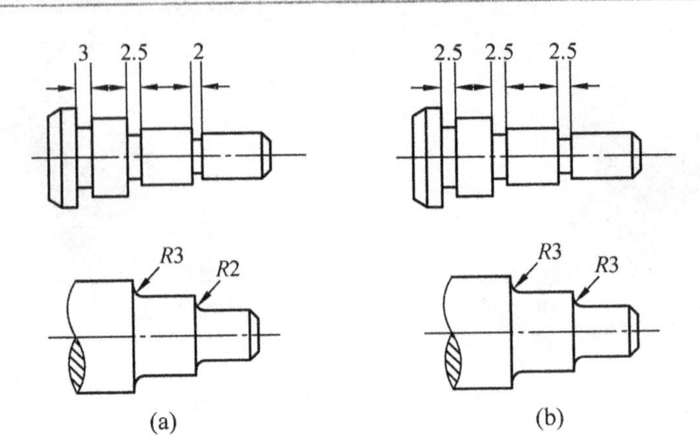

图 8.24 同类结构要素要统一

【例 8-22】 图 8.25(a)所示箱体上有若干螺纹孔，图 8.25(b)所需钻头、丝锥规格较少，也不易因刀具规格多搞错而出废品。因此箱体上螺纹孔规格应尽量一致或减少种类。

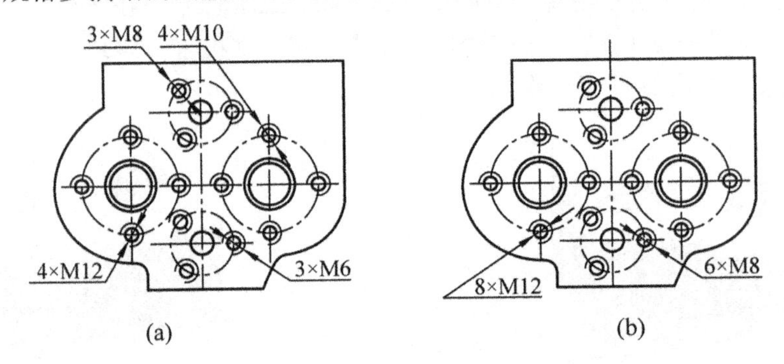

图 8.25 箱体上螺纹孔规格尽量一致

4. 考虑便于测量加工的零件结构实例分析

【例 8-23】 图 8.26 所示零件 $\phi180_{-0.025}^{0}$ 外圆应采用百分尺测量，(a)图的结构无法测量，(b)图可以测量。

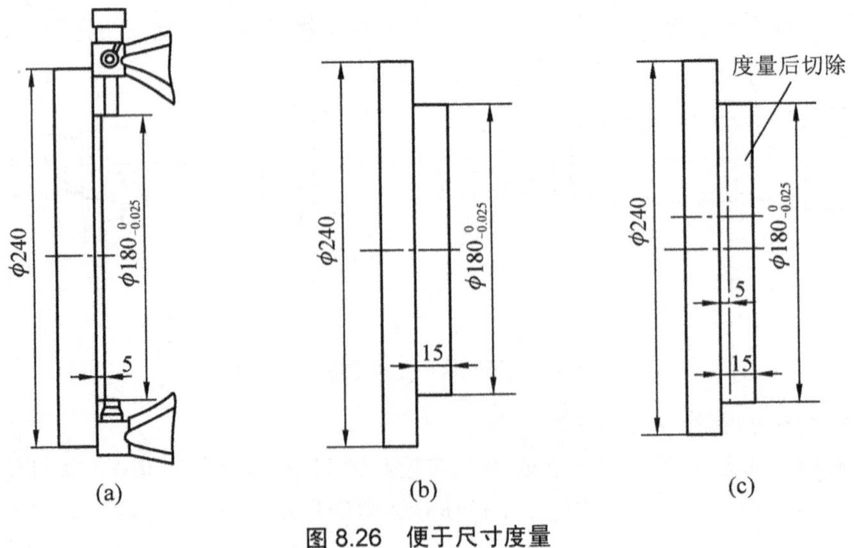

图 8.26 便于尺寸度量

【例 8-24】 如图 8.27 所示零件，(a)图 100±0.1 的尺寸无法测量，而(b)图改为测量 40±0.1 的尺寸，加工、测量均不困难。

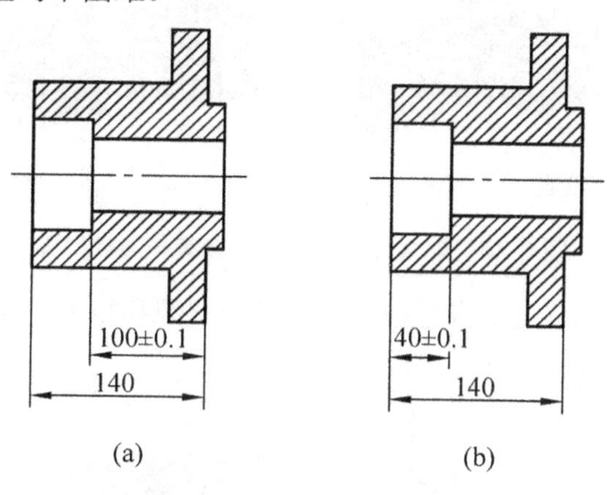

图 8.27 尺寸标注便于测量

5. 考虑便于装配的零件结构实例分析

【例 8-25】 图 8.28 所示配合的内外表面的端部应倒角，便于装配导向，且有利于安全和美观。

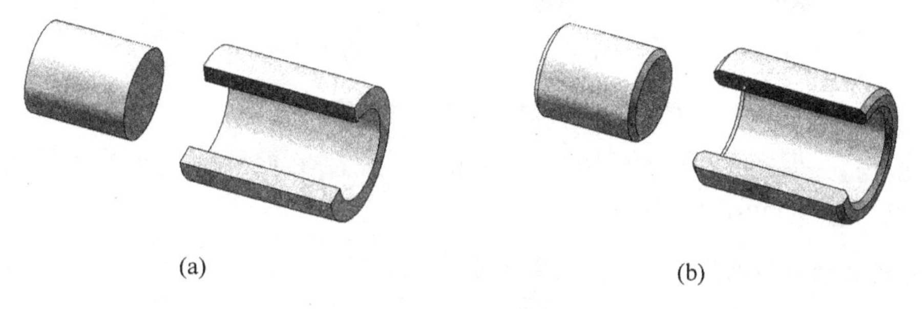

图 8.28 轴孔配合

【例 8-26】 图 8.29(a)所示的安装轴承的轴颈外圆太长，装配不便，应改为图 8.29(b)的结构，使轴颈外圆长度变短，以便于轴承的装配。

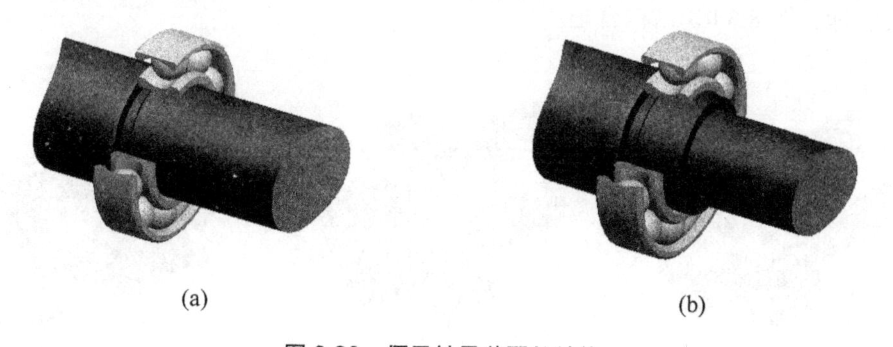

图 8.29 便于轴承装配的结构

【例 8-27】 配合件在同一方面只能有一对接触面，否则，必须提高有关表面的尺寸精度和位置精度。这既不经济，也不必要。图 8.28(a)所示的结构不合理，图 8.26(b)所示合理。

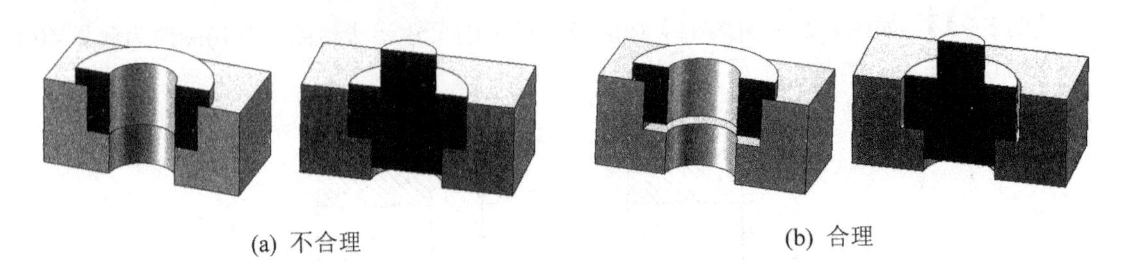

(a) 不合理　　(b) 合理

图 8.30　配合件同一方向只能有一对接触面

【例 8-28】 在螺钉连接处，应考虑安放螺钉的空间和扳手活动的空间。图 8.31(a)、(c)所示的结构不合理，而图 8.31(b)、(d)所示结构合理。

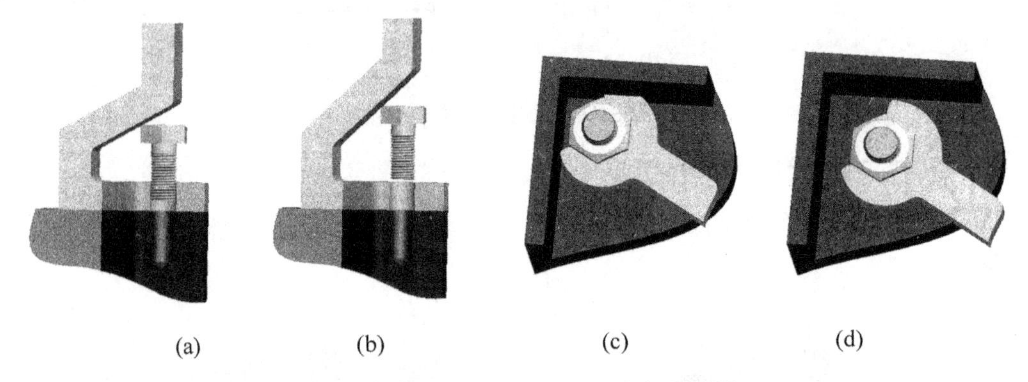

(a)　(b)　(c)　(d)

图 8.31　安放螺钉和扳手活动空间的布局

【例 8-29】 两个有同轴度要求的零件连接时，应有合理的装配基面。图 8.32(a)所示的结构不合理，图 8.32(b)结构合理。

6. 考虑便于拆卸维修的零件结构实例分析

【例 8-30】 图 8.33 所示为滚动轴承安装在轴上及箱体支承孔内的情况。图 8.33(a)结构轴肩高于轴承内圈，不便于轴承拆卸。图 8.33(b)结构轴肩低于轴承内圈较合理。

【例 8-31】 图 8.34 所示为轴承端盖安装在箱体上的情况。图 8.34(a)结构不合理，不便于端盖的拆卸；图 8.34(b)结构合理。

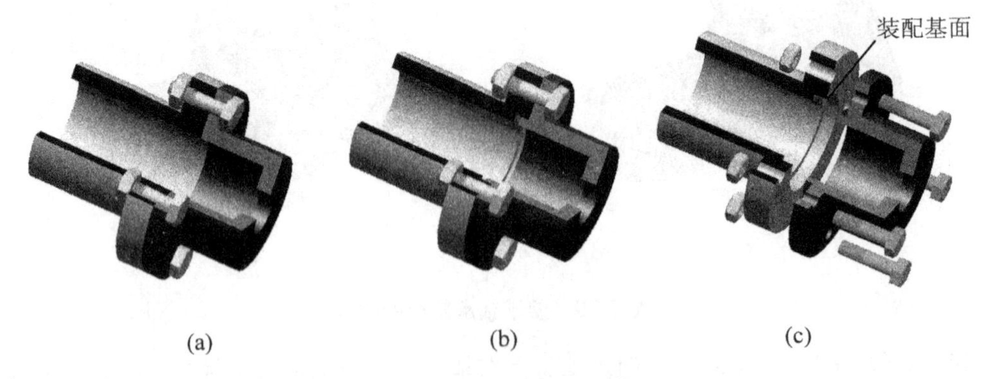

(a)　(b)　(c)

图 8.32　应有正确的装配基面

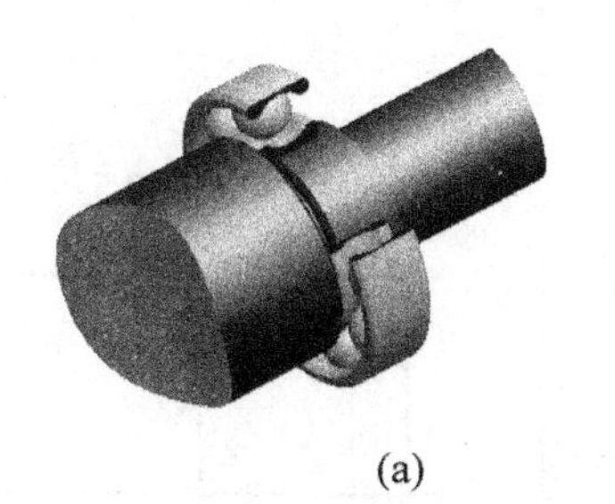

(a)

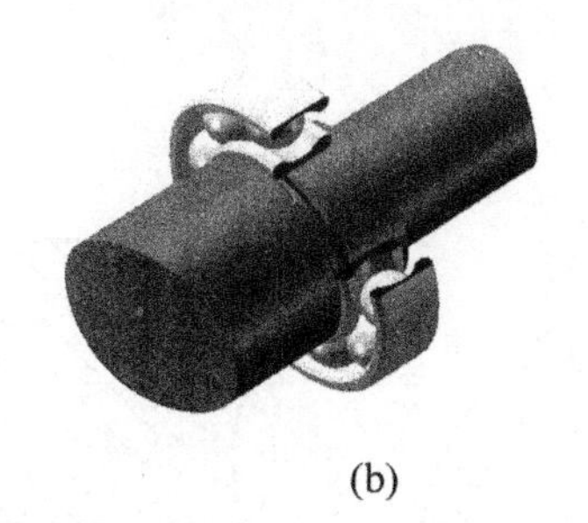

(b)

图 8.33　便于轴承拆、卸的结构

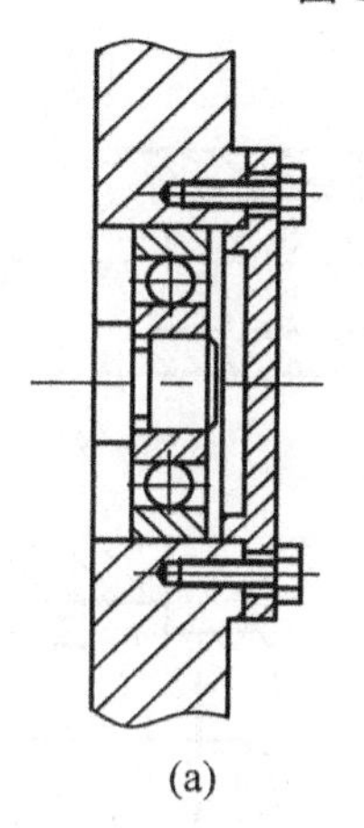

(a)

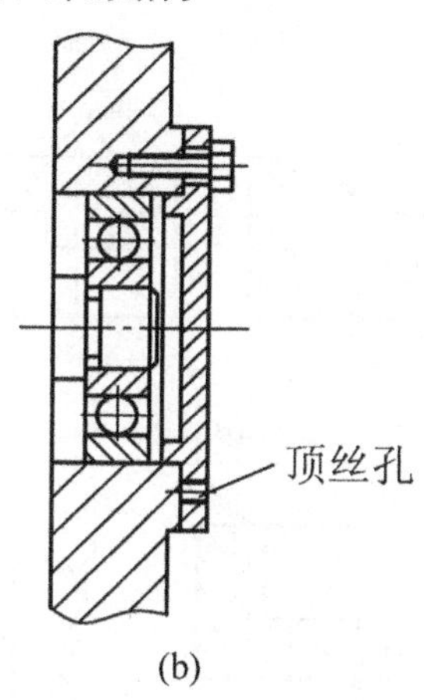

(b)

图 8.34　便于端盖拆卸的结构

小　　结

本章简要介绍了零件结构的机械加工工艺性，分析了结构在零件加工和使用中的重要性，结合实例分析了零件结构加工工艺性的好坏，希望读者能活学活用。

习　　题

1. 什么是机械零件的机械加工工艺性？它具体包括哪些内容?它在生产中有何重要意义?

2. 在设计需切削加工的零件时，对零件结构工艺性应考虑的一般原则有哪些?

3. 为便于切削加工和装配，试改进图 8.35 和图 8.36 所示图例的结构(可在原图上修改)。

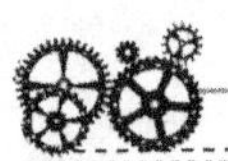

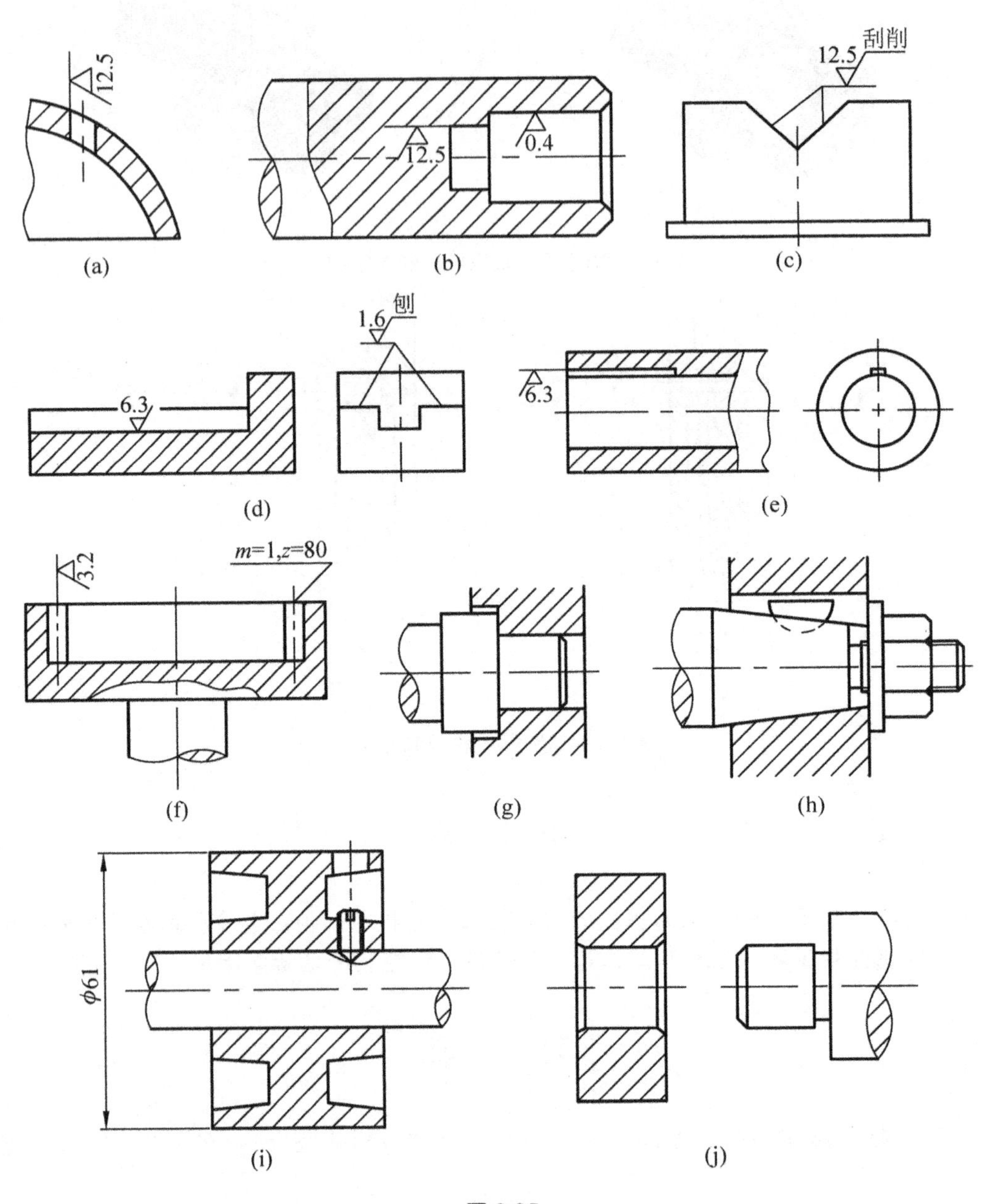

图 8.35

4. 试比较图 8.36 所示每组图例结构的优劣，对结构工艺性不好的，说明不好的理由。

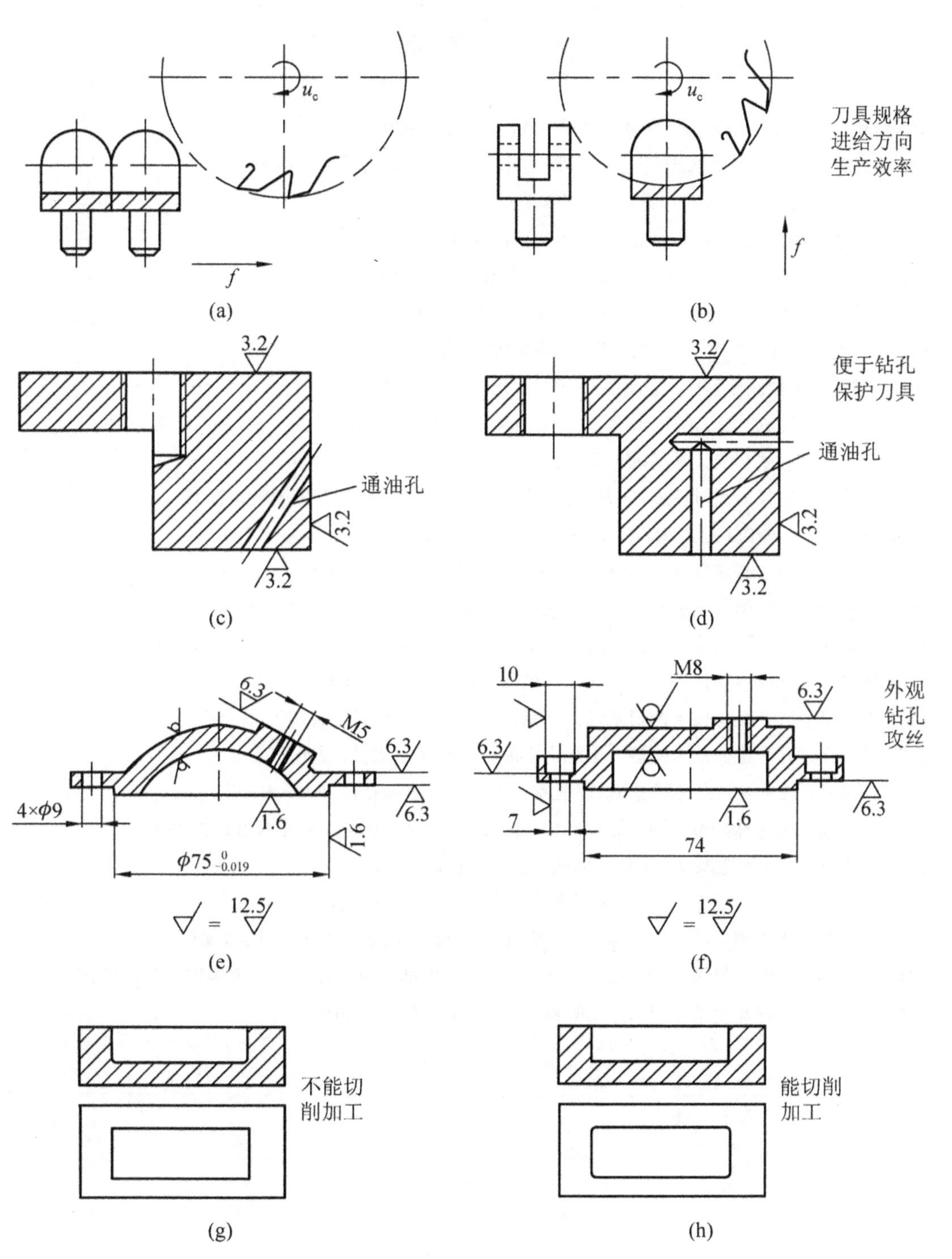

图 8.36

参 考 文 献

[1] 杨和．车钳工技能训练．天津：天津大学出版社，2000.

[2] 黄观尧，刘保河．机械制造工艺基础．天津：天津大学出版社，1999.

[3] 蒋建强．机械制造技术．北京：北京师范大学出版社，2005.

[4] 任家隆．机械制造基础．北京：高等教育出版社，2003.

[5] 王先逵．机械制造工艺学．北京：机械工业出版社，2002.

[6] 张世昌．机械制造技术基础．北京：高等教育出版社，2001.

[7] 邓文英．金属工艺学．北京：高等教育出版社，2000.

[8] 严霜元．机械制造基础．北京：中国农业出版社，2004.

[9] 吴桓文．机械加工工艺基础．北京：高等教育出版社，2004.

[10] 张福润．机械制造技术基础．武汉：华中科技大学出版社，2000.

[11] 李爱菊．现代工程材料成形与机械制造基础. 北京：高等教育出版社，2005.

[12] 傅水根．机械制造工艺基础. 北京：清华大学出版社，1998.

[13] 杨继全，朱玉芳.先进制造技术．北京：化学工业出版社，2004.

[14] 宾鸿赞，王润孝．先进制造技术．北京：高等教育出版社，2006.

[15] 王贵成，王树林，董广强．高速加工工具系统．北京：国防工业出版社，2005.

[16] 韩进宏．互换性与技术测量．北京：机械工业出版社，2004.

[17] 王伯平．互换性与技术测量基础．北京：机械工业出版社，2004.

[18] 甘永立．几何量公差与检测．上海：上海科学技术出版社，2003.

[19] 宾鸿赞，王润孝. 先进制造技术. 北京：高等教育出版社，2006.

[20] 王贵成，王树林，董广强. 高速加工工具系统. 北京：国防工业出版社，2005.

[21] 戴庆辉. 先进制造系统. 北京：机械工业出版社，2006.

[22] 庄品，周根然，张宝明. 现代制造系统. 北京：科学出版社，2005.

[23] 庄万玉，丁杰雄，凌丹，秦东兴. 制造技术. 北京：国防工业出版社，2005.

[24] 侯书林，朱海．机械制造基础(下册)．北京：中国林业出版社，北京大学出版社，2006.

[25] 侯书林．机械制造基础(下册)．北京：中国农业出版社，2010.